"十三五" 国家重点出版物出版规划项目

载人航天出版工程
总主编：周建平
总策划：邓宁丰

运载火箭数字化工程

张卫东　李少阳　郑　宇　等　编著

中国宇航出版社
·北京·

图书在版编目(CIP)数据

运载火箭数字化工程 / 张卫东等编著 . –– 北京：中国宇航出版社，2017.5

ISBN 978 - 7 - 5159 - 1322 - 3

Ⅰ.①运… Ⅱ.①张… Ⅲ.①运载火箭－研究 Ⅳ.①V475.1

中国版本图书馆 CIP 数据核字(2017)第 118487 号

责任编辑　侯丽平　　　　　**封面设计**　宇星文化

出　版 发　行	**中国宇航出版社**

社　址　北京市阜成路 8 号　　　　邮　编　100830
　　　　(010)60286808　　　　　　(010)68768548
网　址　www.caphbook.com
经　销　新华书店
发行部　(010)60286888　　　　　(010)68371900
　　　　(010)60286887　　　　　(010)60286804(传真)
零售店　读者服务部
　　　　(010)68371105
承　印　北京画中画印刷有限公司
版　次　2017 年 5 月第 1 版　　　2017 年 5 月第 1 次印刷
规　格　880×1230　　　　　　　开　本　1/32
印　张　18　　　　　　　　　　彩　插　12 面
字　数　518 千字
书　号　ISBN 978 - 7 - 5159 - 1322 - 3
定　价　218.00 元

《载人航天出版工程》总序

　　中国载人航天工程自 1992 年立项以来，已经走过了 20 多年的发展历程。经过载人航天工程全体研制人员的锐意创新、刻苦攻关、顽强拼搏，共发射了 10 艘神舟飞船和 1 个目标飞行器，完成了从无人飞行到载人飞行、从一人一天到多人多天、从舱内实验到出舱活动、从自动交会对接到人控交会对接、从单船飞行到组合体飞行等一系列技术跨越，拥有了可靠的载人天地往返运输的能力，实现了中华民族的千年飞天梦想，使中国成为世界上第三个独立掌握载人航天技术的国家。我国载人航天工程作为高科技领域最具代表性的科技实践活动之一，承载了中国人民期盼国家富强、民族复兴的伟大梦想，彰显了中华民族探索未知世界、发现科学真理的不懈追求，体现了不畏艰辛、大力协同的精神风貌。航天梦是中国梦的重要组成部分，载人航天事业的成就，充分展示了伟大的中国道路、中国精神、中国力量，坚定了全国各族人民实现中华民族伟大复兴中国梦的决心和信心。

　　载人航天工程是十分复杂的大系统工程，既有赖于国家的整体科学技术发展水平，也起到了影响、促进和推动着科学技术进步的重要作用。载人航天技术的发展，涉及系统工程管理，自动控制技术，计算机技术，动力技术，材料和结构技术，环控生保技术，通信、遥感及测控技术，以及天文学、物理学、化学、生命科学、力学、地球科学和空间科学等诸多科学技术领域。在我国综合国力不断增强的今天，载人航天工程对促进中国科学技术的发展起到了积极的推动作用，是中国建设创新型国家的标志性工程之一。

　　我国航天事业已经进入了承前启后、继往开来、加速发展的关键时期。我国载人航天工程已经完成了三步走战略的第一步和第二步第一阶段的研制和飞行任务，突破了载人天地往返、空间出舱和空间交会对接技术，建立了比较完善的载人航天研发技术体系，形成了完整配套的研制、生产、试验能力。现在，我们正在进行空间站工程的研制工作。2020 年前后，我国将建造由 20 吨级舱段为基本模块构成的空间站，这将使我国载人航天工程进入一个新的发展阶段。建造具有中国特色和时代特征的中国空间站，和平开发和利用太空，为人类文明发展和进步做出新的贡献，是我们航天人肩负的责任和历史使命。要实现这一宏伟目标，无论是在科学技术方面，还是在工程组织方面，都对我们提出了新的挑战。

以图书为代表的文献资料既是载人航天工程的经验总结，也是后续任务研发的重要支撑。为了顺利实施这项国家重大科技工程，实现我国载人航天三步走的战略目标，我们必须充分总结实践成果，并充分借鉴国际同行的经验，形成具有系统性、前瞻性和实用性的，具有中国特色的理论与实践相结合的载人航天工程知识文献体系。

《载人航天出版工程》的编辑和出版就是要致力于建设这样的知识文献体系。书目的选择是在广泛听取参与我国载人航天工程的各专业领域的专家意见和建议的基础上确定的，其中专著内容涉及我国载人航天科研生产的最新技术成果，译著源于世界著名的出版机构，力图反映载人航天工程相关技术领域的当前水平和发展方向。

《载人航天出版工程》凝结了国内外载人航天专家学者的智慧和成果，具有较强的工程实用性和技术前瞻性，既可作为从事载人航天工程科研、生产、试验工作的参考用书，亦可供相关专业领域人员学习借鉴。期望这套丛书有助于载人航天工程的顺利实施，有利于中国航天事业的进一步发展，有益于航天科技领域的人才培养，为促进航天科技发展、建设创新型国家做出贡献。

2013 年 10 月

序

  进入 21 世纪，世界各国的航天活动呈现出蓬勃发展的新态势，空间已成为人类在新世纪积极开发与探索的重要领域。同时航天技术的发展与军事应用联系紧密，相互促进，航天科技的实力不仅体现了综合国力，也具有极其重要的政治意义。我国的航天事业近年来也处于繁荣、快速发展的时期，特别是天宫二号与神舟十一号载人飞船交会对接任务获得圆满成功、跟踪和数据中继卫星的发射、卫星导航系统建设取得标志性进展，以及民用测绘卫星成功发射，标志我国航天科技空间活动踏上了新的征程。未来五年，我国将加强航天工业基础能力建设，超前部署前沿技术研究，继续实施载人航天、月球探测、新一代运载火箭等航天重大科技工程等，进一步提升我国航天事业和工业的发展水平。而运载火箭作为航天基础运输工具，是所有空天计划得以实现的基础保障。

  运载火箭系统繁多、工程浩大、涉及学科繁杂、制造工艺难度高，是典型的高度集成的复杂装备产品。面对新形势下运载火箭研制技术难度高、任务重、时间紧的局面，如果还应用传统的研制模式和技术手段，是无法适应新形势的需求的。数字化技术及其工具手段，能有效提高研制效率，为确保型号可靠性、解决影响运载火箭研制周期的问题提供一条行之有效的道路。

  本著作以航天工程基础保障的运载火箭为载体，将数字化建模技术、数字化设计技术、数字化仿真技术、数字化工艺与制造技术、数字化协同管理以及支撑运作的平台技术等综合性地融入运载火箭研制的业务全过程，从而形成了数字化工程较为完整的技术体系和基于行业应用的实例化典型案例。这些成果既突显了复杂航天产品高、精、尖的行业特点，又彰显出信息技术强大的渗透力。

　　本著作凝练了新一代运载火箭数字化研制过程中的创新成果和实践经验，为航天型号后续的数字化工作和发展提供支持；同时，为我国创新驱动的工业发展发挥积极作用。

2016 年 11 月

前　言

2015 年 9 月 20 日长征六号运载火箭一箭二十星的成功发射，标志着我国新一代运载火箭开始投入应用，同时原有成熟的火箭型号也承担着高密度发射的任务。航天任务的快速增加，以及众多不同的飞行目的的需求，对运载火箭的设计、制造、试验等所采用的技术方法和组织模式提出了新的挑战。通过学习研究欧美航空航天企业先进的研制模式，借助于快速发展的计算机、软件、数据库、网络等技术所形成的信息化、数字化技术手段与能力，在新一代运载火箭的研制中尝试开展数字化协同研制，初步形成了一定的数字化研制能力和研制模式，进一步提升了型号的研制效率，控制了研制质量。

对于运载火箭等复杂航空航天装备的数字化研制技术，所涉及的专业学科非常多，形成了各种各样的应用方法和模式。我们认为有两种数字化研制模式是具有里程碑意义的，一是美国波音公司从 20 世纪 90 年代开始，为了研制波音 777 等新型飞机，应用 PDM 实现三维 CAD 设计和受控，组建了 IPT 设计制造协同工作组，牵头研究推动了 MBD 技术发展，为实现基于三维模型的设计制造一体化打下了重要基础；二是 1994 年 NASA 的喷气推进实验室（JPL）组建了多学科并行协同论证中心，不同专业学科的专家集中在同一环境内开展多学科并行协同的研究论证，借助于网络、软件、语音、视频、数据存储共享等技术，实现了航天任务的评估与方案优化论证的"快、好、省"。众多装备制造业通过学习研究此类数字化技术模式，逐步形成了研制规范、积累了专业知识、拓展了应用领域、促进了型号产品的创新和发展。

　　随着新一代运载火箭的研制及发射成功，有必要对研制过程中基于数字化技术的工作模式，积累的知识、经验甚至教训等进行分析总结，以期在未来新的航天型号研制中，信息化、数字化技术能发挥更大的作用，产生更大的效益。本书是在学习研究国内外同行数字化技术的基础上，以我们承担新一代运载火箭的数字化研制为主要工作实践，分别从数字化设计、仿真分析、工艺制造、试验管理，以及数字化支撑平台技术这几方面进行了总结论述，同时对知识工程的应用也进行了概述。本书可供从事运载火箭及飞行器数字化研制的工程技术人员，以及高校相关专业的师生参考。

　　全书共10章，第1章概论，对航天型号数字化技术的研制历程进行了概述，介绍了国内外航天型号数字化技术的建设应用现状，由李少阳编写；第2章运载火箭的系统组成与研制流程，介绍了运载火箭的发展历程，概述了火箭数字化研制流程，由张卫东、刘靖华编写；第3章数字化设计技术，介绍了自顶向下设计方法，以及结构件、管路、电缆的数字化设计方法，由吴辉、郑宇、秦英明、陈鸣亮、王金童编写；第4章基于模型的运载火箭设计技术，对MBD技术方法在火箭结构件设计中的应用进行了系统介绍，由张卫东、郑宇、吴辉、陈若飞编写；第5章数字化仿真技术，对仿真体系建设、力学仿真、人机工程仿真等方面进行了介绍，由刘靖华、毛玉明、唐玉花编写；第6章数字化工艺与制造技术，对三维数字化工艺、数字化加工制造、制造资源计划管理、制造执行系统等方面进行了介绍，由程辉、郑宇、王炜编写；第7章数字化协同设计平台技术，对数字化协同设计平台技术、基于CMII的型号产品工程变更控制技术、图文档生命周期管理技术、跨厂所的数据会签发放技术、协同设计平台应用等方面进行了介绍，由郑宇、陈若飞编写；第8章多学科协同仿真平台技术，从仿真平台的概念及主要内容、仿真平台应用案例、运载火箭总体多学科协同仿真分析平台应用等方面进行了介绍，由张卫东、李少阳、刘靖华、杨浩强编写；第9章试验数字化管理技术，从数字化试验的概念及主要内容、国内外航空航天的试验数字化案例、运载火箭试验数字化平台应用等方面进行了介绍，由李少阳、李峰编写；第10章知识工程系统的应用探索，从知识工程基础理论、主流知识管理软件系统、运载火箭知识工程体系应用探索等方面进行介绍，由郑宇、李少阳编写。

由于编者水平、经验有限，书中疏漏和不妥之处在所难免，敬请广大读者批评指正。

作　者

2016 年 10 月

目　录

第1章 概 论

　　航天科技是当今世界最活跃、发展最迅速、对人类社会生活影响最为深刻的战略性高科技领域之一，也是体现一个国家科学技术先进性的重要标志，对保障国家安全、推动社会经济发展、促进科技进步、提升国家综合实力具有重要的意义。中国航天科技工业一直坚持走具有中国特色的自主创新道路，从一片空白到跻身于世界航天大国的行列，经历了攻坚克难、勇攀高峰的发展历程，创造了以"两弹一星"和载人航天工程为代表的辉煌成就，不仅增强了国家经济实力、科技实力和国防实力，也为促进社会进步和发展做出了巨大的贡献。

　　长久以来，"以纸质为核心"一直是航天领域研发、设计、制造、试验的最主要手段，也曾经是唯一的手段。然而，随着计算机技术、网络技术和信息化应用技术等科技的发展，以纸质管理为中心，通过纸质传递开展协作的产品研制方式已逐渐变得落后，也无法满足航天任务更加复杂、系统更加庞大、研制周期更加紧迫，以及高密度发射等各类新需求和新挑战。面对新时期的任务需求和发展战略，通过建设应用信息技术，发展数字航天，铸造国际一流的宇航工业体系，是中国航天追求的宏伟目标。通过大力发展数字航天，可以在一些重要的领域和技术前沿，拥有自主创新能力和自主知识产权，全面提升我国航天科技工业的核心竞争力和整体能力，实现我国航天科技工业的跨越发展。产品数字化研制和信息化管理是我国航天工业在新时期快速、持续发展的重要基础支撑手段，也是确保我国各项航天工程顺利实施的重要保障，对于确保国家空间安全、加速空间资源开发、持续提升航天企业的科技水平和竞争能力、最终建成国际一流的宇航企业具有重大意义。

1.1　产品数字化研发概念

数字化是以数字信息的生成、修改、传输、使用、分析、储存等为基础，以数字样机为核心，以单一数据源管理为纽带，在设计、分析、制造和试验过程中用数字量替代模拟量，用数字技术改进和完善传统技术，并以数字信息作为设计、制造和试验的统一数据依据。数字化技术的应用对企业开展产品研发、设计、制造、试验等工作所带来的模式和标准上的变化及影响是巨大的。通过先进的数字化技术在航天型号研制任务中的应用，可以有效提升面向用户需求的市场应变能力，提升产品研发、设计、制造及试验验证能力，缩短研制周期，降低研制成本和风险。产品研制应用到的数字化技术涉及的范围较广，目前主流概念包括：

（1）计算机辅助设计（CAD，Computer Aided Design），是指运用计算机软件制作并模拟实物设计，展现所开发产品的外形、结构、色彩、质感等特色的过程。目前，航天企业都已采用了三维CAD设计技术，通过三维CAD设计及二维CAD出图的方式或基于MBD（Model Based Definition，基于模型的定义）技术的三维CAD设计模型驱动工艺、加工制造、装配、检测等工作的开展。

（2）计算机辅助工程分析（CAE，Computer Aided Engineering）：就是应用计算机、工程软件、相关知识等，对产品有关学科领域或系统的性能或功能进行计算、分析、优化及仿真验证。目前，产品的设计和仿真分析技术已从静态、线性分析向动态、非线性过渡；从经验类比向最优设计过渡；从过程人工控制计算向过程自动控制计算过渡；从近似计算向精确计算过渡。在产品的整个生命周期中，从方案论证到工程设计，到加工制造，到试验验证，再到运行维护等各个阶段，工程计算、仿真分析技术的应用无处不在，发挥的作用也越来越重要。

（3）计算机辅助工艺规划（CAPP，Cumputer Aided Process

Planning），是利用计算机来进行零件加工工艺过程的制订，把毛坯加工成工程设计所要求的零件，这一过程称为计算机辅助工艺规划。它是通过向计算机输入被加工零件的几何信息（形状、尺寸等）和工艺信息（材料、热处理、批量等），由计算机自动输出零件的工艺路线和工序内容等工艺文件的过程。其内容主要有：毛坯的选择及毛坯图的生成、定位基准与夹紧方案的选择、加工方法的选择、加工顺序的安排、通用机床/刀具/夹具/量具等工艺装备的选择、工艺参数的计算、专用机床/刀具/夹具/量具等工艺装备设计方案的提出、工艺文件的输出等。

（4）计算机辅助制造（CAM，Computer Aided Manufacture）是指在机械制造业中，利用计算机通过各种数字控制机床和设备，自动完成离散产品的加工、装配、检测和包装等制造过程。其核心是将计算机应用于制造生产过程或系统，比如根据 CAD 模型自动生成零件加工的数控代码，对加工过程进行动态模拟，对生产作业任务进行多级分解和资源分配，并对生产任务执行过程进行监控，对生产过程各类参数和质量数据进行采集和管理等。

（5）产品数据管理/产品全生命周期管理（PDM/PLM，Product Data Management/Product Lifecycle Management）是在 CAD、CAM 的应用不断深入的基础上发展而来的。PDM 是面向产品研发过程，以产品数据结构为组织形式，实现对产品数据的生成过程、演化过程、使用过程和归档过程的管理软件。PLM 是在 PDM 的基础上发展而来的，支持企业创建、管理、分发和使用覆盖产品全生命周期的定义信息，集成了人、过程和信息，逐步成为企业产品信息管理的核心平台体系。PLM 是一个企业级的信息基础框架，它提供了产品单一的信息源和一致的信息管理机制，保证正确的人在正确的时间，以正确的格式访问到正确的信息。

（6）企业资源计划（ERP，Enterprise Resource Planning），以企业运营管理经济指标的最优化为导向，以信息技术为手段，对企业所拥有的人、财、物、生产、销售、时间和空间等资源进行综合平衡和优化管理的一种技术方法。ERP 技术用以协调企业各生产管理部门，围绕市场导向开展业务活动，提高企业的核心竞争力，从而取得最好的经济效益。

（7）制造执行系统（MES，Manufacturing Execution Systems），是定位于上层的计划管理系统与底层的工业控制之间的面向车间层的管理信息系统，旨在加强 MRP 计划的执行功能，把 MRP 计划同车间作业现场控制，通过执行系统联系起来。这里的现场控制包括 PLC 程控器、数据采集器、条码、各种计量及检测仪器、机械手等，提供计划的执行、跟踪以及所有资源（人、设备、物料、环境等）的当前状态等信息。制造执行系统能够帮助企业实现生产计划管理、生产过程控制、产品质量管理、车间库存管理、项目看板管理等，提高企业制造执行能力。

1.2　航天型号数字化研制发展历程

自 20 世纪六七十年代开始，我国在航天型号研发中就开始应用计算机进行一些工程计算分析工作。1992 年我国启动载人航天工程以来，信息化技术在航天型号研制中应用的领域越来越广，应用的程度也越来越深，对航天型号研制的效率、质量、成本等方面的影响也越来越大。三维数字化建模、数字化虚拟装配、力、电、光、热、控制等学科数字化仿真分析、数字化工艺、数字化加工等信息技术的应用，为提升我国航天型号的研制能力、建设航天大国打下了重要的技术基础。

2000 年以来，航天产品各研制单位都有意识地加大了信息化能力的建设与应用，主要集中在型号研发、创新管理、流程优化、工程应用等方面。由于航天产品数字化研制技术的复杂性，型号数字化研制能力的提升是一个不断学习、研究、建设与应用持续发展的过程。从最初引进和应用 CAD、CAE、CAM 等技术，到后来的基于 MBD 技术的设计制造一体化、多学科协同仿真分析、数字化车间，再到 PDM/PLM、ERP、MES 的应用和集成，这 20 年来我国航天型号的研制过程，就是对信息化、数字化技术的学习研究和能力建设应用不断深入、发展和提升的过程。

以 CAD、CAE、CAM 等为代表的结构数字化技术的快速发展，协同设计技术和专家知识库系统的建设完善，为进一步优化航天型号的结构设计提供了有力的支持。目前，航天型号的结构设计已实现了从静态设计过渡到整体复杂多维的动态设计（疲劳断裂设计、损伤容限设计、安全寿命设计），从经验设计过渡到数值模拟和仿真分析设计，从单个部段孤立设计的模式向多个部段或整型号关联设计模式转变，由单个部段的优化设计转变成型号产品的整体优化设计，并与气动计算、载荷计算以及产品型号的模态特征分析等逐步合为一体，以最大限度地优化结构、减小质量。从严重依赖设计人员个人的技术水平，向逐步降低对设计人员个人技术水平依赖程度的方向发展。

数字化仿真分析技术在型号研制过程中发挥着越来越重要的作用。如在火箭的装配仿真方面，基于各类试验状态的三维数字样机，开展了型号各部件虚拟装配过程，完成装配干涉检查（包括静态干涉检查、动态干涉检查和运动干涉检查）、可装配性分析、人机工程分析、装配流程规划，在实施产品实物装配之前对产品的空间协调性、可装配性、可维修性等进行验证，并进行人机功效测试。在火箭的分离仿真方面，对国内外热分离仿真采用的主要技术方法以及相关商业仿真分析软件的技术特点等进行了一定规模的研究、探索和建模应用，这些工作在较大程度上保证了热分离仿真系统建设方向的正确性。在此基础上进行的气动、姿控、多体运动学的建模工作，以及仿真系统的原型开发工作，有效提升了火箭总体相关专业仿真分析的建模能力，进一步完善了型号仿真知识库。

各航天型号制造企业基本都已建立工艺协同管理平台和科研生产管理系统。协同 PDM 平台已实现设计制造一体化的技术路线打通，ERP 平台已实现生产运行，在信息技术的支撑下，运载火箭等航天型号产品在制造方面形成了一套完整的生产过程技术状态控制体系和质量管理体系。但运载产品型号的生产试制的信息化管理还存在很多不足，如生产计划只是厂级计划大节点管理，没有实现车间详细生产计划的分解和管理；生产过程中所需的输入信息数据、生产过程中产生的结果数据没有反馈到相应的生产管理系统中；整个生产过程的资源、生产成本、质量还没有有效管理；生产管理还不能适应小批量、多品种的灵活的生产组织管理方式；整个生产过程没有闭环管理。目前的应用还是局部、单点的应用，应用的深度和广度有待进一步拓展。

1.3 航天产品数字化研制专业应用领域

1.3.1 面向型号研制的数字化技术发展框架

近十几年来，航天领域在 CAD/CAE/MDO/CAM/PDM/ERP 等单项数字化技术的应用方面，已经积累了丰富经验，型号研制正处于由传统模式向数字化协同研制模式转变的关键时期。从建设数字化研制体系的全局出发，根据航天数字化技术的应用现状和未来需求，航天型号数字化技术应用框架如图 1-1 所示。

面向航天型号研制的数字化技术发展框架分为四个层次，分别为应用层、产品样机层、平台及系统层，以及资源层。

型号样机层涵盖型号产品全方位特性的数字化表达，为数字化研制提供单一数据源；平台及系统层由支持不同任务的平台系统组成，提供集成化的数字化协同工程环境；资源层涵盖型号研制所需的各类数据、模型、知识等信息，提供基础性的资源支撑；应用层涵盖型号研制的各个阶段，以型号数字样机为核心，在平台层的支持下开展型号的协同研制。

应用层以型号数字样机为核心，贯穿型号从需求到设计制造乃至交付使用的产品全生命周期内的各个阶段。在型号可行性论证阶

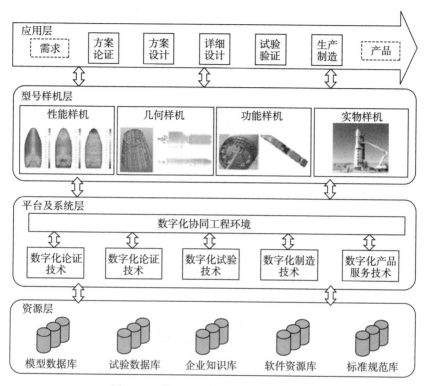

图 1-1 航天型号数字化技术应用框架

段，采用需求分析、功能分析、系统组成分析以及权衡分析等量化技术开展系统论证工作，形成多种原理性方案；在方案设计阶段，以总体功能和性能设计为主、结构设计为辅，利用数字化技术提高方案设计的快速反应能力；详细设计阶段以几何样机为基础，通过数字化仿真分析技术建立高精度的功能模型和性能模型，对型号进行各个层次的功能和性能验证；试验验证阶段建立虚拟试验样机，开展系统级虚拟试验验证，最大限度地减少实物试验的数量；生产制造阶段以数字化样机为基础数据，开展型号制造过程数字化仿真，配合先进的数字化资源调度和管理技术，建设数字化工厂；产品服务以型号实物样机的数据为基础，开展型号服役使用过程故障分析、维护维修服务管理等。

　　型号样机层通过性能样机、几何样机、功能样机等从多角度共同描述产品多方面的特性。随着型号研制进程的不断推进，数字样机包含的内容逐步丰富、颗粒度逐步细化，功能样机和性能样机从最初依赖经验和大量假设的低精度模型，转化为以几何样机为基础的高精度模型，几何样机从总体结构方案布局过渡到总体方案骨架，最终细化为详细设计模型，并延伸到试验和制造阶段。

　　平台及系统层通过对各单项技术的整合与集成，形成可支撑型号协同研制与管理的数字化平台体系。在单项技术成熟应用以及系统集成应用的基础上，建设型号产品专业化的协同研发环境，重点打造系统论证平台、数字化设计平台、数字化试验平台、数字化制造平台及数字化协同工程环境，支撑型号面向全生命周期的研制任务。

　　资源层涵盖型号研制所需的各类数据和资源，主要包括模型数据库、试验数据库、企业知识库、软件资源和标准规范等。通过数据的集成和资源的集中管理，建立一套可支撑产品全生命周期研制需求的、所有参与者都能正确理解的信息和数据体系。

1.3.2　数字化技术应用领域

　　航天型号研制是一项庞大、复杂的系统工程。在型号研制及使用的全生命周期中，覆盖方案论证、方案设计、初样设计、正样（试样）设计、系统装配测试发射、飞行试验与维护等几个不同的阶段，航天型号产品的生命周期如图 1-2 所示。

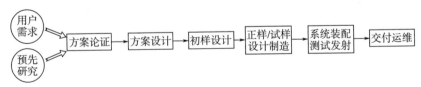

图 1-2　航天型号产品的生命周期

　　在航天型号产品生命周期的每一个阶段，基本都遵循一个 V 字形的研制体系架构，如图 1-3 所示。以型号处于初样阶段的研制为例，对 V 字形研制体系架构作简要说明。在 V 字形的左侧自顶向下分别是：系统需求分析、系统设计、分系统设计、零部件设计，最底层是零部件采购制造。在 V 字形的右侧自底向上分别是：零部件检验/测试、分系统集成测试、系统集成测试、系统运行维护。

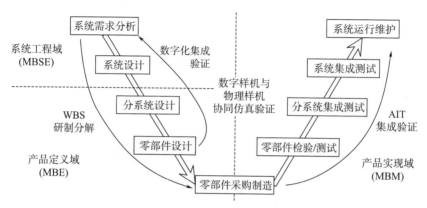

图 1-3　数字化技术在航天型号研制阶段的应用和支撑

　　V 字形左侧自顶向下是一个逐步分解 WBS（Work Breakdown Structure，工作结构分解）过程。应用数字化工具和技术，完成底端零部件的设计和仿真验证，将这些经过计算分析验证的零部件逐步向上集成，分层级集成为数字化的单机、数字化的分系统、数字化的系统等表示不同层级功能性能的数字样机。应用这些不同层级的数字样机或数字模型进行仿真分析，验证设计是否满足不同层级提出的设计要求。通过 V 字形左侧自顶向下设计过程的分解、零部件的数字化设计，以及左侧自下向上集成为不同层级的数字样机并进行仿真验证，实现数字化的闭环，可以在实物样机生产之前就对设计的质量特性和产品的功能性能进行较大程度的验证和确认，缩短研制周期，并节省一定的物理样机成本。

　　V 字形右侧自底向上是一个在零部件加工生产、重用或采购的基础上，分层级向上逐步集成的过程，分别形成单机实物样机、分系统实物样机、系统实物样机等，通过对这些不同层级实物样机分别进行测试和试验，来验证设计阶段不同层级的设计要求及相应的设计指标，在不同的层级形成相应的研制闭环。如果应用左侧某些层级的数字样机和右侧某些层级的实物样机，还可以构建针对有关功能性能测试验证的半数字、半物理仿真系统。

通常我们把 V 字形的研制过程划分为三个区域：覆盖系统需求、系统设计的系统工程域 MBSE（Model Based System Engineering，基于模型的系统工程），该域应用的数字化工具主要是 CAE 等；覆盖分系统设计、单机设计、零部件设计、零部件制造的产品定义域 MBE（Model Based Engineering，基于模型的工程），该域应用的数字化工具主要是 CAD/CAE/CAM/CAPP/PDM 等；覆盖以实物样机为主的零部件验证、单机验证、分系统验证、系统验证的产品实现域 MBM（Model Based Manufacturing，基于模型的制造），该域应用的数字化工具主要是 MES/ERP 等。

（1）数字化论证技术

航天型号研发是一项庞大、复杂的系统工程，前期的预研和系统论证工作直接决定着型号研发的品质和产品全寿命周期的大部分费用。按照系统工程国际委员会（INCOSE）在 2006 年发布的《系统工程手册》中给出的研究结论，在复杂大型装备制造业产品全寿命周期中，前期预先研究和方案论证阶段工作的成本占产品全寿命周期总成本的 8% 左右，但这一阶段的工作却决定了型号全寿命周期费用 70% 的投向。所以，预研和系统论证是一项花费少、效益高、意义重大的工作，在型号装备发展和研制中起着主导和关键性作用。

目前国内装备制造业采用的预研和系统论证方法还是以"专业经验＋人工研讨"的工作模式为主。定性分析多、论证周期长、量化分析不足、缺少整体论证框架，很难适应新形势下的型号系统论证需求。实施数字化论证技术，需要成立总体、专业学科、计划、财务联合课题组，研究和优化现有的航天型号系统工程的技术、规范和流程，借鉴国内外数字化技术的先进理念，开展需求分析、成本估算、风险分析、多方案优化权衡等系统论证技术研究，创建一套适应型号研发的数字化论证方法，打造数字化论证平台，是未来数字化论证技术的应用方向和重点。

（2）数字化设计技术

在我国目前的运载火箭和航天器研制中，具备了一定的数字化设计手段和管理条件，但仍然是单个部段孤立设计的模式。随着CAD/CAE/PDM 等数字化技术的不断发展，火箭的结构设计正逐步从单个部段孤立设计的模式，向数个部段或全箭的强度连续和刚度连续结构设计发展。在数字化设计领域，CAD＋MBD＋PDM 技术以及采用 IPT 方法是当前发展和应用的主流技术，国外多个航天研究中心都广泛地建设和应用了这一技术，国内很多航天设计院所也正在研究和建设相应的数字化协同设计技术能力。通过应用由 PDM 支撑的 Top－Down 技术、快速骨架模型技术，以及基于三维模型标注的 MBD 技术，实现由三维模型驱动生产企业的工艺规划、数控加工制造等过程，可显著地提升型号的研制效率和产品质量。

（3）工程计算与仿真分析技术

工程计算与数字仿真分析是运载火箭等航天型号研制中应用最广泛的技术之一。运载火箭的研制是一项多学科协同的系统工程，火箭的许多工作状态在地面应用物理样机无法进行充分的模拟验证，必须借助数字仿真技术和虚拟验证技术才能进行虚拟的模拟和仿真。工程计算与数字仿真技术在火箭的研制中发挥着非常关键的作用，其应用领域及范围包括：

1）总体任务仿真：对火箭或飞行器的飞行过程及各种工作状态进行仿真，供用户决策；同时仿真优化出的参数可作为各个分系统的研制输入。

2）型号研制的总体性能仿真：包括飞行弹道仿真、空气动力学仿真、装配仿真、工作流程仿真等。

3）各工作阶段的机构运动与控制仿真：对型号在飞行过程中的各种结构运动（如分离等）及控制过程的功能仿真。

4）各种力学仿真分析、结构强度仿真分析。

5）各种故障模拟仿真等。

（4）试验数字化管理技术和虚拟试验技术

随着航天研制任务的不断增多，所要进行的试验次数也在不断增加。试验活动和内容的剧增导致了大量有价值的试验数据的迅速积累，试验人员常常需要花费大量的时间从海量的试验数据中寻找需要的试验数据。同时，根据已有试验数据进行虚拟仿真和试验模型的验证与确认，通过虚拟试验手段进行真实试验的结果预示与分析，完成现有条件下很难进行或者无法进行的真实试验的虚拟试验验证是新一代航天产品研制必须采用的技术手段，也是提高设计效率和降低研制成本的重要环节。因此试验数字化管理必须要包含三个方面，一是对复杂多样的试验数据进行有效管理，实现试验数据的积累和共享；二是利用多种方法和手段，对积累的试验数据能够进行比较、分析，实现对型号设计的正向反馈，提高历史试验数据的利用；三是通过虚拟和仿真的手段，提高虚拟试验的准确性，从而减少实物试验的次数。

虚拟试验是以航天产品试验验证过程为背景，紧密围绕航天产品飞行过程中面临的复杂环境和各系统在有关条件下的工作过程以及相互之间的耦合和反馈关系，充分利用虚拟试验样机（VTP，Virtual Testing Prototype）技术构建一个分布式的、虚拟的、支撑航天产品关键系统级试验验证的虚拟试验平台；并在此平台上构建系统级试验验证应用，为航天产品的设计性能提供全面的试验数据管理和分析手段。

（5）数字化制造技术

当前，航天产品数字化制造手段的应用水平差异较大，数控加工在大多数航天制造企业得到了应用，虚拟制造和柔性制造等在个别航天制造企业得到了初步应用，大部分生产企业还是采用传统的制造方式和手段，企业资源管理和资源调配手段、工艺规划水平都有待提高。以数字化技术为基础的制造体系尚未形成，产品制造过程管理和数据集成水平有待提高。

由于数字化与机械自动化的融合不够，没有建立完善的数字化生产组织管理模式，对各基础专业制造资源的有效整合、利用不够，存在能力孤岛和设备利用率不高等问题，没有充分发挥资源的最大效能，未能实现柔性敏捷制造。

在数字化制造方面，尚处于由二维研制模式向三维研制模式过渡的阶段，前期虽开展了一定的关键技术研究工作，但还未全面打通产品的三维制造链路，三维数字化制造技术还未深入产品工艺设计、工装设计、产品制造、产品检测等研制生产全过程，尚未形成统一的三维数字化制造平台和制造模式。

新一代航天器的全面数字化制造及总装能力要求构建强有力的数字化生产能力，未来的应用方向包括：基于 MBD 的快速工艺设计和虚拟装配系统，工装快速设计集成研发系统（技术），基于 MBD 的三维制造管理系统，基于 MES 的制造全过程质量信息监控、采集、管理与分析系统（技术），型号总装总测自动化和可视化系统（技术）等。

（6）协同工程环境

传统的航天产品研制以顺序串行的工程方式为主，当最终产品的可制造性、可装配性或可维护性不能很好地满足用户需求时，就需按照产品开发流程重新回到产品的设计阶段，进行重新设计，这使得产品开发过程变成了设计、加工、试验、修改设计的大循环，而且可能多次重复这一过程。过程中所有更改都需要通过人工协调来解决，导致设计改动量大、产品开发周期长、成本高的局面。协同工程环境是把产品开发看成一个整体、集成的过程，从全局优化的角度出发，对集成过程进行管理与控制，通过组织多学科产品开发队伍，采用集成、并行的产品开发流程，利用网络通信及计算机辅助设计工具，在产品开发的早期阶段能及早考虑下游的工艺、制造、装配、检测、维护等各种因素，实现产品开发的相关过程动态交互，建设支持协同研制的基础工程环境，提高产品设计一次成功率，缩短产品开发周期，提高产品质量，降低生产成本，提高产品竞争力。

1.4　国外军工产品数字化技术应用现状

数字化技术作为先进设计制造技术的基础核心，国外自 20 世纪 70 年代以来，经历了从数字化单项技术应用（点）到型号研制全过程数字化（线）到数字化企业（面）的发展。目前，从联合攻击战斗机（JSF）、美国国家航空航天局的探测飞行器等项目研制所采用的数字化技术可看出，国外数字化技术的研究应用已经达到了较高的水平和规模。

1.4.1　多学科并行协同设计仿真技术的发展和应用

（1）并行协同设计仿真技术的建设应用

NASA 是数字化协同设计与仿真技术应用的先驱，1994 年 NASA 的喷气推进实验室（JPL）建设了集成协同设计环境 PDC（Product Development Center），将航天器研制中主要的系统、学科以数字化信息技术为支撑，形成相关的数字化设计与仿真验证能力单元，并将这些数字化资源集中部署在一个办公环境内，通过数据存储与共享服务器、网络、投影和语音等系统，形成航天器多学科协同论证与方案设计环境。该协同资源系统取得了一系列的成果，包括火星探测器等一大批深空探测器都是在该环境中论证立项的。洛克希德·马丁公司建立的 RCD（Rapid Concept Design），欧洲空间局技术中心建立的 CDF（Concurrent Design Facility）等协同设计仿真环境都类似于 JPL 的 PDC，该类集中式的协同设计仿真环境主要用于复杂型号协同论证阶段和方案设计阶段的前期。

欧洲空间技术中心（ESTEC）的并行论证资源环境 CDF（Concurrent Design Facility）是在 1998 年建立的，如图 1-4 所示，通过应用并行论证资源环境 CDF，ESTEC 完成了近 200 个各类航天器及相关任务的论证和优化立项。并行协同设计技术的主要思想是将不

图 1 - 4 ESTEC 建立的并行协同设计环境 CDF

同学科（结构、电子、轨道、软件等）的专家同时集中到一个专用的集中协同工作环境中，在该集中协同工作环境中，各领域工程师在使用各类数字化工具开展设计工作的同时，能够与其他专家实时地交换设计和分析结果，并行开展设计工作。在并行设计环境中，工程师能够及时知晓其他成员的设计想法和反馈，每个成员能清楚了解任务的目标，以及各种可行的方案哪些被采纳或被拒绝，这种方式得到的设计结果一般具有很好的鲁棒性，考虑了大量细节，花费的时间也大大减少。航天项目研发流程如图 1 - 5 所示。

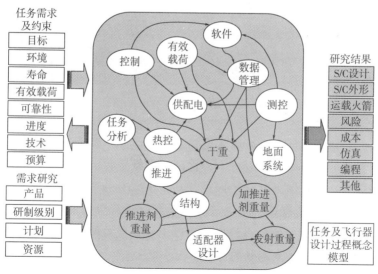

图 1 - 5 航天项目研发流程

CDF 已形成了便于数据管理、自动的工具/过程集成和执行，以及数据可视化与表达的能力。其主要的组成和功能包括：CDF 的应用阶段定位，主要用在方案论证阶段，在方案设计和初样设计阶段也有部分应用；多学科并行协同工作的流程；多学科团队的组成；设计仿真的各学科能力单元；CDF 的工作空间环境组成；CDF 的硬件及网络组成；CDF 应用的软件架构组成等。

集成的设计分析模型如图 1-6 所示。

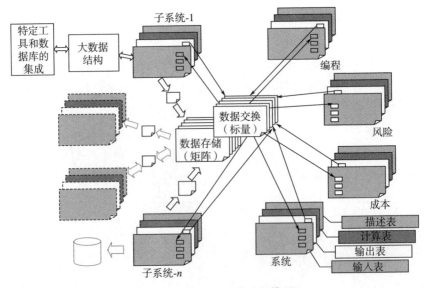

图 1-6　集成的设计分析模型

并行协同设计环境可极大地提高航天任务早期论证和设计的效率，并能有效地降低研发成本，这已经为欧美各宇航公司和研究机构所证实。在对国外并行协同设计环境进行充分调研的基础上，国内已有个别航天设计所建设了类似功能的并行协同设计仿真环境，开展了并行协同的论证设计应用，以更好地应对航天任务研制需求越来越高、周期越来越紧的挑战。

（2）X-43 集成设计与工程分析环境（IDEA）

X-43 模型示意图如图 1-7 所示。

图 1-7 X-43 模型示意图

在 NASA 的高超声速吸气式运载飞行器设计中，兰利研究中心开发了集成设计与工程分析环境（IDEA，Integrated Design & Engineering Analysis Environment）。IDEA 以自适应建模语言（AML，Adaptive Modeling Language）作为基础框架，为构建参数化的运载火箭概念设计和初步设计阶段的几何模型提供一个协同设计环境。在该协同环境中，将几何、组装、推进、弹道、空气动力学、气动热力学、引擎和机身子系统设计、热和结构分析、运载密封舱这些学科集成于一个可扩展的、参数化的、统一的标准计算模型，在这个模型中，不同学科之间的数据可以完全共享。在协同环境中，计划集成全生命周期分析工具来评估运载火箭可操作性、可靠性和成本。IDEA 将通过持续增强分析可靠性、扩展火箭类别或者融入先进的建模技术等方式来不断升级 IDEA 性能。

1.4.2 虚拟设计与仿真验证技术发展应用

目前国外国防工业领域在产品研制过程中都使用了虚拟样机技术，围绕三维数字化产品定义、多学科虚拟样机协同建模、特征参数建模、三维信息传递、产品装配仿真、分布式协同仿真等开展了深入研究和应用，取得了很大成效。

（1）NASA 虚拟现实及沉浸式环境技术应用

基于虚拟现实的设计技术主要包括虚拟样机协同可视化设计、基于沉浸式人机交互的虚拟修复仿真、基于人机工程的虚拟装配、虚拟现实环境集成与构建、虚拟评估等方面，已经日益成为国防武器装备设计验证的重要技术。NASA 艾姆斯研究中心一直是 NASA 虚拟现实技术研究的主要负责部门。在虚拟现实技术研究报告中，艾姆斯研究中心提出了三大发展主题：

1）远程探测：远程探测又称基于远程数据的高仿真度环境，使得操作者能够在该环境中进行有效的探测、设计和分析。

2）沉浸式环境：建立沉浸式环境支撑型号研制，并为科学教育和分享建立社区式环境。

3）基于人因感知的虚拟应用：把人的感受转换成数据，基于高速发展的网络技术，远端使用者的感受也能变得具有即时性，这使得虚拟协同设计成为可能；另一方面，这项技术能够使设计者从人因的角度对设计进行改进。

沉浸式工作环境如图 1-8 所示。

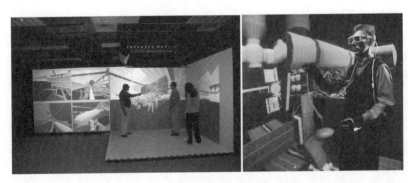

图 1-8　沉浸式工作环境

（2）数字化仿真技术在 NASA 重型太空运载系统研制中的应用

NASA 于 2011 年 1 月公布了太空技术发展路线图（STR）草案，指明了仿真技术未来发展方向。该路线图给出了建模、仿真、信息技术及信息处理技术等 14 个太空技术领域的分解结构，将分布式仿真、一体化系统全生命周期仿真、基于仿真的系统工程，以及基于仿真的培训和决策支持系统作为仿真技术的发展重点。

据 NASA 网站报道，NASA 先进超级计算部在艾姆斯研究中心的建模和仿真专家正在进行前沿仿真工作，以便为 NASA 的重型太空运载系统（SLS）提供重要的空气动力数据。

NASA 的太空运载系统是一种先进的重型运载火箭，具有全新的功能，可以将飞船送到地球轨道之外，进行科研和人类探索活动。2012 年 12 月 20 日，负责管理 SLS 开发的马歇尔航天飞行中心进行了初步设计评审，将于 2017 年进行首次飞行。SLS 将把猎户座多用途载人飞船以及重要的货物、设备和科研仪器运送到深空。

这些前沿仿真工作是在 NASA 的 Pleiades 超级计算机上进行的，它们对于实现 SLS 设计过程进度和成本的控制具有重要意义，同时还能确保最高的性能和安全标准。Pleiades 计算机每次仿真可以使用 300 个内核，通过 40 个小时的运算，在不到一周的时间内完成粘性空气动力数据库，其中包括数百次模拟。

在 SLS 的早期设计中，主要关注运载火箭在上升阶段的稳定性和对其的控制，并在整个任务过程中保持结构完好。在为制导、导航和控制以及结构载荷工作组提供必要输入信息的过程中，针对空气动力环境的特征描述具有重要作用。为了在建造运载火箭之前确定这些环境，在整个上升轨迹的选定点以及多个攻角下对 SLS 进行计算流体动力学（CFD）仿真。接下来，从 CFD 解中提取运载火箭上的综合和分布空气动力载荷，并作为轨迹和结构分析的输入数据，以便改进运载火箭设计方案。除了提供相关信息以修改 SLS 的外部形状以及内部结构部件之外，还提取了运载火箭具体部件的表面压力，并将信息提供给通风工作组。接下来，根据这些数据来确定运载火箭上哪些位置应采取合适的通风。

NAS 专家采用定制的代码模拟了不断变化的 SLS 运行火箭设计方案，并详细计算了在发射期间的空气动力流体、作用力，以及可能影响任务成功和安全性的相互作用。借助他们的分析结果，设计人员和工程师可以优化火箭的形状和轨迹，以达到更出色的性能，并分析运载火箭在上升过程中会遇到的结构应力、生热和振动的幅度。

　　CFD 仿真推动了早期的 SLS 设计决策，使得工程师能够在获得试验或飞行数据之前比较备选架构。通过团队的 CFD 分析，为初步 SLS 设计分析周期提供了一个重要的奠基石。对于每个周期而言，这种模拟都能快速提供调整轨迹、进行结构分析，以及其他重要研究所需的空气动力数据。随着设计方案趋于成熟，将使用越来越多的高灵敏度模拟来分析详细设计功能以及复杂的空气动力现象。

　　CFD 仿真结构为有限的风洞试验数据提供了补充，与单纯通过试验来获取数据相比，可以将分析条件和设计方案所需的成本和时间降低到几分之一。因为采用了 NASA 的超级计算机以及建模专业知识，所以通常在几天内就能完成 CFD 数据的周期运算，这极大地加快了设计流程，对于实现首次 SLS 发射的目标具有重要意义。

　　CFD 仿真有助于在尚没有可用风洞试验数据的情况下，尽早做出关键的 SLS 设计决策，并不断支持更复杂的 SLS 设计分析。相关人员对太空运载系统（SLS）进行了加电模拟，以分析基本压力和喷嘴铰链力矩。在图 1-9 中绘出了在切割面的压力系数等值线以及说明速度流型的流线。从羽流结构可以看出：欠膨胀 SRB 喷嘴产生了明显的钻石型激波结构，来自 SRB 头部的弓形激波与沿着核心级的边界层相互作用。

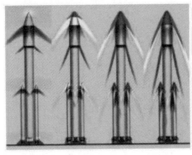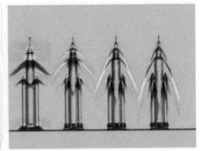

图 1-9　NASA 艾姆斯超级计算机对重型太空运载火箭的仿真过程

在尚没有可用风洞试验数据的早期设计阶段，通过 CFD 仿真，推动了 SLS 的关键设计决策。长期建模和支持活动对重要设计决策的影响很大，其中包括：

1) 从若干种运载火箭形状中进行向下选择；

2) 火箭的外模线（OML）；

3) 核心级和凸起的结构分析；

4) 核心级主发动机铰链力矩分析。

随着运载火箭趋于成熟，SLS 的 CFD 支持将不断进步，并将在推进器分离分析、核心级整流罩和主发动机布局等方面产生重要影响。

1.4.3 基于知识工程的设计技术发展情况

（1）NASA 喷气推进实验室提出企业知识管理高层次的思维构图

2010 年，美国 NASA 喷气推进实验室（JPL）提出企业知识管理高层次的思维构图，并指出军工企业作为自主创新研发的主题，更应该重视知识的管理和运用知识对型号研发的支持。基于知识工程的武器装备设计技术已成为国外国防工业发展的重点并呈现出以下几个方面的发展趋势：

1) 重视武器装备设计过程中知识管理与技术、人、过程的协调发展。

2) 继续加强对武器装备设计知识的获取、建模、存储、供应、共享等相关单点技术的研究。

3) 向基于知识工程的跨行业、跨地域、跨国界的武器装备协同设计方向发展。

4) 加强基于知识的智能化产品创新设计的研究。

5) 力求建立统一的基于知识工程的武器装备设计模式。

6) 加强知识管理与武器装备设计过程紧密集成。

（2）洛克希德·马丁公司应用知识工程技术

超/高超声速飞行器设计是一个多学科的系统，涉及热、弹道、结构、控制、气动、推进、成本、可靠性等方面。传统上，这些学科的分析是独立的，导致了飞行器设计过程的低效。洛克希德·马丁公司开发的超/高超声速飞行器设计（SHVD）系统将这些设计分析集成到统一的设计平台，在系统中内置了几何引擎，在设计过程中建立基于特征的参数化几何模型，支持各种布尔操作，建立复杂的飞行器外形和结构，并与各个专业的分析模块紧密结合，实现了需求—几何—分析—优化—数据管理的一体化自动设计过程，在概念设计阶段就能对设计方案作出快速评估。

超/高超声速飞行器设计系统还在设计平台中引进了知识工程技术，在产品和过程设计中运用各个学科领域的知识，实现在特定知识领域中的信息和策略的可重用和可继承，专业模型可以独自捕获和处理各自学科知识，推动多学科协同和并行工程，实现集成的工程仿真分析和寻优，为跨大气层运载器的设计与仿真提供环境。SHVD 系统管理并使各设计、分析与仿真工具（包括气动、气动加热、热防护系统、推进系统、弹道分析、结构重量优化与费用计算等）之间的数据交换自动化。同时 SHVD 系统采用了开放式的框架环境，易于扩展其他一些功能。

超/高超声速飞行器仿真分析如图 1－10 所示，超/高超声速飞行器有限元网络模型及飞行器外形如图 1－11 所示。

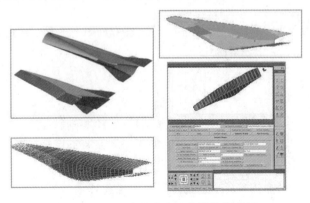

图 1－10　超/高超声速飞行器仿真分析

(a) 超/高超声速飞行器有限元网格模型　　(b) 超/高超声速飞行器外形

图 1-11　超/高超声速飞行器有限元网络模型及外形

1.4.4　数字化制造技术发展及应用情况

随着计算机信息技术和网络技术的发展，美国首先在航空领域研究并采用了数字化装配技术。这项技术以全面采用数字化产品定义、数字化预装配、产品数据管理、并行工程和虚拟制造技术为主要标志，从根本上改变了传统的飞机设计与制造方式，大幅度提高了飞机设计制造技术水平。洛克希德·马丁公司在研制 JSF 战斗机 X-35 过程中，运用数字化装配技术把装配顺序和装配好的部件状态投射到正在装配部件的上方，让工人方便直观地进行装配工作，无须再细读图纸，翻阅工艺文件，使装配周期缩短 50%，成本降低 30%～40%。

全三维概念源于国外的基于模型定义 (MBD) 技术，它将三维制造信息 PMI（Product Manufacturing Information）与三维设计信息共同定义到产品的三维数字化模型中，使 CAD/CAM（计算机辅助设计、制造、装配、测量、检验等）实现高度集成。全三维信息模型以三维模型为载体，在统一的产品设计技术规范定义下，集成几何属性、非几何属性、管理属性等信息，作为设计、指导生产制造和装配、检测的单一数据源。目前在航空领域以波音为代表广泛采用 MBD 技术和三维制造技术。基于 MBD 技术，解决了由 3D 实体模型直接用于车间制造的几个重要问题：

1）3D 模型的可制造化；

2）3D 设计向 3D 工艺的转换；

3）将 3D 的产品和工艺信息向制造作业的工人传递；

4）制造作业现场的数字化数据采集和反馈；

5）生产制造质量数据的数字化管理。

在产品信息化研发技术的发展过程中，以 2D 为基础的传统研制方法向以全 3D 为基础的新研制模式的过渡，是数字化技术发展推动研制方式转变的必然趋势。

1.4.5　数字化试验技术发展及应用情况

（1）国外试验数字化管理发展历史及现状

近 20 年来，欧美等国的装备研制试验的深度和广度不断增加，对数字化试验手段的重视程度也与日俱增。装备研制中从部件到整机要经过"设计—试验"的多个循环，甚至投入使用后仍进行试验以促使改进，在型号研制费用中，试验费用普遍占到 30%～50%甚至更多，因此极其依赖试验手段。

在发达国家，数字化综合试验平台被军工型号研制厂商广泛采用。美国的洛克希德·马丁、ASE、GE 等公司，加拿大的 MDS 公司、加拿大航空公司，英国 Sigma Aerospace 公司，以及跨国集团 EADS 等，都有集测量、控制、处理、管理于一体的数字化试验系统。活跃在试验测试领域的公司推出了众多的试验数采分析产品，例如安捷伦的 VEE，NI 的 LabVIEW、LabWindow、TESTStand，LMS 公司的 VisualLab，MTS 的 eTim，Intespace 公司的 Dynaworks 等，这些产品可以组成多种数字化试验系统。

上述试验平台的显著特点是，在诸多方面充分利用了当今信息化技术的先进成果，包括网络技术、中间件技术、数据库技术、数据处理技术、系统集成技术和知识工程技术。先进的试验平台的技术特点主要包括以下方面：

1）试验项目、流程、资源的综合规划；

2）试验测控系统的综合集成；

3）本地和远程的试验监控；

4）试验数据库结构设计及试验数据高效入库；

5）高效试验分析评估及自动报告；

6）试验知识的获取及应用；

7）试验与设计的协同及虚拟试验应用；

8）基于 Web 和智能客户端的试验业务管理等。

（2）试验数字化管理平台的技术发展趋势

综合当今国际上的试验平台的技术和应用的动向，可以预测出国际上试验平台的发展趋势有两点：其一是加深与设计平台、仿真平台的协同，包括实现协同设计仿真和虚拟试验等；其二是试验平台本身的数字化、集成化、专业化和规范化。最终，试验平台将发展成为下一代产品综合研发体系中的一个有机的组成部分，如图 1－12 所示。

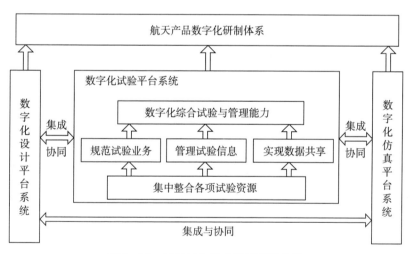

图 1－12　试验平台技术发展应用趋势

通过试验数字化管理平台系统的建设应用以及数字化试验技术的研究和应用，实现数字化管理，就是把先进的试验测试技术和最新信息技术紧密结合起来，实现试验管理手段的电子化、试验监控手段的软件化和数字化。实现集成化管理，就是把试验业务范围内的各种资源综合集成到一个平台上，实现试验规划、方案、监控、分析、总结等各环节的顺畅进行，并实现完整的信息收集。实现专业化管理，就是紧密围绕各种试验专业的需求，进行业务系统的规划，定义试验数据模型，实现的试验管理功能包括试验准备、实施、分析处理、试验评估等。实现规范化管理，就是建立起试验知识（算法、参数模板、规范标准等）的积累、查询、应用的技术途径，按照试验标准和规范，充分利用已有的知识成果，建立起规范化的试验流程，指导试验正确进行。

1.5　国内航天产品数字化技术应用现状

在国内，数字化技术研究与应用开始于 20 世纪 70 年代末、80 年代初。在国家"863"、"973"等重大项目的支持下，各研究院所、高等院校和航空航天等军工企业在数字样机、多学科优化设计、并行工程、企业信息集成技术、虚拟制造等方面开展了大量理论和应用研究。

（1）数字化单项技术普遍应用

以 CAD、CAE、CAPP、CAM 等为代表的数字化单项技术在产品研制中的应用已较为普及，实现了整机或部件、零件的三维数字化设计。基于数字样机实现了虚拟装配、机构运动仿真、装配干涉检查等，大量采用有限元分析、性能仿真、工艺仿真等手段，提高了产品设计水平，缩短了研制开发周期。但应用以单点和示范性研究为主，信息孤岛现象仍普遍存在。

（2）集成与协同技术应用初见成效

在工业领域，CAD/CAPP/CAM 集成、并行工程、敏捷制造、精益生产等集成技术和新型设计制造模式开始试点应用，但还未实现基于一个完整型号的全面数字化。异地、异构、分散、孤立的各种资源仍未通过数字化手段有效地集成和共享，整个研制模式未实现根本转变。

（3）数字化核心技术研究成果初显

高校和研究院所对 CAX、MDO、KBE、产品数据管理技术 PDM/PLM、CAD/CAM/CAPP 集成技术、虚拟制造技术、协同平台等开展了深入的研究。在此基础上，结合航天型号研制的业务需求，国内相关软件企业自主开发了一批专业数字化设计分析软件，初步建成了一批集成化应用系统。但数字化基础性核心技术，如 CAD、CAE 技术等受制于国外厂商，制约了数字化技术可持续发展能力的形成。

（4）数字化支撑平台体系尚待提升

经过多年的技术攻关和项目实施，军工企业大都建立起了数字化支撑环境。例如，中国航天科技集团公司以自主研发的 AVIDM 为基础，经过 10 年多的开发和工程应用，形成了集研发、生产和管理于一体的信息化平台。但数字化技术的评估、管理体系相对滞后，没有与企业的业务流程、运营模式和管理变革有效结合，先进的数字化技术受传统管理体制和机制的束缚，数字化技术的效能还没有得到高效率的释放和应用。

1.6　数字化技术发展趋势和特点

纵观数字化技术的发展历程可以看出，CAD、CAE、CAM 等专业化的数字化技术已经进入成熟应用期，企业的需求从单点应用走向集成应用，目前数字化技术的发展重点已经转移到产品全面数字化定义、数字化软件系统集成、建设统一的协同开发平台和环境等方面。具体特点表现为：

1）产品全寿命周期数字化定义正逐步受到重视及实现。数字化技术的研究与应用以虚拟样机为核心，通过设计环节向前端的需求和后端的试验、制造、销售、维护等环节不断延伸。

2）数据、信息以及工具的集成成为发展重点。为提高各单项技术的综合效能，以数据管理为目的的信息集成、以综合设计为目的的异构数据集成、以搭建平台为目的的软件工具集成发展迅速。

3）产品开发过程协同化受到重视。为解决复杂产品各开发团队间协作问题，基于 CAD 的自顶向下的协同、不同专业间协同、设计与工艺间协同、研发体系与管理体系的协同等技术获得广泛应用。

因此，未来数字化技术将继续向集成化、网络化、虚拟化、智能化的方向发展，并将逐步实现数字化企业的目标，具体发展趋势包括以下几方面：

1）全产品数字化。产品主体及其全部配套产品都采用三维数字化设计，形成全产品数字化模型和数字样机。

2）全过程数字化。产品从市场需求开始，概念设计、初步设计、详细设计、试验仿真、生产制造、市场营销、售后服务直至产品报废的全生命周期各个环节均实现数字化。

3）全方位数字化。参与产品研发的主承包商、供应商和科研院所等在科研、生产、管理及经营中全面实现数字化。

第 2 章　运载火箭的系统组成与研制流程

2.1　运载火箭发展历程及系统组成

运载火箭，英文名 Launch Vehicle，是由多级火箭组成的航天运输工具。其用途是把人造地球卫星、载人飞船、空间站、空间探测器等有效载荷送入预定轨道。运载火箭是在导弹的基础上发展而来的，一般由 2～4 级组成，每一级都包括箭体结构、推进系统和飞行控制系统，级与级之间靠级间段连接。末级有仪器舱，内装制导与控制系统、遥测系统和发射场安全系统等。有效载荷装在仪器舱的上面，外面套有整流罩。

许多运载火箭的第一级外围捆绑有助推火箭，又称零级火箭。助推火箭可以是固体或液体火箭，其数量根据运载能力的需要来选择。运载火箭推进剂大都采用液体双组元推进剂，第一、二级多用液氧及煤油或四氧化二氮及偏二甲肼为推进剂，末级火箭可采用高能的液氧和液氢推进剂。制导系统大都用自主式全惯性制导系统。运载火箭在专门的发射中心（或航天器发射场）发射。技术指标包括运载能力、入轨精度、火箭对不同重量的有效载荷的适应能力和可靠性等。

2.1.1　运载火箭发展历程

2.1.1.1　我国的运载火箭发展历史

中国的长征系列运载火箭经历了从常规推进到低温推进，从串联到串联加捆绑，从一箭单星到一箭多星，从近地轨道、太阳同步轨道到地球同步转移轨道，形成了长征火箭系列型谱，具备了发射低、中、高不同轨道、不同类型卫星的能力，取得了举世瞩目的成就，并在国际商业卫星发射市场上占据了一席之地。

长征系列运载火箭是中国自行研制的航天运载工具，如图 2 - 1 所示，长征火箭从 1965 年开始研制，1970 年长征一号运载火箭首次发射东方红一号卫星成功。目前，老型号的长征火箭有：长征一号、长征二号、长征三号和长征四号（含风暴一号）4 个系列，退役、现役和在研型号基本覆盖了近地轨道、中间轨道和高轨道等各种地球轨道的不同航天器的发射需要。其发射能力分别是：近地轨道 0.2～12 t，太阳同步轨道 0.4～5.7 t，地球同步轨道 1.5～5.5 t。长征系列运载火箭除了承接中国的卫星发射任务外，也在国际卫星发射市场上占了一席之地。长征系列运载火箭见表 2 - 1。

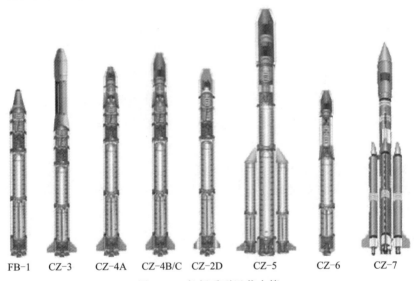

FB-1　　CZ-3　　CZ-4A　　CZ-4B/C　CZ-2D　　　CZ-5　　　　CZ-6　　　CZ-7

图 2 - 1　长征系列运载火箭

表 2 - 1　长征系列运载火箭

型号	发射时间	退役时间	推进剂	级数	长度/m	直径/m	起飞质量/t	起飞推力/kN
长征一号	1970	1971	硝酸—27s＋偏二甲肼	3	29.86	2.25	81.6	1020

续表

型号	发射时间	退役时间	推进剂	级数	长度/m	直径/m	起飞质量/t	起飞推力/kN
长征一号 D	1990	现役	硝酸－27s＋偏二甲肼 四氧化二氮＋偏二甲肼	3	28.22	2.25	81.5	1101
长征二号	1974	1979	四氧化二氮＋偏二甲肼	2	31.17	3.35	192	2786
长征二号 C	1982	现役	四氧化二氮＋偏二甲肼	2	43.03	3.35	245	2962
长征二号 D	1992	现役	四氧化二氮＋偏二甲肼	2	41.06	3.35	250	2962
长征二号 E	1990	1995	四氧化二氮＋偏二甲肼	2.5	49.686	芯级：3.35 助推：2.25	462	5923
长征二号 F	1999	现役	四氧化二氮＋偏二甲肼	2.5	58.3	芯级：3.35 助推：2.25	480	5923
长征三号	1984	2000	四氧化二氮＋偏二甲肼 液氧＋液氢	3	44.86	3.35	205	2962
长征三号 A	1994	现役	四氧化二氮＋偏二甲肼 液氧＋液氢	3	52.52	3.35	241	2962
长征三号 B	1996	现役	四氧化二氮＋偏二甲肼 液氧＋液氢	3.5	56.33	芯级：3.35 助推：2.25	456	5924
长征三号 C	2008	现役	四氧化二氮＋偏二甲肼 液氧＋液氢	3.5	56.33	芯级：3.35 助推：2.25	367	4442
风暴一号	1972	1982	四氧化二氮＋偏二甲肼	2	32.6	3.35	193	2746
长征四号 A	1988	1999	四氧化二氮＋偏二甲肼	3	41.905	3.35	241	2962
长征四号 B	1999	现役	四氧化二氮＋偏二甲肼	3	47.977	3.35	249	2962
长征四号 C	2006	现役	四氧化二氮＋偏二甲肼	3	47.977	3.35	249	2962
长征五号	2016	现役	液氧＋煤油 液氧＋液氢	2.5	56.97	芯级：5.0 助推：3.35	867	10565
长征六号	2015	现役	液氧＋煤油 四氧化二氮＋偏二甲肼	3	29.237	3.35	103	1200
长征七号	2016	现役	液氧＋煤油	2.5	53.1	芯级：3.35 助推：2.25	595	7200

2.1.1.2　美国主力运载火箭发展历程

(1) 德尔它系列运载火箭 (如图 2 - 2 所示)

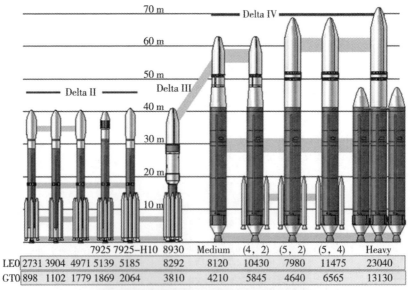

	7925	7925–H10	8930	Medium	(4, 2)	(5, 2)	(5, 4)	Heavy
LEO	2731	3904	4971	5139	5185	8292	8120	10430	7980	11475	23040
GTO	898	1102	1779	1869	2064	3810	4210	5845	4640	6565	13130

图 2 - 2　德尔它系列运载火箭

德尔它系列运载火箭是在雷神中程导弹基础上发展起来的航天运载器。它是世界上成员最多、改型最快的运载火箭系列（改型达40余次）。其发射次数居美国其他各型火箭之首，同时，该型火箭发射了世界第一颗地球同步轨道卫星。德尔它原型火箭由先锋号火箭和雷神中程导弹组成，火箭长 28.06 m，最大直径 2.44 m。德尔它2914 火箭是该系列火箭中发射次数最多的一种火箭，主要用于发射地球同步轨道卫星。火箭长 35.36 m，最大直径 4.11 m。

（2）宇宙神系列运载火箭（如图 2-3 所示）

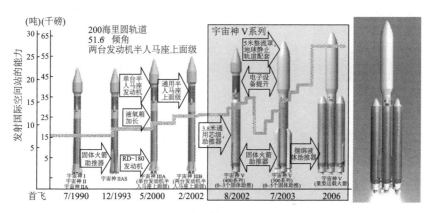

图 2-3　宇宙神系列运载火箭

宇宙神系列运载火箭由宇宙神洲际弹道导弹发展而来，主要有宇宙神 D、宇宙神多级系列、宇宙神 I 等型号系列。宇宙神 D 是美国发射载人飞船的第一枚运载火箭，该火箭是在宇宙神 D 洲际弹道导弹的基础上经适当改进而成，箭长 29.07 m，最大直径 4.87 m。宇宙神 SLV-3C 半人马座 D 火箭为多级火箭。该火箭是宇宙神火箭系列中首次使用低温液氢液氧上面级的火箭，箭长 38.35 m，最大直径 4.87 m。宇宙神 I 是宇宙神 G-半人马座 D-1A 的一个改进型，地球同步转移轨道运载能力为 2.25~2.34 t，主要用于商业发射，箭长 42~43.9 m，起飞质量 163.9 t。

2.1.1.3　俄罗斯主力运载火箭发展历程

（1）联盟号系列火箭（如图2-4所示）

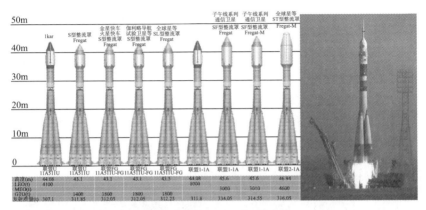

	联盟 IIA511U	联盟 IIA511U	联盟FG IIA511U-FG	联盟FG IIA511U-FG	联盟FG IIA511U-FG	联盟1-1A	联盟1-1A	联盟1-1A	联盟2-1A
高度(m)	44.08	43.1	43.1	43.1	43.5	44.08	45.6	45.6	36.94
LEO(t)	4100					8000			7410
MEO(t)								3010	4600
GTO(t)		1400	1800	1800	1800				
发射质量(t)	307.1	311.85	312.05	312.05	311.8	334.05	314.55	314.55	

图2-4　联盟号系列运载火箭

联盟号系列运载火箭是世界上历史最久、发射次数最多的多用途火箭。联盟号系列运载火箭是东方号运载火箭系列中的一个子系列。它分为二级型联盟号火箭和三级型联盟号火箭。二级型联盟号火箭根据有效载荷又可分为上升号、联盟号和进步号等几种状态。三级联盟号火箭于1960年10月开始发射，1961年2月首次发射成功，将第一颗金星探测器送入日心轨道。后又用于发射世界上第一颗火星探测器（MAPC－1）和月球4～14号探测器。自1965年4月开始发射闪电号通信卫星后，三级型联盟号火箭就又称作闪电号运载火箭。此外，该火箭还用于发射预警卫星。

联盟号火箭是一种多用途运载火箭，也是世界上发射次数最多的一种火箭。至2006年年底共发射1869次。联盟号和闪电号运载火箭至今一直在使用。

（2）天顶号系列运载火箭（如图2-5所示）

天顶号是苏联继旋风号后第二个利用全自动发射系统实施发射的运载火箭。天顶号是苏联的一种中型运载火箭，主要用来发射轨

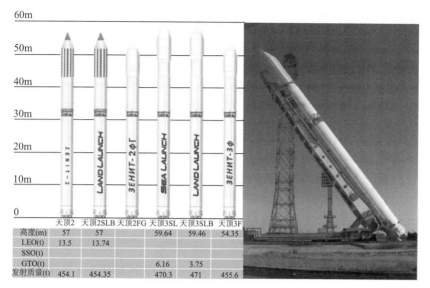

	天顶2	天顶2SLB	天顶2FG	天顶3SL	天顶3SLB	天顶3F
高度(m)	57	57		59.64	59.46	54.35
LEO(t)	13.5	13.74				
SSO(t)						
GTO(t)				6.16	3.75	
发射质量(t)	454.1	454.35		470.3	471	455.6

图 2 - 5　天顶号系列火箭

道高度在 1500 km 以下的军用和民用卫星、经过改进的联盟号 TM
型载人飞船和进步号改进型货运飞船。天顶号二型是两级运载火箭，
其一子级还被用作能源号火箭助推级的助推器。天顶号三型是三级
运载火箭，它在二型的基础上，增加了一个远地点级，用于将有效
载荷送入地球同步轨道、其他高轨道或星际飞行轨道。二型与三型
用的一子级和二子级是相同的。天顶号二型最大长度 57 m，最大直
径 3.9 m。天顶号三型最大长度 61.4 m，最大直径 3.9 m。

（3）质子号系列运载火箭（如图 2 - 6 所示）

质子号系列运载火箭是苏联第一种非导弹衍生的、专为航天任
务设计的大型运载器。该系列共有 3 种型号：二级型（西方代号 D
型，SL - 9）、三级型（9D - 1，SL - 13）和四级型（D - 1 - e，SL -
12）。西方将这三种火箭称作 D 系列火箭。

二级型质子号火箭在 1965 年至 1966 年 7 月发射了三颗质子号
卫星，此后即停止使用。三级型质子号火箭于 1968 年 11 月 16 日首

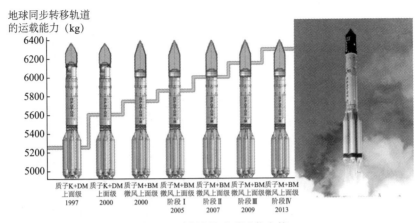

图 2-6 质子号系列运载火箭

次发射，有效载荷为质子-4号卫星，此后主要用于发射礼炮号、和平号空间站及晶体号和量子号空间站舱体和航天飞机模型等。四级型质子号火箭于1967年3月首次发射，有效载荷为宇宙-146。后来主要用于发射各类大型星际探测器，如月球-15～月球-24、金星-9～金星-16、火星-2～火星-7、探测器-4～探测器-8、韦加和火卫等。此外，四级型质子号火箭还具有一箭三星能力，用来发射苏联的全球导航卫星。

质子号是苏联的主要运载火箭之一。在能源号重型运载火箭1987年投入使用之前，质子号是苏联运载能力最大的运载火箭。三级型质子号火箭能把21 t有效载荷送入近地轨道，四级型质子号火箭能把2.2 t有效载荷送入地球同步轨道。质子号运载火箭的发射场为拜科努尔发射场。

从1965年至2007年6月30日，质子号运载火箭共发射325次，其中失败25次，成功率为92.3%。自1970年1月至2007年6月30日，质子号火箭发射301次，失败15次，成功率为95%。相比之下，质子号运载火箭是苏联现有运载火箭中成功率最低的一种型号。从1986年开始，苏联把质子号运载火箭投入世界商用发射市场。

2.1.2　运载火箭系统组成

运载火箭一般由以下分系统组成：箭体结构、推进系统、控制系统、飞行测量及安全系统、附加系统等。

有效载荷泛指航天器，是运载火箭的运载对象，它不属于运载火箭的一个组成部分。把航天器送入预定的轨道是运载火箭的任务。航天器包括各种类型的卫星、宇宙飞船、空间实验舱、空间站、深空探测器等。

独立的运载火箭不能完成发射任务，需要有一整套的发射支持系统及工程设施来配合。火箭运载系统即指运载火箭、发射支持系统和工程设施总称。

发射支持系统包含以下各分系统：运输、加注、发射、测试发控、定位定向、供电供气、监控指挥、测量、起吊安装、气象保障及辅助设备等。

工程设施包括发射场、航区测控站等，它具有一定的通用性，能适应尽可能多的火箭型号进行发射。

发射场是发射火箭的特定区域，它由装配、测试、气象、勤务塔、脐带塔、加注和供气库房、控制指挥中心、测控站和数据处理中心等部分组成。

2.1.2.1　箭体结构

箭体结构是火箭各个受力和支承结构件的总称。

液体推进剂火箭结构包括：有效载荷整流罩、推进器贮箱、仪器舱、箱间段、级间段、发动机支承结构、仪器支架、导管、阀门和尾段、尾翼等。

箭体结构的功能是安装连接有效载荷、仪器设备、推进系统和贮存推进剂，承受地面操作和飞行中的各种载荷，维持良好的外形以保证火箭的完整。

有效载荷整流罩的作用是在大气层内飞行时保护有效载荷免受气动载荷及热流的影响，并使火箭维持良好的气动外形。飞出大气层后，整流罩即被抛弃，以减小质量。

推进剂贮箱占据箭体结构的绝大部分，除贮存推进剂外，还是火箭的承力结构。

级间段是多级火箭的级间连接部件，级间热分离时，它使上面级发动机的喷流能顺畅排出。中国长征火箭系列主要采用"杆系"式和"薄壁加筋壳窗口"式结构。前者排气面积大，排气通畅；后者结构质量小，抗扭刚度大，设计难度较大。

2.1.2.2　推进系统

推进系统的功能是产生推力，为推动火箭提供能源。

液体火箭的推进系统包括火箭发动机及推进剂输送系统两部分，而固体火箭即固体火箭发动机。

液体火箭发动机目前一般采用泵式推进剂供应，它按要求的流量和压力将推进剂泵入推力室，然后燃烧产生推力。

液体火箭的推进剂输送系统是按要求将推进剂从推进剂贮箱内输送到发动机泵入口。为保证泵不产生汽蚀，推进剂贮箱内必须增压。增压也有利于火箭承受飞行中的各种外力载荷。

大型运载火箭在输送系统中还设置了推进剂利用系统。它保证火箭在飞行时、在各种内外干扰条件下，推进剂按预定混合比消耗，使剩余量最小，从而增大运载能力。

2.1.2.3　控制系统

控制系统的作用是控制火箭姿态稳定，使其按预定轨道飞行，并控制火箭发动机关机，达到预定的速度，将有效载荷送入预定的轨道。控制系统由制导、姿态控制和综合三部分组成。

制导系统：由测量、控制装置和计算机组成。其功用是测量和计算火箭的位置、速度、加速度、轨道参数等，与预先装定的参数比较，形成制导指令。通过导引信号控制火箭方向，使它沿一定的轨道飞行，并发出发动机关机指令，使有效载荷进入预定轨道。中国长征火箭系列的制导系统一般采用惯性制导。按其参照的基准不同，又分为平台惯性制导及捷联惯性制导。

姿态控制系统：由敏感装置、计算机和执行机构三部分组成。敏感装置测量箭体姿态的变化并输出信号；计算机对各姿态信号和导引指令按一定控制规律进行运算、校正并放大输出控制信号；执行机构根据控制信号产生控制力矩，控制火箭的姿态。

控制系统综合：包括电源配电、时序和测试线路等，将制导和姿态控制系统综合组成一个完整系统。

2.1.2.4　飞行测量及安全系统

飞行测量及安全系统的功能是测量火箭飞行过程中的各种关键参数，并判断其是否安全飞行。飞行测量包括遥测及外测。

遥测系统的作用是将火箭飞行中各种系统的工作参数及环境参数进行测量，通过远距离无线电传输和回收装置送回地面，为评定火箭各分系统工作状态、分析故障、鉴定和改进火箭性能提供依据。遥测系统的箭上设备主要有传感器、变换器、中间装置和无线电发射设备，将测得的物理量转变为电信号，用无线电多路通信方式向地面传输，由地面接收站将信号进行解调、变换和处理；或用磁记录器记录速变参数，进行软回收或硬回收。

外测是外弹道测量的简称，即利用光、电波等的特性对火箭进行跟踪并测量其飞行运动参数。外测系统的主要设备在地面，如各种雷达及光学设备，而箭上设备仅是应答机、天线、光学合作目标等。近年来发展了利用全球定位系统（GPS）对火箭进行定位测量，使箭上设备更加简化，精度也更高。外测的目的有两个：一是为评定飞行性能及制导精度分析提供数据；二是为飞行安全、故障分析和处理服务。

安全系统的作用是火箭在飞行中若出现故障、飞行弹道超出允许范围而危及地面安全时，将火箭炸毁。箭上自毁系统由敏感装置、计算装置及爆炸装置组成，根据姿态故障或接收地面安控炸毁信号，自动或人工发出爆炸指令，进行自毁。

2.1.2.5 箭上附加系统

一些比较独立的,又不可缺少的箭上小系统称为附加系统,如瞄准系统、垂直度调整系统、推进剂加注与液位测量系统、空调系统等。

瞄准系统用来确定位于发射点的火箭的初始方位,控制火箭对准发射方向。

垂直度调整系统用来调整火箭竖立状态下的垂直度。

推进剂加注与液位测量系统用来对火箭进行推进剂及气源的加注,进行液面测量及温度监测;而空调系统则对火箭各舱段、有效载荷、整流罩等进行温度、湿度调节。

2.2 运载火箭数字化研制流程

2.2.1 运载火箭全数字化产品型号研制阶段

全数字化产品型号的研制以传统产品型号研制流程为基础,结合数字化技术并行、协同、便于迭代等特点,划分为概念样机、方案样机、试验样机、产品样机四个阶段。

2.2.1.1 概念样机阶段

概念样机阶段的主要工作是开展需求分析,根据分析结果提出全数字化产品型号的总体方案设想,采用数字化建模及仿真分析技术,开展多种方案的数字产品型号总体小回路快速闭环概念设计,通过分析对比确定数字化产品型号总体论证方案,建立数字化产品型号总体及各分系统的概念样机,提出总体及各分系统、重要设备的关键技术及解决途径,开展关键技术攻关工作,进行可行性研究与评估,为后续研制奠定技术基础。概念样机阶段研制流程如图 2 - 7 所示。

概念样机阶段工作完成的标志:建立全数字化产品型号总体概念样机,完成全数字化产品型号总体方案可行性论证报告,并通过相关评审。

图 2-7　概念样机阶段研制流程示意图

2.2.1.2　方案样机阶段

方案样机阶段的主要工作是通过引入工艺、材料等设计，组建多学科跨专业协同开发团队 IPT（Integrated Product Team），开展全数字化产品型号的方案样机设计、制造与原理性试验。方案样机阶段的具体工作包括：

1）采用并行工程思想，组建一支包括总体、各分系统设计、制造、试验、使用、维修保障等多专业人员在内的 IPT，建立 IPT 工作的硬件、软件环境，建立全数字化产品型号的设计标准与规范；

2）采用基于 MBD 的数字化技术开展数字化产品型号总体及各分系统、设备的方案样机设计，建立集成有三维制造信息、物理性能信息的全数字化产品型号性能样机，完成总体、各分系统、设备的相关性能仿真分析；

3）开展方案样机制造与原理性试验。

方案样机阶段研制流程如图 2-8 所示。方案样机阶段工作完成的标志是建立全数字化产品型号的性能样机，完成方案样机制造与原理性试验，通过相关评审。

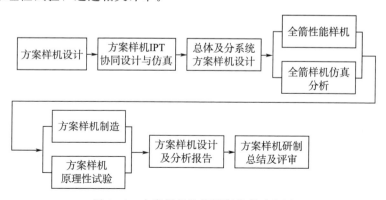

图 2-8　方案样机阶段研制流程示意图

2.2.1.3 试验样机阶段

试验样机阶段的主要工作是根据方案样机设计结果，采用虚拟试验样机 VTP（Virtual Test Prototype）技术、一体化试验鉴定 IT&E（Integrated Test and Evaluation）技术等，通过对已有型号试验数据及知识的集成与开发，建立虚拟试验样机，提高虚拟试验精确度；研制实物试验样机，通过虚实结合的方式，以部分虚拟试验替代实物试验进行提前验证、评估，对设计、工艺方案、产品可靠性和系统的协调性进行验证。试验样机阶段的具体工作包括：

1）建立各分系统、各设备的虚拟试验样机，开展虚拟试验，根据试验结果进行设计修改与完善；

2）完成物理样机制造，完成物理样机的半实物及实物验证试验、系统综合试验、全系统匹配试验，在此基础上进一步完善方案，为产品样机研制提供全面而准确的依据。

试验样机阶段研制流程如图 2-9 所示。试验样机阶段工作完成的标志是建立全箭的虚拟试验样机，完成试验样机研制总结，通过相关评审。

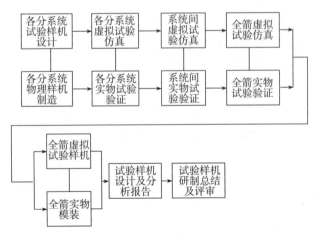

图 2-9 试验样机阶段研制流程示意图

2.2.1.4　产品样机阶段

产品样机阶段的主要工作是统筹考虑材料准备、物流运输、制造设备及设施、生产管理和调度、制造流程管理、总装总测、发射应用、维修保障等产品生产的全过程，完成产品样机的虚拟制造、虚拟装配、虚拟测试、虚拟出厂、虚拟发射、虚拟飞行试验、虚拟维护和虚拟保障、虚拟培训等工作，完成物理样机的制造、地面试验，最终通过物理产品型号飞行试验，全面鉴定产品型号的技术方案、生产质量和性能指标，并为生产、应用与维护保障创造条件。产品样机阶段研制流程如图 2 - 10 所示。

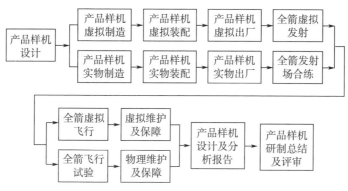

图 2 - 10　产品样机阶段研制流程示意图

产品样机阶段工作完成的标志：完成全箭虚拟飞行试验，完成物理产品型号飞行试验，完成产品样机研制总结，通过相关评审。

2.2.2　全数字化产品型号研制的特点

全数字化产品型号的研制流程的特点主要体现在以下方面：

1）统一的数据源，充分发挥了数字化技术的优势，提高了总体小回路设计和多方案对比论证的效率；

2）设计制造一体化，实现设计向下游专业的延伸，制造向上游专业的拓展，以多学科跨专业 IPT 工作模式，避免设计与生产制造之间不协调；

3）大量采用虚拟试验及仿真验证手段，实现试验验证的虚实结合，减少实物设计—制造—验证—修改设计的反复，提高实物验证效率，缩短试验周期，降低试验成本；

4）为柔性制造推广和应用创造条件，以 PDM、PLM 等为基础，结合人机工程技术、实现对产品全生命周期的覆盖，提升制造水平与服务保障能力。

传统产品型号研制流程与全数字化产品型号研制流程对比如图 2 -11 所示。

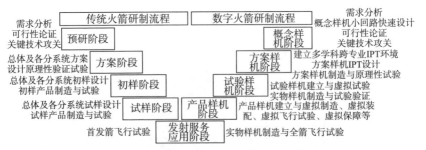

图 2 - 11　传统产品型号研制流程与全数字化产品型号研制流程对比

2.2.3　运载火箭数字化研制流程

运载火箭任务的研制体现了多专业并用、多学科融合的特点。图 2 - 12 是运载火箭初样阶段数字化研制总体流程示意图。

运载火箭初样阶段数字化研制过程从火箭总体数字化设计开始，在总体设计过程中需要运用多学科协同仿真的技术进行总体、力学、性能等参数的不断循环迭代计算。确定总体骨架模型后，开展结构、动力系统、电气系统、发射支持系统的初样设计，经评审确定后开展后续的结构工艺、结构试验、全箭装配与协调等设计开发工作，并将试验分析等结果反馈到前一阶段的分系统的设计工作中，形成设计、试验、工艺不断提高的闭环。

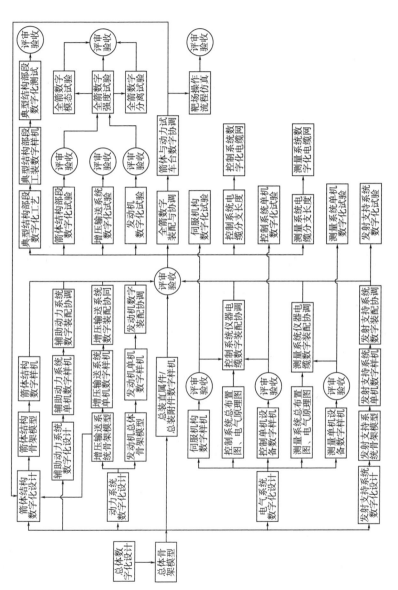

图 2 - 12　运载火箭初样阶段数字化研制总体流程示意图

2.3　运载火箭研制特点分析

随着我国航天工业的不断发展，目前运载火箭无论在结构尺寸、载重、轨道、可靠性，还是发射准备时间等方面都有了更高的要求，而预定的研制周期与往常相比却被压缩了很多，关键分系统与零部件之间的配套协作关系复杂，要求总体所和各专业系统单位之间交互频繁，而设计过程也需要进行大量的跨部门、跨专业的协调，由于设计、制造、试验分属异地进行，也给协同研制总体承接单位带来了巨大的挑战，这对运载火箭整个研制过程的技术状态管控提出了新的要求。

运载火箭产品从分系统到系统组成复杂，结构件数量很大。因此，从设计、制造直至发射运行，是一个涉及多学科、多专业、多工种的庞大的系统工程。其结构件种类繁多，形状、形面复杂，成形和尺寸传递的技术协调关系复杂。

运载火箭产品的研制工作量大，高难度、高精度零件、部件大量增加，新材料、难加工材料项目大量增加。随着对箭体自重要求的不断提高，新型复合材料构件项目增加迅速，由此也带来工艺装备种类繁多、结构复杂、协调路线复杂，技术要求不断提高。

2.3.1　运载火箭产品数据对象的复杂性特点

运载火箭产品数据对象非常复杂，主要体现在产品结构的复杂性和产品数据类型的复杂性两个方面。

（1）产品结构的复杂性

运载火箭结构简图如图 2-13 所示。

产品结构是用来形容组成产品实体的各零件之间的性能、部位的关系，而一个航天产品往往是由成千上万个各种类型的零部件所组成的，比如机械类零部件、控制类零部件等。这些零部件之间有着非常严格的装配关系，需要建立一个非常庞大和严密的产品结构树来保证各个零部件能够按照设计要求与对应的产品建立正确的装配关系，并且能够方便设计人员利用产品结构的信息进行可能的修改操作、借用操作、审批流程等。

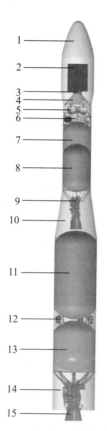

图 2-13　运载火箭结构简图

1—卫星整流罩；2—卫星；3—卫星适配器；4—支承舱；5—三子级动力舱；

6—三子级发动机；7—二级共底贮箱煤油箱；8—二级共底贮箱液氧箱；

9—二级发动机；10——、二级级间段；11——一级液氧箱；

12——一级箱间段；13——一级煤油箱；

14—尾段；15——一级发动机

（2）产品数据类型的复杂性

航天产品数据对象的另一个复杂性体现在数据类型上，主要是数据类型的多样性，因为航天产品往往对于某一专业的设计要求很高，设计过程需要做大量的多学科仿真、优化和试验等，如空气动力学分析仿真等。因此一个零部件在设计的不同阶段往往需要附带来自于不同类型专业软件的设计文件，这对于产品数据的管理和技术状态的控制提出了更高的要求。

以某型号运载火箭产品为例，产品所包含的零部件数量就高达 4 万多，运用 Pro/E 软件生成总装配图模型需要近十个小时的时间。同时，由设计师提供的初始产品数据分为图样数据、文字内容数据、表格内容数据，其中图样数据由设计师利用 Pro/E、AutoCAD、Protel 等作图软件生成，包括三维模型和二维图纸，文字内容设计文件包括任务书、技术要求等，表格内容设计文件包括明细表、标准件外购件汇总表等。设计文件的格式很不统一，这对产品数据管理系统和技术状态控制系统处理不同类型文件的兼容性要求也较高。

2.3.2　运载火箭设计过程特点

（1）多阶段并行、多批组并存的多技术状态设计过程

运载火箭型号产品的设计过程是一个不断发展和进阶的过程，依据型号设计过程不同阶段的设计成熟度，一般要经历方案阶段（M）、初样阶段（C）、试样阶段（S）、正样阶段（Z）等多个设计阶段，不同批组的产品可能会根据实际情况跳过某一个阶段或阶段名称有所不同，但是其分阶段管理的思想还是基本一致的，在每一个特定的阶段都有明确的设计要求。严格意义上来说每一个阶段之间的关系都应是串联的，但是在某些特殊情况下（如研制周期要求等），会出现多阶段并行的情况，允许型号产品的某个分系统或某个组件系统提前进入下一阶段的设计，如图 2-14 所示。

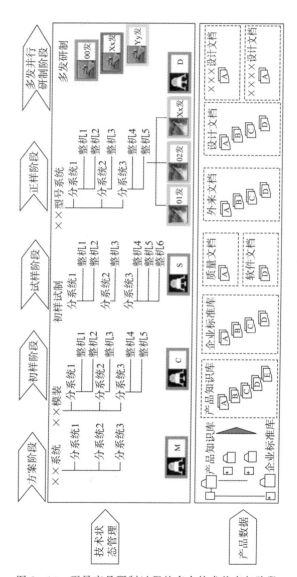

图 2-14　型号产品研制过程的多个技术状态与阶段

由于运载火箭设计过程多个阶段的存在以及可能存在多个批组的情况，导致了型号产品设计过程存在多个技术状态，因此必须有一种方法能够支撑和控制多技术状态的演变过程。

（2）运载火箭多阶段并行设计过程

航天产品的设计过程要经历方案阶段、初样阶段、试样阶段、正样阶段、定型阶段等多个设计阶段。但是在一些特殊情况下，例如为了缩短产品的设计周期，设计单位会将一些工期时间较长或时间要求紧迫的部件或分系统进行提前转阶段处理，使后续工作能够尽早开展，但是一个产品两个阶段的设计数据需要同时能够修改、同时生效，这就是型号产品设计阶段的多阶段并行设计过程，如图2-15所示。

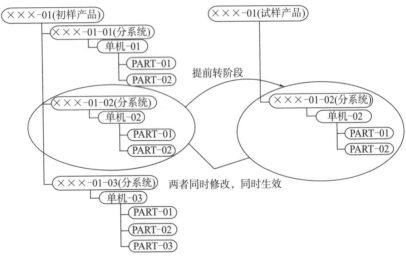

图2-15　运载火箭多阶段并行设计过程示意图

图2-15所示某型号的01发产品为了缩短研制周期，将其02分系统进行了多阶段并行设计过程，在这种情况下，两个阶段的该分系统数据将同时进行修改和生效，但是在这种情况下如何保证两个不同阶段的同一个产品部件之间不发生数据混淆，且为之后可能的借用、更改、转阶段等一系列设计过程做好安全有效的数据保证是PDM

系统中必须解决的问题。

（3）运载火箭多批组产品并存设计过程

航天型号产品具有典型大件产品设计、生产的特点。在某个型号首发研制完成后，为了满足发射的不同目的和需求，一般会有后续批组（多发）产品进行研制，每发产品会对其中某些核心技术参数或零部件参数进行一些变更和修改。每发××型号的产品都有独立的设计任务书和各自独立的研制阶段管理，一般该型号内的第一发有完整的阶段管理，即 M、C、S、Z 阶段，型号内后续每发一般只有 C、S、Z 阶段，同时，在 M 或 C 阶段可能会制定单发的多个方案同时开展设计、试验等，并最终确定一个方案进入下一阶段。从某发产品开始有较大差异后，该型号产品又开始有完整的阶段管理，如 M、C、S、Z 阶段，如图 2-16 所示。

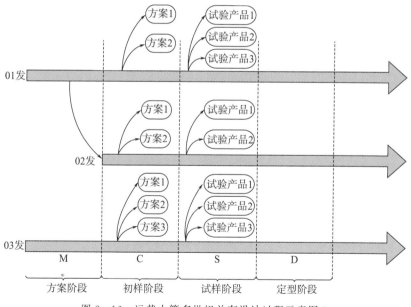

图 2-16　运载火箭多批组并存设计过程示意图 1

另外，在航天产品的设计过程中考虑到同一型号、不同批组的

产品之间有很多数据完全一样，某发产品的研制将会借用型号内前
几发的数据，使不同批组的产品并行研制，例如，将 01 发和 02 发
产品同时进行研制，在研制初期的阶段内，两个批次的产品完全一
致，直到某一特定研制阶段，如正样阶段，两者才真正得以区分，
如图 2 - 17 所示。

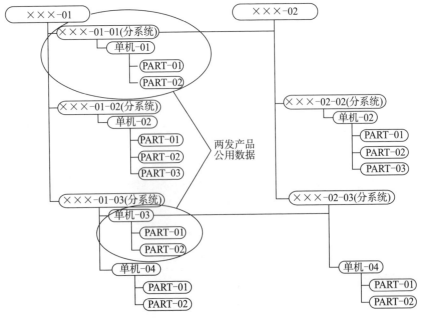

图 2 - 17　运载火箭多批组并存设计过程示意图 2

（4）运载火箭设计过程其他特点

①运载火箭设计过程是多学科协作过程

运载火箭由于其产品的复杂性，其设计过程不仅仅是机械结构
的设计、电控系统的设计，很重要的一部分工作是对设计的各个分
系统、组件系统从物理结构、功能和性能等方面进行分析、仿真、
优化及虚拟验证等，这涉及机械、力学、空气动力学甚至经济学等
多个学科的专业知识。因此型号产品的设计过程是一个多学科、多
专业协作的过程，往往涉及多个团队、多家企业，需要多方共同对

设计数据进行编辑、修改、审查和维护，对于协作工作环境的要求很高。

②运载火箭设计过程是多厂所、跨区域协同的过程

运载火箭设计过程涉及多个环节各个分系统的设计、分析仿真部门、试验基地、制造单位等。型号产品设计的总体单位，承担运载火箭的总体设计、重要分系统的设计，以及与航天系统内其他院、所、厂的型号集成等任务。运载火箭总体设计、关键分系统、零部件间有各种各样复杂的配套协调关系，在设计过程中会产生大量的型号产品数据和非正式设计信息，这些数据分布在各分系统设计所内部、试验基地厂所，不同的专业或部门之间需要频繁交互，需要进行大量的跨部门、跨院所的协同。

因此，运载火箭具有复杂的组成结构，其数字化研制流程是一个复杂、不断迭代，以及不断演进的过程。在此过程中，数字化技术在不同的阶段、不同的任务需求中发挥着重要的作用。本书后续章节将从数字化设计技术、MBD 技术、数字化仿真技术、数字化工艺与制造技术、数字化协同设计平台、数字化协同仿真平台、试验数字化管理技术，以及型号研制知识工程系统等方面展开论述。

第3章 数字化设计技术

3.1 概述

近十年，依靠运载产品型号信息化建设的大力投入，运载火箭的结构、专业分系统的设计中广泛采用产品数字化定义和建模技术、虚拟设计技术等，并建立运载火箭全数字样机，总体和分系统的设计能力得到了很大提升，为在役运载产品型号的成功发射奠定了基础。同时，通过统一的产品数字化定义，满足了产品研制的技术状态管理及控制要求，并实现了型号研制跨地域、跨专业的数据信息共享与协同。

目前运载火箭采用了自顶向下（Top‑Down）的设计方法，利用三维设计软件开展结构、管路、电子电气等总体与分系统的设计任务。在结构设计方面，通过引进 Pro/E 等三维设计软件，并在此基础上建立结构快速设计系统，实现了全箭快速的数字化设计，初步具备了全数字化设计能力。在控制系统设计方面，通过采购 Mentor、Matlab、Ansoft、Relex 等专业化工具，使得在控制系统总体设计、制导姿控仿真、测发控系统可靠性设计、特定频率下的电磁兼容分析等方面对在役型号的设计、验证和仿真提供了有力支持。

3.2 自顶向下设计方法

在我国航天领域中，运载火箭的设计在 20 世纪 90 年代以前主要使用二维 AutoCAD 来完成产品的结构设计，2001 年后逐步使用三维 CAD 软件（如 Pro/E 等）完成一定范围的结构设计。机电结构产品整机的常规三维设计方法，通常是从零部件设计开始进行产品的设计，是先设计零件后装配总成的设计方法。它是在脱离产品总体设计要求的状态下进行单个零部件的三维设计和产品布局设计，并使用较简单的手段和方法来判定是否满足设计要求和设计标准。然后设计师再将零部件装配在一起，进行最终的整机产品的装配和校验。这种方法通常称为自底向上（Down‑Top）设计，如图 3‑1 所示。它的缺陷是所开发的产品不仅缺乏整机设计标准和设计要求的继承性，而且在产品的整个设计阶段，一些重要的产品设计信息、零部件信息没有得到很好的建立和控制，往往到了最后的详细设计和检查阶段才会发现初期设计的一些问题，为此设计师需花费大量的时间对产品三维模型进行修改和重建。

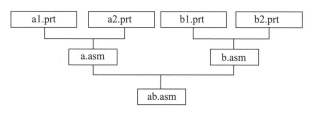

图 3‑1 Down‑Top 设计方法

3. 2. 1 自顶向下设计方法原理

自顶向下设计方法是在产品整机设计阶段的最初，就从产品系统构成的最高层面来考虑产品的总体设计和功能性设计。这种方法是从产品构成的最顶层开始，把组成整机的部（组）件作为系统的一个零件来考虑，并根据其在产品中的相互位置关系、所起的作用和实现的功能等建立产品构成的二维布局（Layout）和三维骨架（Skeleton）图形。通过给定设计约束条件、关键的设计参数等设计信息，集中地捕捉产品整机设计意图，自上而下地传递所给设计信息，展开产品的整个设计过程，如图 3‑2 所示。

在大多三维设计软件中，在装配关系的最上端存在顶级骨架模

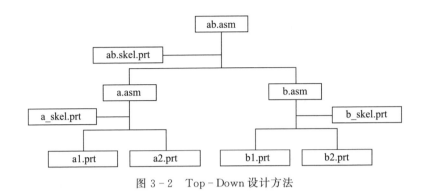

图 3 - 2　Top - Down 设计方法

型，接下来是次级骨架模型，继承于顶级骨架模型，然后每一级装配分别参考各自的骨架模型，展开系统设计和详细设计。

　　目前，部分型号运载火箭产品采用了 Top - Down 设计方法展开研制工作，依托三维设计软件 Pro/E 和产品数据管理平台开展相关研发活动，大大提高了设计效率。基于 Top - Down 的型号产品设计可分为五个主要阶段，分别是设计过程、定义产品结构、创建骨架模型、交流设计标准和详细设计。

3.2.1.1　设计过程

　　在三维软件的布局（Layout）模块中进行产品的二维总体布局设计。布局模块是不带参数化的纯二维设计模块，它完成传统设计中的草绘设计图及全箭核心设计信息的建立。如位置尺寸、关系式、功能性部件的设计分析等。草绘设计图可直接来自于 AutoCAD 的 dwg 图形，或 dxf、igs、set 等格式的图形文件和效果图。设计者可根据产品的复杂程度和所要完成产品的整体设计信息来建立多个二维 Layout 设计图，以便捕捉和建立更多的设计信息和相应的关系。这样可使后续的零部件详细设计更方便、修改更彻底。图 3 - 3 为新一代运载火箭 3350 助推器总体布局图（详细参数未示出）。

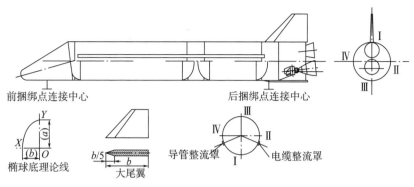

图 3-3　新一代运载火箭 3350 助推器总体布局图

3.2.1.2　定义产品结构

图 3-4 以火箭助推器为例，根据其产品的特性，定制产品结构

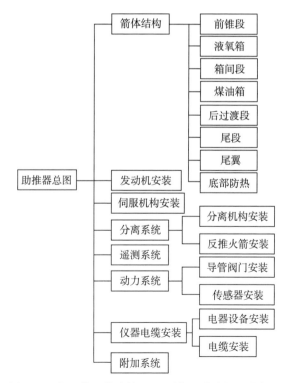

图 3-4　新一代运载火箭 3350 助推器数字样机结构树

树，确定产品的结构组成、系统分工、责任界面等。产品结构树不但列出了产品装配的组件，同时定义了它们的层次关系。在实际设计其具体的模型之前就将其结构定义下来，并下发分配到整个设计队伍中，有利于并行工程的开展。每个子系统相互依赖的信息由共同参照的设计元素传递，整个产品结构并不需要在设计开始完全定义，随着设计的进行，后续的设计对象可以逐渐添加完善进来。

根据产品结构树，在 PDM 平台上构建相应的产品目录，并对各目录赋予设计师使用权限，做好产品设计的系统分工，如图 3-5 所示。

图 3-5　PDM 系统中的产品目录

使用三维设计软件建立构成产品的各零部件的主从关系装配体。建立产品的总装配体（图 3 - 6 中名为 XAC0000 - 00. ASM），以表示产品由哪些零部件构成。这时在装配体中建立的虚拟零部件都为空白，无实体几何模型，需要后续完成零件详细设计。

图 3 - 6　三维设计软件中的装配体结构

3.2.1.3　创建骨架模型

根据二维布局创建产品结构的顶级三维骨架模型。三维设计软件顶级三维骨架模型的建立一般是根据在二维布局中所定义的设计信息来进行的。在构建时其核心设计信息的表示应与二维布局一致。自顶向下设计利用骨架模型来表示装配设计的重要元素。骨架模型用来表达空间需求、重要的安装位置等三维布局，并可进行运动模拟。它同时承担着将重要设计标准从一个子系统传递到另一个子系统的桥梁作用。骨架模型本质上是零件，它可包含特征、关系、层及视图等，并可在装配中或装配外进行修改。助推器总体骨架模型如图 3 - 7 所示。

图 3 - 7　新一代运载火箭 3350 助推器总体骨架模型

3.2.1.4　交流设计标准

总体骨架模型建好以后，根据各分系统的需要，分别对各系统做几何发布，作为各系统级骨架模型的设计参考。然后在系统组件内，通过使用"复制几何（Copy Geometry）"创建系统级骨架模型。该种设计方法，通常称之为交流设计标准（Communicating Design Criteria）。

交流设计标准指的是从一个设计层次到另一个设计层次传递关键产品设计信息的过程。在自顶向下设计里，这些信息通常置于高层的骨架模型中，然后向装配中相关的其他骨架模型传递。通过修改这些涉及很少的分布式属性，设计的修改变得容易起来。其间的信息传播途径是从骨架到骨架，然后从骨架到零件，直到特定的参考在所有必要的零件、子装配间传递完为止。交流设计标准通过采取这种设计方法（在高层装配骨架中定义设计信息，然后分发到相应位置），每个设计人员能专心工作于其特定的设计区域（如某个零部件），而不必调用高层的大装配模型。设计人员工作在高层装配的小子装配中，并不需恢复或再生整个顶层大装配。

3.2.1.5　详细设计

当完成定义设计意图、定义主产品结构、定义骨架模型结构、分发设计意图之后，对于全箭产品就有了一个清晰的框架。下一阶段的工作就是基于分发的设计意图，开展零部件的详细设计。由于具备了足够的设计需求信息，单个设计师可以集中在他们的特定工作上进行设计。

详细设计工作在产品结构树的组件中完成，设计零件时可以直接参考本级或者上一级骨架模型文件，也可利用复制几何的方法从上一级骨架模型直接获得一个特征，也可参考本部件结构树下面的其他零件，但要注意的是不要互相参考，以免形成循环参考。

在三维实体完成设计后，还有一个重要的步骤就是对每一个部件、零件进行属性定义，包括代号、名称、材料、创建者、所属产品分类等，这是作为一个完整数字样机的其中一部分。后续在需要绘制二维图时系统会自动根据模板将部件、零件的属性自动显示在零件图、装配图中。设计初步完成的新一代运载火箭 3350 助推器数字样机如图 3-8 所示。

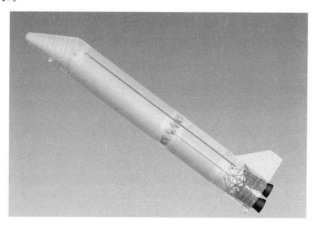

图 3-8　新一代运载火箭 3350 助推器数字样机

3.2.2　运载火箭总体三维数字样机 Top‑Down 设计应用

3.2.2.1　运载火箭数字样机总体设计

（1）运载火箭数字样机总体组成

运载火箭数字样机由总体、结构系统、动力系统、电气系统等系统数字样机组成。总体数字样机由总体装配、骨架装配、骨架模型等组成，如图 3‑9 所示。

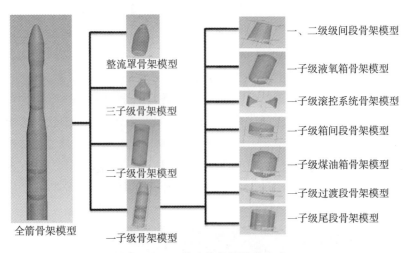

图 3‑9　运载火箭骨架模型组成

（2）运载火箭数字样机总体设计的基本流程

Top‑Down 的设计方法与流程、产品的结构、部门组织架构层次等密切相关，相同的产品、不同的组织架构，它的 Top‑Down 的设计方法会有所不同；同理，不同的产品、相同的组织架构，它的 Top‑Down 的设计方法也会有所不同。在 PDM 平台下，按照如图 3‑10 所示的基本流程来进行设计。

不同的形状与图框代表不同的角色在整个流程中的任务。主要过程包括：

1）建立对应的产品库，并指定产品经理；

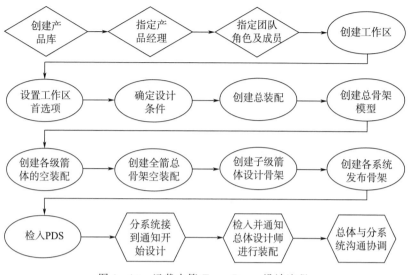

图 3-10　运载火箭 Top-Down 设计流程

2）产品经理分配相应的资源，指定设计组成员及权限；

3）确定产品的设计条件，包括产品的外形参数、性能参数，以及各个零部件的主要参数；

4）总体设计师建立工作区；

5）总体设计师根据输入条件，在工作区中建立该产品的装配结构，包括总装配、总骨架模型等；

6）各级舱段的骨架装配等待，并检入到服务器对应的文件夹中，通知各分系统设计师；

7）分系统设计师检出到自己的工作区进行设计；

8）分系统设计师创建完装配之后，通知总体设计师进行装配。

3.2.2.2　基于 Top-Down 方法建立运载火箭总体三维数字样机

3.2.2.2.1　建立运载火箭总体的全箭总骨架

在运载火箭数字样机设计初期，总体开展三维设计需要的输入条件主要包括：运载火箭理论图、全箭开口与凸出物布置图、对接协调图。总体设计师在确定设计条件以后，根据运载火箭的结构特点，按照各系统划分建立运载火箭的装配结构，并形成运载火箭总体骨架模型。

（1）骨架的作用

骨架的作用主要分为三大类，设计参照、安装定位、视觉参照。

1）设计参照：

a）设计方案的三维布置，控制整个设计结构；

b）对下级提供设计依据，从上级获取设计条件；

c）控制关键界面。

2）安装定位：指导各分系统及其零部件的装配。

3）视觉参照：

a）与新设计的模型实时对比；

b）对设计的注意点的说明、注释。

（2）创建全箭总骨架

在运载火箭设计中，各级舱段相对比较独立，它们之间只是简单的安装关系，因此对于每一级舱段需要采用模块化的方式进行设计。对运载火箭总骨架来说，它的作用是用于指导各级舱段的安装以及视觉参照，它的内容主要为坐标系与各级舱段的外形曲面，不需要为各级舱段传递任何信息，骨架模型的创建如图 3-11 所示。

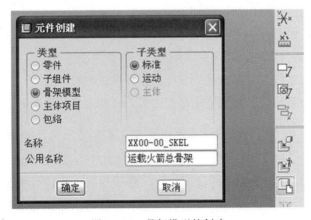

图 3-11　骨架模型的创建

在全箭总骨架中创建的内容如表 3 - 1 所示。

表 3 - 1 全箭总骨架创建内容

项目	骨架内容	说明	
全箭总骨架	全箭零点	a）安装作用； b）必须设计	不创建发布几何特征，只供安装和视觉参照用
	整流罩安装坐标系		
	三级箭体安装坐标系		
	二级箭体安装坐标系		
	一级箭体安装坐标系		
	整流罩外形曲面	a）视觉参照； b）可选设计（如果追求完美，即可设计）	
	三级箭体外形曲面		
	二级箭体外形曲面		
	一级箭体外形曲面		

创建完成的全箭总骨架如图 3 - 12 所示。

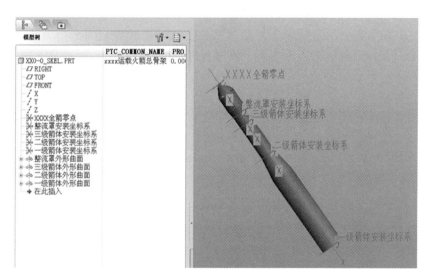

图 3 - 12 空骨架模型创建完成

1）全箭零点坐系的设计：默认坐标系为全箭理论零点坐标

系；"X"轴正向指向箭体后端，"Y"轴向上；"Y"轴正向为Ⅰ象限，"Z"轴负向为Ⅱ象限，"Y"轴负向为Ⅲ象限，"Z"轴正向为Ⅳ象限。

2）各级舱段安装坐标系的设计：通过偏移全箭零点坐标系得到整流罩的安装坐标系，通过三级箭体与整流罩直接配合，实现它们之间的关联关系。因此三级箭体的安装坐标系需要由整流罩安装坐标系来偏移，二级箭体、一级箭体的安装坐标系的设计方法依此类推。

3）方案设计、变更方式与目的：在设计过程中，考虑到方案可能需要修改，可以把该骨架中的各级舱段的长度方向的尺寸与配合面处的直径尺寸与各级箭体的设计骨架建立关系，保证在设计方案变更时，只要修改总骨架中的尺寸值，在三维设计软件中打开相应的骨架模型再生，即可快速把更改信息传递到下一级，避免多次修改尺寸值，达到快速修改的目的，提高设计效率。

3.2.2.2.2　创建全箭数字样机总骨架空装配

随着项目的进行，整个运载火箭的实际物理数据量会非常大，如果在设计后期更改方案时，直接打开总装配来修改，对设计效率会有极大的影响，因此一般会创建总骨架装配。全箭总骨架装配结构类似于真实的全箭装配结构，这样在进行方案修改的过程中，可以根据实际需要，直接打开全箭总骨架装配或者某个舱段的骨架装配进行修改，而全箭总骨架装配主要包括：

1）全箭总骨架：指导下面各级舱段的骨架装配的安装。

2）各级舱段骨架装配：每一级舱段骨架装配中，包含该舱段的设计骨架以及每一个分系统的发布骨架。图3-13为全箭总骨架装配创建完成。

3.2.2.3　二子级箭体数字样机总体设计

二子级箭体数字样机产品结构主要包括：二级箭体结构、二级动力系统、二级电气系统。数字样机总体设计师在设计构成中主要负责搭建产品结构，构建二子级箭体数字样机结构外形的骨架模型、

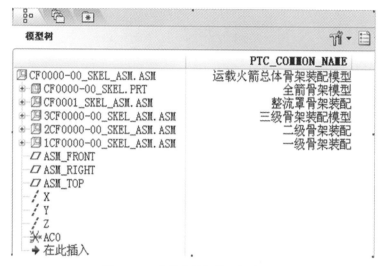

图 3 - 13　全箭总骨架装配创建完成

根据总体及各系统需求协调设置相应的开口及凸出物位置，使各系统在骨架模型的约束下，开展相应的设计工作。

3.2.2.3.1　二子级箭体数字样机总体设计的基本流程

应用 Top - Down 设计方法，在 PDM 系统下二子级箭体的设计一般按照下面的基本流程来进行设计，如图 3 - 14 所示。

图 3 - 14 中不同的形状与图框代表不同的角色在整个流程中的任务。具体过程包括：

1）建立工作区，设置工作区首选项；

2）确定二子级箭体数字样机的设计条件，包括产品的外形参数、性能参数，各个主要零部件的主要参数；

3）二子级箭体数字样机总体设计师根据输入条件，在工作区中建立该二子级箭体数字样机装配结构，包括二子级箭体数字样机装配、二子级箭体数字样机骨架装配、二子级箭体数字样机设计骨架模型、各分系统的发布骨架、二子级箭体数字样机结构空装配等，并检入到产品数据管理服务器对应的文件夹中；

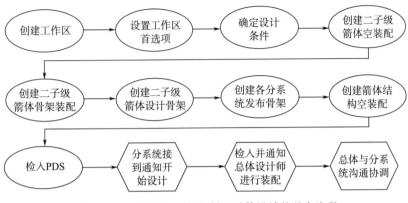

图 3 - 14　二子级箭体数字样机总体设计的基本流程

4）分系统设计师创建对应于自己的空装配，装配各自的发布骨架；

5）设计完成以后，检入到系统，完成二子级箭体结构数字样机。

3.2.2.3.2　创建二子级箭体数字样机骨架装配

（1）创建二子级箭体数字样机骨架

在二子级箭体数字样机骨架装配中，包含有二子级箭体数字样机设计骨架以及各分系统的发布骨架，如二级动力系统发布骨架、贮箱发布骨架等。通过创建二级骨架装配总体设计师可以非常方便地控制与更改设计条件，同时能避免各级舱段的骨架模型直接装配在一起，使得设计思路清晰。

创建二子级箭体数字样机骨架一般经历以下八个阶段：

①二子级箭体数字样机零点坐标系的确定和建立

二子级箭体数字样机零点坐标系为二级理论零点坐标系；"X"轴正向指向箭体后端，"Y"轴向上；"Y"轴正向为Ⅰ象限，"Z"轴负向为Ⅱ象限，"Y"轴负向为Ⅲ象限，Z轴正向为Ⅳ象限；骨架模型中零点坐标系通过二子级箭体数字样机安装坐标系偏移得到，作为二子级箭体数字样机起始点的依据。

②安装坐标系的建立

在利用 Top – Down 协同设计的过程中，需要在骨架模型中创建安装坐标系，来用于各级箭体、箭体各舱段、各舱段口盖、仪器及增压输送系统的布局安装等。由于涉及全箭的综合考虑及系统间的协调，各安装坐标系位置由总体确定，并在总体骨架中明确。

③基准平面的建立

在利用 Top – Down 协同设计的过程中，需要在骨架模型中创建基准平面，来表达安装平面以及分界面。基准平面的创建方法有很多，可以通过已有的基准平面偏移获得，也可以通过轴与某个基准平面平行、成一定角度，或者通过坐标系来创建基准平面。

④结构曲线的建立

在利用 Top – Down 协同设计的过程中，经常需要在骨架模型中创建结构曲线，来表达外形母线以及限制区域等。在二子级箭体数字样机的设计骨架中需要建立既定的结构曲线，当然也可以根据实际需要增加或减少结构曲线。采用结构曲线后，不仅加快了骨架建模的速度，而且使后续相应尺寸的修改更加简单便捷。

⑤结构曲面的建立

在利用 Top – Down 协同设计的过程中，需要在骨架模型中创建结构曲面，来表达外形曲面以及区域、接口等。

⑥必要的注释说明

若需要对骨架模型中重要或是有特殊要求的某一事项进行说明或解释，可通过建立三维注释来进行表示。

⑦总体信息的传递

在使用 Top – Down 方法设计过程中，上级对下级或者同级之间参照，可以通过建立发布几何的方式对其他设计师输出需要的信息，如表 3 – 2 所示。

表 3 - 2　　总体信息的传递

发布几何名称	用途
二级贮箱发布骨架	作为贮箱结构设计的输入
二级增压输送系统发布骨架	作为动力系统设计的输入
二级导管电缆整流罩发布骨架	作为整流罩结构设计的输入

创建完成的二子级箭体数字样机骨架如图 3 - 15 所示。

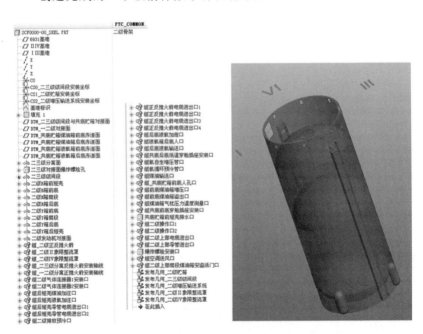

图 3 - 15　二子级箭体数字样机骨架创建完成

⑧建立关系

全箭总骨架已经创建了各级箭体的安装坐标系以及外形曲面，而在二子级箭体数字样机的设计骨架中也创建了该级箭体的外形曲面（包括长度和直径），因此为了在修改过程中避免多次重复修改相同的数值，需要把二子级箭体数字样机的设计骨架中的外形的长度和直径与全箭总骨架中对应的尺寸建立匹配关系。创建完成以后，即锁定了二子级箭体数字样机与全箭总骨架的外形的长度和直径尺寸，如需修改相关尺寸，修改全箭总骨架中的尺寸即可。

（2）创建各分系统发布骨架

发布骨架是骨架模型的一种，只是用不同的名称来标识不同的用途。它在 Top‑Down 的设计初期，作为总体设计师给各分系统设计师的设计条件的载体，对于非独立化的部件的设计师，可以直接从该骨架中继承总体发布的设计条件和信息，在此基础上进行细化设计；对于独立化部件的设计师，只作为视觉参照或定位作用。在设计中后期，分系统与分系统之间会有设计条件的交流，此时它作为分系统之间协调条件的桥梁和载体。

发布骨架空零件的创建方法与创建全箭总骨架的方法相同，在 Top‑Down 协同设计的过程中，需要给各分系统传递设计条件和信息，发布骨架作为它们的载体。

3.2.2.4　总体设计中协同流程与方式

（1）总体与分系统之间的协同设计

在设计初期，总体设计师创建完总骨架以后，需要给各个分系统分发设计条件，而发布的骨架模型作为总体设计师给分系统的设计条件的载体。对于总体与分系统之间的协调交互一般采用如下的流程：

1）总体设计师在该系统设计骨架中，创建针对各分系统的发布几何；

2）创建各分系统的发布骨架，并通过外部复制几何的方式把该发布几何复制到发布骨架中；

3）检入到产品数据管理系统以后，第一次需要会议、电话或者邮件的方式通知各分系统设计师，以后各分系统设计师就可以根据产品数据管理系统的工作区中的提示，获知设计条件是否需要更新；

4）各分系统设计师在得到总体设计师的通知以后，创建空装配并装配该系统发布骨架（发布骨架由总体设计师创建）；

5）此时分系统设计师需要通知总体设计师，装配该分系统的装配，以便总体设计师随时查看项目进展情况或干涉之类的问题；

　　6）总体设计师可以在后续的设计中，根据实际需要更新发布骨架中的条件；而分系统也可以根据实际需要告知总体设计师的需求。

　　（2）分系统之间的协同设计

　　由于设计进入到中后期以后，分系统之间有设计条件或者信息进行传递，下面以增压输送系统和舱段结构系统为例描述分系统之间的协调交互：

　　1）增压输送系统设计师在该系统设计骨架中，创建针对舱段结构设计师的发布几何特征；

　　2）增压输送系统设计师把该系统的设计骨架检入到产品数据管理平台，通知数字样机总体设计师；

　　3）数字样机总体设计师会查看，如果不符合要求，通知增压输送设计师重新修改；如果符合要求，数字样机总体设计师通过外部复制几何的方式拷贝到舱段结构设计师的发布骨架中；

　　4）总体设计师通知增压输送、舱段结构系统设计师完成；

　　5）舱段结构系统设计师从本系统发布骨架中复制信息，并参考此信息进行详细设计。

3.2.2.5　基于三维模型的产品结构树的创建

　　目前运载火箭产品结构上总体、分系统层次的部件一般由产品经理或相关负责人手工创建。对于使用三维 CAD 设计模型和图纸，单机及以下的各层部件通过 CAD 与 PDM 的集成接口，在检入时自动生成。产品结构树创建后，如图 3 - 16 所示，总体设计的骨架模型及相关数据就可在 PDM 平台上进行会签审核。

　　经过上述的过程，实现了运载火箭总体三维数字样机基于 Top - Down 方法的设计，贯彻和应用 Top - Down 的设计方法具有以下三方面优势：

　　1）减少了重复设计的工作量，缩短了设计开发周期，提高了设计质量。

　　2）可以有效管理大装配，组织复杂设计。

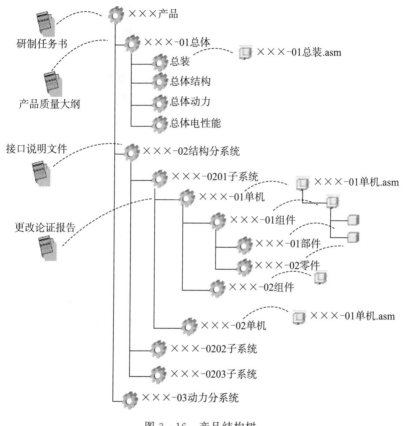

图 3 - 16　产品结构树

3）总体的设计意图和方案可以得到有效的贯彻并保证一致性。

完全应用自顶向下方法进行运载火箭的设计开发，明显缩短了开发周期，并将设计人员的经验知识以文档和规范的形式固化下来。项目负责人能及时监控项目的实施情况，协调各系统间的关系，有效地解决和处理部件的干涉问题，并最终形成一个完整的全箭装配结构。

3.3　运载火箭结构数字化快速设计

航天产品为大型、多级、多部段的复杂产品。运载火箭的主要部段根据功能分为整流罩、卫星支架、仪器舱、级间段、箱间段、贮箱和其他部段。结构设计是运载火箭研发中主要且重要的环节，目前运载火箭已基本都采用三维 CAD 软件进行各种类型的机械零部件的建模。同时在运载火箭结构设计中，多年的经验积累使各类部段结构形式具有趋同性，主要通过改变各结构部件的布置、形式和参数以满足不同载荷要求，如桁条、蒙皮、贮箱、阀门等。产品结构标准化、系列化程度较高，规范性非常强。在总结这些部段的相似结构特点的基础上，结合数学计算及优化，可以快速将设计经验准确地转换成结构设计模型。运载火箭结构数字化快速设计分析正是基于上述概念形成的航天产品快速设计解决思路和应用方法。

3.3.1　结构快速设计流程

3.3.1.1　结构快速设计分析核心功能

结构快速设计分析主要是面向运载火箭箭体结构专业舱段级的设计分析和优化工作，涉及的环节包括：总体布局、结构初步快速设计优化、结构快速建模、结构快速分析、基础数据管理等环节。因此结构快速设计分析实现的总体思路和功能如图 3 - 17 所示。

1）总体快速布局和设计：总体设计师根据初始数据、理论图等，利用"总体结构快速设计模块"进行总体布局、开口及总体骨架模型设计，并形成总体发布骨架；

2）结构初步快速设计优化：结构设计师根据总体发布骨架、载荷情况，利用"初步快速设计优化模块"从"基础数据库"中选择桁条、框等信息以重量、强度剩余系数等为判据自动设计并优化，得到多组满足总体要求及设定条件的结构参数；

3）结构快速建模：结构设计师对"初步快速设计优化模块"得

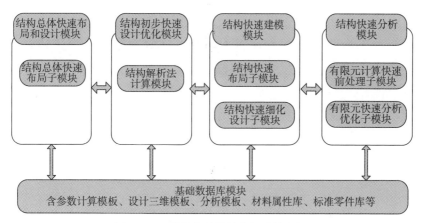

图 3 - 17　结构快速设计分析总体框架

到的多组参数进行对比，选择结构参数利用"结构快速建模模块"从"基础数据库"中选择桁条、框等信息进行快速数字样机模型建模，并得到用于强度建模使用的"线框模型"；

4）结构快速分析：结构设计师利用"结构快速分析模块"对"线框模型"进行处理，得到有限元模型，并进行结构强度分析，分析结果反馈给结构设计师进行迭代优化，最终完成舱体设计；

5）基础数据库：快速设计分析系统建立在基础数据库基础上，管理所有的基础参数、设计三维模板、分析三维模板、材料属性、标准零件等。

3.3.1.2　结构快速设计分析工作总流程

结构快速设计分析工作总流程如图 3 - 18 所示。

下面对结构快速设计中核心的四部分：结构总体快速布局和设计、结构初步快速设计优化、结构快速建模、结构快速分析进行详细描述，并以贮箱的结构设计为例进行应用说明。

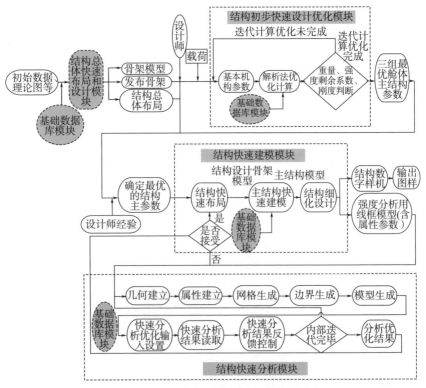

图 3-18　结构快速设计分析工作总流程

3.3.2　结构总体快速布局和设计

3.3.2.1　功能实现

根据结构总体情况，集成总体布局阶段常用的设计、分析等工具，并实现结构总体布局的参数化设计，通过设计模板实现结构总体快速布局。主要实现：

（1）结构总体参数分析

根据设计目标，如舱段对接情况、各开口位置，集成 MathCAD 等程序进行快速的参数分析及优化。

（2）结构总体快速布局

将总体参数分析中得到的优化结果输入到快速设计模板中，通过模板生成总体布局方案，实现快速总体布局。完成后，自动生成可用于各专业的设计的骨架模型。

结构总体快速布局和设计主要负责完成舱段总体布局设计，快速生成总体骨架模型、各分系统骨架模型。舱段结构布局主要涉及总体外形、舱体开口等主参数，结构总体快速布局和设计模块示意图如图 3 - 19 所示。

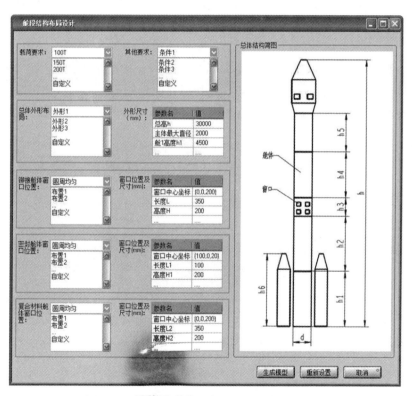

图 3 - 19　结构总体快速布局和设计模块示意图

3.3.2.2　贮箱结构总体布局和设计应用示例

贮箱是运载火箭的重要组成部分，主要功能是用于承受火箭运输、停放、飞行等各种工况条件下的载荷；为满足发动机的正常启动，贮箱还用于贮存常温或者低温推进剂以及承受一定的压力载荷；为满足动力系统需要，贮箱的箱底、筒段上还设有各种开口和法兰结构，便于推进剂的输送和贮箱的增压。

典型的贮箱结构主要由前短壳、前底、筒段、后底和后短壳五大部分组成，其中前底、筒段和后底构成了贮箱的主要密封空间，用于贮存推进剂。

贮箱结构的总体参数主要有贮箱的直径（通常是外径）、贮箱的总高度、箱底的型面要求、各部段的高度等。贮箱结构的总体设计还包括结构对接面的布局设计，包括对接面螺栓连接形式、分布圆、螺栓孔大小、具体分布等，如图 3-20 所示。

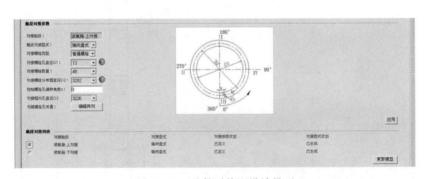

图 3-20　贮箱对接面设计界面

3.3.3　结构初步参数设计优化

3.3.3.1　功能实现

结构初步参数设计优化核心为结构设计、强度计算经典理论公式集成等。设计师确定结构构型后，通过理论公式的集成和模板化，以重量、强度剩余系数为判据，自动调用基础数据库中的信息对结构进行迭代优化，得到满足总体要求的多组优化参数，即完成舱段的结构参数初步优化设计。针对不同的结构设计需求，需定制相应的工作流程，以贮箱结构初步快速设计优化过程为例，如图 3 - 21 所示：

1）根据总体开口布局等输入，设计师确定贮箱结构构型（含贮箱焊缝布置）；

2）载荷处理，设定设计初始条件（如重量、强度剩余系数、刚度判据、载荷条件等）；

3）通过理论公式集成模块，以设定好的判据进行判断，设计优化各部段结构参数；

4）优化迭代完成得到多组满足总体要求及优化要求的结构参数；

5）完成初步优化设计。

3.3.3.2　贮箱结构初步参数设计优化应用示例

贮箱结构的主要承力结构有前、后短壳，前、后箱底和筒段，前、后短壳主要承受剪力、轴力和弯矩作用，前、后箱底主要承受压力载荷，筒段既承受剪力、轴力和弯矩作用，又承受压力载荷。根据受力的形式不同，贮箱承力结构分为短壳设计优化、箱底设计优化和筒段设计优化。

短壳设计优化主要由载荷设计、参数优化设计和端框设计等三部分组成，如图 3 - 22 所示。其中参数优化设计模块为核心模块，主要利用解析法优化设计算法开展短壳主要参数的优化，设计师能够根据优化结果选取合适的最终参数，直接用于三维模型的建立。

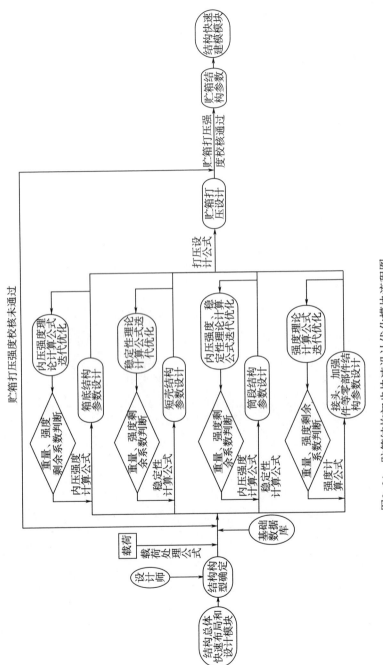

图3-21　贮箱结构初步快速设计优化模块流程图

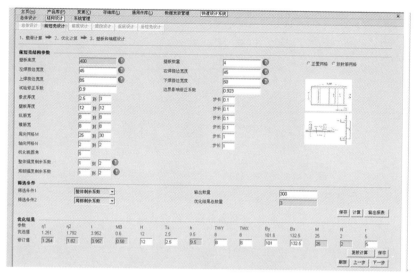

图 3 - 22　短壳参数优化设计界面

箱底设计优化主要由载荷设计、箱底参数计算、顶盖设计、圆环设计、叉形环设计和法兰设计等六部分组成，如图 3 - 23 所示。箱底的设计没有短壳设计复杂，因此参数计算较为简单。箱底设计的重点在于箱底开口的设计和布局。通过自动调用贮箱总体设计时的开口布局，设计师定义好开口类型以及法兰类型之后可以直接建立较为完整的三维数字样机。

筒段设计优化与短壳设计优化类似，主要由载荷设计、参数优化设计和筒段壁板设计等组成，如图 3 - 24 所示。其中参数优化设计模块为核心部分，主要利用解析法优化设计算法开展筒段主要参数的优化，设计师能够根据优化结果选取合适的最终参数，直接用于三维模型的建立。

3.3.4　结构快速建模

结构数字化快速设计包括机构快速布局和结构的细化设计，输出结构三维模型和强度分析用线框模型（含材料属性）。这部分工作

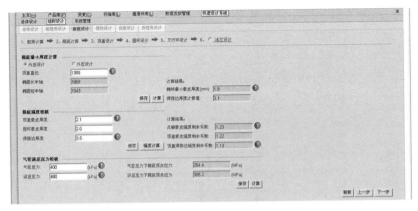

图 3 - 23　箱底参数优化设计界面

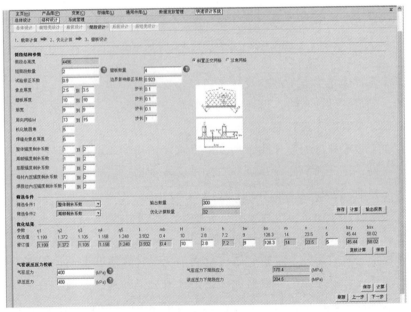

图 3 - 24　筒段参数优化设计界面

分别由结构快速布局子模块和结构快速细化子模块设计来实现。结构快速建模包括结构快速布局、结构快速细化设计、结构二维图输出，以及用于辅助支持的结构快速三维标注。

3.3.4.1　结构快速建模工作流程

　　结构快速建模的工作流程如图 3 - 25 所示。根据初步设计优化确定的三个方案，结合设计师设计经验和其他约束条件，确定最优的主参数，依据总体要求和发布骨架，采用结构快速布局子模块进行快速结构布局，完成布局后，快速细化设计子模块完成主结构模型的自动建立，设计师通过选用标准零件方式和细化建模方式，对结构完成细化设计，输出结构数字样机和强度分析用模型，结构数字样机分别通过二维图输出子模块和快速三维标注子模块完成结构快速二维图输出和三维标注。

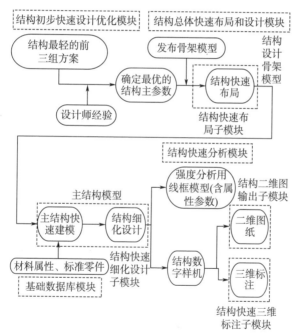

图 3 - 25　结构快速建模的工作流程

3.3.4.2　结构快速布局

　　根据结构初步优化设计得出的主结构参数和总体骨架模型具体

开口要求进行结构布局，形成结构设计骨架，同时给出主承力构件属性（从基础数据库模块中抽取）。主要包括：舱段结构类型选择、桁条布置形式、桁条选材、主参数计算、主参数优化等，如图3-26所示。

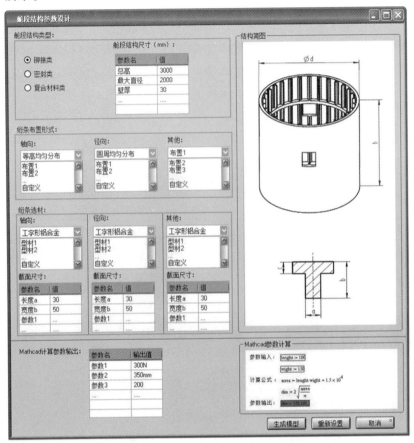

图 3-26　结构快速布局子模块示意图

3.3.4.3　结构快速细化设计

结构快速细化设计是根据结构快速布局的结果自动完成主结构模型的建立，结构设计师在主结构模型基础上，进行模型细化，通过选择标准零件以及特殊零件详细设计等工作完成模型细化，如图

3 -27 所示。输出详细三维数字样机和强度分析用线框模型。

图 3 - 27　结构快速细化设计子模块示意图

3.3.4.4　结构二维图输出

结构二维图输出子模块根据结构数字样机，自动输出典型标准零件的二维图和装配图的主要视图，设计师通过增加少量视图和非标准零件的出图就可完成整套图纸的编制。

3.3.4.5　结构快速三维标注

结构快速三维标注子模块根据结构数字样机，自动输出典型标准零件的三维标注和装配图的主要尺寸三维标注，设计师通过增加少量标注和非标准零件的三维标注就可完成整套三维图的编制。

3.3.4.6　贮箱结构快速建模应用示例

贮箱结构快速建模与参数设计是相辅相成、同步开展的。设计师在参数确定后点击快速建模的按钮即可完成数字样机的生成。贮箱结构快速建模首先是贮箱骨架模型的建立，在贮箱结构总体参数确定后，如直径、高度、对接面要求、开口要求等，点击建立模型以及更新模型的按钮就可以直接获得以上述参数为基础的贮箱骨架模型。

　　贮箱结构快速设计总体参数确定完成后开展各部段的结构详细设计。利用贮箱的短壳设计优化模块确定短壳、端框的主要结构参数，然后系统自动建立短壳结构的三维数字样机，如图3-28所示。

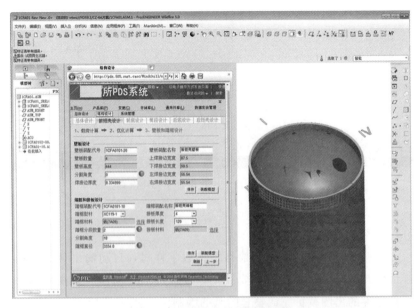

图3-28　前短壳结构快速建模

　　箱底快速设计模块包含了顶盖设计、圆环设计和叉形环设计三个主要快速建模模块，另外还有一个法兰结构的模型库，可以用于不同形式法兰的模块化设计。顶盖设计和圆环设计模块基本相同，并都包含了法兰的结构装配在内。

　　筒段快速建模模块与短壳快速建模类似，利用贮箱的筒段设计优化模块确定筒段网格的主要参数、筒段的分布等，然后系统自动建立筒段结构的三维数字样机。

　　完成前、后短壳，前、后箱底和筒段的快速建模后即完成了贮箱建模工作，系统在各部段建模的过程中已经将其自动装配成一个贮箱整体。

除了贮箱的自动建模以外，还有简单零件的三维标注和二维出图功能，如图 3 - 29 和图 3 - 30 所示。

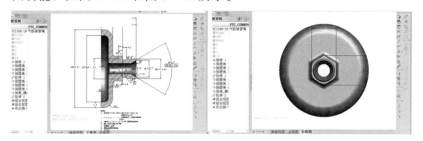

图 3 - 29　贮箱法兰零件三维标注

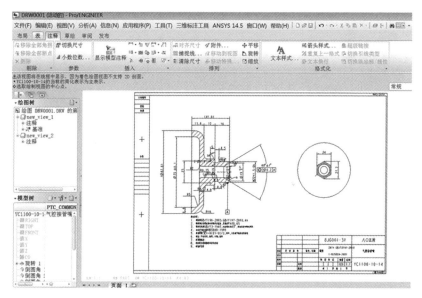

图 3 - 30　贮箱法兰零件二维图纸

3.3.5　结构快速分析

有限元快速分析主要为了建立快速有限元模型、内部迭代和快速高效的分析优化结果反馈机制。有限元快速分析由有限元模型快速生成和有限元快速分析优化两个子模块组成。有限元模型快速生成子模块主要是完成有限元建模过程中重复性较大、工作量较多的可以参数化描述的工作；有限元快速分析优化子模块主要是完成快速的计算结果读取和内部迭代以及结果反馈的部分工作，两个子模块的输入输出流程图以及相互之间的信息交换如图 3 - 31 所示。

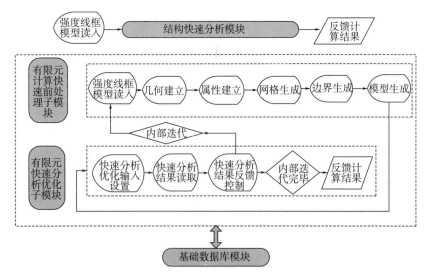

图 3 - 31　有限元快速分析系统流程图

3.3.5.1　有限元模型快速前处理实现

有限元模型的建立主要经过几何抽象、模型生成、部件属性赋予、网格生成整理、计算边界条件定义、载荷情况选择、定义和输入等工作，每个步骤都有很多重复性、低技术含量的体力劳动。这些重复性工作可用快速设计系统定制模板的方法快速生成，减少建模时间，提高效率。生成的有限元模型需要有较强的可修改能力，并能够反馈实时的结构修改信息，具有可选择性存储功能。

（1）几何模型建立

对于如贮箱密封舱段的有限元模型的建立过程中几何模型的建立，一般情况下强度工程师根据结构提供的 CAD 图纸以及三维模型，通过一些重要的结构参数等或者三维 CAD 软件生成的中间格式，在前处理软件中处理成可划分有限元网格的几何模型，此过程目前大约需占用有限元模型建立的 20％的时间。使用快速建模方法和工具后，可自动获取各种结构的角度分布、框距等相关参数，并根据计算需要生成相关模型，直接建立可划分有限元网格的几何模型。

（2）属性的建立

对于如贮箱密封舱段的有限元模型的建立过程中属性的建立，通常情况下是根据结构的设计参数，强度工程师查找型材手册、材料手册等且需要建立相应的局部坐标系来辅助建立材料属性以及截面属性。而利用快速建模工具，即可自动调用材料截面库、材料库，并根据结构设计的截面方向自动完成属性的赋值，可节省约 15％的建模时间。

（3）网格的生成

对于如贮箱密封舱段的有限元模型的建立过程中网格的生成，通常情况下需依据不同的分析类型和不同的分析手段，划分不同种类的网格形式，采用反映不同失效模式不同算法的模型，模型网格处理方式均会有所不同，人工处理就需要针对各种分析建立相应所需布置的种子，从而生成相应的网格，耗费很多时间。而利用结构快速设计工具定制常用专门的网格生成工具，批量选取设置区域并控制各位置的网格数量，实现快速生成网格，加快建模速度。

（4）边界的生成

通常在计算模型中，边界条件的选取通常根据实际使用结构边界的约束形式和上下端结构的刚度情况灵活选取，通常使用的边界形式有 4 种：固支边界、简支边界、其他和附加段边界。在建立不同的边界条件的过程中，需要重新选取约束节点或者建立附加段。通过定制相关的模板，简化边界条件的定义过程，提高效率。

3.3.5.2　有限元快速分析优化实现

目前结构设计流程中，结构建模与分析两项工作之间相互迭代、不断改进结构设计，此过程推进缓慢，更为要紧的是，在迭代过程中还经常发生交流不彻底、不充分而引发的质量问题。在结构快速分析优化模块中，通过优化相关的参数、读取优化后的结果，以及将判断合理的结果反馈给结构、总体等方式，在结构分析与结构建模之间建立无缝的数据交换机制，以确保此过程的快速、高质量的完成。

1）快速分析优化输入设置模板：实现设定需要优化的结构部件、参数及优化目标，并具有记录功能。

2）快速分析优化结果读取：实现读取相应的优化分析结果，并自动识别优化后的结构参数，提供优化后的各种结果的对比分析功能。

3）快速分析优化结果反馈：实现将优化后的合理结果反馈给结构、总体等相关人员，并在模型中体现。

3.3.6　结构数字化快速设计系统

3.3.6.1　系统组成及构架

结构快速设计分析系统基于 PDM 平台、CAD 设计工具、数学计算软件，以及有限元分析软件，将设计方法、相关模板、引导界面集成一体的快速设计分析系统。通过易于使用的设计方法的导引、规范设计流程，提供自动化设计的支持，使设计者可以通过网页操作就能准确快速地进行设计、计算、分析优化等工作。

系统以知识工程技术为理论基础，运用程序设计中面向对象的思想，结合产品设计特点而构建。系统将产品中零部件模板封装，形成知识库，将大量的系列件、相似件以知识的形式贯入模板中，使非标设计自动化，如图 3-32 所示。

系统采用自顶向下的设计思想和面向对象的编辑语言，支持对象的分类、多类、继承、逻辑判断，是一个工程演算计算表，允许记录和重复使用。提供完全开放自由的接口及扩展功能，后期可以随时将自己的新产品以三维模型的方式通用化、系列化，使三维的设计开发工作可以与标准化工作快速地融为一体。

结构快速设计分析系统由基础数据层、数据交互层、系统应用层、业务层及导航界面组成，如图 3-33 所示。

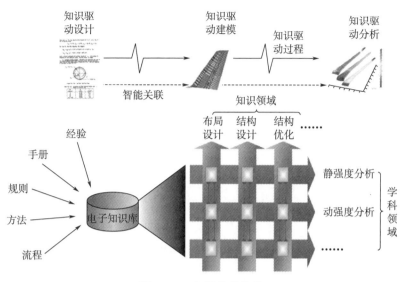

图 3 - 32　知识构架体系

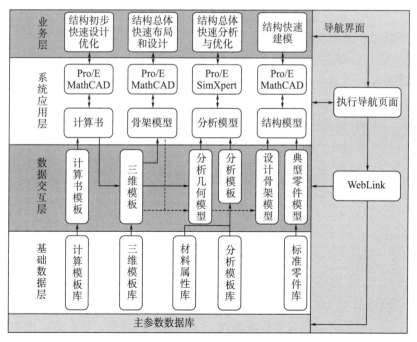

图 3 - 33　快速设计分析系统架构原理图

3.3.6.2　基础数据库

　　快速设计系统的基础是模板，模板种类的多少是快速设计系统发挥效益的关键。在 PDM 平台下，建立统一的模板库，在模板库中包含常用结构模板。随着设计的不断发展，可以不断地将新类型的整件定义成模板，以丰富模板库的类型。可用的模板越多，快速设计系统的价值就越大。模板库中的模板包含计算模板、三维模板，当调用了相应模板后，系统可以在界面上对该模板的参数进行修改和调整，三维模型随之更新，形成新的方案布局模型。

　　快速设计系统的可扩充性是设计系统的一个关键特性，为了具有良好的扩充性，快速设计系统采用系统和模板分离的架构形式。模板可以由结构设计师进行简单操作即可创建，库里的模板是三维CAD 的模型。模板库还包含一个模板描述文件，文件描述每个模板模型位置和名称，以及包含必要说明的图片。基础数据库包括：

　　1）计算模板：计算模板用于固化典型舱段解析法设计优化的计算公式和优化流程。

　　2）设计三维模板：固化典型铆接舱段和密封舱段布局和细化设计流程，规范布局规则和零组件属性的赋予，实现主结构快速自动建模，提高建模效率。

　　3）分析模板：用于具体有限元分析的快速前处理和后处理，并将分析结果反馈到结构。

　　4）材料属性库：包含材料强度、模量、泊松比等参数，建模时自动赋值，自动传递。

　　5）标准零件库：将典型零件标准化，用于快速建模和快速分析的自动调用。

3.4　运载火箭管路数字化设计

　　火箭箭体上典型的管路系统包含有阀门、导管、补偿管、密封件、连接件和支架等。按设计流程，待管路走向确定后，进行分离面和补偿器形式的选定，再进行相关的支架布置。外径小于 $\phi 25$ mm 的管路一般不专设补偿器；外径大于 $\phi 25$ mm 的管路，根据管路空间位置和补偿能力要求，设计一个或多个补偿器，从而组成了不同类型的管路。

在管路研制阶段，管路设计与试验主要分三个阶段：第一阶段为方案布局阶段，主要是进行受力分析，确定管路形状及支架类型和分布，估算边界载荷及管路装配补偿力；第二阶段是在管路元件结构和计算基本完成的基础上进行整个管路系统的强度校核，管路强度计算主要有管路水击强度计算、管路结构理论计算和管路结构有限元仿真分析计算等；第三个阶段为管路强度试验，管路强度试验一般分为振动试验、静力试验和水击强度试验。

3.4.1　管路系统设计流程

根据给定的输入条件进行管路布局设计，确定接口、走向后进行具体设计，经计算及试验合格后交付使用。管路系统设计流程如图 3 - 34 所示。

3.4.2　结构布局

管路布局是以满足总体设计要求为前提，综合考虑先进性、工艺性、实用性及可靠性，确定其组成部分的结构方案，诸如确定管路走向、分离面、补偿形式及支架布置等。

（1）管路走向的确定

管路结构设计的首要工作是确定管路走向，即确定管路的起止点及行走的空间部位。设计的一般原则和注意事项如下：

1）路线尽可能短，弯曲半径尽可能小；

2）几何形状有利于降低流阻，特别是管路分支和拐弯处要圆滑过渡；

3）管路的起止端及穿行开口部位要留有足够的装配空间。

（2）分离面确定

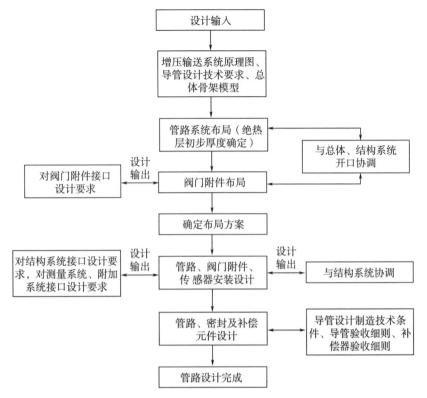

图 3-34　增压输送系统管路设计流程

　　火箭管路一般都需要在各管段设对接分离面。确定分离面的条件是：单根导管管路太长或结构复杂需分段制造；需单独加设补偿器；管路安装需穿行于箭体内外。

　　（3）补偿器安装

　　对有较大补偿要求的，特别是大直径管路，一般需专设补偿元件。根据结构提供的贮箱变形量、发动机机架变形量，以及自身由于温差造成的变形量设计补偿器，补偿器应尽量均匀布置。

　　（4）支架设计

　　支架式管道架设定位是必不可少的设计工作。支架布置是否得当，不仅关系到管道空间走向的正确性，而且直接影响管路的受力情况。因此，支架布置要在管系受力初步分析的基础上进行。支架形式可分为滑动支架和固定支架。选取支架跨距要使导管自振频率避开箭体运输频率和飞行中箭体弯曲振动频率为原则。

3.4.3　管路设计

3.4.3.1　理论计算

（1）壁厚计算

直管段无缝壁厚计算公式为

$$\delta = \frac{P_{设计}R}{\sigma_b} \qquad (3-1)$$

直管段有纵向焊缝壁厚计算公式为

$$\delta = \frac{P_{设计}R}{\sigma_b K_2} \qquad (3-2)$$

半边管焊缝处壁厚计算公式为

$$\delta = \frac{P_{设计}}{\sigma_b K_2}(R + \frac{R^2}{2r}) \qquad (3-3)$$

（2）解析法校核

根据安装边界及使用环境，分析计算出受力最大的管段及危险截面，求得最大的应力进行核算。下面以某运载火箭一级煤油输送管为示例，实际管路如图 3 - 35 所示。

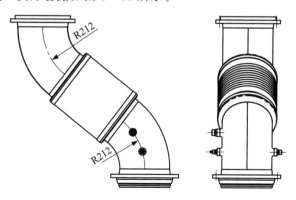

图 3 - 35　实际管路

　　大直径管路不考虑弯管产生的截面扁平效应（降低刚度），以及内压组织截面畸变所造成的增刚因素。因此，对于大直径薄壁管，可忽略弯管因素，把它当作交接支管（折弯）来计算，管路受力简图如图 3-36 所示，该管路薄弱环节在法兰与半边管焊接处，即图 3-36 中 A 处。

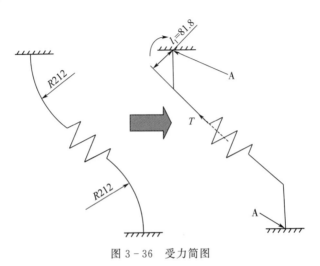

图 3-36　受力简图

　　1）作用于 A 处的力矩 M 为

$$M = Tl_1 \tag{3-4}$$

　　波纹管推力应为全面积推力

$$T = \pi R_{pj}^{2} p \tag{3-5}$$

式中　R_{pj}——导管平均直径，91 mm；

　　　　p——管路内压压力，0.55 MPa。

　　由力矩引起的在端头 A 处的弯曲应力

$$\sigma_M = \pm \frac{M}{W} = \pm \frac{Tl_1}{W} \tag{3-6}$$

式中　W——截面抗弯模量，对导管截面 $W = 0.8 D_{pj}^{2} \delta$；

　　　　D_{pj}——导管平均直径，183 mm；

　　　　δ——板材壁厚，此处取 1.0 mm。

由此，计算出由力矩引起的在端头 A 处的弯曲应力为 55.2 MPa。

2）内压应力按下述公式计算

轴向应力

$$\sigma_{1p} = \frac{pR_{pj}}{2\delta} \tag{3-7}$$

周向应力

$$\sigma_{2p} = \frac{pR_{pj}}{2\delta} \cdot \frac{2R - R_{pj}}{R - R_{pj}} \tag{3-8}$$

式中　R——弯头中心线弯曲半径，210 mm；

　　　R_{pj}——导管平均半径，91 mm。

　　　计算得出 $\sigma_{1p} = 25.0$ MPa，$\sigma_{2p} = 69.1$ MPa。

3）由波纹管引起的内应力

$$\sigma_{1x} = \frac{T_x}{F} = \frac{\pi(R_{db}^2 - R_{pj}^2)p}{\pi D_{pj}\delta} = \frac{(R_{db}^2 - R_{pj}^2)p}{D_{pj}\delta} \tag{3-9}$$

式中　T_x——波纹管对于半边管截面的力，$T_x = \pi(R_{db}^2 - R_{pj}^2)p$；

　　　F——导管承力截面积 $F = \pi D_{pj}\delta$；

　　　R_{db}——波纹管内侧最大外径。

　　　计算出波纹管引起的内应力为 9.9 MPa。

4）合成应力

$$\sigma = \sigma_M + \sigma_{1x} + \sigma_{1p} + \sigma_{2p} \tag{3-10}$$

取压应力值，计算得 $\sigma = 55.2 + 9.9 + 25 + 69.1 = 159.2$ MPa，此应力为管路应力最大值，此数据未超过材料的屈服强度 196 MPa。

3.4.3.2　静强度分析

管路在使用中经历的静态或准静态的载荷有内压、强迫位移等，经历的动态载荷主要为外部传递的振动和液体的内压波动。强度设计需要考虑上述各种载荷对结构的影响。

简单管路可用上述理论方法进行强度计算，但一般管路需要具有一定的协调安装和补偿位移的能力，就需要在管路上布置补偿器。

直弯管两端固支与含有补偿器的模型的力学边界的影响巨大,在设计时,含有补偿器管路必须考虑两端边界的影响,直弯管的内压应力计算不能应用两端固定的直弯管构型内压计算公式,其内压计算无通用的解析模型,需要使用有限元方法进行分析。

以常用的两端布置 2 个补偿器为例,如图 3 - 37 所示。

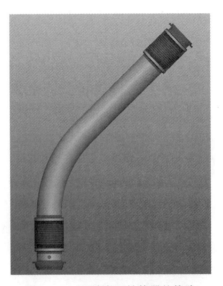

图 3 - 37　两端布置补偿器的管路

为了定性说明此公式应用在此处的偏差,特给出两个有限元模型,见表 3 - 3。

表 3 - 3　两个有限元模型计算结果对比

模型	有限元计算	公式计算结果
直弯管两端带补偿器模型	＞300 MPa	无解析模型
直弯管两端固支模型	弯管:75 MPa	直管:56.25 MPa 弯管:82.39 MPa

注:模型中,管壁厚度 0.8 mm,管径 R 为 90 mm,材料为 1Cr18Ni9Ti 不锈钢板材,波纹管厚度取 1 mm。

从表 3 - 3 中可以看出,直弯管两端固支与含有补偿器的模型的力学边界的影响巨大，在设计时，必须考虑两端边界的影响，如图 3 - 38 和图 3 - 39 所示。

图 3 - 38　直弯管两端带补偿器模型与计算结果

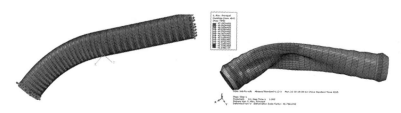

图 3 - 39　直弯管两端固支模型与计算结果

球形结构的管路构型在多发动机中通常用到，本文以某四通为研究对象，如图 3 - 40 所示，说明球形多通结构的内压强度计算方法。

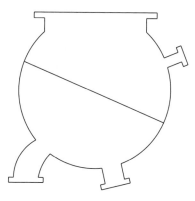

图 3 - 40　管路四通

对于球体本身采用弹性力学解析公式计算即可

$$\sigma = \frac{PR}{2\delta} \qquad (3-11)$$

式中　P——内压；

　　　R——球体半径；

　　　δ——管路壁厚。

开孔伸出部分一般情况为圆柱壳构型，其内压应力计算公式为：

经向应力

$$\sigma_1 = \frac{PR_2}{2\delta} \qquad (3-12)$$

环向应力

$$\sigma_2 = \frac{PR_2}{\delta} \qquad (3-13)$$

式中　P——内压；

　　　R_2——伸出部分的半径；

　　　δ——管路壁厚。

一般情况下，结构开孔后，在孔的边缘存在局部应力集中，且中面环向应力远大于经向应力。应力集中区域的大小约为

$$S = 2.45\sqrt{R_2\delta} \qquad (3-14)$$

在设计时，开孔附件有焊缝，应尽量避免焊缝在应力集中区域。

工程上有关于薄壁球壳开孔影响的半经验公式为

$$Z = 1 - \frac{d}{D} = 1 - \frac{R_2}{R} \qquad (3-15)$$

式中　Z——开孔削弱系数；

　　　d——开孔直径；

　　　D——球壳直径。

若焊缝布置在四通球体上，又靠近应力集中区域，则其应力计算应为

$$\sigma = \frac{PR}{2\delta}\left(1 - \frac{R_2}{R}\right) \qquad (3-16)$$

若焊缝在应力集中区域非常靠近伸出端，或直接布置在伸出部分，则应力计算公式为

$$\sigma = \frac{PR_2}{\delta}(1 - \frac{R_2}{R}) \qquad (3-17)$$

式中　P——内压；

　　　R——球壳半径；

　　　δ——壁厚；

　　　R_2——开孔直径。

原材料强度考虑相应的焊接系数 φ。

为验证分析计算公式的应用可行性，对已开展的内压静力试验进行分析，可以为以后设计开孔类球体提供参考。

由于四通球体有多个开孔，对接煤油箱的开孔为 $d_1 = 320$ mm，对接氧管路的开孔为 $d_2 = 220$ mm，对接加注阀的开孔 $d_3 = 100$ mm。

四通 320 和四通 220 开孔边应变内压测试值与计算值对比如图 3-41 和图 3-42 所示，可见公式（3-16）和公式（3-17）在开孔

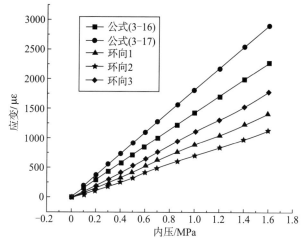

图 3-41　四通 320 开孔边应变内压测试值与计算值对比

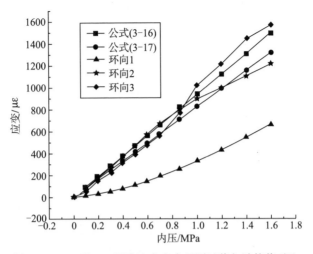

图 3 - 42　四通 220 开孔边应变内压测试值与计算值对比

较大时，计算值能够覆盖试验值，能够用于此处结构的内压设计，但是当开孔直径减小到一定程度，如本例中的 100 mm 直径的开孔，其附近的应力计算值明显偏小（如图 3 - 43 所示），依据试验结果，故上述公式应用范围可为开孔与球体直径比例大于等于 1/2。

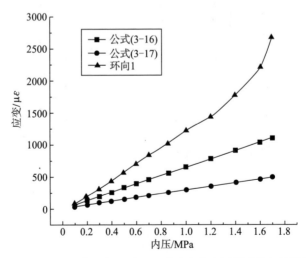

图 3 - 43　四通 100（加注阀开孔）开孔边应变内压测试值与计算值对比

一般情况下，管路在安装、使用过程中，均有一定的强迫位移，这一部分位移需要采用管路系统来进行吸收补偿，目前主要通过在管路上安装波纹管补偿器的形式来满足这一要求。

现有型号中的管路有直管构型和弯管构型两种。

一般情况下，安装补偿器的直管构型管路结构的轴向位移补偿能力很强，在补偿器的工作范围内，其轴向强迫位移能够被补偿器完全补偿，其结构所受到的轴向力 F 即为补偿器刚度 K 与补偿位移 U 的乘积。即

$$F = KU \qquad\qquad (3-18)$$

式中　K——补偿器刚度；

　　　U——补偿位移量。

若管路在飞行过程中，一直保持某个强迫位移量，则需要考虑上述力对管路应力的贡献。若飞行过程中，无明显强迫位移，则可以不考虑。

弯管构型由于波纹管的布置随着弯管的弯曲程度不同，各方向表现出的补偿能力也不同，故很难给出统一的解析表达式。建议采用有限元方法开展弯管构型管路的推力位移影响设计。

3.4.3.3　动特性分析

真实边界条件下，进行含推进剂及工作内压的管路系统动特性分析，确定管路系统的频率及振型，实现箭体结构与管路系统的错频设计；同时，分析在振动过程中管路结构的动态应力布局，联合静强度分析，校核管路设计；其包括振型分析、简谐激振强迫振动分析、响应谱分析、时间历程分析。

燃料输送管路整体模型如图 3-44 所示；燃料输送管路一阶纵向模态如图 3-45 所示。

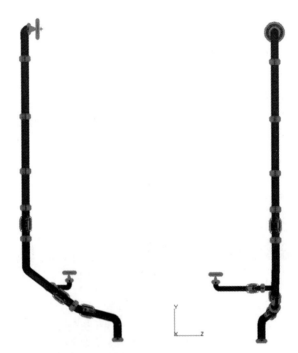

图 3-44 燃料输送管路整体模型

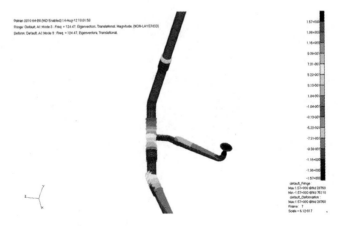

图 3-45 燃料输送管路一阶纵向模态

3.5　电缆数字化设计

电缆网的技术状态非常复杂，主要体现在以下几个方面：

1) 电缆网连接的设备（指单机）数量多，往往几十个，有的甚至有一两百个（如推进舱电缆网有 150 个单机设备）。

2) 电缆网的连接器情况比较繁杂：数量多，有几百个、近千个；接插件型号类型繁杂；涉及厂家多；质量等级多；规格多；有矩形的、圆形的，还有航空插针插孔及接线端子；有焊接的、压接的；有防水要求的、非防水要求的。

3) 电缆的线路情况非常复杂：接点数量多，有的型号达到上万对接点；短接线情况多，有的同电位线路涉及多个设备，如运载-B1 母线线路连接约 30 个设备，线路经过十多个过渡插头，如图 3-46 所示；导线端接有压接、焊接（还包括叉焊）；导线的屏蔽要求有单屏、双屏、多屏、双绞、多绞。

4) 电气原理图分多张图纸，并且电气原理图不仅包括设备间的电气连接关系，还包括部分设备单机内部的线路，如电阻盒、配电器、信号转接器等，这些设备在电缆连网检查时都需要进行对接，电气原理图的信息量较大。

电缆网数字化设计流程，首先从顶层开展数据传输规划，明确各单机接口，然后进行系统原理图设计；开展线缆线束设计，进行线缆线束的分束和线束设计，通过二维和三维设计交互，完成运载火箭电气设备总装布局和线缆长度设计；通过对系统综合线路及单机进行设计仿真，从而提前发现潜在问题，减少设计失误。电缆网数字化设计平台中，所有元器件均具备电气属性，可通过设计规则进行自动校验；各级图纸的数据可实现自动传输，避免人工失误；通过设置数据库，并将数字化平台与 PDM 系统关联，对综合设计的所有数据进行集中管理。具体包括：原理图设计、线束图设计、框图设计、三维交互、仿真分析、报表生成等，设计数据实现自动传

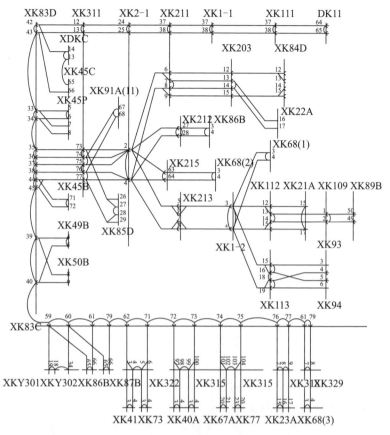

图 3-46 接线关系图

递和统一管理，通过接口模块与三维设计进行自动交互，从而提高设计质量和效率，总体构架如图 3-47 所示。

设计人员依据系统任务书和系统方案论证情况，进行系统原理图设计，原理图中明确系统所属单机之间的连接关系，并进行导线选型和分束处理。在系统各单机接口和连接关系明确后，设计人员进行框图设计，明确各单机所在舱段及各单机之间的连接关系。框图设计完成后，与三维设计进行交互，获取三维布线长度。以上工作完成后，在线束图中自动生成用于下厂生产的接线图和导通绝缘

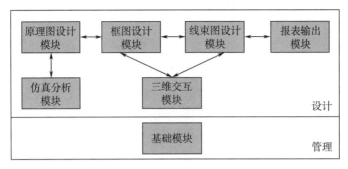

图 3 - 47　电缆网数字化设计总体构架

检查表等文件。报表输出模块进行接插件、导线配套表和接点表文件输出，作为设计人员和工艺人员进行备料和文件编制的参考。

　　原理图和框图的绘制顺序在不同系统中有所不同，其中控制和供配电系统先绘制原理图，后进行框图设计；测量系统先绘制框图，再进行原理图设计。原理图设计完成后，可以根据需求进行系统和单机功能仿真。

3.5.1　原理图设计

　　电气系统单机之间交互信号包括供电信号、控制信号、测试信号：供电信号由电池等电源类单机连接的各电气单机配电通路所传递，控制信号由箭载计算机（或智能控制单机）连接的动作执行单机控制通路所传递，测试信号由箭上传感器、惯性器件、单机状态信息的通信通路所传递。

　　完成系统通信体制规划后，开展电气系统原理图设计，明确系统各单机之间的接口连接关系。原理图设计过程中，通过建立元器件数据库，为所使用的元器件如电连接器、电阻、二极管、继电器等赋予电气属性，从而使得电气系统原理图内各元器件均不再是孤立的，而是通过线缆连接后的有机整体。在元器件库建库过程中增加元器件使用约束条件，原理图中选择信号类型，根据不同的信号类型选择匹配的不同导线选型，从而实现为线缆线束设计自动化奠定基础，并提供设计正确性检验规则。原理图设计模块是整个设计环节十分重要的组成部分，如图 3-48 所示，系统通过 Logic 设计模块进行原理图设计，在原理图设计中主要工作包括：

1）进行单机属性定义；

2）进行部分单机内部原理设计；

3）进行单机接插件选型设计；

4）进行单机接点连接关系设计；

5）进行分离、过渡电连接器设计；

6）进行导线选型设计；

7）进行分束设计。

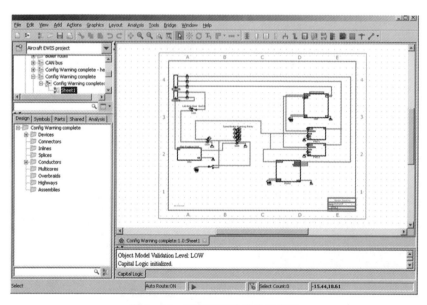

图 3-48　原理图设计模块示意图

3.5.2　框图设计

电气系统框图与电气系统原理图快速链接整合，共享数据，相互传递信息，设计各种设备、连接器、对接插头/座和线束分支等，也可以将设备机械图纸导入，作为设计参考。用户可以定义多种规则和约束，以规范、约束原理图在框图的布线规则。图 3－49 为应用数字化平台设计的全系统框图。同时，可依据电气系统框图自动进行电气系统线束图设计，流转入总装进行三维设计工作；在框图中绘制火箭各舱段布局，根据原理图中单机的舱段定义自动映射至框图中并自动连线；自动生成的框图进行舱段内部布局调整。

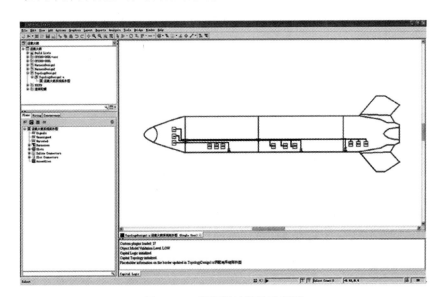

图 3－49　框图设计模块示意图

系统框图主要特性包括：

（1）构建拓扑结构图

线束三维设计旨在更优的二维图纸设计，二维拓扑图形象地将三维数模装配及用电器分配相对位置展现出来，起到跨越二维和三维中间桥梁作用，同时又反过来指导线束三维设计。

（2）关联原理设计

根据用电器分布位置，关联原理设计，将原理设计中各设备放置到相应的位置，这样使得设备与设备之间的外部路径连接，为内部的导线连接提供了条件，同时便于设计规则的检查。

（3）线束导线综合

真正实现了根据原理设计中设备连接关系与二维拓扑路径自动布线功能，同时可以设定相关约束条件按照一定规则进行布线。

3.5.3　线束图设计

完成系统原理设计后，需对连接各电气单机之间的线缆线束进行设计，线缆线束设计包括数字线束及模拟线束，目前在 AutoCAD 图纸的基础上，通过设计手工整理线缆分束，并对每束线缆进行详细设计（导线选择、接点细化等），绘制用于生产的线束图和线束接点表、物料清单等。

由于线缆线束设计均为手工完成，设计效率低下，质量难以保证。电缆网数字化平台中线束设计模块可以解决以上问题。通过在原理图设计模块中对已有的系统原理图进行展开设计，自动分束，单束电缆过大需增加过渡电连接器分成两束时，亦可通过重量比对等获取最优分束结果。通过在系统原理图中增加导线信息、接点连接（含短接线设置、接地端子设置）等，最终由软件自动生成用于生产的线束接点表、物料清单，通过线束图设计模块进行线束图自动设计，并可通过设置规则来检查和约束设计，实现智能纠错。图 3-50 为线缆线束数字化设计流程图。图 3-51 为线缆线束数字化设计示例图。

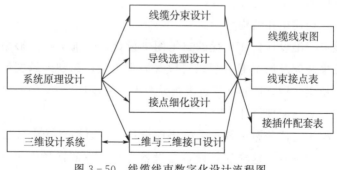

图 3-50　线缆线束数字化设计流程图

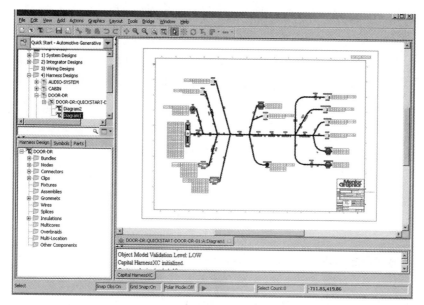

图 3-51 线束图设计模块示意图

电气数字化线束设计主要功能包括：

1）可依据电气系统框图或电气系统原理图自动进行线束设计，线束图纸中可依据设计人员的设计规则自动进行电缆网配套表设计；

2）可依据电连接器以及导线的特性、长度等信息，初步计算线束的重量，方便设计人员进行电缆分束设计；

3）与电气设计环境界面风格完全一致的图形化线束设计环境；

4）和整个电气设计流程无缝衔接，支持从原理进行导线、Splice 和连接器等信息同步；

5）自动选择元器件，自动完成有效性检查和工程化计算，包括自动优化 Splice 位置，计算精确的导线长度、线束直径、胶带数量、套管长度等；

6）支持以数据为中心的线束设计分析和报告，自动产生工具使用情况报告、导线表、EBOM、切线图等信息；

7）用户可以定制多种图形风格和标准，软件可以根据用户的标准自动生成相应风格线束图;支持变型设计,包括选项和派生。

3.5.4　三维交互

为提高电气系统电缆网设计数字化程度,依据相关技术规范以及电缆网数字化设计平台与 Pro/E 三维软件的性能和相关的模块,进行多系统联合的电缆网智能数字化设计。目前,三维 Pro/E 软件的接口插件已经设计完成,并已在样机上安装试用。电气系统运用电缆网数字化设计平台联合 Pro/E 三维软件按如下规则和步骤进行电缆网数字化设计:

首先需要设计人员分别进行系统原理图、系统框图和线束图的设计,系统线束图也可以利用 Pro/E 的三维线束图在软件中进行二维展开自动生成。

与 Pro/E 软件进行信息交互的媒介是系统原理图绘制完成之后输出的 nwf 文件(电缆网数字化设计平台特有的 Bridge out 功能),总装专业通过此文件可以进行三维电缆线束设计,得到电缆分支长度等信息。

电缆网数字化设计平台与 Pro/E 软件信息交互流程如图 3-52 所示。

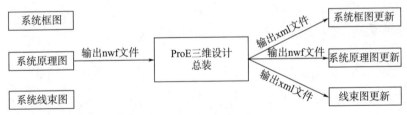

图 3-52　电缆网数字化设计平台与 Pro/E 软件信息交互流程

电缆网三维设计示例如图 3-53 所示。

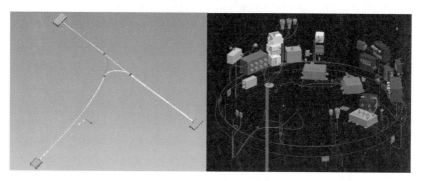

图 3 - 53   数字化电缆网三维设计

3.5.5   仿真分析

电气系统综合设计仿真主要包括潜通路分析、可靠性分析、电气性能计算等，如图 3 - 54 所示。

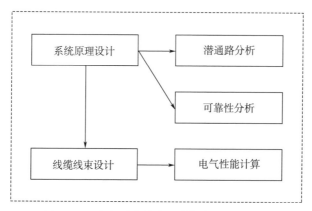

图 3 - 54   电气系统综合设计仿真分析示意图

多个单机连入系统后，通过系统线路综合连接，可能会存在系统设计意料外的潜通路，从而对运载火箭电气系统功能造成潜在的威胁，目前潜通路主要是通过设计者的个人经验或在系统测试过程中发现，缺乏智能检测手段，往往发现时已造成一定的损失。通过电缆网数字化设计平台的 Analysis 模块可对电气系统潜通路进行分析，由于系统原理图中各元器件（含导线）均具有电气属性，通过设置潜通路分析规则，使用软件仿真分析模块对整套图纸进行仿真，可以提高潜通路发现概率，从而将问题解决在设计初始阶段，降低损失。

线缆线束设计完成后，由于软件图纸中的元器件均有电气属性，可通过软件直接进行电气系统线路综合电气性能（电阻、电压及电流）计算。通过电压及电流计算，可验证各电气单机及时序负载如火工品、电磁阀等电压电流是否满足工作要求，并可根据计算结果实时修正综合设计。通过时序通路阻值计算，可与实测值进行比对，以验证实物和理论的一致性，大大提高计算效率，如图 3 - 55 所示。

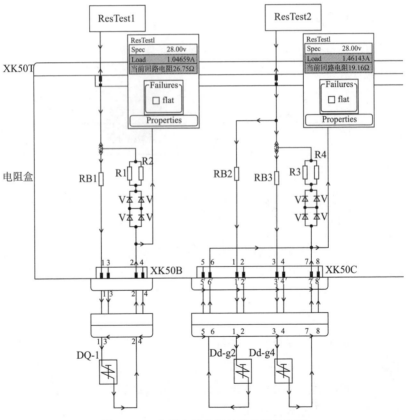

图 3 - 55　电压电流仿真计算分析示意图

目前运载火箭仍为一次性使用,可靠性要求高,可靠性设计与分析已成为运载火箭设计过程中的重要内容,通过电缆网数字化设计平台的 Analysis 模块可完成负载电压电流计算、可靠性预计、FMECA 分析等,通过在建库过程中对元器件的失效模式和概率进行预设,在系统设计中对可能发生的故障模式进行判别,由软件根据元器件在线路综合中的连接关系,识别单个元器件的失效模式可能造成的系统故障模式,并进行失效概率计算,从而提高可靠性设计与分析效率。

3.5.6　报表生成

报表生成模块主要用于给系统、工艺人员一个完整系统的报表输出,供系统人员和工艺人员进行备料、工艺文件编制等使用。电缆网数字化设计平台可开发符合特定标准要求的数据表格,在系统图纸设计工作完成后,软件自动设计各种电缆生产所用表格,极大地减少设计师工作量,并保证数据准确性,依据数字化电缆网设计流程以及技术要求,主要包括电缆网接点表、原理图明细表、电缆网配套表、电缆网导通表、电缆网绝缘表等。通过电缆网数字化设计平台自动设计各种报表,设计人员只要保证图纸的准确性即可,极大地减少了设计、校对的工作。软件可识别双点短接、多点短接、双点双线、多点多线、双绞屏蔽、单屏蔽、屏蔽接地等几乎全部的电缆网图纸的设计模式,并依据相应规范自动进行表格文件设计工作。

报表生成模块主要功能包括:

1)根据原理图进行接插件、导线等配套表汇总输出;

2)根据原理图进行接点表汇总输出;

3)可根据用户需求进行报表定制。

为实现电缆网数字化设计,还需要一些基础性模块,包括:

1)元器件、单机设备建库和管理功能模块;

2)项目管理功能模块;

3）版本及权限管理功能模块；

4）图纸定制功能模块；

5）二次开发功能模块；

6）与 PDM 系统接口功能模块。

运载火箭属于典型的复杂产品，涉及机、电、液等各专业，不同专业进行设计时所依赖的方法、工具也有所差异。本章结合长征系列运载火箭设计的实际情况，重点介绍了自顶向下设计方法、结构快速设计方法和工具、管路设计方法和工具，以及电缆设计方法和工具等。随着信息技术的不断发展，未来将不断涌现更好、更先进的设计方法和专业设计软件工具，从而更好地满足各专业的设计需求。

第4章 基于模型的运载火箭设计技术

4.1 基于模型定义（MBD）技术概述

1997 年，美国机械工程师协会在波音公司的协助下发起了三维标注技术及其标准化的研究，并最早于 2003 年形成了美国国家标准《ASME Y14.41—2003 Digital product definition data practices》。2006 年，ISO 组织借鉴 ASME Y14.41 制定了 ISO 标准草案《ISO 16792—2006 Technical product documentation - Digital product definition data practices》，为欧洲以及亚洲等国家的用户提供支持。2009 年，我国 SAC/TC146 全国技术产品文件标准化技术委员会以 ISO 16792 为蓝本，制定了 GB/T 24734.1—2009～24734.11—2009《技术产品文件 数字化产品定义数据通则》。此外，随着数字化制造技术的迅猛发展，现代企业特别是航空、航天、船舶、汽车等领域的制造企业，为了缩短产品生产周期、提高产品质量、降低生产成本，提高企业的市场核心竞争力，正在关注并大力推进 MBD 技术的发展。

MBD 技术采用集成的三维实体模型来完整表达产品定义信息的方法体，即将制造信息和设计信息（三维尺寸标注及各种制造信息和产品结构信息）共同定义到产品的三维数字化模型中，从而取消二维工程图，保证设计数据的唯一性。具体来说，MBD 技术是一种通过图形和文字表达的方式，直接地或通过引用间接地揭示了一个物料项的物理和功能需求，详细规定了三维实体模型中产品尺寸、公差、制造技术要求等产品非几何制造工艺信息的三维表达方法。采用 MBD 技术定义的三维实体模型又叫 MBD 数据集，分为装配模型与零件模型两种，其组织定义如图 4-1 所示。

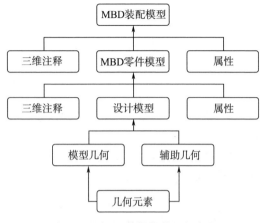

图 4-1　MBD 数据集的组织定义

　　MBD 技术的核心思想是采用基于特征的全三维表述方法、基于文档的过程驱动，并融入知识工程、过程模拟和产品标准规范等。MBD 技术采用集成的三维实体模型来完整地表达产品定义信息，但并不是简单的三维标注和三维建模，而是充分利用三维模型所具备的表现力，去探索便于用户理解且更加有效率的设计信息表达方式。它不仅描述设计几何信息，而且定义了三维产品制造信息和非几何的管理信息（产品结构、PMI、BOM 等），使用人员仅需一个模型即可获取全部信息，减少了对其他信息系统的过度依赖，使设计/制造厂之间的信息交换可不完全依赖信息系统的集成而保持有效的连接。它通过一系列规范的方法能够更好地表达设计思想，具有更强的表现力，同时打破了设计制造的壁垒，其设计、制造特征能够方便地被计算机和工程人员解读，而不是像传统的定义方法只能被工程人员解读，这就有效地解决了设计/制造一体化的问题。为了使 MBD 模型更好地贯穿于设计和制造过程，MBD 模型的建立不仅仅是设计部门的任务，工艺、工装、检验都要参与到设计的过程中，最后形成的 MBD 模型才能用于指导工艺制造与检验。

　　此外，MBD 技术可以融入知识工程、过程模拟和产品标准规范等，将抽象、分散的知识更加形象和集中，使得设计、制造的过程演变为知识积累和技术创新的过程，成为企业知识的最佳载体。

4.2　MBD 技术的现状和发展趋势

4.2.1　国内外 MBD 技术应用现状

波音公司从 20 世纪 90 年代初的波音 777 飞机开始，即全面采用 CATIA 软件进行飞机的结构设计和数字化预装配，开创了数字化设计的技术体系。近 10 余年，随着飞机制造技术的发展，以波音公司和空客公司为代表的飞机制造企业在数字化技术应用领域取得了巨大的成功。特别是波音公司，在以波音 787 为代表的新型客机研制过程中，全面采用了 MBD 技术，将三维产品制造信息与三维设计信息共同定义到产品的三维模型中，摒弃原有的二维设计图样，直接使用三维标注模型作为制造依据，使工程技术人员从百年来的二维文化中解放出来，实现了产品设计、工艺设计、工装设计、零件加工、部件装配、零部件检测检验的高度集成、协同和融合，建立了三维数字化设计制造一体化集成应用体系，开创了飞机数字化设计制造的崭新模式。波音 787 客机以 MBD 为核心进行数字化设计与制造协同，整个设计工作实现了无图纸化，研发周期缩短 40%，工程返工减少 50%。美国洛克希德·马丁公司的 F - 35 则实现了 5 个主要合作伙伴及 35 个供应商之间的基于 MBD 的实时在线协同，设计周期缩短 35%，制造时间缩短 66%。

我国的 MBD 全三维数字化设计也是从波音公司的转包生产中开始逐步发展起来的。目前我国航空工业主机厂所都已经开始了 MBD 相关的研究和应用，分别进行了 MBD 相关标准规范的编制，部分厂所在某些产品的设计上都在逐步应用 MBD 技术，以实现面向制造的设计。在建设 MBD 的整个环节过程中，随着基于 MBD 三维设计规范的制定和完善，为三维工艺的建设和实施奠定了基础，三维工艺逐渐成为 MBD 建设的重点和关键，也代表着企业生产和制造的最高水平。如今在我国航空航天工业中，"三维模型下车间"等设计模式正在如火如荼地展开，基于 CATIA、UG、Pro/E 的全三维设计规范也在不断完善，应用水平也比较高，飞机、卫星、火箭等典型产品的生产也基本打通了整个数字化设计制造数据链。同时，在大型装配制造业中，南车集团、北车集团等在高速列车的设计生产中，也正在全面推行 MBD 全三维数字化设计工作。但大部分国内企业仍然面临的困境是，由于三维工艺建设过程复杂，技术难度高，特别是以机加工艺为代表，因此企业还是停留在设计采用三维，而工艺还沿用原有的二维 CAPP。但二维工艺存在较多缺点和不足，如二维图纸无法有效地利用现代的电子样机技术对设计产品进行虚拟仿真，更无法清晰流畅地进行各种性能分析，无法在工艺规划阶段消除问题，导致问题出现在后续的生产制造环节，造成设计更改周期和成本的提高。

4.2.2　MBD 技术的发展

随着 CAD 技术的发展，产品定义日益朝着数字化发展，产品数字化定义（DPD，Digital Product Definition）技术日益成为现代复杂产品研发制造的支撑技术。

由于通常的 CAD 数模仅包含三维几何信息，工艺、制造、管理信息存在于二维图或其他技术文档中，使用人员无法以直观的方式获取相关信息，也无法直接用三维设计模型进行产品的生产和检验。为了将三维设计向三维设计制造一体化转变，需要一种方式将三维设计信息传递到各使用方。MBD 将设计、制造、检验、管理信息融为一体，是目前被航空业普遍认同的解决数字化设计、制造的先进技术。

在 MBD 体系中，数据集以三维模型为核心，集成了完整的产品数字化定义信息，在后续的各个生产环节中，无须技术人员人工阅读图纸以理解设计要求，再经人工操作输入信息。MBD 技术具有以下优势：

1）数据流在研制全过程中不再中断，减少了人工干预并频频出错的问题。

2）MBD 技术体系改变了传统方法下纸质介质的产品定义表述模式，使得产品信息从设计开始到生产应用都能够满足数字化研制系统的要求，极大地方便了对数据的管理，减少了因纸质实物系统与计算机系统脱节而造成的重复性劳动。

3）结合数字产品数据管理，MBD 技术体系提高了信息传递的准确性，同时也大大提高了信息传递的效率，令使用者能够更加直观、准确地获取生产检验的信息。

4）MBD 技术体系带来的便利还有对并行工程的支持。在 MBD 的技术体系中，MBD 数据集内容包含设计、工艺、制造、检验等各部门的信息，在数据管理系统和研制管理体系的控制下，各职能人员可以共同在一个未完成的产品模型上协同工作，提高了设计效率，同时也提高了产品的可制造性。

因此说 MBD 技术体系改变了传统的研制模式，更有效地提高了数字化技术带来的便利。MBD 是产品定义方式的一次革命，它以更为丰富强大的表现力和易于理解的定义方式极大地提高了产品定义的设计质量和利用效率。使设计、制造融为一体，是未来设计技术的发展方向，必将对航空、航天、船舶、汽车等领域的机械产品制造企业有着深远的影响。

但是，MBD 技术体系对产品研发有着很高的要求。首先，产品定义完全由三维模型表示，产品的所有相关信息都要关联到产品模型中，这对数据管理系统的集成功能、组织管理的方法都是极大的考验。其次，由于没有了二维工程图纸，产品信息的传递、对传递的控制和对产品信息的理解和执行，都必须借助计算机系统完成，因此在 MBD 技术体系中需要尽可能多地应用数字化的设备（这本身也是质量和效率的要求）。同时由于企业的统一性和众多企业参与带来的管理复杂性，使 MBD 技术体系不是一蹴而就的。

MBD 的实施是一项长期、复杂而又艰巨的工作。不仅仅要解决技术问题，更主要的是要有效解决由此带来的对企业文化、管理体制、生产方式的冲突。波音公司早在 20 世纪 90 年代中期就已提出 MBD 的概念，由于在技术转型期间，波音内部的某些生产流程及大量供应商的设计、制造和检验手段还未达到 MBD 技术体系的要求，因此，为保证生产的稳定和平稳过渡，在此期间波音推行 MBD 技术并没有进行激进的改革，而是采取了许多"容忍"措施，如仍保留部分二维图为制造依据，承包商可选择使用三维或二维图纸等，目的是循序渐进而又坚定不移地推行 MBD 技术。

4.3　基于 MBD 的三维标准模型构建和体系框架

在企业推广应用 MBD 技术的同时，必须建立与 MBD 直接相关的标准体系框架，并应用到产品设计、制造工艺、产品检验等各个层面。

4.3.1　基于 MBD 的三维标准模型构建

建立基于 MBD 的三维标准体系，应该从基于 MBD 的三维标准模型入手。图 4-2 为基于 MBD 的机械产品三维数字化设计与管理标准模型。

MBD 三维数字化技术的应用就是直接依据三维实体模型，将所有相关的产品设计信息、工艺描述信息、加工制造信息、检验信息以及管理信息等都附着到产品的三维模型中。相应地，可以将基于 MBD 的三维标准分为三个层次，最核心的一层是 MBD 技术层，目前 MBD 技术还处于快速发展的阶段，因此该层次的技术标准也正处于动态发展中，是制定数字化设计制造技术标准与文件管理标准的依据。第二层是数字化设计与制造技术标准层，以生产过程为排列顺序，依次包含基于 MBD 的通用规则、设计规则、工艺规则、制造规则和检验规则，它主要用于规范各种产品定义信息在三维环境下的表达，是贯彻基于 MBD 的三维标准的重要方面。第三层是文件管

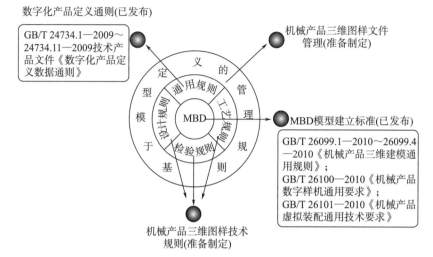

图 4-2 基于 MBD 的机械产品三维数字化设计与管理标准模型

理标准层，也是建立在 MBD 技术基础上的，同时又是数字化设计与制造技术标准配套的管理规则。

4.3.2 基于 MBD 的三维标准体系框架

基于 MBD 的三维标准体系是针对三维环境下产品定义信息的表达与相应文件管理而制订的标准体系，为 MBD 技术的应用提供了标准和技术依据，是指导 MBD 标准化工作的纲领性文件。根据上述基于 MBD 的机械产品三维数字化设计与管理标准层次，按照科学的方法对标准进行分类，可采用基于 MBD 的机械产品三维数字化研制与管理标准体系框架。以 MBD 技术为主要特征的型号研发数字化技术的应用将逐渐形成，包括三维建模标准、通用规则标准、设计规则标准、制造工艺标准、检验规则标准、文件管理标准、通用件标准、接口软件标准、标准件标准，以及其他相关标准等。如图 4-3 所示，其中设计规则标准和制造工艺标准可细化展开如图中两表所示。

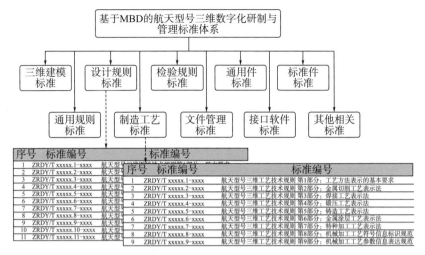

图 4 - 3　基于 MBD 的航天型号产品三维数字化研制与管理标准体系框架

4.4　基于 MBD 的产品设计协同机制及协同信息表达

4.4.1　基于 MBD 的产品设计协同机制

在产品协同设计过程中，协同信息往往需要以图形符号与文字描述的方式表达。原来以 2D 为主 3D 为辅的数字化技术状况下，3D 模型不具备文字与符号表达能力，研发成员之间的协同机制设计可以通过两种方式：一种是将 3D 模型转化为 2D 工程图，并在其上表达这些协同定义信息；另一种是开发专用的图文信息记录与发放平台。前者在多个信息载体条件下，对协同工作的操作与控制具有很大的难度；后者则很难实现协同设计过程与产品数据的集成管理。同时，存在协同设计流程效率低及产品数据共享传递差的问题，将影响协同机制设计的整体效果。

此外，在产品协同机制设计过程中，设计人员与其他专业人员一起进行产品结构设计,从不同专业角度提出改进产品结构的意见,使设计出来的产品具有更好的制造、使用与维护性能。同时,工艺与工装设计人员根据不同等级的结构设计信息同步开展工艺规划与工装设计等传统在研制下游完成的工作,形成了错综复杂的协同设计工作流程。

MBD 技术的出现将为此提供了一种有效的解决方案,MBD 模型不仅是产品设计过程中同一零部件设计对象的唯一输出结果,也是工艺、工装等部门直接开展工艺和工装设计工作的唯一数据源。同时,MBD 模型为实现产品结构设计、工艺设计、工装设计工作的一体化管理创造了技术条件,从而真正形成可操作、可实施的产品协同设计机制。

在 MBD 技术支持下产品协同机制设计中,结构、工艺、工装设计工作在 MBD 模型的驱动下形成一个完整的整体,如图 4-4 所示。

1) 产品及工艺、工装设计同步进行机制:一方面强调产品及其工艺、工装设计同步进行,使工艺人员、工装人员全面参与产品结构设计,及时向设计部门提供反馈意见并加以修改,使产品结构满足制造工艺性要求,从而减少了设计返工;另一方面,在不同等级的产品结构数据支持下,工艺、工装人员预先开展设计工作,提出工艺、工装设计思路,反馈给结构设计人员,从而使 MBD 模型具有完整的工艺、工装设计信息,成为后继工艺、工装设计的工作依据。

2) 设计任务分布式处理机制:在 MBD 支持下的协同设计过程中,通过对设计任务的不断分解及各个任务的分布式并行处理,从而协作完成整个复杂的研制工作。理想状态下结构设计与工艺、工装设计工作几乎同时开始又同时结束,完备的结构数据与工艺、工装信息几乎同时生成。

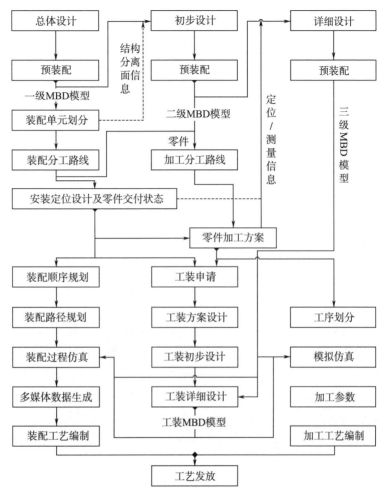

图 4-4 基于 MBD 的结构、工艺、工装设计协同流程

4.4.2 基于 MBD 的产品设计协同信息表达

产品协同设计过程中，为了保证各类数据的准确性及协调性，必须在协同设计工作过程中保证产品设计成员之间的信息交流与协调沟通，使每位成员在自己的工作成果数据中考虑并满足其他人的

信息需求。在协同设计过程中，成员之间需要协调的信息主要有结构分离面信息、关键特性信息、工装定位计划信息等。

结构分离面包括设计分离面与工艺分离面，在数字化技术条件下，产品结构的设计与工艺分离面通过产品数据管理平台 PDM 来表达和实现。结构设计人员从结构功能角度划分出设计分离面，并把产品结构数据组织成 EBOM 形式；而工艺人员从生产角度划分工艺分离面，并将产品结构从 EBOM 形式调整成 PBOM，指导后继的工艺与工装设计工作。

MBD 模型强大的非几何信息描述能力为产品关键特性、定位计划等协同信息的描述提供了全新的定义方法。这些协同信息一般由符号与文字说明信息两部分组成，传统只能通过二维工程图或图片并结合文字表达，而在 MBD 模型中将采用标注与属性联合表达的方式。为保证各类人员在全生命周期中对这些信息理解的一致性，需要制定它们在 MBD 模型中的统一表达方法与使用规范。

关键特性、定位计划等协同信息都与零部件的特定结构几何特征相关。因此，既需要用符号标注的方式标识指出特定的几何结构特征及信息类别，又要对该标识用文本字符串属性进行详细描述说明。每个标注都需要进行详细描述，这些详细的描述信息放在结构特征树上的有关节点中，并以旗注定义符号标识。

4.5 基于 MBD 的数据集数字化定义

为了更好地实现以三维模型为核心的信息传递方式，产品数据管理系统需要获取 MBD 数据集中定义的非几何信息和部分几何信息，并将其内容反映到平台的相关数据对象当中。因此，必须规范 MBD 数据集的数据组织形式，实现数据集信息的可检索性和可解析性。MBD 数据集信息的定义一般包含以下几方面内容：1）内容完整、准确，包含制造和检验所需的所有信息；2）组织形式规范、统一，满足标准化要求；3）结构化分解，保证信息可检索、可解析；

4）通用信息编码入库，集中管理、统一调用。

MBD 数据集可利用三维设计软件的特征分类组织和管理数据，以实现模型信息的有序可控。通常情况下，MBD 数据集信息可分为几何信息、属性信息、注释信息、材料信息、特殊工艺要求信息和三维标注信息六类，如图 4-5 所示。

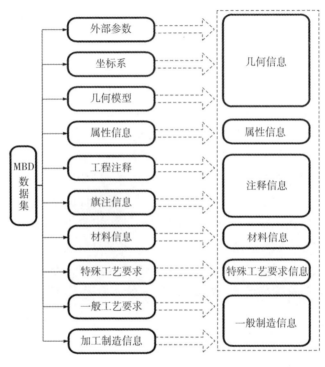

图 4-5　MBD 数据集分类

几何信息：MBD 数据集几何信息描述了产品形状、尺寸信息，反映了零件的几何外形、空间位置、零件间的装配关系。另外，通过点、线等要素的组合还可以表达紧固件信息，例如，铆钉类单独安装的紧固件采用直线表示，直线长度等于连接夹层的厚度，而且单个紧固件包含有标识号、名称、重量、重心、规范及要求、起始点及终止点等参数。

属性信息：MBD 数据集中需要定义零组件的编号、名称、对称信息及相关零件类型等属性信息，这些信息通过集合的形式定义在零件的规范树上。

注释信息：MBD 数据集的注释类信息通过集合的形式定义在零件的规范树上。注释信息包含设计人员自定义的注释，以及对设计标准、工艺规范等相关标准规范的引用信息，为了实现零件注释信息的可检索和可解析，在规范树上定义注释信息时不仅要求将其逐条拆分，还需要根据注释的内容进行分类整理和编码入库，通过注释信息数据库进行集中管理，逐步实现信息的统一调用，减小设计人员在定义信息时的随意性，达到 MBD 数据集信息的标准化和规范化。同时，通过这种方式定义在数模中的信息以及引用的相关标准规范，都能通过模型中的链接从数据库中打开，使设计和工艺人员共享统一的标准。

材料信息：MBD 数据集的材料信息通过集合的形式定义在零件的规范树上，这些信息主要包括材料的牌号、型类级、材料规范、毛料尺寸和毛料重量等。另外，MBD 数据集中还可以定义零件的替代材料及替代条件等信息。材料信息来源于材料库，通过从材料库中调用保证了所用的材料及规范等不超出型号的材料选用目录，并保证材料的毛料尺寸等信息的规范填写。同时，通过调用时在数模中添加的链接可以打开材料库中对应的材料信息，方便设计人员和工艺人员查看材料的参数和性能等完整信息。

特殊工艺要求信息：零组件的喷漆、密封、黏结以及加垫要求等特殊工艺要求信息，需要从以往的通用附注和技术条件中分离出来，进行统一的分类整理并将部分信息编码入库，实现信息的集中管理与规范使用。这些信息通过设计人员填写和数据库调用相结合的方式定义在零件规范树上的对应几何集中。

4.6　基于 MBD 的数据管理技术

4.6.1　基于 MBD 的 BOM 演变关系和管理过程

在 MBD 支持的复杂产品全寿命周期协同设计研制中，MBD 数据化管理显得尤为重要。MBD 支持的产品全寿命周期设计、生产、制造过程中，涉及以下几种类型的 BOM（数据集）：1）EBOM：是指产品设计人员发放到生产部门的产品结构，EBOM 是生产部门编制工艺、进行生产制造的依据。2）PBOM：是生产部门工艺系统在进行工艺分工时，在 EBOM 的基础上添加制造单位和工艺小组件后建立的 BOM。3）MBOM：是在工艺编制过程中从制造、装配角度建立的产品结构。MBD 支持的产品全寿命周期数据管理平台 PDM 系统中，各类型 BOM 之间不是简单地堆砌，彼此之间是有关联的演变关系的。

工艺、制造部门人员可并行参与到整个 MBD 数据定义流程中，如应用成熟度技术思想，与传统串行设计相比可提前进行物料选取、生产周期制定、人员合理安排等前期准备工作。通过 MBD 模型，检验人员也可在零件未加工完之前，进行基于 MBD 的检验前期准备，如三坐标测量系统的工装夹具的确定、测量程序的编制等。

4.6.2　基于 MBD 的数据管理

面向复杂产品全生命周期的 MBD 数据管理特征主要体现在以下四个方面：

1）**数据可视化**：采用 MBD 技术以后，描述产品定义信息的三维模型必须以电子形式存在，需要使产品全生命周期过程中不同角色人员方便查看浏览到电子化的 MBD 模型，但它们又难以全部采用昂贵且使用复杂的原始 CAD 工具进行查看。因此需通过信息系统将 CAD 工具生成的原始 MBD 模型自动转换成轻量级的可视化中性格式，在可视化格式文件中不但需要包括几何实体信息，还需包括原始 MBD 模型中定义的产品制造信息（PMI，Product Manufacturing Information），这样用户在普通的计算机上通过信息系统提供的可视化工具即可查看到准确有效的 MBD 模型，不需要依赖原始的 CAD 工具。此外，考虑到复杂产品研制过程中产生的 MBD 模型数据量十分庞大，信息系统提供的可视化工具还应支持超大规模由 MBD 模型组成的数字样机（DMU，Digital Mockup）的查看浏览。在 MBD 模型可查看浏览的基础上，还需充分利用三维模型所具备的表现力，基于信息系统提供直观的三维可视化看板，便于相关人员直观了解产品研制状况。

2）过程可记录：过程可记录体现在两个方面：一方面，在应用 MBD 技术开展产品的研制过程中，总体设计协调各轮次、不同设计方案、研制阶段各里程碑等对应的 MBD 模型状态能够方便在信息系统中记录，便于以后的追溯；另一方面，不同业务环节在基于设计 MBD 模型开展工作过程中，将产生大量与设计 MBD 模型关联的数据，这些数据需要方便进入到信息系统中进行统一存储和控制，并建立数据之间错综复杂的关联关系。

3）结果可配置：在对 MBD 相关过程信息进行完整记录的基础上，用户能够在信息系统中根据产品配置条件方便过滤出由 MBD 模型组成的所需 DMU，满足设计、制造、客户服务等产品全生命周期过程中不同角色的需要。

4）信息可重用：MBD 模型中定义的非几何信息、重量重心、关键检验特性等信息应能自动纳入到信息系统中进行结构化管理，避免用户的重复录入和由于人为失误而带来的数据不一致情况发生。

4.7 支持 MBD 的全三维标注 CAD 软件

用于支持 MBD 的 CAD 工具软件一般和数字化产品数据集定义的标准一致。目前主流的 CAD 软件在 MBD 和三维标注方面都有着一定程度的优缺点，通常需要通过定制才能满足用户的需求。

现有 CAD 软件系统主要面向三维建模，应用于产品设计阶段。支持 MBD 所需的三维标注功能在操作方式上没有统一的规范，功能使用不便，某些标注的显示方式也不符合标准。此外，目前三维 CAD 设计软件的种类丰富，但以国外软件商开发的为主，应用最为广泛的有 UG NX、Pro/E、CATIA 等。而国产三维 CAD 软件主要有北京数码大方的 CAXA 实体设计和广州中望龙腾软件股份有限公司的中望 3DTM，国产三维 CAD 软件相对起步较晚，技术还不成熟。下面对 CATIA、Pro/E、UG NX 的三维标注功能进行讨论分析。

CATIA 是最早支持三维标注的软件之一，其中的 Functional Annotation & Tolerance（功能注释及公差）模块能较为完整地实现对产品进行基于模型的定义。在 CATIA 系统中，可以通过标注与属性的方法来实现产品非几何制造信息的表达。UG NX（Unigraphics NX）在 UG NX 4.0 及其后更高的版本中，都增加了产品制造信息 PMI 模块，从而实现了三维标注的功能。用户能够在三维模型上直接创建、读取和查询制造信息，同时可以将这些信息传递给下游的设计制造协同成员。Pro/E 在三维标注方面起步较晚，功能较弱。从 Wildfire 2.0 开始，才初步引入三维标注的功能，在 Wildfire 3.0 及以后的版本中其功能逐步增强。对三种主流全三维标注软件的优缺点总结见表 4-1。

表 4-1 CATIA、UG、Pro/E 优缺点对比表

全三维标注软件	优点	缺点
CATIA	"结构规范树"采用分类集合的方法，对产品设计、制造、装配等过程的所有信息进行高效的组织管理，可以快速获取相关的产品定义信息，通过显示、隐藏、旋转、平移等常用功能就能方便查询到相关的产品定义信息	MBD 的应用要求单一的 CAD 数据集用于零部件的关联标注、注释等，但是 CATIA 中文件有 CATIA Parts 用于详细设计，CATIA Products 用于装配，数据集来源并不唯一

续表

全三维标注软件	优点	缺点
UG	能以视图的方式进行 PMI 数据的组织管理，所有与模型相关的零件和装配体都用包含 PMI 数据的视图来表达，由零件和装配体可以索引到每个与之相关的视图	版本更新过于频繁，不同版本之间的三维标注操作和功能差异较大
Pro/E	相关性和参数化等方面优势明显，产品开发环境全面、紧密。此外，可以通过提供免费或者廉价的模型读取软件，使得下游供应商更好地理解模型的数据及关联注释、公差、合同信息	三维标注方面起步较晚，功能较弱，三维标注功能主要是通过"注释"模块实现

如表 4-1 所见，一般的全三维标注 CAD 软件都有着一定程度的缺陷和不足，需要通过定制才能满足用户的需求，因此合理地选择二次开发工具及语言，是提高程序可移植性和满足用户个性化定制的关键。UG、Pro/E、CATIA 都提供了不同的二次开发接口，封装了不同的开发函数集（API）。这些 API 函数都可以利用集成环境进行编译，并无缝集成到 CAD 系统中。例如，UG 软件为企业或用户提供的二次开发方法主要有以下几种：UG Menu Script、UG UI Styler、UG Open C、UG Grip 和 UG Journal 等。此外，UG 软件为企业和用户提供了二次开发的帮助文档，文档分别用 C、C++、Java、NET、Grip 等计算机语言进行编写，方便不同的用户进行二次开发，用以更换标注显示平面、优化标注显示，解决模型旋转时某些标注因为观察角度而显示不清的问题，从而实现了 PMI 标注的动态显示功能。与 Pro/E、CATIA 相比，UG 的二次开发可实现的功能较为强大，但是开发流程较为复杂，耗时较久。

4.8　MBD 技术和三维标注在运载火箭设计中的应用

目前在运载火箭某些型号的设计中，采用了 MBD 技术和三维标注进行了工程化应用，范围涵盖了三维标注、三维签审与可视化、三维模型检查、三维规范体系建设、三维归档等技术领域。

4.8.1 三维标注

4.8.1.1 标注方案

三维标注是实现基于模型的定义的核心，主要针对尺寸、公差、粗糙度、技术要求等内容如何在模型进行组织和表达进行定义。

首先要解决的就是三维标注的详细程度问题，如果是数控零件，只需要最少的标注即可；如果该零件在企业内部加工，只需要典型标注即可；如果该零件需要供应商加工，可能需要完全标注。

最少标注：一般包括外形轮廓、技术要求、材料信息、零件信息。

典型标注：一般包括外形轮廓、技术要求、材料信息、零件信息、典型尺寸、尺寸公差、形位公差信息。

完全标注：一般包括外形轮廓、技术要求、材料信息、零件信息、所有尺寸、尺寸公差、形位公差信息。

针对典型零部件分别进行了详细的方案定义，主要包括运载火箭总装、典型结构件、典型铆接件、管路、电缆等类型；标注内容参考了二维图的标注内容，但是没有照搬二维图，而是从三维可视性好的优点出发，尽量简化设计师的标注内容，例如以前的火箭总装图（二维）需要进行展开才能表达清楚仪器设备的安装位置，而三维就不用进行展开也可以清楚地表达仪器设备的安装位置，极大地减轻了工程师的工作量，同时提升了可读性。

4.8.1.2 标注效率

现有三维设计软件的标准三维标注工具无法满足航天的设计标准和设计效率。因此在三维设计软件的基础上进行了三维标注工具的开发，主要功能包括：创建视图、尺寸标注、形位公差基准、常用形位公差、常用表面粗糙度、技术要求、符号注释、引线注释、球标注释、删除注释、修改注释、视图管理等。基本涵盖了设计需要表达一个完整视图的所有常用操作，是将来设计师创建 MBD 模型最常用的命令，其操作效率决定了设计阶段 MBD 的应用效率。

4.8.2　三维签审与可视化

4.8.2.1　视图基本内容

（1）视图信息

视图信息一般包含以下内容，如图 4 - 6 所示：

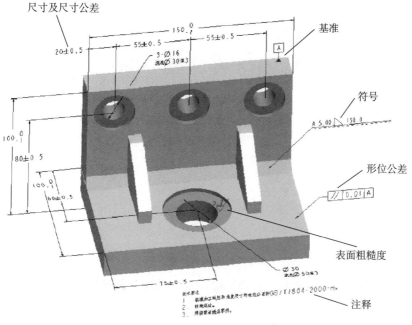

图 4 - 6　视图信息

1）尺寸及尺寸公差；

2）基准及形位公差；

3）表面粗糙度；

4）符号；

5）注释。

视图信息由视图来组织管理，如图 4 - 7 和图 4 - 8 所示，应有利于模型及其标注的表达。视图应当符合国家标准 GB/T 17451 中的规定。

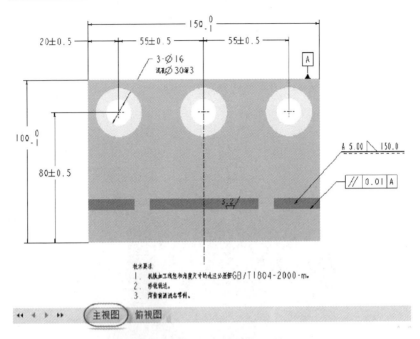

图 4-7　主视图

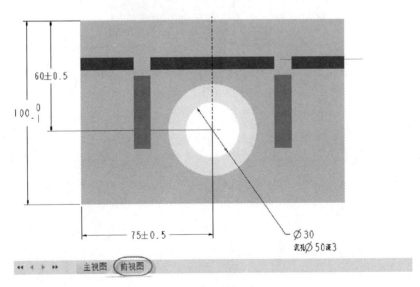

图 4-8　俯视图

（2）视图状态

视图状态由单个或多个元素组成，包括：视图定向、剖面、简化表示、层状态、显示样式、分解状态等。

1）视图定向：视图定向用于创建视图时定义模型的视角及显示大小。可以用默认的视图方向，如 FRONT、BACK、LEFT、RIGHT、TOP、BOTTOM 等，也可根据需要自定义视图方向。

2）剖面：剖面用于将模型内部的细节能清楚地在视图中显示。剖面分为平面剖、阶梯剖等。

3）简化表示：简化表示用于加快组件的再生、检索和显示时间，以及控制元件的显示。

4）层状态：层状态用于控制现有层的显示状态，有隐藏、取消隐藏两种状态。

5）显示样式：显示样式用于使组件中的元件易于查看，有四种显示样式：着色、线框、隐藏线、无隐藏线。

6）分解状态：分解状态用于将组件中的元件与其他元件分离，使之能够更清楚地表达各元件之间的相互关系。组件可定义并保存多个分解状态，不同分解状态之间可进行切换显示。

4.8.2.2　三维签审

MBD 模型的特殊性决定了它的签审流程也必须是全电子化的。不仅是签审的流程，而且包括所有的签审操作都必须基于三维模型完成。主要功能包括：三维标注信息提取、签审标记、签审意见、保存为结构化文件、上次签审与下次签审对比等。签审工具方便了设计师对 MBD 模型的校对和审核操作。

传统以二维图纸为主的审图和批注方式难以完全满足对全三维模型进行电子签审的要求。通常 PDM 系统均提供了可视化浏览工具，可对全三维模型进行查看和批注，但难以确保签审人对全三维模型视图中的每一尺寸进行了检查和确认。因此一般通过在三维设计软件中定制开发三维签审工具，实现全三维环境下协助签审人员对全三维模型进行方便快捷的检查。

签审人员在 PDM 中进行全三维模型签审时，可以将全三维模型下载至三维设计软件环境中，三维签审工具能够自动提取模型中的视图和三维标注尺寸并通过统一的界面分类显示。通过检查列表尺寸与模型视图尺寸的联动，签审人员可以方便查看模型视图中的尺寸，如图 4-9 所示，并逐一进行检查确认，填写审批意见。同时审批意见可集成保存至 PDM 系统中进行存储，与模型自动关联。

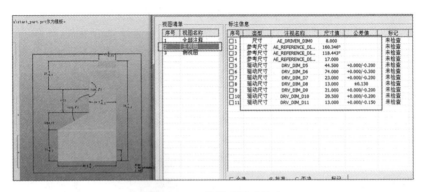

图 4-9　三维模型尺寸检查

设计师可以在三维设计环境中查看签审人员的每一尺寸审批意见，据此修改完善全三维模型。签审人员再次签审时可以在三维签审工具中下载上次签审意见，比较全三维模型尺寸的前后差异，检查设计师对审批意见的落实情况，如图 4-10 所示。

通过三维签审工具的应用，一方面为签审人员提供了有效的全三维模型签审手段，另一方面实现了全三维模型签审意见的可追溯性，有助于在校对、审核环节落实三级签审要求。

4.8.2.3　三维模型检查

MBD 技术要求所有的数据以三维形式存在，对三维模型的质量提出了更高的要求，设计师必须保证进入 PDM 系统的 MBD 模型数据的规范性和数据质量。为此通常需要实施 MBD 模型的检查，针对模型的基本属性、建模规范性、可制造性、标注信息等进行严格的检查，不符合企业规范要求的模型不能进入 PDM 系统，从源头保证了三维模型的数据质量。检查包括：

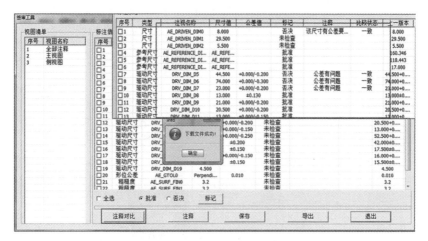

图 4-10　三维模型尺寸审批意见比较

1）分析零件、绘图和装配；

2）校验是否符合标准及正确的建模方法，并及时标注违反正确方法的建模；

3）以动态 HTML 报告的形式显示分析结果，并提出改进建议，检查报告出现在三维设计软件内嵌的浏览器中；

4）促进标准设计方法的应用，从而提高下游用户的有效使用，还可提高模型的重用性。

（1）对零件进行模型检查

一般情况下是在交互模式下对零件进行模型检查，具体步骤如下：

1）打开零件，然后依次点击"分析—模型检查交互"，运行 MBD 模型检查功能，如图 4-11 所示。

2）分析结果显示在三维 CAD 软件内嵌的浏览页面内，如图 4-12 所示。默认的设置是显示对模型分析后产生的错误及警告项目的数量及其内容。分析内容有：与公司标准的符合性、不良的建模方式、加工制造可能会出现问题的内容。

3）分析结果可以分类分别查看，如图 4-13 所示。例如，可以单独查看属于参数的错误及警告。

图 4 - 11　运行 MBD 模型检查功能

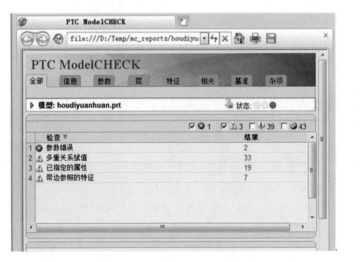

图 4 - 12　模型检查结果的显示

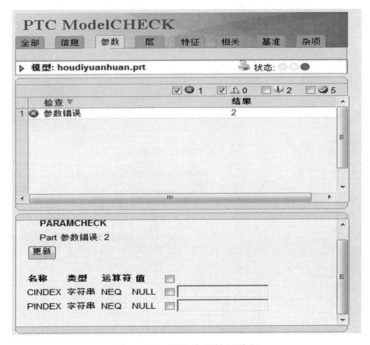

图 4 - 13　模型检查结果分析

4）对出现的问题进行查看，如图 4 - 14 所示。

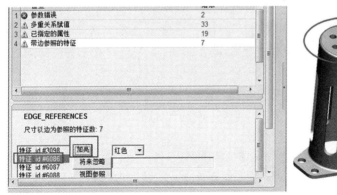

图 4 - 14　对模型检查结果查看

5）点击信息左侧的检测标识，可以链接到该信息的帮助文件；在帮助文件里给出详细解释，并且还可以点击下面的模型检查帮助，得到更多的帮助和指导，如图4-15所示。

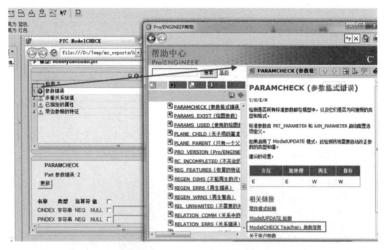

图4-15　模型检查帮助

6）以参数为例：点击"参数错误"，在下半部显示栏中出现该项目的信息，比如 Part 参数错误。按步骤进行修改，注意区分参数填写的要求，并选择更新，如图4-16所示。

7）按照各信息的提示，解决各个错误及警告信息，解决完毕后，再次运行"模型检查交互/再生检查"，若仍存在未解决的问题，则在解决后重复检查。

（2）对组件进行模型检查

一般情况下是在交互模式下对组件进行模型检查，具体步骤如下：

1）对组件进行模型检查的步骤与零件一致，运行"模型检查交互"，如图4-17所示，组件检查重点分析检查组件的元件装配及初始化信息。

2）可以选择顶级、所有级或者选取元件进行分析。可以选择所有级，对所有下级元件重新分析一遍，若零件已经单独分析过没有

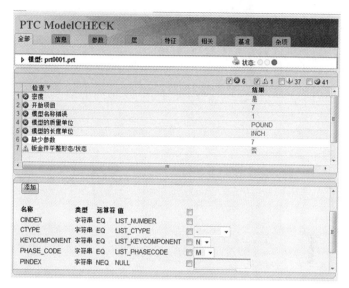

图 4-16　错误的修正

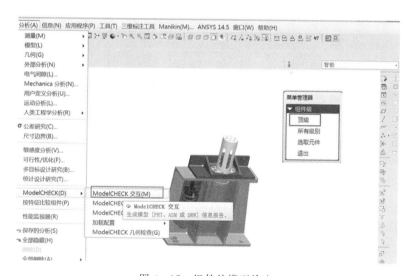

图 4-17　组件的模型检查

错误并且自分析后没有改变，系统则忽略不再进行分析。建议对大装配组件进行分析时，应逐层从零件、部件、分系统分析，最后对大装配选择顶层分析，以节省时间。

（3）对绘图进行模型检查

一般情况下是在交互模式下对绘图进行模型检查，具体步骤如下：

1）打开绘图，点击"分析—模型检查交互"，运行绘图模型检查，如图 4-18 所示。

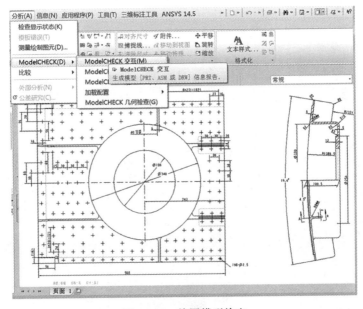

图 4-18　绘图模型检查

2）依据系统要求选择是否在所有绘图模型上（所有零件及组件）运行，如图 4-19 所示。

3）查看、解决出现的问题，如图 4-20 所示。

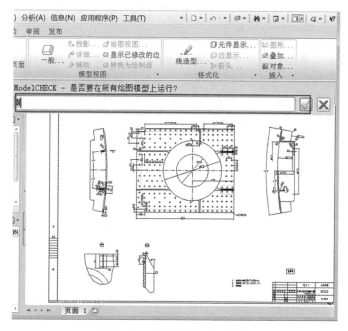

图 4 - 19　绘图模型检查运行

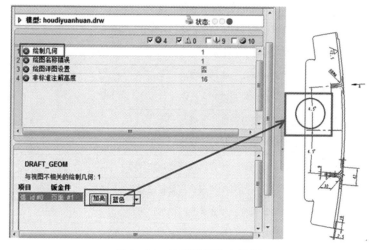

图 4 - 20　绘图模型检查结果

4.8.3 三维规范体系建设

规范体系是指导整个设计制造一体化的依据，也是设计、工艺、制造之间沟通的语言。所以需要制定 MBD 的规范体系，工艺和制造需要提供反馈以认可设计为主制定的规范。首先定义规范目录，在典型零部件讨论和标注后，由设计师、标准化与咨询公司共同总结形成最终的规范内容。规范初稿经设计、工艺、制造各部门同意后，再由标准化发布，共同执行。

表 4 - 2　MBD 三维设计规范体系

类别	规范名称
基础类规范	三维 CAD 软件安装与配置文件应用规定
	三维 CAD 软件模板编制与应用规定
	三维模型标准件库的构建、使用及维护要求
	三维模型检查 ModelCHECK 规范
	三维模型建模通用要求
基础类规范	三维标注通用要求
	三维标注视图管理和应用规范
	三维模型标注符号库构建、维护管理和应用规范
	三维模型标准要素定义
业务操作类	典型产品建模及三维标注要求
	总装数字化样机建模及三维标注规范
	管路三维建模及三维标注规范
	电缆三维建模及三维标注规范
	典型钣金结构件三维建模及三维标注规范
	典型铆接结构件三维建模及三维标注规范
	典型机加结构件三维建模及三维标注规范
	典型焊接结构件三维建模及三维标注规范
	三维轻量化模型操作指南
	三维模型签审操作指南

4.8.4　三维归档

　　基于 MBD 技术构建的全三维数字化模型如何归档是企业面临的新问题，现阶段国家还没有明确的数字化归档的标准要求。我们从实际情况出发，在过渡阶段考虑既能满足档案的以纸质资料归档要求，同时不增加设计师工作量，还能兼顾下游应用不方便使用电子数据的场合能够方便查看图纸的要求，开发了基于 MBD 技术的三维视图转换为 PDF 二维图纸的工具。图 4 - 21 所示为全三维模型转 PDF 示意图。

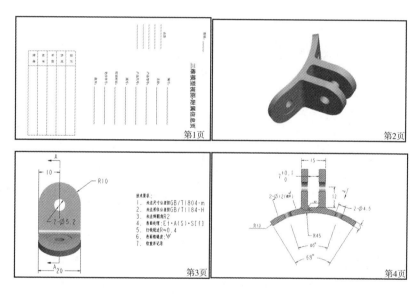

图 4 - 21　全三维模型转 PDF 示意图

　　MBD 的实施是一项长期复杂的过程，需要配备高效的数据管理体系、计算机信息系统、高效的供应商等，因此需要循序渐进，不能一开始就完全抛弃二维图纸的设计加工模式。虽然国内一些航天军工单位在大力开展 MBD 技术的研究及应用，但是鉴于国内的加工环境、技术层次、管理环境等，还需要解决一些问题，如抓紧制定

MBD 的技术支撑体系（标准）和管理体系（规范）、产品设计和工艺如何协同、基于三维的工艺设计、工厂现场应用控制等若干细节。

MBD 改变了传统的研制模式。MBD 模型的建立，不仅仅是设计部门的任务，工艺、工装、检验都要参与到设计的过程中，才能高效地应用数字化技术带来的便利。MBD 技术的实施及推广，在高效管理体系及设备等支持下，对于整个设计制造行业来说，有利于提高工程质量、缩短零件设计准备时间、易于协调、减少成本等。

第 5 章　数字化仿真技术

5.1　概述

航天产品的研制是一项耗资巨大、变量参数很多、非常复杂的系统工程，确保其安全、可靠是航天产品设计时必须考虑的重要问题。因此，可利用仿真技术的经济、安全及可重复性等特点，进行方案论证比对、飞行任务或操作的模拟，以代替某些费时、费力、费钱的真实试验或者真实试验无法开展的场合，从而获得提高航天研制效率或航天产品可靠性等的设计对策。这样，航天仿真研究就成为确保航天产品安全、可靠的有效技术途径。

当前，大多数现有的仿真系统采用传统的仿真理论或软件，即针对所研究的对象建立数字化模型，优化并确定产品方案和性能，然后根据产品方案生产样机产品，通过多种试验方案对产品进行各种试验验证，分析试验结果与仿真结果的偏差。当前更为先进的技术还有虚拟现实技术，设计者通过虚拟交互，不仅可及时观察到所设计部件的整体结构与外形，而且还能够及时改进设计中的原理或功能性缺陷，从而提高设计与研制效率。在进行各种流程规划、仿真和验证的同时，可以生成 3D 的、图形化的文档和过程演示视频，使方案的评审更加直观和科学。本章主要聚焦在 CAE 仿真和人机工程仿真方面。

5.1.1　CAE 仿真基本概述

5.1.1.1　什么是 CAE 仿真

CAE（Computer Aided Engineering），即计算机辅助工程，主

要指用计算机对所设计的产品的功能、性能与可靠性等进行计算和优化设计，对运载火箭的工作状态和运行环境进行模拟仿真，验证其功能与性能是否达到设计要求和客户需求，并优化设计方案。当今的 CAE 技术，已经不仅限于解决结构静力学及动力学问题，而是涵盖了结构力学及传热学 FEA、流体力学 CFD、电磁学 CEM 等诸多学科领域。狭义的 CAE 仿真软件指基于计算结构力学发展的结构力学软件，广义的 CAE 仿真软件及技术，包括了前后处理软件、有限元软件、设计优化软件、计算流体软件、电磁场计算软件、最优控制软件，以及各类专业性的计算软件等。

此外，在产品的数字化设计过程中，设计、仿真、试验等各项活动之间有大量交互和迭代，这些活动的职责区分和分工界限也逐渐模糊化，更加强调各类研发活动融合及协同工作的综合设计概念。因此广义上的 CAE 仿真，也不再仅仅是指基于某种软件完成一项计算，还包括了仿真过程管理、仿真数据和模型准备、仿真结果的分析与验证、基于仿真开展设计优化和结构改进等工作内容。

5.1.1.2 CAE 仿真的用途

目前，CAE 仿真已经广泛运用于产品研发的各个阶段，但重点是在设计早期应用 CAE 仿真，在产品样机定型试验之前，通过 CAE 仿真指导设计方案，保证设计方案的正确性和满足功能、性能指标，避免浪费和失误。

1) 概念设计阶段的仿真分析：概念设计阶段，需要根据市场需求、产品功能及商业考虑等进行产品规划、方案设计，CAE 仿真分析可以被设计人员用来完成基础设计的验证、不同方案的比较，满足功能、性能方面的要求，并为企业领导层进行产品决策提供参考，回答是否能够在预定时间、预定成本等约束条件下开发出满足要求的产品等问题。

2) 详细设计阶段的仿真分析：在这个阶段，所有的设计将全部展开，从系统设计、装配部件、子装配、零件设计，直到图纸、材料、制造工艺等。CAE 仿真分析在这个阶段的作用，就是验证各种零部件是否满足预期的性能、制造上是否可行，而且从系统到单个零件都可以进行仿真。这些工作主要由设计工程师和制造工艺师参与完成。

3）试验阶段的仿真分析：试验阶段是设计完成后的关键阶段。大多数企业都是先制造物理样机，投入试验，如果某些地方试验失败，则重新设计、重新制造、重新试验，如此反复，直到定型通过。显然，这样反复多次的"设计、试验、修改"过程，既耗费时间，又极为昂贵。如果采用计算机仿真分析，样机的数量和重新制造、重新试验的次数必然会减少。在数字样机的仿真试验中发现问题、修改设计，与物理样机相比，显然其成本降低很多。据统计，数字样机的开发方式能够减少一半以上的物理样机制造和试验，从而争取到更多的时间，节约大量的费用。更进一步，CAE 仿真分析可以使物理试验更快获得通过。事实上，仿真分析可以"透视"整个样机的试验，显示出所有检测点的数据，测试工程师利用仿真软件，在实际试验之前就掌握最佳测试方法和最可能的载荷/激励位置，从而显著地减少试验时间，尽可能避免在试验现场进行"猜测"。

4）制造阶段的仿真分析：这个阶段是产品实际制造的阶段。仿真分析技术可以优化制造的工艺流程、减少废料、简化工艺步骤。通过找出并消除那些可能导致产品缺陷的设计要素，仿真分析技术在提高产品"可生产性"的同时也可以大大减少售后服务成本。而一些新的制造工艺流程还可以通过仿真分析来确定其中的某些重要参数，如温度、压力和速度等。

5.1.1.3　CAE 仿真技术的发展方向

CAE 技术是力学领域的一次革命性发展，使数值计算变成一种实用工具，深刻地影响了产品设计思想和设计过程，也产生了一个新的领域——计算机辅助工程。CAE 仿真技术在汽车、航空、航天、船舶等工业领域的大量工程运用实践，验证了其适用性和准确性，同时也对推动各行业的研发创新和技术突破产生了巨大作用及经济效益。

目前，在工业界提出了这样的看法，即：衡量企业研发能力的重要标志已经不再是是否使用 CAE 仿真，而是如何系统开展正确的、高效的仿真。

CAE 仿真技术的发展大致可分为四个阶段（与计算机硬件的发展密切相关）：

第一阶段是 20 世纪 50—60 年代，主要开发基本的结构分析程序，基于力法和简单的二维和三维位移有限元法。

第二阶段是 20 世纪 70 年代，主要开发通用有限元程序，如 Nastran、ANSYS、Marc、SAP 等，也产生了混合元和杂交元理论，形成高效数值求解器，线性静力问题求解基本成熟。

第三阶段是 20 世纪 80 年代，主要完善及扩充通用有限元软件，产生了结构优化设计技术、前后置处理软件及计算机辅助设计系统，出现了断裂力学的奇异元技术、边界元技术、有限元与其他数值方法联合求解技术。同时，计算流体动力学 CFD 技术和计算电磁学 CEM 技术也开始商业化，出现了 Nastran，ANSYS，Marc，Abaqus，I‑DEAS，Ls‑Dyna，ADAMS，Hypermesh，FLUENT，CFX，Feko，Ansoft 等数十种面向不同学科领域的知名 CAE 软件百花齐放的格局，这些软件不仅是功能和性能上趋于完善，更重要的是提高了用户易用性，增强前后处理能力，数据管理和图形显示能力有了较大改善。

第四阶段从 20 世纪 90 年代中期至今，是互联网和云计算时代，一方面，CAE（包括 FEA、CFD、CEM）技术软件不断适应新的高性能并行计算环境，另一方面，计算技术与其他学科的综合技术发展迅速，迎来了虚拟样机仿真和多学科协同仿真时代。相应地，为了适应多学科 CAE 仿真的工具整合和海量仿真数据管理需求，仿真平台也于近年开始出现并快速发展。各大 CAE 公司不仅仅提供仿真软件，而且提供整合了各类仿真技术和应用的仿真平台。例如，ANSYS 公司将自身的 Mechanical、FLUENT、CFX、Autodyn、Maxwell、HFSS 等多学科仿真软件，整合到 Workbench 的集成环境中，同时提供 EKM 仿真数据管理系统，形成了较为完整的解决方案。

CAE 仿真技术在下一阶段的发展方向，将包括以下方面：

1）多物理场耦合仿真、多学科综合优化的成熟和实用化；

2）大规模并行计算的算法支持和硬件使用效率提升；

3）更专业化的仿真技术和更好的易用性；

4）CAD，CAE，CAM，PDM 等数字化设计技术体系的进一步集成和融合；

5）完善仿真技术体系及协同仿真平台环境，为数字化设计提供全面支撑。

5.1.2　运载火箭总体设计的仿真举例及特点

运载火箭是典型的复杂系统，总体设计流程作为初样设计阶段的主体，与相关箭体结构、控制系统、地面设备、遥测系统、发动机等专业紧密交互，而总体专业本身也包括气动、弹道、弹性振动、制导、姿控、载荷、晃动、发动机等十几个专业，专业之间紧密耦合。

CAE 仿真，可以用于运载火箭总体的静/动力学分析、流体力学分析、振动/弹性分析、热传导分析、噪声分析、辅助试验设计和虚拟样机制造等领域，驱动运载火箭总体数字化设计能力的进一步提高。随着计算机计算能力的飞速提高和数值计算技术的进步，有限元数值分析在航空航天领域的应用不断向纵深发展，其地位与作用日益变得重要。目前，CAE 工具已成为工程师们基本的工作手段，很多领域已是必须依靠 CAE 才能有效工作。

航空航天业是应用 CAE 最为广泛的行业。究其原因，主要是航空航天器结构复杂（通常需要进行十万以上自由度的计算），力传递路线多，工作在多变的流体环境下（流体力学本身就需要大量的复杂计算），对可靠性、耐久性和损伤容限的要求很高，以及试验条件无法完全模拟真实环境（有的试验甚至根本无法进行）等。这些原因都使航空航天业的发展离不开 CAE 仿真，并且越来越依赖于 CAE 仿真。

（1）案例 1

图 5-1 所示为美国 NASA 利用 ANSYS 的热、流、固多物理场耦合求解功能对 X-43 高超声速飞行器的发动机进气流场进行了分析仿真，找出了失效的原因。

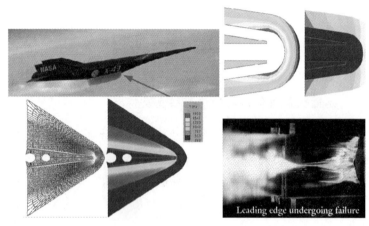

图 5-1　X-43 高超声速飞行器发动机进气热、流、固多物理场耦合分析

（2）案例 2

航天器中存在很多分离机构，设计中不允许分离后的抛弃物撞上航天器本体，因此分离过程及抛弃物的运动轨迹是设计中关心的问题。当航天器在大气层中飞行时，气流对抛弃物运动轨迹的影响非常大，因此模拟在空气环境中的分离过程，计算抛弃物运动轨迹对设计人员将有很好的帮助。

图 5-2 为某航天装置分离过程的动态模拟，计算在解锁机构推力、惯性力、气流共同作用下分离结构的运动轨迹。

（3）案例 3

图 5-3 和图 5-4 为来流马赫数 $Ma=4.5$，攻角 $\alpha=0°$ 时弹体表面压力分布云图与压力系数等值线图。图 5-5 和图 5-6 为来流马赫

数 $Ma=4.5$，攻角 $\alpha=0°$时弹体外某一剖面的马赫数分布云图和温度分布云图。

洛克希德亨茨维尔工程中心的工程师们，用 ANSYS 来模拟航天飞机固体火箭助推器的后裙，以查明裂纹出现在蒙皮焊缝上的原因。

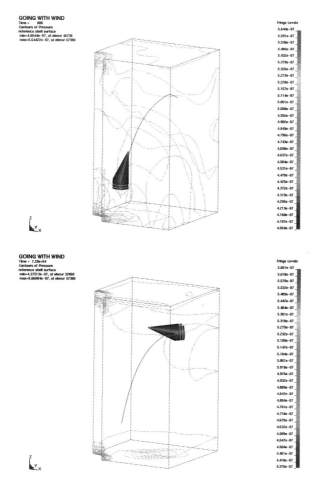

图 5-2　某航天装置分离过程模拟仿真

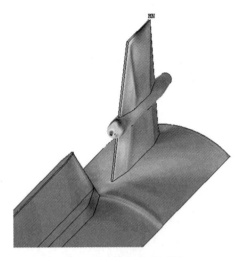

图 5 - 3　压力分布云图

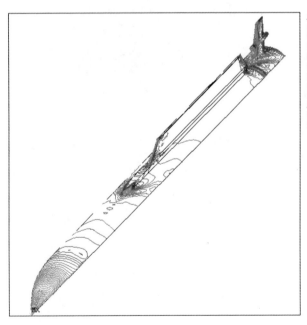

图 5 - 4　压力系数等值线图

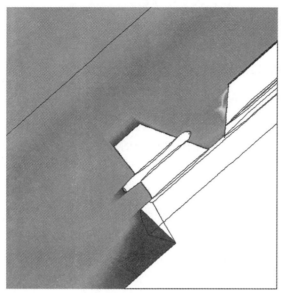

```
ANSYS 5.6
DEC  9 1999
11:00:31
NODAL SOLUTION
STEP=7
SUB =1
MACH     (AVG)
PowerGraphics
EFACET=1
AVRES=Mat
SMX =6.34
```

图 5 - 5　马赫数分布云图

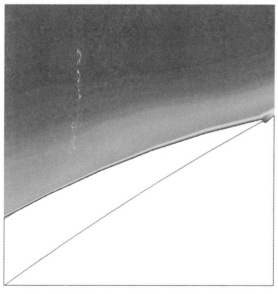

```
ANSYS 5.6
DEC  9 1999
11:05:38
NODAL SOLUTION
STEP=7
SUB =1
TEMP     (AVG)
RSYS=0
PowerGraphics
EFACET=1
AVRES=Mat
SMN =273
SMX =1231
```

图 5 - 6　温度分布云图

5.2　仿真驱动数字化设计

5.2.1　仿真驱动设计的理念

　　运载火箭的系统工程方法，为实现运载火箭的研发过程提供了方法论基础，而在具体的研发活动中，基于数字化设计、仿真及试验的先进技术，又为运载火箭研发创新的开展提供了有力的技术支撑。

　　产品数字化研发模式，源自航空航天的波音公司 787 飞机研发，这是新时代下航空航天企业产品研发的发展趋势，是提升产品研发和技术创新能力的有效手段。数字化的产品研发流程，本质上就是要利用计算机的虚拟环境生产出"虚拟产品"，并用计算机仿真技术，获取产品的功能、性能、工艺、成本等。其中，基于数字样机的 CAE 仿真及虚拟试验，与数字化三维设计 CAD，以及虚拟制造 CAM 共同组成了产品数字化样机的技术系统，如图 5-7 所示。

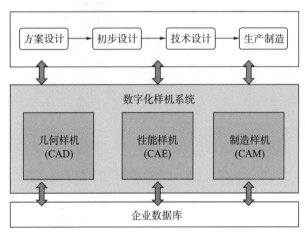

图 5-7　数字化设计技术系统的组成示意图

　　仿真驱动设计，是 CAE 仿真领域多年实践积累基础上所倡导的解决方案。大量的企业实践证明，仿真技术体系是企业数字化研发能力的关键要素之一，CAE 仿真作为数字化研发的重要手段，与 CAD、CAM、PDM 等结合，共同形成了产品数字化工程的技术系统。

相比一般意义上快速三维建模及 PDM 产品数据管理方案的数字化快速设计平台，CAE 仿真平台更加注重对设计建模、仿真分析、技术管理等研发活动的综合治理，更加强调企业设计及仿真技术能力的构建及完善，主要目标是建立基于仿真的综合设计平台及其配套能力体系，基于已有的数字化设计与仿真工具及能力，制定仿真平台的建设内容和策略，全面提升仿真技术对创新研发的驱动能力。

5.2.2 仿真驱动设计的优势

传统的 CAE 仿真更多地用于设计结果验证，处于事后分析的状态。而"仿真驱动设计"的理念，是在产品定义和系统分析阶段即引入仿真分析，在设计前期可以避免更多的产品设计缺陷和产品故障。以下为产品设计过程的变革趋势：

1）传统的经验设计过程：设计－制造－试验。依赖物理试验来检验产品质量。

2）目前的数字化设计过程：设计－仿真－制造－试验。在设计过程中，注重数字化技术运用，重点是几何样机的定义和建模，用虚拟仿真来检验几何样机的功能、性能，并进行修改优化，最后由物理试验检验。

3）仿真驱动的数字化设计过程：系统分析－产品设计－性能仿真－制造。注重在产品开发初期开展原理研究及系统仿真，大量运用仿真技术进行方案论证和可行性评估，然后完成详细的设计建模，最后再开展整机仿真及试验。

如图 5-8 所示，相对于传统的数字化设计过程，使用仿真驱动研发创新的平台及思想推动产品研发过程，通过仿真技术的广泛运用，可以在开发早期更多地发现设计问题和质量隐患。而在研发早期阶段的产品设计方案变更成本，仅为产品数字化定义完成后变更成本的数千分之一。极大地节约了设计成本，提高了设计效率。

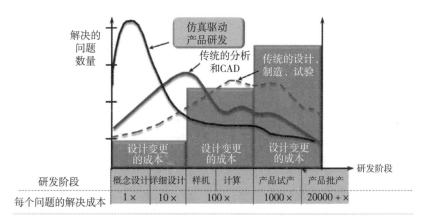

图 5 - 8　　仿真驱动的设计过程与传统数字化设计过程的研发成本对比

5.2.3　仿真驱动设计的主要特点

产品仿制和自主创新之间最大的差距在于"知其然而不知其所以然"。对于产品仿制型研发，企业往往通过逆向工程的方法，略去系统原理研究和系统方案优化迭代的过程，直接进入产品三维建模和设计仿真、试验验证的过程。因此，之前的数字化设计平台更多强调三维建模技术应用和快速设计呈现，以及产品的数字化定义及数据配置管理。

具有较强自主创新能力的先进企业，基于仿真的综合设计平台具备了通过广泛运用仿真技术和系统优化提高产品研发能力的特性。在新产品研发过程中，一般基于系统工程方法，在系统概念设计、子系统功能分解等设计阶段早期，以及部件详细设计和集成验证等阶段，广泛地使用仿真技术验证创新方案和设计成果的可行性，注重多学科联合仿真，从而提高产品质量和可靠性，并使得创新技术可以以较低风险应用在新型产品中。图 5 - 9 即是基于仿真体系的构建与广泛应用，驱动产品研发创新过程的示意图。

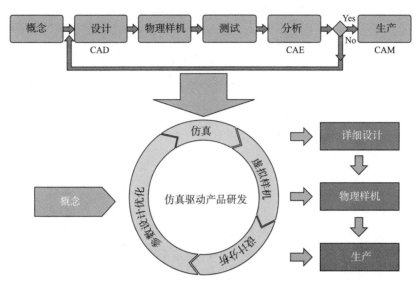

图 5-9　产品仿真驱动的设计过程与传统数字化设计过程对比

5.2.4　构建仿真技术体系

仿真技术体系，包括了企业研发的组织、人员、流程、规范、技术、设备等各要素，它们共同发挥作用支撑企业研发活动，并驱动设计创新。根据仿真设计体系的成熟度模型，可以评估企业仿真技术体系的成熟度及对研发活动的支撑能力。企业仿真技术体系的建立是一个长期的过程，是构建核心研发能力和自主创新能力的必由之路。

大多数企业，已经在"十五"和"十一五"时期，建立了产品数字化设计平台，实现了产品的全三维数字化设计和装配，以及研发全周期的产品数据管理和研发任务管理。同时，一部分先进企业，与数字化设计平台配套，也开展了仿真平台的建设。目前，中国企业在三维设计建模及 PDM 系统技术上，已经和国际先进企业处于接近水平，但在系统设计和 CAE 仿真技术能力上仍存在较大的差距。因此，中国企业所需的仿真平台，需要对研发过程中仿真分析活动的组织、人员、流程、规范、技术、软硬件等要素进行综合治理。即，建立仿真平台，首先应注重对企业仿真技术体系进行系统构建及完善，只有注重仿真技术体系的综合治理，才能更好地发挥 CAE 仿真平台的巨大作用。

5.2.5　基于设计结构矩阵（DSM）的火箭总体多学科协同设计仿真体系

总体设计在运载火箭系统研制中占最重要的地位并起决定性作用。在各研制阶段，总体设计活动是设计工作的起点和核心，承担总体各项参数的设计、分析和计算任务，决定了总体综合设计、试验设计的各项输入技术指标，并为各分系统协同设计提供输入参数。总设计与计算过程复杂、时间周期长。因此为了满足快速设计任务需求，必须采用信息化协同研制的平台从设计模式上进行提升。

在分析型号研制业务过程基础上，制定基于多学科协同仿真技术和平台的协同设计创新模式，实现从任务需求、总体性能参数初步设计/多级分系统参数初步设计、不断详细和深入的单机系统模型设计、数字化虚拟样机试验到性能仿真验证，形成虚拟样机试验和性能仿真对总体性能参数设计的循环反馈和不断调整；确定参数后进入初样、正（试）样等详细设计和试验阶段，同时也将试验结果与虚拟样机仿真结果进行比对，实现对仿真结果的试验反馈和修正；最终实现闭环的、仿真驱动设计的协同设计创新模式。

总设计与计算涉及总体参数、控制、动力、气动、结构、载荷、弹道等诸多专业学科，在研制过程中，不同的分系统、单机、专业、学科之间的信息传递不是简单的线性串行关系，而是有着复杂的迭代、耦合关系。因此必须通过设计结构矩阵（DSM）方法来表达和管理复杂系统之间、各专业领域能力单元之间的相互关系，形成基于 DSM 的火箭总体多学科协同设计仿真体系，如图 5-10 所示。

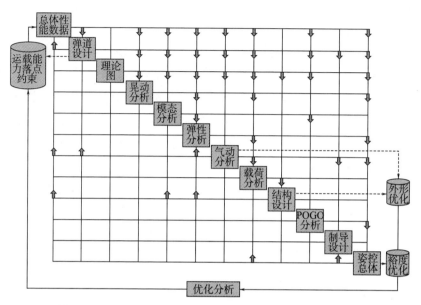

图 5 - 10 基于 DSM 的火箭总体多学科协同设计仿真体系图

5.3 力学仿真

5.3.1 流体力学仿真

5.3.1.1 概述

气体和液体统称为流体，流体力学是连续介质力学的一个分支，是专门研究流体运动和力对流体作用的一门学科。由于流体力学问题的复杂性，随着高速计算机的出现，伴随着使用计算机精确求解物理问题数值算法的发展，流体力学的研究和应用方法发生了变革，一种新的解决流体力学问题的方法——计算流体动力学（CFD）诞生了。经过半个世纪的迅猛发展，这门学科已相当成熟，各种 CFD 商用化软件为工业界广泛接受，性能日趋完善，应用范围不断扩大。至今，CFD 技术的应用早已超越传统的流体力学和流体工程的范畴，如航空、航天、水利、船舶等，而扩展到化工、核能、冶金、建筑、环境等许多相关领域中去了。

CFD 的基本思想可以归结为：把原来在时间域及空间域上连续的物理量的场，如速度场和压力场，用一系列有限个离散点上的变量值的集合来代替，通过一定的原则和方式建立起关于这些离散点上场变量之间关系的代数方程组，然后求解代数方程组获得场变量的近似值。CFD 方法克服了理论分析法过于简化和物理试验耗费大量人力、物力、财力及周期长的缺点，在计算机上实现一个特定的计算，就好像在计算机上做一次物理试验，并可以获得丰富的计算流场信息。除了不受物理模型尺寸限制外，还能模拟一些物理试验无法开展的工况，如航天器穿出、进入大气层的非定常问题，航天器内部微重力状态下的流动和浓度扩散问题等。CFD 目前是航天产品设计阶段最重要的分析手段之一，并已大量进入工程应用。

5.3.1.2　CFD 技术在运载火箭设计中的应用

运载火箭从起飞、上升、穿出大气层，最后到星箭分离的整个飞行过程中，归纳起来，与流体有关的问题大致有如下几个方面：

1）运载火箭大气层飞行时的气动流场分析和气动加热分析；

2）发动机喷管内的燃烧、流动分析；

3）贮箱内液体晃动分析；

4）运载火箭滑行段的推进剂管理分析；

5）推进系统管路、阀门、三通内推进剂流动分析；

6）真空环境下，发动机的羽流分析；

7）整流罩及其他封闭段的排气分析。

5.3.1.3　流体力学问题的基本方程

（1）流体力学的基本假设

流体力学的基本方程是在若干基本假定条件下推导出来的，流体力学的基本假定是：

1）连续性。流体力学认为流体质点比研究对象的尺寸小得多，而比分子自由程又大得多,所以速度、密度、压力等特征参数是时间和空间的连续函数。

2)压缩性。在绝大多数情况下,液体当作不可压缩流体处理,空气在马赫数小于 0.3 的低速流动时也常作不可压缩流体来处理,在高速情况下需考虑其压缩性。

3)粘性。依据内摩擦剪应力与速度变化率的关系不同,粘性流体可分为牛顿流体和非牛顿流体。牛顿流体满足牛顿内摩擦定律,流体层间的剪应力 τ 可定义为

$$\tau = \mu \frac{\partial u}{\partial n} \tag{5-1}$$

式中　μ——流体的动粘度系数;

$\dfrac{\partial u}{\partial n}$——法向距离上的速度变化率。

在运载火箭设计中,一般研究的均是牛顿流体。

4)导热性。流体层间的热传导满足傅里叶传导公式,即

$$q = -k \frac{\partial T}{\partial n} \tag{5-2}$$

(2)流体力学基本方程

不管什么形式的 CFD,都是基于流体力学基本控制方程:连续方程、动量方程和能量方程,这些方程表述的是物理原理,它们是所有流体力学都必须遵循的三大基本物理定律的数学表述,即质量守恒、牛顿第二定律和能量守恒。

针对不同问题,CFD 所使用的 Navier - Stokes 方程形式也不尽相同。一般的非定常三维可压缩粘性 Navier - Stokes 方程如下所示:

连续方程

$$\frac{\mathrm{D}\rho}{\mathrm{D}t} + \rho \nabla \cdot \boldsymbol{V} = 0 \tag{5-3}$$

动量方程

$$\rho \frac{\mathrm{D}u}{\mathrm{D}t} = -\frac{\partial p}{\partial x} + \frac{\partial \tau_{xx}}{\partial x} + \frac{\partial \tau_{yx}}{\partial y} + \frac{\partial \tau_{zx}}{\partial z} + \rho f_x \tag{5-4}$$

$$\rho \frac{\mathrm{D}v}{\mathrm{D}t} = -\frac{\partial p}{\partial y} + \frac{\partial \tau_{xy}}{\partial x} + \frac{\partial \tau_{yy}}{\partial y} + \frac{\partial \tau_{zy}}{\partial z} + \rho f_y \tag{5-5}$$

$$\rho \frac{\mathrm{D}w}{\mathrm{D}t} = -\frac{\partial p}{\partial z} + \frac{\partial \tau_{xz}}{\partial x} + \frac{\partial \tau_{yz}}{\partial y} + \frac{\partial \tau_{zz}}{\partial z} + \rho f_z \tag{5-6}$$

能量方程

$$\rho \frac{\mathrm{D}}{\mathrm{D}t}\left(e + \frac{\boldsymbol{V}^2}{2}\right) = \rho\dot{q} - \nabla \cdot (p\boldsymbol{V}) + \rho\left(\boldsymbol{f} \cdot \boldsymbol{V}\right) + \frac{\partial}{\partial x}\left(k\frac{\partial T}{\partial x}\right) +$$

$$\frac{\partial}{\partial y}\left(k\frac{\partial T}{\partial y}\right) + \frac{\partial}{\partial z}\left(k\frac{\partial T}{\partial z}\right) + \frac{\partial (u\tau_{xx})}{\partial x} + \frac{\partial (u\tau_{yx})}{\partial y} +$$

$$\frac{\partial (u\tau_{zx})}{\partial z} + \frac{\partial (v\tau_{xx})}{\partial x} + \frac{\partial (v\tau_{yx})}{\partial y} + \frac{\partial (v\tau_{zx})}{\partial z} +$$

$$\frac{\partial (w\tau_{xx})}{\partial x} + \frac{\partial (w\tau_{yx})}{\partial y} + \frac{\partial (w\tau_{zx})}{\partial z} \tag{5-7}$$

式中　　p——流体受到的压力；

　　　　ρ——流体密度；

　　　　u，v，w——分别为 x，y，z 向的速度；

　　　　f——体积力；

　　　　τ——切应力；

　　　　T——温度；

　　　　q——热通量。

状态方程：对于完全气体，压力、温度、密度三者之间满足下列关系

$$p = \rho RT \tag{5-8}$$

辅以一定的边界条件和初始条件，上述方程组理论上是可解的。

5.3.1.4　CFD 的求解过程

为了进行 CFD 计算，用户可借助商用软件来完成所需要的任务，也可自己直接编写计算程序。两种方法的基本过程是相同的。本节给出基本计算思路，至于每一步的详细过程，将在本书的后续章节逐一进行介绍。

（1）总体计算流程

无论是流动问题、传热问题，还是污染物的运移问题，无论是稳态问题，还是瞬态问题，其求解过程都可用图 5-11 表示。

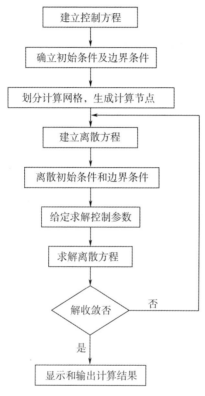

图 5-11 CFD 工作流程图

如果所求解的问题是瞬态问题，则可将上图的过程理解为一个时间步的计算过程，循环这一过程求解下一个时间步的解。下面对各求解步骤做一简单介绍。

（2）建立控制方程

建立控制方程，是求解任何问题前都必须首先进行的。针对具体求解问题，控制方程的建立也应具有针对性。例如，对于运载火箭在大气层内上升飞行问题，速度从亚声速、跨声速、超声速，最后到高超声速，则需将连续方程、动量方程和能量方程都作为控制方程使用。当然，由于运载火箭飞行的流动大多是处于湍流范围，因此，一般需要增加合适的湍流方程。

（3）确定边界条件与初始条件

初始条件与边界条件是控制方程有确定解的前提，控制方程与相应的初始条件、边界条件的组合构成对一个物理过程完整的数学描述。

初始条件是所研究对象在过程开始时刻各个求解变量的空间分布情况。对于瞬态问题，必须给定初始条件。对于稳态问题，不需要初始条件。

边界条件是在求解区域的边界上所求解的变量或其导数随地点和时间的变化规律。对于任何问题，都需要给定边界条件。例如，对运载火箭进行气动计算，来流可以按压力远场给定，并确定需计算的工况，如来流压力、攻角、马赫数、温度和湍流参数等。对于运载火箭表面按固壁处理，对速度取无滑移边界条件。

对于初始条件和边界条件的处理，直接影响计算结果的精度，一般情况下，对于较复杂的计算，可以先进行简化后的初场计算，再进行复杂流场计算。

（4）划分计算网格

采用数值方法求解控制方程时，都是想办法将控制方程在空间域上进行离散，然后求解得到的离散方程组。要想在空间域上离散控制方程，必须使用网格。现已发展出多种对各种区域进行离散以生成网格的方法，统称为网格生成技术。

对于二维问题，常用的网格单元有三角形和四边形等形式；对于三维问题，常用的网格单元有四面体、六面体、三棱体等形式。在整个计算域上，网格通过节点联系在一起。

目前网格软件的发展趋势一般都是通用性，即可以为众多软件提供配套的网格。如 FLUENT 以前较常用的是 GAMBIT 前处理软件（已不再更新版本），目前渐已被更优异的网格生成软件 ICEM CFD 所取代。

（5）建立离散方程

对于在求解域内所建立的偏微分方程，理论上是有真解（或称精确解或解析解）的。但由于所处理的问题自身的复杂性，一般很难获得方程的真解。因此，就需要通过数值方法把计算域内有限数量位置（网格节点或网格中心点）上的因变量值当作基本未知量来处理，从而建立一组关于这些未知量的代数方程组，然后通过求解代数方程组来得到这些节点值，而计算域内其他位置上的值根据节点位置上的值来确定。

由于所引入的因变量在节点之间的分布假设及推导离散化方程的方法不同，就形成了有限差分法、有限元法、有限体积法等不同类型的离散化方法。

在同一种离散化方法中，如在有限体积法中，对动量方程中的对流项所采用的离散格式不同，也将导致最终有不同形式的离散方程。

对于瞬态问题，除了在空间上的离散外，还要涉及在时间域上的离散。空间离散后，将要涉及使用何种时间积分方案的问题。

（6）离散初始条件和边界条件

前面所给定的初始条件和边界条件是连续的，如在静止壁面上速度为 0，现在需要针对所生成的网格，将连续型的初始条件和边界条件转化为特定节点上的值，如静止壁面上共有 90 个节点，则这些节点上的值都应该设置为 0。这样，结合在各节点处所建立的离散控制方程，才能对方程组进行求解。

在商用 CFD 软件中，往往在前处理阶段完成了网格划分后，直接在边界上指定初始条件和边界条件，然后由前处理软件自动将这些初始条件和边界条件按离散的方式分配到相应的节点上去。

（7）给定求解控制参数

在离散空间上建立了离散化的代数方程组，并施加了离散化的初始条件和边界条件后，还需要给定流体的物理参数和湍流模型的经验系数等。此外，还要给定迭代计算的控制精度、瞬态问题的时间步长和输出频率等。

在 CFD 的理论中，这些参数并不值得去探讨和研究，但在实际计算时，它们对计算的精度和效率有着重要的影响。

（8）求解离散方程组

在进行了上述设置后，生成了具有定解条件的代数方程组。对于这些方程组，数学上已有相应的解法，如线性方程组可采用 Gauss 消去法或 Gauss - Seidel 迭代法求解，而对非线性方程组，可采用 Newton - Raphason 方法。在商用 CFD 软件中，往往提供多种不同的解法，以适应不同类型的问题。

（9）判断解的收敛性

对于稳态问题的解，或是瞬态问题在某个特定时间步上的解，往往要通过多次迭代才能得到。有时，因网格形式和网格大小、对流项的离散插值格式等原因，可能导致解的发散。对于瞬态问题，若采用显式格式进行时间域上的积分，当时间步长过大时，可能造成解的振荡和发散。因此，在迭代过程中，要对解的收敛性随时进行监视，并在系统达到指定精度后，结束迭代过程。

这部分内容属于经验性的，需要针对不同情况进行分析。

（10）显示和输出计算结果

通过上述求解过程得到了各计算节点上的解后，需要通过适当的手段将整个计算域上的结果显示出来。这时，我们可采用线值图、矢量图、等值线图、云图等方式对计算结果进行显示。

所谓线值图，是指在二维或三维空间上，将横坐标取为空间长度或时间历程，将纵坐标取为某一物理量，然后用光滑曲线或曲面在坐标系内绘制出某一物理量沿空间或时间的变化情况。矢量图是直接给出二维或三维空间里矢量（如速度）的方向和大小，一般用不同颜色和长度的箭头表示速度矢量。矢量图可以比较容易地让用户发现其中存在的旋涡区。等值线图是用不同颜色的线条表示相等物理量（如温度）的一条线。流线图是用不同颜色线条表示质点运动轨迹。云图是使用渲染的方式，将流场某个截面上的物理量（如压力或温度）用连续变化的颜色块表示其分布。

现在的商用 CFD 软件均提供上述表示方法。用户也可以自己编写后处理程序进行结果显示。

5.3.1.5　CFD 软件简介

CFD 通用软件包的出现与商业化，对 CFD 技术在工程应用中的推广起了巨大的促进作用，在此之前，航空和航天工程一直较重视 CFD 技术，并早已研制出用于气动设计的专业性应用软件包。一般工程技术人员很难较深入地了解这门学科，由专家编制的程序用起来也不容易，因为总有不少条件、参数要根据具体问题及运算过程随时做出修改调整，若不熟悉方法和程序，往往会束手无策，此外，前、后处理也显得十分棘手。

因此，商业化的 CFD 软件以其模拟复杂流动现象的强大功能、人机对话式的界面操作，以及直观清晰的流场显示引起了人们的广泛关注，其发展得到工业界和政府部门的有力支持。目前市面上产生了一大批实用 CFD 软件，如 FLUENT、CFX、STAR‑CD、FASTRAN、FLOWWORKS、FLOW‑3D、NUMECA、CFD＋＋、POLYFLOW。

（1）FLUENT 简介

FLUENT 的软件设计基于 CFD 软件群的思想，从用户需求角度出发，针对各种复杂流动的物理现象，FLUENT 软件采用不同的离散格式和数值方法，以期在特定的领域内使计算速度、稳定性和精度等方面达到最佳组合，从而高效率地解决各个领域的复杂流动计算问题。FLUENT 采用基于压力或密度的有限体积法，可以求解复杂几何体的绕流问题、燃烧问题、牛顿流和非牛顿流问题、两相流问题、层流和湍流问题、惯性坐标系和非惯性坐标系下的流动问题。目前已经在航空航天领域广泛应用。

（2）FLOW‑3D 简介

FLOW‑3D 是国际知名流体力学大师 Dr. C. W. Hirt 毕生之

作。从 1985 年正式推出后，在计算流体动力学和传热学领域得到广泛的应用。对实际工程问题的精确模拟与计算结果的准确方面都受到用户的高度赞许。其独特的 Favor TM 技术和针对自由液面（Free surface）的 VOF 方法为常见的金属压铸与水力学等复杂问题提供了更高精度、更高效率的解答。不仅如此，FLOW - 3D 本身完整的理论基础与数值结构，也能满足不同领域用户的需要，如小到柯达公司最高级相片打印机的喷墨头计算，大到 NASA 超声速喷嘴、美国海军舰艇输油系统、飞行器贮箱液体晃动和推进剂管理的设计，近年来更针对生物医学领域的电泳进行了新模型的开发及验证。

（3）CFD++

CFD++可以有效地解决流体力学问题中的可压流和不可压流，包括单组分和多组分流动，化学反应流动，多相流，稳流和非稳流，旋转机械，热传导，多孔介质等。一阶、二阶和三阶的湍流方程，结合经典的壁面方程，可以精确地捕捉壁面附近的流体压缩参数、压力梯度、热传导等各种湍流特性。CFD++软件在超声速高速流方面有着很高的声誉和广泛的应用。

5.3.1.6　运载火箭气动计算实例

现利用 FLUENT 软件进行运载火箭气动力计算，选取运载火箭较为常用的几何构型，如图 5 - 12 所示，飞行条件为马赫数 $Ma =$ 1.2，温度 300 K，大气压力 $P_\infty = 5000$ Pa，飞行攻角 8°。

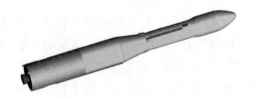

图 5 - 12　火箭气动外形图

（1）几何建模

依据运载火箭的几何尺寸，利用 Pro/E 软件进行三维几何建模，如图 5 - 13 所示。最后，输出后续网格划分软件对应的 igs 或 stp 格式文件。

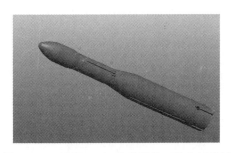

图 5 - 13　利用 Pro/E 软件进行三维几何建模

（2）网格划分

本例的网格划分采用性能更高级的 ICEM CFD 软件，ICEM CFD 无论是网格生成的成功率，还是质量控制，或者 CAD 模型的输入方面，较其他软件均略胜一筹。采用 ICEM CFD 软件生成气动流场非结构化网格，箭体表面网格如图 5 - 14 所示。最后输出适应 FLUENT 格式的 *.msh 网格。

图 5 - 14　箭体表面网格示意图

压力云图如图 5 - 15 所示。

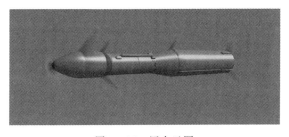

图 5 - 15　压力云图

选择 Display→Vectors 命令，显示火箭头部区域的速度矢量图，如图 5-16 所示。另外，还可以在 Display→Pathlines 中显示火箭头部区域的流线示意图，如图 5-17 所示。

图 5-16　速度矢量图

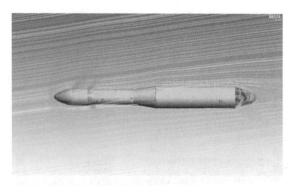

图 5-17　流线示意图

5.3.1.7　推进剂晃动算例

航天器贮箱内推进剂的晃动对航天器的结构、控制和稳定有着重要的影响。目前随着 CFD 的迅猛发展，众多 CFD 商用软件均能对液体晃动做出较为准确的模拟。CFD 数值模拟能克服等效力学模型限制，对复杂原型结构、大晃幅和微重力等有较强的模拟能力，尤其是能通过数值模拟试验对贮箱进行设计，减少物理模型试验所需的人力、物力和财力。本算例是利用 CFD 软件仿真在火箭飞行过程中，发动机关机时由加速度突然减小引起的贮箱内推进剂晃动放大的问题，并与 NASA 落塔试验[4]进行对比。整个试验过程是，给定上凸圆柱贮箱推进剂初始晃幅后（如图 5 - 18 所示），突然释放，使贮箱自由下落，由于加速度由 $9.8\ \mathrm{m/s^2}$ 突减到 0，由此产生液体晃动幅值放大。本算例分别利用 FLUENT 和 FLOW - 3D 两款软件进行了仿真计算，如图 5 - 19 所示，仿真结果与试验结果在 0.53 s、0.99 s、1.94 s 和 3.84 s 的液体形态进行了对比，结果表明仿真与试验吻合程度较好。

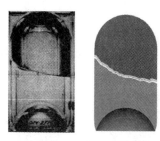

图 5 - 18　贮箱液体初始位置（0 s）

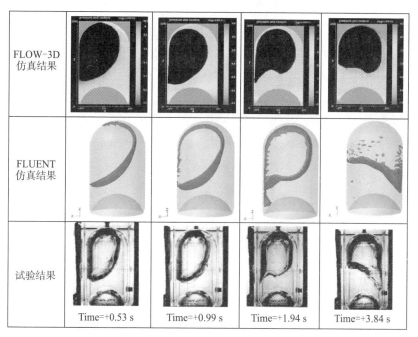

图 5 - 19　FLOW - 3D 和 FLUENT 仿真结果与试验结果对比图

5.3.1.8　运载火箭竖立风载流固耦合分析算例

　　火箭竖立风载状态（转场或临近发射前状态）由底部防风拉杆与底部发射台连接，此时风载为主要的控制载荷，因此合理准确地预测风载对箭体结构的响应对火箭发射的成功至关重要。由于运载火箭竖立风载涉及风（流体）与结构的相互作用，即运载火箭结构响应与火箭周围的流场相互影响，因此有必要同时采用计算流体动力学（CFD）与结构动力学对火箭风致响应进行流固耦合分析，并且考虑发射塔对箭体响应的影响，计算流程如图 5 - 20 所示。分析表明采用流固耦合分析方法具有较好的分析精度，能为发射或者火

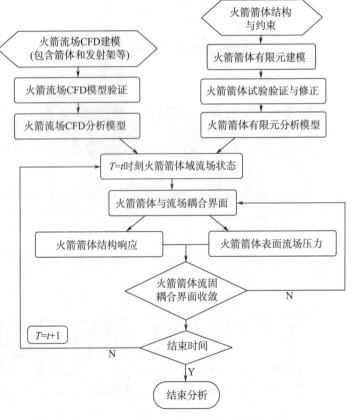

图 5 - 20　火箭竖立风载风致响应耦合分析流程图

箭转场提供决策支持，并且通过流场分析表明火箭与发射塔存在气动相互影响，如图 5 - 21 和图 5 - 22 所示。

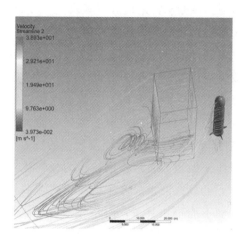

图 5 - 21 火箭箭体表面附件速度迹线图

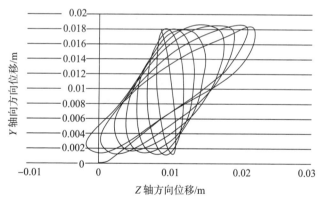

图 5 - 22 火箭顶部运动轨迹

5.3.2 结构动力学仿真

5.3.2.1 概述

运载火箭结构动力学仿真是运载火箭数字化工程力学仿真的一个重要组成部分，通过结构动力学仿真工作，解决了运载火箭研制过程中与结构动力学专业相关的问题，如运输工况动载荷计算、飞行动态载荷计算、星箭耦合载荷分析计算、全箭纵向稳定性分析及全箭姿态稳定系统弹性振动稳定性分析等。

（1）运载火箭结构动力学仿真的需求

运载火箭总体设计需要许多专业的支持，包括结构动力学的设计和研究。运载火箭在发动机推力脉动、跨声速抖振脉动压力等外力作用下，火箭由于振动而导致的力学载荷往往是箭上设备、卫星载荷等设计的重要考虑因素；同时由于运载火箭的长细比较大、较小结构质量/燃料质量比和火箭结构刚度较弱的特点，使得不能再把运载火箭当成刚体来处理，必须将箭体作为弹性体进行研究，在发动机等外力作用下运载火箭极易产生低频梁式弯曲弹性振动。如果运载火箭弹性振动不能很快衰减，而是等幅振荡甚至发散，可能会使箭体结构强度受到破坏。同时箭体弹性振动对姿态稳定极为不利，箭体的弹性变形一方面使得控制用敏感元件感受到相应的弹性变形，引起控制力和控制力矩的变化，另一方面弹性变形直接影响摇摆发动机相对于箭体质心的位置，导致推力产生附加力矩从而影响箭体绕质心的运动。因为伺服机构具有饱和特性，当弹性振动不稳定时，通过姿态测量元件进入控制装置的弹性振动信号较大，使伺服机构进入速度饱和状态，这就堵塞了箭体的姿态控制信号，造成姿态运动不稳定，影响系统正常工作甚至导致飞行失败。

（2）运载火箭结构动力学仿真内容

从振动力学的角度来说，一个振动现象的产生，除了振动系统本身的条件［必须要有质量（惯性项）、弹性元件（弹性项）和耗能元件（阻尼项）］外，还必须有外界激励的作用。这种激励就是系统的输入，系统在外界激励作用下的响应就是输出，两者由系统的振动特性联系起来，可以用图 5-23 来表示。

图 5-23　振动特性

由图 5-23 可知，作为一个完整的振动现象，由输入、系统特性和输出三部分组成，三者中只要已知两个部分则可以确定第三个部分。针对已知部分求未知部分可以将运载火箭结构动力学仿真的研究内容分为如下三个部分：

①模态分析

模态分析就是已知激励（输入）和响应（输出）求解系统的振动特性参数，振动特性分析包括理论分析技术（如全箭理论模态分析计算）和试验分析技术（如全箭模态试验），所得系统振动特性参数作为载荷设计和姿态控制系统设计相关弹性模型的设计输入。

②响应分析

响应分析就是已知激励（输入）和系统特性求解响应（输出），所计算得到的响应作为结构强度或刚度设计的依据。响应分析技术包括理论分析技术（星箭耦合风载荷分析）和试验分析技术（地面测试、飞行遥测结果获取和分析），所得的响应结果可以为载荷、力学环境等专业提供设计依据。

③外载荷识别

外载荷识别就是已知系统特性和响应求解振动激励（输入）。基于地面测试和飞行遥测结果的外载荷识别技术就是为了建立一套适用于工程的可靠、合理的载荷模型。

运载火箭结构动力学仿真，是运载火箭总体设计的一个非常重要的部分，为更好地服务于运载火箭的研制需求，动力学专业建设的基本思路为：

1）明确运载火箭在整个服务过程中经受的静动载荷情况；

2）建立符合实际工程的动力学分析模型；

3）发展适合于实际工程的动力学分析方法；

4）根据分析结果，发展改善力学环境的主被动减振隔振技术等。

这几个方面是相互制约、相互迭代的，涉及的具体技术包括载荷识别、参数辨识、模型修正、模态分析、数字信号处理、气动弹性控制多载荷工况联合仿真分析、基于动特性的结构优化设计技术等。

5.3.2.2　结构动力学的有限元分析方法

（1）结构动力学的有限元分析方法简介及步骤

针对工程实际问题研究对象，人们往往运用数学和力学的知识将它们抽象为应遵循的基本方程（常微分方程或偏微分方程）和相应的边界条件。对于大多数的工程技术问题，鉴于实际对象和边界条件的复杂性，使得按经典的弹性力学方法获得解析解非常困难，或根本不可能。这时，采用有限元分析等数值计算方法不失为一种有效且可行的方法。随着计算机技术的迅猛发展，有限元分析方法在运载火箭结构动力学研究中发挥着越来越普遍和重要的作用。有限元分析方法是一种用于连续场分析的数值求解技术。它可以解决工程实际中用解析法难以或者无法解决的各种负载问题，诸如复杂边界条件、复杂物体形状等，而且可以得到满意的结果，完全可以满足工程实际研制的需要。

有限元分析方法的基本思想是将问题的求解域离散化，得到有限个单元，单元彼此之间仅靠节点相连接。单元内假设近似解的模式（也叫型函数或差值函数），建立单元内部点的量与节点量之间关系。由于单元形状简单，易于由平衡关系建立节点量之间方程式，从而将各个单元集合成总体线性方程组，引入相应的边界条件后求解该线性方程组。

结构动力学有限元分析方法的一般步骤为：

1）将实际连续体离散为有限个单元，单元件通过节点相连；

2）选择某种位移模式，位移函数是单元上点的位移对点的坐标的函数，一般用单元内部点的坐标的多项式来表示，它只是近似地表示了单元内真实位移的分布；

3）计算单元刚度矩阵和质量矩阵，并集合生成结构总体刚度矩阵和质量矩阵；

4）引入边界条件，形成最终的系统刚度矩阵和质量矩阵；

5）求解由系统刚度矩阵和质量矩阵组成的广义特征值问题，得出系统的固有振动特性。

总而言之，结构动力学有限元分析方法的实质就是将连续问题的微分方程（常微分方程或偏微分方程）求解近似简化为线性方程组的求解。

（2）结构动力学振动微分方程

当建立了连续体的离散化模型，确定了系统的刚度矩阵、质量矩阵和阻尼矩阵，以及作用在系统上的外力矢量后，根据达伦贝尔原理（或动力学方程），可以得到如下的离散系统的结构振动微分方程式

$$[m]\{\ddot{x}\} + [c]\{\dot{x}\} + [k]\{x\} = \{f\} \qquad (5-9)$$

式中　$[m]$ ——系统质量矩阵；

　　　$[c]$ ——系统阻尼矩阵；

　　　$[k]$ ——系统刚度矩阵；

　　　$\{\ddot{x}\}$ ——系统加速度矢量；

　　　$\{\dot{x}\}$ ——系统速度矢量；

　　　$\{x\}$ ——系统位移矢量；

　　　$\{f\}$ ——系统外力矢量。

（3）结构动力学固有特性求解——特征值问题

离散结构系统无阻尼自由振动微分方程是

$$[m]\{\ddot{x}\} + [k]\{x\} = 0 \qquad (5-10)$$

方程式（5-10）的解可用如下的复数形式表示为

$$\{x\} = \{X\}\, e^{i\omega t} \qquad (5-11)$$

式中，ω 为系统的固有圆频率。将式（5-11）代入式（5-10），并令 $\omega^2 = \lambda$ 可得

$$[k]\{X\} = \lambda[m]\{X\} \qquad (5-12)$$

方程式（5-12）为线性特征值问题中的广义特征值问题。下面结合方程式（5-12）所给出的广义特征值问题来讨论系统的动力特性。满足方程的 λ 值称为特征值，它就是系统固有频率的平方；对

应特征值 λ_i，方程（5-12）的解 $\{\varphi_i\}$ 称为特征矢量，它就是系统的固有振型。在振动分析中确定系统的固有频率和固有振型是一项重要内容，因而特征值问题的求解就成为振动分析的一个重要课题。

方程式（5-12）可改写为

$$([k]-\lambda[m])\{X\}=0 \qquad (5-13)$$

方程式（5-13）为一个齐次的线性代数方程组，它的非零解条件是系数行列式（特征行列式）等于零，即

$$p(\lambda)=\det([k]-\lambda[m])=|[k]-\lambda[m]|=0 \quad (5-14)$$

上述方程式是 λ 的高次代数方程，称之为频率方程。由方程式（5-14）可求解得到特征值 λ_i 或固有频率 ω_i（$i=1,2,3,\cdots,n$）。

假设 $[Q]=[k]-\lambda[m]$，按逆矩阵定义，则有

$$[Q]^{-1}=\frac{\text{adj}[Q]}{\det[Q]} \qquad (5-15)$$

其中，$\text{adj}[Q]$ 是矩阵 $[Q]$ 的伴随矩阵，则将式（5-15）前乘 $[Q]$，得到

$$[Q][Q]^{-1}=[Q]\cdot\frac{\text{adj}[Q]}{\det[Q]}=[I] \qquad (5-16)$$

于是，得出

$$[Q]\cdot\text{adj}[Q]=\det[Q]\cdot[I] \qquad (5-17)$$

于是方程式（5-13）可改写为

$$[Q]\{X\}=0 \qquad (5-18)$$

当 λ 取特征值 λ_i 时，由式（5-14）可知，方程（5-17）的右端项也为零，则对比式（5-17）和式（5-18），可以看出伴随矩阵中的任一列与方程（5-18）的解成比例。这就是说，伴随矩阵的任一列就是特征矢量，即固有振型 $\{\varphi_i\}$。综合以上所述由 $\det[Q]=0$，来确定系统的固有频率。由 $\text{adj}[Q]$ 的任一列来确定固有振型。

（4）结构动力学模态阻尼比

前一节讨论的只是结构的无阻尼自由振动问题，它可以化为特征值问题求解得到结构的固有振型和固有频率。实际上，结构系统

一般都受到阻尼的作用，它表现为自由振动的衰减。在进行结构的动力学响应计算时，则通常必须计及阻尼的影响。因此，在讨论结构的动力学响应之前，首先介绍一下阻尼。

产生阻尼的原因是多个方面的，例如滑动面之间的干摩擦、润滑面之间的摩擦、空气或液体的阻力、电的阻尼和材料的不完全弹性引起的内摩擦等。完全考虑这些因素显然是不可能的，通常是用等效的粘性阻尼来代替，粘性阻尼的阻尼力与速度呈线性关系。所谓等效是指假定的粘性阻尼在振动一周所产生的能量散逸与实际阻尼相同，也即能量等效。

对于单自由度系统考虑阻尼时，其自由振动的微分方程是

$$m\ddot{x} + c\dot{x} + kx = 0 \tag{5-19}$$

式中　　m —— 质量；

　　　　k —— 弹簧刚度；

　　　　c —— 阻尼系数。

对于粘性阻尼则 c 为常数。方程式（5-19）也可以写成

$$\ddot{x} + 2n\dot{x} + \omega^2 x = 0 \tag{5-20}$$

其中，$\omega = \sqrt{\dfrac{k}{m}}$ 为频率；$n = \dfrac{c}{2m}$ 称为阻尼特性系数，它可以由试验来确定。

当阻尼较小时，阻尼自由振动的振幅逐渐衰减。如果阻尼较大，结构就不发生振动，只是逐渐回到平衡位置而已。在这两者之间存在着一个临界点，其对应的阻尼称为临界阻尼，把临界阻尼系数记为 c_{cr}。在临界情况下有 $n_{cr} = \omega$，对应的临界阻尼为

$$c_{cr} = 2n_{cr}m = 2\sqrt{km} \tag{5-21}$$

引进符号 $\xi = \dfrac{c}{c_{cr}} = \dfrac{n}{\omega}$，则式（5-21）可写为

$$\ddot{x} + 2\xi\omega\dot{x} + \omega^2 x = 0 \tag{5-22}$$

式中，ξ 称为阻尼比，其表示阻尼系数 c 与临界阻尼系数 c_{cr} 之比。

对于多自由度结构系统，考虑阻尼时，其受迫振动的微分方程

式（5-9）中的阻尼矩阵 $[c]$ ，也可以如建立刚度矩阵和质量矩阵那样，先求得单元的阻尼矩阵，然后按通常的集合组装方法将单元阻尼矩阵合成整体的阻尼矩阵。但是，在推导单元阻尼矩阵时，必须根据结构材料的基本阻尼特性，而这是不知道的。因此，通常只能建立一种近似的阻尼矩阵，用来表示结构在响应中的能量散逸。

假设阻尼矩阵 $[c]$ 也能使振型以它为权正交，即

$$\{\varphi_i\}^{\mathrm{T}} [c] \{\varphi_j\} = 0 \quad (i \neq j) \qquad (5-23)$$

式中，$\{\varphi_i\}$、$\{\varphi_j\}$ 分别为结构的第 i、j 阶振型，则阻尼矩阵可由结构的模态阻尼比（某一固有振型下实际阻尼与临界阻尼之比）推导出。因为，对于振动微分方程（5-9），可作如下的变换

$$\{x\} = [\Phi] \{q\} \qquad (5-24)$$

其中，$[\Phi]$ 是方程（5-9）所对应的无阻尼自由振动的振型矩阵，于是将式（5-24）代入式（5-9）并前乘，利用特征矢量的正交性性质，便得到

$$\ddot{q}_i + 2\xi_i \omega_i \dot{q}_i + \omega_i^2 q_i = \{\varphi_i\}^{\mathrm{T}} \{f\} \quad (i = 1, 2, \cdots, n)$$

$$(5-25)$$

这是系统在各阶固有振型下的 n 个独立的单自由度系统有阻尼受迫振动微分方程，其中第 i 阶固有振型下振动的阻尼即为该阶振型的模态阻尼比 ξ_i。

（5）结构动力学动力响应计算

按照有限单元法的分析步骤，经过边界条件的处理以后，就可以得到离散系统的动力学方程式

$$[m] \{\ddot{x}\} + [c] \{\dot{x}\} + [k] \{x\} = \{f\} \qquad (5-26)$$

位移矢量 $\{x\}$ 是时间 t 的函数，速度矢量 $\{\dot{x}\}$ 和加速度矢量 $\{\ddot{x}\}$ 分别是位移矢量对时间 t 的一阶和二阶导数，外力矢量 $\{f\}$ 为时间的已知函数。

方程（5-26）的初始条件，是在开始时刻 $t = 0$ 时，结构位移矢量和速度矢量为已知，即

$$\{x(0)\} = \{x_0\}, \ \{\dot{x}(0)\} = \{\dot{x}_0\} \qquad (5-27)$$

　　按照上述初始条件，求解方程（5-26），得到各个时刻 t 的位移矢量以及速度和加速度矢量，这就是求解结构系统的动力学响应问题。

　　求解结构动力学响应问题的方法通常有两种，一种是振型迭加法（或称模态迭加法，简称模态法），振型迭加法是利用运动微分方程式（5-26）的线性性质和固有振型对质量、刚度及阻尼矩阵具有正交性使问题可以简化为单自由度系统来求解，最后进行线性迭加。它是采用结构系统的无阻尼自由振动的固有振型矩阵作为变换矩阵，从而使运动微分方程式（5-26）变换为一组非耦合的微分运动方程。逐个地求解这些方程，并将这些结果迭加而得到方程（5-26）的解。振型迭加法之所以是动力响应计算分析的有效方法，是因为一般的系统动力响应中高阶固有振型所提供的响应往往很小，与低阶固有振型所提供的响应量相比可以略去不计。这样可以根据激振力的频带宽度（FFT 变换），去截取低阶的固有振型，从而大大地降低了分析计算所必须的自由度数目。振型迭加法对于非线性系统是不适用的。对于阻尼矩阵不能对角化的情况，不能由振型使坐标去耦，来简化为单自由度系统进行计算。

　　另一种是逐步积分法（又称为直接法），它不需要进行上述的模态坐标变换，直接采用方程（5-26）逐步算出每经过 Δt 的一系列时刻的加速度、速度和位移。关于逐步积分法可以参考有关文献和书籍。

　　由于目前在进行结构动力学相应计算分析时，常使用振型迭加法，因此本书中主要介绍计算动力响应的振型迭加法。下面就计算动力响应的振型迭加法的过程进行介绍：

　　首先由方程（5-26）所对应的无阻尼自由振动方程，解出前 m 特征对 $(\omega_m^2, \{\varphi_m\})$，以振型矩阵 $[\Phi] = [\varphi_1 \quad \varphi_2 \quad \varphi_3 \quad \cdots \quad \varphi_m]$ 作为坐标变换矩阵。采用该变换矩阵，将节点位移矢量表示成 $\{x\} = [\Phi]\{q\}$，代入方程（5-26），则此方程即可变换为以 $\{q\}$ 为基本未知量的非耦合方程组

$$\{\ddot{q}\} + 2[\varXi][\varOmega]\{\dot{q}\} + [\varOmega]^2\{q\} = \{P\} \qquad (5-28)$$

其中

$$
\begin{cases}
\{P\} = [\varPhi]^{\mathrm{T}}\{f\} \\
[\varOmega]^2 = \mathrm{diag}\,[\omega_1^2\,\omega_2^2\,\omega_3^2\cdots\omega_m^2] \\
[\varXi] = \mathrm{diag}\,[\xi_1^2\,\xi_2^2\,\xi_3^2\cdots\xi_m^2]
\end{cases}
\tag{5-29}
$$

方程组（5-28）的初始条件可以由物理坐标系下的初始矢量 $\{x_0\}$ 和初始速度矢量 $\{\dot{x}_0\}$ 推导得

$$
\begin{cases}
\{q_0\} = [\varPhi]^{\mathrm{T}}[m]\{x_0\}/([\varPhi]^{\mathrm{T}})[m][\varPhi] \\
\{\dot{q}_0\} = [\varPhi]^{\mathrm{T}}[m]\{\dot{x}_0\}/([\varPhi]^{\mathrm{T}}[m][\varPhi])
\end{cases}
\tag{5-30}
$$

把式（5-29）代入方程（5-28），得到方程组（5-28）的一组非耦合的方程

$$
\ddot{q}_i + 2\xi_i\omega_i\dot{q}_i + \omega_i^2 q_i = p_i \quad (i = 1,\ 2,\ 3,\ \cdots,\ m)
\tag{5-31}
$$

其初始条件是

$$
\begin{cases}
q_i\big|_{t=0} = q_{i0} \\
\dot{q}_i\big|_{t=0} = \dot{q}_{i0}
\end{cases}
\quad (i = 1,\ 2,\ 3,\ \cdots,\ m)
\tag{5-32}
$$

方程组（5-31）中的每一个方程的解均可用杜哈美尔（Duhamel）积分表示

$$
q_i = \frac{1}{\omega'_i}\int_0^t p_i(\tau)\,\mathrm{e}^{-\xi_i\omega(t-\tau)}\,\sin\omega'_i(t-\tau)\,\mathrm{d}\tau + \mathrm{e}^{-\xi_i\omega t}(\alpha_i\sin\omega'_i t + \beta_i\cos\omega'_i t)
\tag{5-33}
$$

式中，$\omega'_i = \omega_i\sqrt{1-\xi_i^2}$，$\alpha_i$ 和 β_i 是由初始条件定出。杜哈美尔积分一般需要采用数值方法计算。

在求得 $q_i(i=1,\ 2,\ 3,\ \cdots,\ m)$ 后，采用 $\{x\} = [\varPhi]\{q\}$ 将 $1\sim m$ 阶振型的响应迭加，便得到系统的响应为

$$
\{x\} = \sum_{i=1}^{m} q_i\{\varphi_i\}
\tag{5-34}
$$

5.3.2.3　结构动力学仿真软件简介

主流的结构动力学有限元分析软件主要有 MSC 系列软件和 ANSYS 两大类。

MSC. Software 公司是世界著名的有限元分析和计算机仿真应用

软件 CAE 供应商，MSC. Software 公司的产品众多，主要有 MSC. Patran、MSC. Nastran、MSC. Dytran 等，其中 MSC. Patran 和 MSC. Nastran 是 MSC. Software 公司的旗舰产品。

MSC. Patran 是一个集成的并行框架式有限元前后处理及分析仿真系统。MSC. Patran 最早由美国国家航空航天局（NASA）倡导开发，是工业界最著名的并行框架式前后处理及分析系统，其开放式、多功能的体系结构可将工程设计、工程分析、结果评估、用户化设计和交互图形界面集于一身，构成一个完整的 CAE 集成环境。

MSC. Patran 作为一个优秀的前后处理器，具有高度的集成能力和良好的适用性。MSC. Patran 使用直接几何访问技术，能够使用户直接从其他的 CAD/CAM 系统中获取几何模型，甚至参数和特征，而减少重复建模。MSC. Patran 允许用户直接在几何模型上设定载荷、边界条件、材料和单元特性，并将这些信息自动地转换成相关的有限元信息，以最大限度地减少设计过程的时间消耗。所有的分析结果均可以可视化。

MSC. Patran 提供了众多的软件接口，将世界上大部分著名的不同类型分析软件和技术集成于一体，为用户提供一个公共的环境。

MSC. Patran 丰富的结果后处理功能可使用户直观地显示所有分析结果，从而找出问题所在，快速修改，为产品的开发赢得时间，提高市场的竞争力。MSC. Patran 能够提供图、表、文本、动态模拟等多种结果形式，形象逼真、准确可靠。

MSC. Nastran 是由 MSC. Software 公司推出的一个大型结构有限元分析软件，MSC. Nastran 具有很高的软件可靠性，品质优秀，得到有限元界的肯定，众多大公司和工业界都用 MSC. Nastran 的计算结果作为标准，代替其他质量规范。MSC. Nastran 具有开放式的结构，全模块化的组织结构使其不但拥有很强的分析功能还保证了很好的灵活性，使用者可根据自己的工程问题和系统需求通过模块选择、组合获取最佳的应用系统。此外，MSC. Nastran 还为用户提供了强大的开发工具 DMAP 语言。

结构动力学分析是 MSC. Nastran 的主要应用之一。结构动力学分析不同于静力学分析，常常用来确定时变外载荷作用下整个结构或部件所受到的响应，同时还要考虑阻尼及惯性的作用。MSC. Nastran 的主要动力学分析功能包括：特征模态分析、直接瞬态响应分析、模态瞬态响应分析、直接频率响应分析、模态频率响应分析、模态综合和动力灵敏度分析等。

ANSYS 是一个国际上通用结构有限元分析软件，已经历了 30 多年的发展，在航空航天产品设计中被广泛应用。相对于 MSC. Nastran 而言，ANSYS 集成了结构、流体、电磁场和热这四大学科的分析能力，更适合于进行多物理场的耦合分析。

5.3.2.4　结构动力学仿真应用

（1）典型舱段结构动力学仿真应用

①结构组成和主要功能

运载火箭火箭典型级间段总长为 3408 mm，上端面直径 2250 mm，下端面直径 3350 mm，高度 3408 mm，外形为截锥。结构采用框、桁条、蒙皮的半硬壳式结构，沿箭体轴线方向设置了 8 个框，两个"L"形端框，中间框为 6 个"Z"形钣金框。桁条与框、蒙皮通过铆钉连接，形成级间段的整体结构。火箭典型级间段数字样机模型如图 5 - 24 所示。

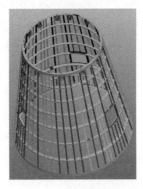

图 5 - 24　火箭典型级间段数字样机模型

②端框及中间框

级间段框的轴向位置分布见图 5 - 25。级间段前、后端框是
7A09 特制型材拉弯组合框。中间框为 2A12 "Z" 形钣金框，壁板厚
度为 2 mm。框的剖面尺寸见图 5 - 26 和图5 - 27。

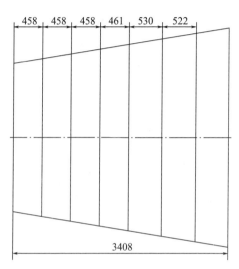

图 5 - 25　级间段框的轴向位置分布

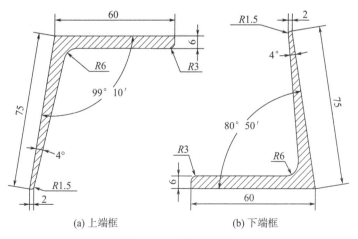

(a) 上端框　　　　　　　　(b) 下端框

图 5 - 26　端框剖面图

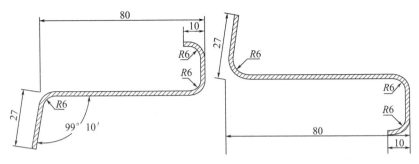

图 5 - 27　中间框剖面图

③桁条和蒙皮

级间段大开口上下布置短桁，其他部位布置长桁，共布置三种桁条，分别为 XC141 - 19、XC212 - 20 和 XC212 - 34。桁条数量见表5 - 1，截面形状和尺寸见图 5 - 28。桁条材料均为 7A09。

表 5 - 1　铆接舱段桁条数量统计

桁条类型	XC141 - 19（短）	XC212 - 20（短）	XC212 - 20（长）	XC212 - 34（长）
数量	10	5	31	20

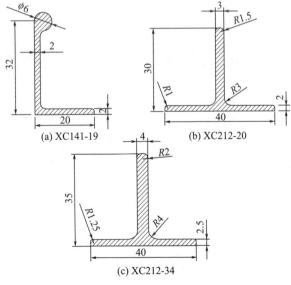

图 5 - 28　桁条剖面图

④有限元模型说明

采用 Patran 建立结构的有限元模型。计算中级间段的上下端框、蒙皮简化为板壳模型；将中间框和桁条简化为空间梁单元。整个模型共计 2508 个节点，2412 个空间梁单元，2404 个薄板单元，并将舱体下端轴向固定。有限元模型见图 5 - 29。

图 5 - 29　级间段轴压工况有限元模型

⑤模态分析结果

采用 Patran 对结构的结构固有的、整体的特性和模态进行分析，见图 5 - 30。

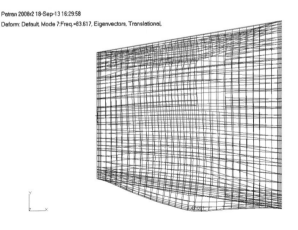

Patran 2008r2 18-Sep-13 16:29:58
Deform: Default, Mode 7:Freq.=83.617, Eigenvectors, Translational,

default_Deformation :
Max 1.47-001 @Nd 809

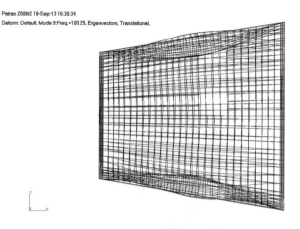

图 5 - 30　模态分析

（2）全箭结构动力学仿真应用

基于 MSC. Patran 和 MSC. Nastran 进行了助推器结构动力学有限元建模分析工作，建立了助推器三维有限元模型，基于助推器模态试验结果，采用模型修正方法，验证和修正了模型，最后得到与实际产品动力学特性相近的有限元模型。

①全箭有限元建模

助推器全箭结构形式如图 5 - 31 所示，对其建立结构动力学三维有限元模型，建立的模型见图 5 - 32。

图 5 - 31　助推器结构示意图

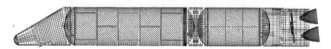

图 5 - 32　助推器三维有限元模型

　　模态分析软件采用 MSC. Nastran，图 5 - 33～图 5 - 40 给出助推器 2 s 状态的模态分析振型。

图 5 - 33　助推器 Ⅰ - Ⅲ 方向一阶弯曲模态振型

图 5 - 34　助推器 Ⅱ - Ⅳ 方向一阶弯曲模态振型

图 5 - 35　助推器 Ⅰ - Ⅲ 方向二阶弯曲模态振型

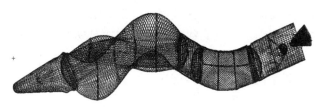

图 5 - 36　助推器 Ⅱ - Ⅳ 方向二阶弯曲模态振型

图 5 - 37　助推器 Ⅰ - Ⅲ 方向三阶弯曲模态振型

图 5 - 38　助推器 II - IV 方向三阶弯曲模态振型

图 5 - 39　助推器一阶纵向模态振型

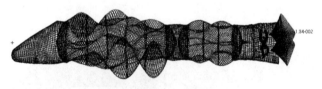

图 5 - 40　助推器一阶扭转模态振型

②模型修正

通过有限元法建立的计算模型，由于对结构缺乏足够的了解以及方法自身等方面的原因，往往不能如实或足够准确地反映结构的实际情况，这时就需要根据试验数据对所建立的模型进行修正。修正的最终目的是使得计算模型得到的参数结果与试验数据得到的参数结果一致或基本一致。

有限元模型修正主要有两种方法，一种是矩阵参数修改方法，另外一种是设计参数修改方法。

矩阵参数修改方法是修改系统的刚度矩阵 K 和质量矩阵 M。该方法是 20 世纪 70 年代发展起来的，主要以有限元总体矩阵或者子结构矩阵为修正对象，其基本思想是根据一定的准则和结构动力学关系来修正有限元模型的质量矩阵 M 与刚度矩阵 K，使修正后的有限元模型计算的模态参数与试验结果一致。矩阵参数修正方法直接对矩阵进行修正，数学上简单易行，但修正后的有限元模型物理意义变得模糊，还有可能破坏原矩阵的特征，给后续计算带来困难，难以让工程技术人员接受。

设计参数修改方法是直接对结构的材料、截面形状和几何尺寸等物理参数进行修正，是 20 世纪 80 年代发展起来的。设计参数修改方法应用很广泛，被很多人所采用，因为其结果便于解释，便于指导建模，便于优化设计等。设计参数方法随着灵敏度分析技术的发展而发展。设计参数修正方法能保持原模型系统矩阵的特征，修正结果具有明确的物理意义，便于实际结构分析计算，并与其他结构优化设计过程兼容，因此在有限元模型修正中占了主流位置。

设计参数修改方法又分为：基于模态参数的模型修正方法和基于频率响应函数的模型修正方法。本书中模型的修正方法是基于模态参数的修正方法。采用百分比误差法进行频率相关性分析。采用模态置信度（MAC）准则进行振型匹配。其基本思想是：如果结构质量近似均匀分布，则结构的模态振型应该具有不加权的正交性，MAC 也是一个处于 0～1 之间的标量，如两模态的 MAC 值为 1，则说明两者代表的是同一阶模态，为 0 则代表不同阶模态。

$$\Delta\omega = \frac{\omega_A - \omega_T}{\omega_T} \times 100\% \qquad (5-35)$$

$$\mathrm{MAC}_{ij} = \frac{|\{\Phi\}_{Ti}^{\mathrm{T}}\{\Phi\}_{Aj}|^2}{(\{\Phi\}_{Ti}^{\mathrm{T}}\{\Phi\}_{Ti})(\{\Phi\}_{Aj}^{\mathrm{T}}\{\Phi\}_{Aj})} \qquad (5-36)$$

式中　$\Delta\omega$——频率误差；

ω_A——频率计算值；

ω_T——频率试验值；

MAC_{ij}——MAC 矩阵中的元素，表示第 i 阶试验振型 $\{\Phi\}_{Ti}$ 与第 j 阶计算振型 $\{\Phi\}_{Aj}$ 的相关程度；

$\{\Phi\}_{Ti}^{\mathrm{T}}$——第 i 阶试验振型的转置；

$\{\Phi\}_{Aj}^{\mathrm{T}}$——第 j 阶计算振型的转置。

具体流程见图 5-41。模型修正过程中，首先比对各阶模态振型，以模态置信因子 MAC 来判断振型的相关程度，在振型相关性较好的前提下，修正模态频率，最终达到模型修正的目的。

根据助推器模态试验结果，采用模型修正软件对助推器三维有限元模型进行修正。修正有限元模型，基于从局部到整体的方案。先修正空箱状态模型，然后修正带液状态模型。各秒状态有限元模型和模态计算结果输入修正软件，与相应的试验模态进行比对。以下给出模型修正结果（其中，蓝色模型是有限元模型，红色表示试验测点）。

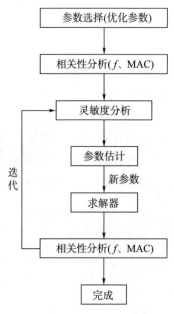

图 5-41　有限元模型修正流程

助推器 2 s 状态模型修正后的振型相关性和频率值比对见表 5-2，修正后的振型如图 5-42～图 5-49 所示。

表 5 – 2　助推器有限元模型修正结果

模态序号	振型描述	计算频率/Hz	试验频率/Hz	误差/（%）	振型相关性（MAC）
1	I - III 方向一阶弯曲	6.53	6.66	−1.89	93.1
2	II - IV 方向一阶弯曲	6.60	6.89	−4.12	91.3
3	I - III 方向二阶弯曲	12.49	12.57	−0.70	86.7
4	II - IV 方向二阶弯曲	12.85	12.28	4.66	78.1
5	I - III 方向三阶弯曲	20.16	18.95	6.37	41.9
6	II - IV 方向三阶弯曲	20.25	19.28	5.08	71.1
7	一阶纵向	9.67	9.03	7.09	95.3
8	一阶扭转	25.99	23.49	10.64	84.9

图 5 - 42　助推器 I - III 方向一阶弯曲模态修正结果（见彩插）

图 5 - 43　助推器 II - IV 方向一阶弯曲模态修正结果（见彩插）

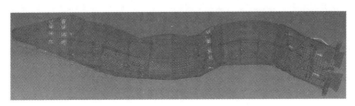

图 5 - 44　助推器 I - III 方向二阶弯曲模态修正结果（见彩插）

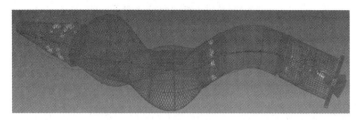

图 5-45　助推器 II-IV 方向二阶弯曲模态修正结果（见彩插）

图 5-46　助推器 I-III 方向三阶弯曲模态修正结果（见彩插）

图 5-47　助推器 II-IV 方向三阶弯曲模态修正结果（见彩插）

图 5-48　助推器一阶纵向模态修正结果（见彩插）

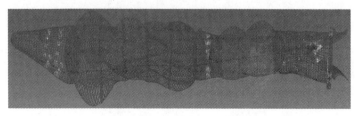

图 5-49　助推器一阶扭转模态修正结果（见彩插）

上述数据证明，修正后的模型计算模态和试验模态重要频率误差在 15%以内，从修正后的 MAC 值来看，模态振型具有较好的相关性。

5.3.3　力学环境仿真

5.3.3.1　概述

力学环境一般可分为振动环境、声环境和冲击环境。力学环境仿真预示是环境试验条件设计的基础之一，环境试验是航天产品设计验证和考核的依据，直接影响着型号进度和飞行可靠性。

振动环境包括低频振动环境和高频随机振动环境。低频激励主要由运载火箭飞行过程中的瞬态工况引起，如发动机点火、火箭起飞、发动机推力脉动、阵风激励、发动机关机等，都可激励起火箭的结构模态响应，纵向耦合振动（POGO）也属于低频振动，频率上限一般在 100 Hz 以内；随机振动环境主要由火箭推进系统工作和结构的声振响应引起，包含起飞噪声和气动噪声的影响，此外还有通过箭体结构传递的发动机随机振动，频率上限一般在 2000 Hz 以内。

噪声环境是由声波引起的，源于起飞时发射台和火焰导流槽发射的一级发动机喷口的超声速气流，跨声速和最大动压段，噪声激励由作用于有效载荷整流罩表面的气动压力脉动引起，最大噪声环境发生在起飞和跨声速/最大动压过程中，其频率上限一般在 10000 Hz以内。

在发动机点火和关机、级间分离、抛卫星整流罩和星箭分离等工况均会引起运载火箭结构的冲击响应。冲击环境一般可分为低频冲击和高频冲击，低频冲击响应环境由低频段振动环境仿真和相应的振动试验进行设计和考核；高频冲击发生级间分离、抛卫星整流罩和星箭分离工况，由火工品（如爆炸螺栓、起爆器等）起爆引起，最高频率范围一般达到几千赫兹甚至上万赫兹。

5.3.3.2　力学环境仿真软件简介

　　力学环境仿真以 CAE 软件为主，通过数字建模模拟航天结构的物理特征和边界条件，在此基础上应用数值计算方法求解，分析一定激励条件下的环境响应，进行仿真结果的后处理，进一步地结合工程计算软件、数据管理软件可开展环境设计和环境控制方面的工作。常用仿真软件分类一般有前后处理软件、仿真求解软件、工程计算软件。

　　（1）前后处理软件

　　用于低频力学环境分析的前后处理软件，基于有限元（FE）方法建模，包括专用型的前后处理软件（以及仿真软件的前后处理模块），例如 MSC 公司的 Patran、SIEMENS 公司的 NX FEM（如图 5 -50 所示），另一类是通用型的前后处理软件，例如 Altair 公司的 Hypermesh（如图 5 – 51 所示）。

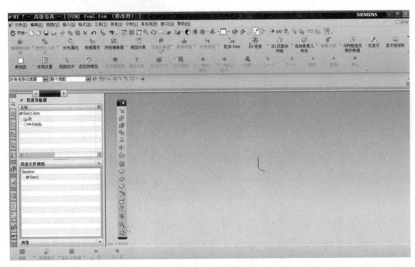

图 5 – 50　NX FEM 界面

　　用于中高频力学环境分析的前后处理软件，基于边界元、统计能量或有限元-统计能量混合建模，典型的商用软件 VA One 界面见图 5 – 52。

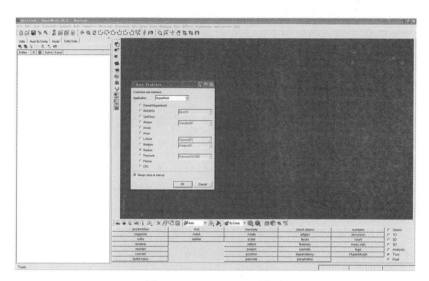

图 5 - 51　Hypermesh 界面

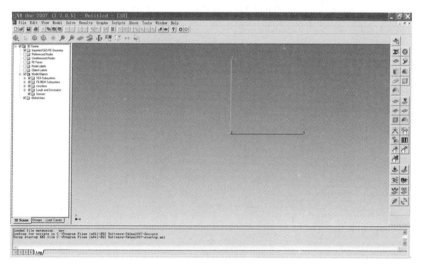

图 5 - 52　VA One 界面

（2）仿真求解软件

仿真求解一般采用 Nastran 有限元分析、SEA 统计能量分析方法，或采用 FE - SEA 的混合求解方法。关于有限元方法的详细介绍可参见相关书籍。

①统计能量方法

统计能量分析方法适用于分析含有高频、高模态密度的复杂系统的耦合动力学问题。统计能量分析将一个复杂系统（包括机械的或声学的系统）划分为不同的模态群，从统计意义上把大系统分解成若干个便于分析的独立子系统，子系统是贮存振动能量的基本单元，具有相似的共振模态。根据子系统间能量传递关系，建立子系统间功率流平衡方程，求解得到各个子系统的平均能量，进而可转换成所需要的振动、声压等动力学参数。功率流平衡方程如式（5 - 37）所示，其中，$P_{\text{in},j}$（$j = 1, 2, \cdots, k$）为第 j 个子系统的输入功率，E_j 为第 j 个子系统的输入能量，n_j 为第 j 个子系统的模态密度，η_j 为第 j 个子系统的内损耗因子，η_{ji}（$j, i = 1, 2, \cdots, k, j \neq i$）为子系统间的耦合损耗因子，$\omega$ 为模态频率。

$$\omega \begin{bmatrix} \left(\eta_1 + \sum_{i \neq 1}^{k} \eta_{1i}\right)n_1 & -\eta_{12}n_1 & \cdots & -\eta_{1k}n_1 \\ -\eta_{21}n_2 & \left(\eta_2 + \sum_{i \neq 2}^{k} \eta_{2i}\right)n_2 & \cdots & -\eta_{2k}n_2 \\ \cdots & \cdots & \cdots & \cdots \\ -\eta_{k1}n_k & -\eta_{k2}n_k & \cdots & \left(\eta_k + \sum_{i \neq k}^{k} \eta_{ki}\right)n_k \end{bmatrix} \begin{bmatrix} \dfrac{E_1}{n_1} \\ \cdots \\ \cdots \\ \dfrac{E_k}{n_k} \end{bmatrix} = \begin{bmatrix} P_{\text{in},1} \\ \cdots \\ \cdots \\ P_{\text{in},k} \end{bmatrix}$$

$$(5 - 37)$$

上式简化为

$$[L][E] = \frac{1}{\omega}[P_{\text{in}}] \qquad (5 - 38)$$

其中 $[L]$ 为系统的损耗因子矩阵，其元素为

$$L_{ij} = \begin{cases} -\eta_{ji} & i \neq j \\ \sum_{k=1}^{N} \eta_{ik} & i = j \end{cases} \qquad (5-39)$$

计算各子系统在一定输入功率下的平均能量，由此可得到各子系统的动力学参数，进而作为声振环境预示、环境改善与控制等方面的参考依据。

②有限元-统计能量混合方法

将 FE 和 SEA 相结合对耦合系统进行混合建模，复杂系统的确定性（FE）和统计性（SEA）建模是一种处理中频问题的途径，其中，FE 用来描述系统中模态较少的子系统的振动特性，SEA 用来描述不确定子系统的振动特性（通常有较多的模态）。在声振分析中可对结构进行 FE 建模，对内声场采用 SEA 建模。图 5 - 53 所示为 VA One 的 FE - SEA 方法。

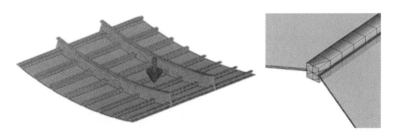

图 5 - 53　VA One 的 FE - SEA 方法

（3）工程计算软件

工程计算软件典型的是 Matlab，如图 5 - 54 所示，用于力学环境数据处理、工程算法计算等，数据分析和对比是方案改进的基础，这类软件还有 Origin，如图 5 - 55 所示。在得到了表征结构特性的数据信息后，可利用工程计算软件进行深入的挖掘、仿真计算（后处理）等工作。

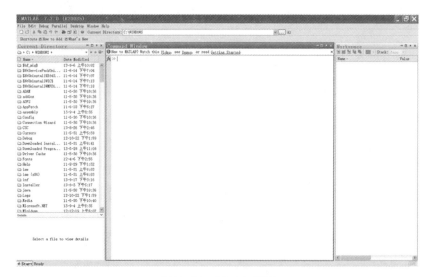

图 5 - 54 Matlab 界面

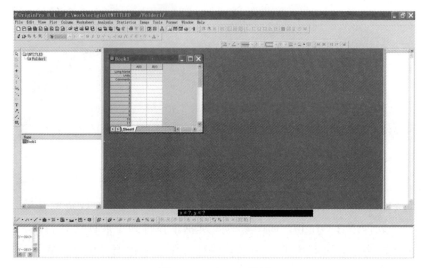

图 5 - 55 Origin 界面

5.3.3.3　力学环境仿真应用

力学环境仿真为环境设计、环境控制提供支持，仿真结果是试验条件设计的重要的数据基础。

（1）星箭耦合响应分析

应用前处理软件建立某型火箭的星箭组合结构有限元模型，如图 5-56 所示，给定外载荷，如发动机激励、风载等，计算得到结构关键部位的低频振动响应情况，进一步可设计特定产品的振动试验条件。

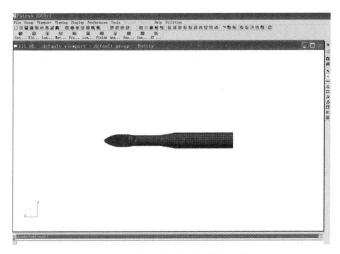

图 5-56　星箭组合结构有限元模型

（2）整流罩的罩内声环境分析

织女星（VEGA）小型运载火箭的全箭高频建模时采用了统计能量方法，分别建立了各舱段的分析模型，如图 5-57 所示。

分别对起飞时刻和跨声速时刻进行了高频声振分析，获取了关键位置的随机振动响应和舱内噪声，如图 5-58 和图 5-59 所示。

（3）整流罩的罩内声环境分析

罩内声场分析模型如图 5-60 所示。

应用统计能量方法求解可得到整流罩各部段的高频随机响应和罩内声压，如图 5-61 所示。当整流罩材料不同时，对其声振耦合

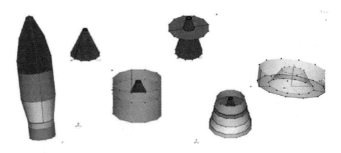

图 5 - 57　VEGA 各舱段统计能量模型

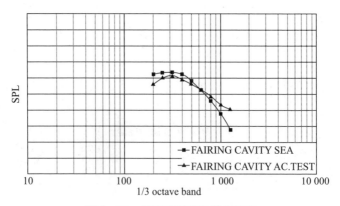

图 5 - 58　起飞时刻整流罩内噪声

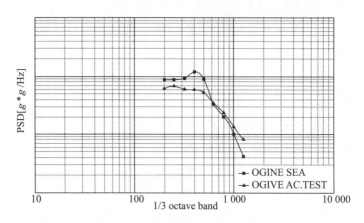

图 5 - 59　起飞时刻有效载荷随机振动

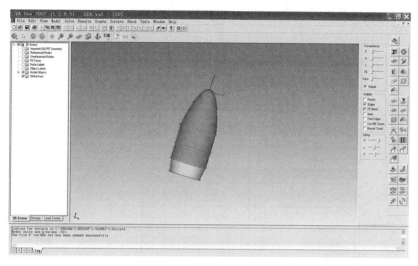

图 5-60　罩内声场分析模型

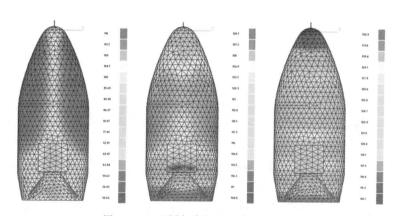

图 5-61　不同频率的内声腔声压云图

响应进行了计算。分别考虑铝蒙皮、蜂窝夹心材料（10 mm 蜂窝材料，上下表面各 1 mm 铝蒙皮）、玻璃纤维/环氧复合材料（[45/-45/90/0] s，每层 1.5 mm），罩内噪声响应对比如图 5-62 所示，采用复合材料的降噪效果较明显。

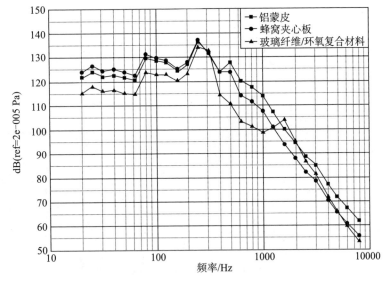

图 5 - 62　不同整流罩材料的罩内噪声对比

5.3.4　静力学仿真

5.3.4.1　概述

运载火箭在地面运输、起飞过程中会经受多种载荷作用。一般来说，这些载荷周期都要远大于结构的自振周期。此时，力学分析模型可以简化为准静态问题，这能够很大程度上减少分析时间，简化分析难度。

运载火箭结构的传统设计方法是将分析对象进行简化，根据结构力学方法求得传力路径以及各主要部件承受的载荷。再根据结构和载荷形式和特点，基于材料力学、结构力学、弹性力学等方法，简化为典型结构受载形式，采用解析的或数值的方法推算出结构的强度。数十年发射任务的成功已经证明了这种设计方法的正确性。对于采用解析的方法进行分析，有着明显的缺点，它只能适用于形式简单、过程简单，可以得到解析公式的结构，而对于复杂结构和过程，只能依靠数值方法进行。随着 CAE 行业的迅猛发展和计算机性能的日新月异，作为数值方法的佼佼者——有限元仿真逐渐成为运载火箭结构设计的主要手段。

从应用领域来看，运载火箭静力学仿真分为静载荷、静强度和稳定性分析。静载荷仿真用于计算机构在各种工况下的受力情况；静强度仿真用于计算分析结构在给定载荷下的应力分布、变形情况、强度裕度（强度剩余系数）和断裂破坏载荷；稳定性分析用于计算杆系和薄壁结构的失稳特性-失稳载荷（特征值）、失稳变形情况和失稳强度（失稳强度剩余系数）。由于运载火箭涉及的机构类产品较少，相比而言，静强度和稳定性分析是运载火箭静力学仿真的主要应用。

从分析类型来看，运载火箭结构静力学仿真又分为线性分析和非线性分析。对于多数舱体结构和简单过程，只需进行线性静力分析。但对于某些舱体结构，如火箭一级舱体，结构在稳定性破坏前往往已进入屈服，此时则需要材料进行非线性分析。对于运载火箭的部分部件，则需要考虑边界非线性分析；对于复杂过程和大变形结构也需要采用非线性分析方法。

5.3.4.2　静力学仿真软件简介

（1）ANSA

前处理软件 ANSA，是世界领先的有限元前后处理软件公司 BETA 公司的主打产品，被公认为是目前最快捷的有限元前处理软件。在处理几何模型，尤其是薄壁结构方面，ANSA 具有很好的速度、适应性和可定制性，使其在运载火箭静力学分析方面有着特有的优势。

（2）Hypermesh

前处理软件 Hypermesh，是全球著名的有限元软件公司 Altair 公司主打的前后处理软件，被业内公认为世界上领先的前后处理器。在三维实体模型的抽取中面、网格划分等方面，Hypermesh 比 ANSA 有明显的优势。

（3）Patran

前处理软件 Patran，是全球著名的有限元公司 MSC 公司主要的前处理软件。目前，由于其他前处理软件的冲击，Patran 已经不是静力学仿真的首选前处理软件。但强大的脚本语言功能仍使得 Patran 在处理简单模型方面有着一定的优势。

（4）Nastran

线性和非线性分析求解器 Nastran，是计算静力学问题的主要分析软件。目前有两个公司软件版本，一个是 MSC 公司开发的 MSC - Nastran，另一个是 SIMENS 公司的 NX - Nastran，两者均源自 MSC 公司的 MSC - Nastran - 2001 版，在输入输出格式方面基本相同，MSC - Nastran 的非线性分析求解器目前根据 Marc 做了改进，而 NX - Nastran 的非线性分析求解器则根据 ADINA 软件做了改进。Nastran 输入输出格式及线性计算结果已成为 CAE 工业标准，其计算结果通常被视为评估其他有限元分析软件精度的参照标准。

（5）Abaqus

非线性分析求解器 Abaqus，目前是 SIMULIA 公司的主打仿真软件。Abaqus 被广泛地认为是世界上最著名的非线性有限元分析软件，可以精确处理材料非线性、几何非线性、边界非线性问题。

（6）Marc

非线性分析求解器 Marc，是 MSC 公司主要的非线性分析软件。Marc 曾经是全球最重要的非线性有限元软件，其非线性分析开发历史迄今已超过 40 年。Abaqus 的主要开发人之一就曾隶属于 Marc 公司。尽管 Marc 近年来受到其他非线性软件的巨大冲击，但丰富的开发经验仍使得其在非线性分析方面占有重要的地位。

（7）ADINA

非线性分析求解器 ADINA，曾是世界上最著名的非线性有限元分析软件之一，在处理接触和固液耦合方面有独到之处。

（8）ANSYS

线性和非线性分析求解器 ANSYS，是世界上著名的结构分析软

件之一，具有多领域分析的能力，在处理压力容器和多场耦合方面
有独到之处。

5.3.4.3 静力学仿真应用

静力学仿真主要包括以下几个方面：

（1）运载火箭舱体的强度和稳定性仿真

舱体结构形式涵盖桁架结构、半硬壳结构、壁板结构和复合材
料结构以及它们的组合，分析模型分为传统的单个舱段计算和复杂
的组合舱段计算，分析过程包括单一载荷过程和多步载荷或结构状
态过程等。运载火箭舱体静力学仿真实例如图 5-63 所示。

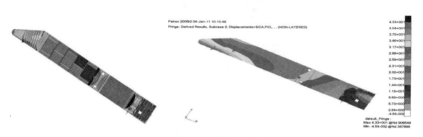

（a）某组合舱段位移云图

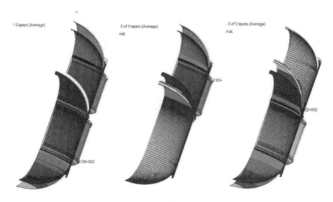

（b）多种打压工况下某共底贮箱应力云图

图 5-63 运载火箭舱体静力学仿真实例

（2）运载火箭管路强度分析

运载火箭管路静力学仿真实例如图 5 - 64 所示。

图 5 - 64　运载火箭管路静力学仿真实例

（3）运载火箭火工分离装置分析

运载火箭某解锁装置静力仿真实例如图 5 - 65 所示。

图 5 - 65　运载火箭某解锁装置静力学仿真实例

（4）运载火箭起吊附件、安装支架等方面的强度分析

运载火箭某安装支架静力学仿真实例如图 5 - 66 所示。

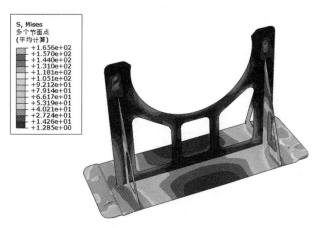

图 5 - 66　运载火箭某安装支架静力学仿真实例

5.3.5　热环境仿真

5.3.5.1　概述

运载火箭从生产、包装、运输、装卸、贮存、使用操作、发射准备、动力段飞行、再入大气层等经历各种极其复杂和严酷的自然和诱导环境，自然环境随着地区、空间、时间而缓慢变化，经长期测量、收集数据、统计分析，找出分布规律，诱导环境随着运载火箭的气动外形、飞行速度、飞行高度、火箭发动机工作状态、结构参数等因素而变化，诱导环境主要是人类活动所引起的环境。运载火箭设计中，主要的环境因素见表 5 - 3。

表 5 - 3　主要的环境因素

类　别	因　素
自然环境	温度、湿度、压力、太阳辐射、风、雨、雾、雪、盐雾、臭氧、生物和微生物
诱导环境	砂尘、污染物、振动、冲击、加速度、声、电磁辐射、核辐射

自然环境和诱导环境的影响反映在运载火箭上，形成了运载火箭的力学环境和热环境。

热环境一般可分为发动机底部热环境、气动热环境、舱段热环境，受低温推进剂的影响，低温推进剂火箭还包括低温环境，为改善舱段的热环境水平，还对局部热环境控制提出了新的要求；另外，针对上面级等还需要对其经历的空间真空低温环境进行研究。

发动机底部热环境是由发动机工作产生的高温燃气和高温部件引起的。高空时相邻羽流或结构干扰，以及级间分离期间上面级羽流与下面级干扰，或起飞期间喷流与发射台干扰，都会产生底部对流加热；低空飞行时可能出现富油排气复燃，引起对底部的辐射加热；不论火箭是单喷管还是簇式喷管，都存在从发射台翻卷起来的喷流加热；姿控喷管或反推喷管工作时，其羽流都可能撞击到火箭的部分结构，产生对流和辐射加热。若为固体火箭，还会出现粒子撞击加热。

发动机底部热环境取决于火箭飞行高度和速度、推进剂种类、发动机燃气参数（燃烧室压力、温度和质量流率）、喷管几何形状、喷管摆动状态和受冲击表面的几何形状，对于簇式喷管底部结构来说，还取决于喷管排列方式和底部结构外形。

气动热环境是运载火箭主动段飞行所经历的最重要的热环境之一，火箭在飞行过程中，周围空气受到强烈压缩和剧烈摩擦作用，导致空气温度急剧升高，高温空气不断向壁面传热，导致壁面温度升高，影响舱内温度水平，对于整流罩来说，整流罩壁面温度升高将影响罩内的卫星等火箭载荷的温度；另外，气动加热是箭体结构设计的重要依据之一，壁面温度的升高，影响材料的机械性能，同时，温度差异引起的热变形在结构元器件上引起附加应力。

气动加热的严重程度，取决于飞行轨道参数和大气参数、火箭外形、材料热物性、边界层状态，以及分离、拐角流动和激波冲击等流动条件。

低温热环境的产生由两个因素引起，一是常规火箭冬季发射时，受低温外界自然环境影响所产生的舱段低温环境；二是采用液氢或液氧等低温推进剂的运载火箭，受低温推进剂的影响所产生的舱段低温环境，并且还有伴随低温所产生的结露等湿度环境。随着液氧/液氢或液氧/煤油等低温推进剂的使用，更多的是由外界自然环境和低温推进剂综合产生的低温热环境，特别是对于无发射塔架保护的简易发射的低温火箭，低温环境对运载火箭技术状态的影响更应该引起重视，为减少低温和结露等温、湿度环境对仪器设备的影响，需要采取某些特殊的设计以便改善局部环境，从而降低其对设备施加的环境影响，例如在火箭发射准备阶段，通过地面空调，供给火箭干燥的空气或氮气，吹除动力舱、级间段、仪器舱内的湿气等。

低温热环境取决于外界自然环境、舱段结构形式、推进剂种类、隔热措施、火箭发射模式等因素。

空间环境是运载火箭末级或上面级在轨飞行时所经历的外界环境，高空 110 km 以上，气体密度低于 10^{-8} kg/m^3，大气压力低于 10^{-3} Pa，气体的传导和对流传热可以忽略不计，由于高空中气体极其稀薄，在空间单位时间内相互碰撞的气体分子寥寥无几，形成了空间 4 K 的超低温真空环境，另外还受到了太阳辐射、地球反照、红外辐射和星体辐射等热源的影响。

空间环境对飞行器的影响主要取决于运行轨道参数、飞行时间、飞行器的技术状态等因素。

5.3.5.2　热环境仿真软件简介

目前，热环境分析以数值仿真和工程算法相结合的仿真手段为主。目前仿真软件一般有前后处理软件、仿真求解软件、工程计算软件。

（1）底部热环境仿真软件

发动机底部热环境分析根据不同的热源形式主要包括：计算发动机喷流流场分析软件、气体辐射和固壁辐射仿真软件。计算喷流流场一般采用基于离散化的数值计算方法，CFD（Computational Fluid Dynamics）是为了解决流体流动的复杂性、理论分析无法求得详细的解析解的问题而发展起来的，主要包括有限差分法、有限元法和有限体积法。

发动机在低空工作时，喷流流场属于连续流，连续流流场仿真分析的主要软件以 CFD 商用软件种类较多，主要包括：PHOENICS、CFX、STAR - CD、FIDAP 和 FLUENT 等。

PHOENICS 是世界上第一个投放市场的 CFD 商业软件，是 CFD 软件的鼻祖，经过不断改进，可计算大量的实际工作问题，包括城市污染预测、叶轮中的流动和管道流动等。

CFX 软件采用有限体积法，可以计算可压缩和不可压缩流动、耦合传热、多相流、化学反应和气体燃烧等问题。

STAR - CD 软件同样采用有限体积法，可以计算稳态和非稳态流动、牛顿流体和非牛顿流体流动、多孔介质中的流动、亚声速及超声速流动，在汽车工业中运用较为广泛。

FIDAP 软件采用有限元方法，可以接受 I - DEAS、Patran、ANSYS 和 ICEM CFD 等软件所产生的网格，该软件可以计算可压缩和不可压缩、层流和湍流、单相流和两相流、牛顿流体和非牛顿流体的流动问题。

FLUENT 软件采用有限体积法，可以模拟和分析复杂几何区域内的流体流动与传热现象，可以接受 I - DEAS、Patran、ANSYS、ICEM CFD 和 Hypermesh 等软件所产生的网格，该软件可以计算可压缩和不可压缩、含有粒子的蒸发、燃烧过程和多组分介质化学反应过程，针对各种复杂流动的物理现象，采用不同的离散格式和数值方法。FLUENT 前处理软件包括 GAMBIT、Hypermesh、IGES 等，可以进行模型建立、网格划分和边界条件设置等。后处理软件包括 TecPlot 等。ICEM 前处理软件界面如图 5 - 67 所示，FLUENT 软件界面如图 5 - 68 所示，TecPlot 软件界面如图 5 - 69 所示。

发动机高空工作时，由于外部大气压较低，喷流流场属于稀薄流，对于稀薄流分析，多年来人们不仅发展了矩方程方法、离散速度坐标方法和模型方程方法等各种近似求解工程方法，而且发展了

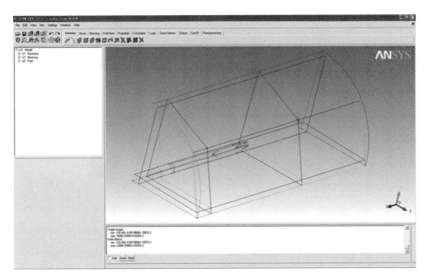

图 5 - 67　ICEM 前处理软件界面

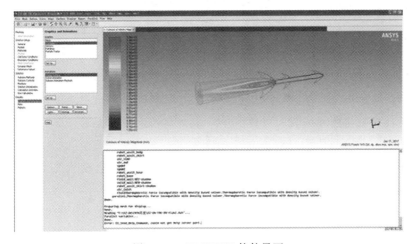

图 5 - 68　FLUENT 软件界面

多种直接的或间接的求解 Boltzmann 方程的 Monte Carlo 数值方法，诸如采用 Monte Carlo 方法计算碰撞项的有限差分方法、质点 Monte Carlo 方法、决定论的分子动力学方法，以及直接模拟 Monte

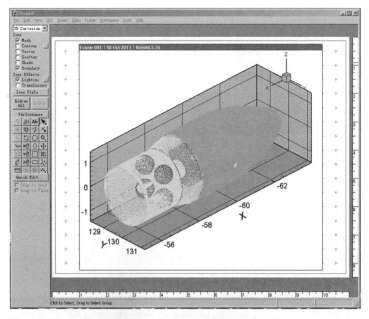

图 5 - 69　　TecPlot 软件界面

Carlo（DSMC）方法等。其中 DSMC 方法是目前应用最广泛、最成功的数值模拟方法。DSMC 方法的基本思想是：采用有限个仿真分子代替数量巨大的真实气体分子，由概率密度模型控制仿真分子的运动、碰撞和传能过程，并记录随时间而改变的分子的位置坐标、速度分量和内能。最后通过统计网格内仿真分子的运动状态实现对真实气体流动问题的模拟。

目前，空间稀薄流仿真分析的主要商业软件包括：SYSTEMA 32 和 DS3V 等。

SYSTEMA32 软件 Plume 模块是法国 Astrium 公司专业的空间羽流分析工具，也是欧洲唯一商业化羽流分析工具，主要用于空间羽流流场分析，模拟了从燃烧、连续流到自由分子流的整个流动状况，SYSTEMA32 软件界面如图 5 - 70 所示。采用直接求解 N - S 方程的方法计算连续流流场；在喷管唇部则采用 DSMC 方法分析羽流

的反流流场；在远离推进器的远场则采用光线追踪法计算自由分子

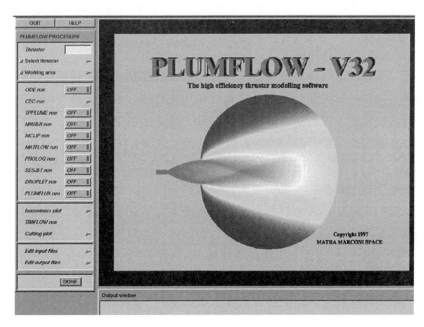

图 5 - 70　SYSTEMA32 软件界面

流流场。该软件还可以用于空间羽流的冲击影响分析，分析单个或多个推进器在工作时对航天器外表面的羽流冲击压力、冲击力矩、羽流对流传热热流密度、羽流产物到各表面质量流密度等分布状况，为航天器推进器布局设计、羽流影响分析等提供参考。

　　DS3V 是澳大利亚的一个工程师 Bird 开发的一个开源的程序，基于 DSMC 算法进行流场分析，能够用于空间羽流流场分析中，分析自由分子流流场。由于 DSMC 直接蒙特卡洛法是基于统计理论的，三维的分析十分耗时，一般一个简单的姿控推进器的流场计算都要在多 CPU 并行的情况下计算好几天。受软件人机界面、计算效率等方面的影响，DS3V 通常用于学术研究，而很少用于工程分析中。

　　羽流及固壁辐射热流计算有蒙特卡洛法、法相蒙特卡洛法和正、反光线踪迹法等。正、反光线踪迹法是从传统的光线踪迹法演化而来，通过正向跟踪过程寻找尾喷焰对测点有红外辐射贡献的所有光学行程，然后通过反过程确定这些光学行程发射能量对测点的贡献，羽流及固壁辐射热流目前主要采用工程算法进行求解。

（2）气动热环境仿真软件

高超声速气动加热问题，主要分为两大部分：一部分是高超声速飞行器外部流场特性以及高超声速气流传热分析，获得飞行器表面热流密度，即气动热环境问题；另一部分是热量在飞行器内部传递和转移的问题，即结构传热问题。

火箭气动加热问题存在高超声速流动、不同流态计算、激波-边界层干扰三个主要特征。首先，气动加热问题本身决定了这是一个高超声速问题，其次，由火箭发射轨迹决定了气动加热将经历连续流和稀薄过渡流两种不同的类型，而捆绑火箭的外形结构导致了比较严重的激波-边界层干扰气动加热。

国外高超声速飞行器气动加热研究中，数值计算和工程估算方法很多。一般来说，工程方法在求解简单外形的气动热方面具有一定的优势，它的计算效率很高，精确度也有一定保证，往往能够得到工程上满意的结果。另一方面，伴随计算机技术的发展，应用计算机模拟流动的计算流体动力学（CFD）也得到了飞速发展，它与试验方法相互补充、相互完善，在解决流动的理论和工程实际问题中发挥着巨大的作用，并且大大拓展了流动问题研究范围，于是形成了数值计算与工程计算相结合的方法来计算热流密度，它的优点是：与单纯的数值计算热流密度相比，可以节省计算时间，同时也能提供比较准确的结果。而比起单纯的工程计算，它的使用范围更广，能应用于复杂外形的表面热流密度的求解。

（3）空间环境仿真软件

重点解决运载火箭上升段、空间滑行段及变轨控制阶段所经历的空间外热流环境影响下的热分析预示，目前主要软件包括：I-DEAS、Thermica Suite 等。

I-DEAS 求解器主要包括 TMG 和 ESC 模块，TMG 以 3D 部件

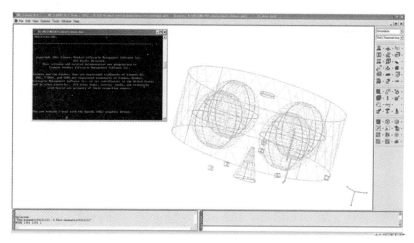

图 5 - 71　I - DEAS 软件界面

建模为基础，建立完全与几何模型关联的热分析有限元模型。TMG
模块包含用于构建航天器热分析各种复杂功能的系统，如综合的行
星/太阳特征数据库、不同的轨道定义方法，以及基于矢量的航天器
姿态建模等。ESC 模块用于分析电子系统的流场和热场，应用计算
流体动力学（CFD）和传热学理论，结合有限体积法和较为成熟的
有限元数值方法，进行电子设备系统级、部件级、元器件级的瞬态
及稳态热分析。

　　Thermica Suite 是法国 Astrium 公司专业的空间热辐射、轨道
外热流和温度场分析工具，包括 Thermica 和 Thermisol 两个模块，
都在持续开发中。

5.3.5.3　热环境仿真应用

　　运载火箭热环境仿真预示是热环境设计的重要环节，为环境条
件制定和试验提供有力的参考或依据，仿真分析与试验验证相互结
合，形成产品有效设计和提高工作可靠性的重要手段。

　　（1）发动机底部热环境

　　发动机工作产生的高温喷流和高温部件是底部设备最重要的热
源之一，是进行底部防热设计的重要依据。主要仿真流程包括：

发动机喷流流态判断（确定连续流或稀薄流），根据流体选用合适的分析软件对喷流或羽流进行计算，根据喷流或羽流流场计算高温燃气对流热流、辐射热流和固壁辐射热流，根据仿真分析结果，确定底部热流环境设计条件。

　　某火箭一级飞行状态喷流压力场分布、喷流温度场分布、底部热流分布如图 5-72～图 5-74 所示；某高空发动机羽流速度分布、温度分布、马赫数分布、作用表面的热流密度分布如图 5-75～图 5-78 所示。

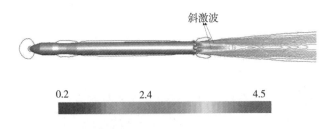

图 5-72　某火箭一级飞行状态喷流压力场分布（见彩插）

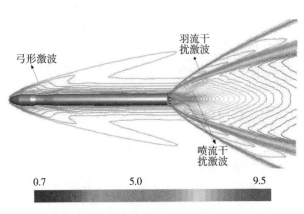

图 5-73　某火箭一级飞行状态喷流温度场分布（见彩插）

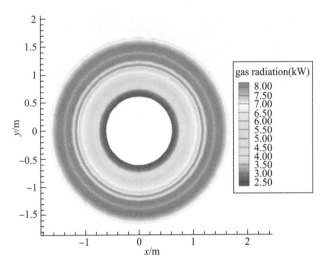

图 5-74　某火箭一级飞行状态底部热流分布（见彩插）

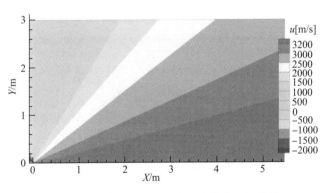

图 5-75　某高空发动机羽流速度分布（见彩插）

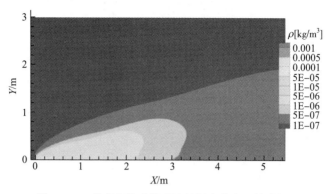

图 5-76 某高空发动机羽流场温度分布（见彩插）

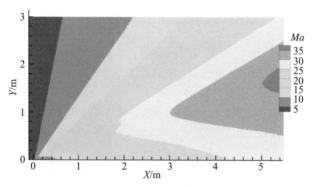

图 5-77 某高空发动机羽流马赫数分布（见彩插）

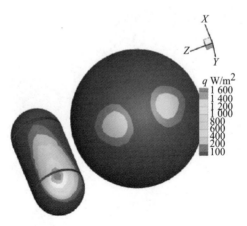

图 5-78 某高空发动机羽流作用表面的热流密度分布（见彩插）

（2）气动热环境

气动热环境仿真主要为结构载荷设计提供依据。目前主要工程算法有参考焓法、高超声速面元法和热平衡参考温度法。对于复杂外形的气动热问题，由于流场非常复杂，存在流动分离、激波、附面层干扰等流动现象，单纯的工程算法处理这些问题时往往达不到要求。于是，借用计算流体的发展，在附面层外求解无粘的欧拉方程，得到边界层外缘参数，而边界层内部是粘性起主导作用的区域，可以采用工程方法来确定飞行器的表面热流密度，这种处理方法既避免了工程算法难以确定边界层外缘参数的不足，又避免了直接数值求解 N‐S 方程的巨大计算量。

不同飞行马赫数时运载火箭气动流场分布如图 5‐79 所示。

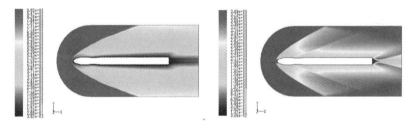

图 5‐79　不同飞行马赫数时运载火箭气动流场分布（见彩插）

运载火箭不同部位气动加热温度变化如图 5‐80 所示。

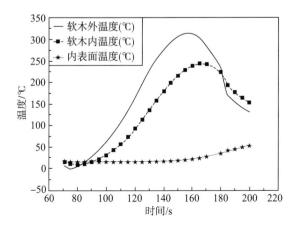

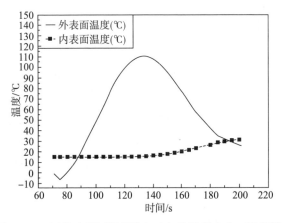

图 5 - 80　运载火箭不同部位气动加热温度变化（见彩插）

（3）低温热环境

低温热环境仿真主要包括低温舱段热环境仿真和低温推进剂蒸发和分层仿真，通过低温舱段仿真分析确定舱内温度水平，为进行局部温度控制提供依据，通过对低温推进剂不同阶段的蒸发量和分层量进行分析，为总体确定加注量提供参考。

整流罩及三级温度分布如图 5 - 81 所示，整流罩及三级计算点温度变化如图 5 - 82 所示，蒸发气体体积比分布仿真分析如图 5 - 83 所示。

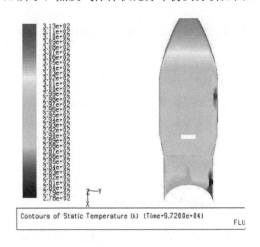

图 5 - 81　整流罩及三级温度分布（见彩插）

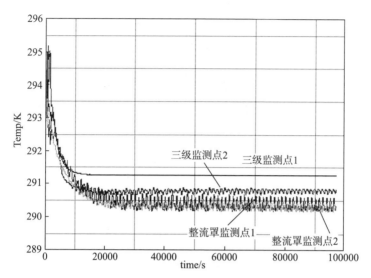

图 5-82 整流罩及三级计算点温度变化（见彩插）

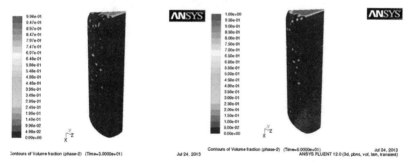

图 5-83 蒸发气体体积比分布仿真分析（见彩插）

（4）空间热环境

在考虑空间真空、低温外部环境和太阳辐射、地球辐射及红外辐射、空间星体辐射等状态下，对运载火箭末级或上面级进行空间在轨分析，确定产品温度水平，为进行热控设计提供依据。空间热环境仿真分析如图 5-84 所示。

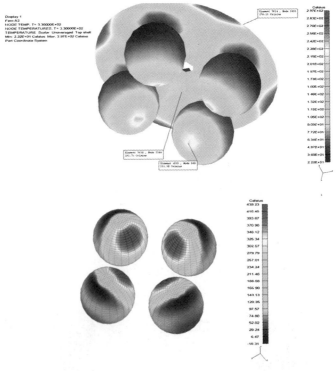

图 5 - 84 空间热环境仿真分析（见彩插）

5.4 人机工程仿真

5.4.1 人机工程仿真

（1）虚拟人机仿真技术

在通用的虚拟人机仿真环境中（如 DELMIA）均可迅速建立男性和女性的人体模型。设计人员可根据其自身在数字化产品设计以及制造仿真方面的应用情况而创建自定义的人体模型，其中包括 100 多个可编辑人体测量指标、100 处独立连接和 148°的关节转动幅度、独立人体模型测量定制手段以及模型尺寸划分方法。通过使用这些模型，提高了对实际人类行为能力仿真的可信度。

虚拟人机工程仿真系统能够操控虚拟 3D 人体模型（如图 5 - 85
所示）来深入了解工人和产品之间的交互性（如图 5 - 86 所示）。例
如，在产品设计环节中，诸如身体定位、舒适性、可视、可延伸和
可触及范围以及进出情况等人为因素均需列入考量。在制造体系环
境下，工作单元布局、工作流性能、系统可存取性、抬举要求及可
触性均能得到预测。设计师们可多次进行假设并反复操作来优化产
品和流程设计。

图 5 - 85　人体模型

图 5 - 86　人与产品的交互性

在虚拟人机仿真环境中定义诸如走、捡、放、举和爬等人类行
为。经过仿真的工人模型能够走到某个特定的位置、升降阶梯或梯
子、变换姿势、追查运动体的轨迹或物体的轨道、又或是在某处拾
起物品并在另一处放下等，如图 5 - 87 所示。可以在虚拟环境中评
估虚拟工人与产品及流程交互时了解到所关联的各个因素，包括 3D
生物力学工具能够测量扭矩、载荷和切应力；通过 NIOSH 1981 年
和 1991 年抬举方程来分析举、放和抬等动作；利用 SNOOK 和 CI-
RIELLO 方程来评估推拉情况。

设计师们可以根据现有的人体舒适程度数据库观察、评定并结
合工人的全身及局部动作来掌握工人与产品发生交互时所表现出来
的舒适度、安全性、身体强度及行为反应。他们不仅可以分析静态
强度，而且还可以了解人体的舒适度、关节活动情况，以及完全接

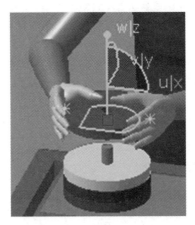

图 5 - 87　　仿真人的动作

合的骨盆、颈部、脊骨、肩膀和手部各处模型。不需要消耗大量成本来制造实物原型或在真实情况下进行模拟，设计师们就有可能可靠地推测出在现实操作中人与机器的交互情况以及两者在相互作用时所产生的影响。

（2）虚拟人机仿真技术的优势

一旦虚拟人机仿真技术与 3D CAD 程序以及数字化制造环境集成，用户们就能在产品或流程开发的任何阶段进行全面的人机工程仿真，使用户能够在维持设计与人体模型间完整联系的同时毫无拘束地在自身的环境下进行操作。在产品设计流程初期就能重视人机仿真的优势如下：

1）提高设计效率：恰如其分地使用虚拟人机工程仿真技术能够缩短制造时间和降低成本，减少返工和日后修改的可能，因为这样做需要消耗更多的成本且操作难度更大。

2）降低受工伤的可能性：设计师们可以使用人机工程仿真来观测工作单元或评估制造流程，这样便可以更好地了解人体模型与工作环境之间诸如区域范围分析或模型姿势要求等交互性，以便在启动设备之前就能及时发现存在的安全隐患。

3）改进的产量和质量：在实物被创建或操作之前，可以在虚拟车间中简便地更改其布局、工装和设备以更好地改善工人的操作。通过在开始使用工装前对制造流程仿真进行观察，工程师和生产人员就可以明确能够增加产量、提高质量的工装和设备所发生的变化。

4）减少对实物原型和真实仿真的依赖：进行物理模拟可能十分昂贵，因为其通常需要购买装配线元件、工装以及创建原型的配件。另外，实物原型只有其下一步的设计流程完成才能实施，而在设计流程中，若有修改，费用也十分高昂。通过仿真人类与软件原型之间的交互性，可能减少或排除使用模拟和实物原型的需要。在设计流程的早期可以评估多种多样的设计方案以更好地优化设计，使其能够产生比使用物理模拟时更高的水准。如果仍然需要进行物理模拟，则可以用其来完善该经过优化的设计。

5.4.2　人机仿真工具简介

（1）DELMIA 的人机仿真

法国达索公司的 DELMIA 提供了工业上第一个和虚拟环境完全集成的商用人体工程模型。DELMIA/Human 可以在虚拟环境中快速建立人体运动原型，并对设计的作业进行人体工程分析。人体工学仿真包含了操作可达性仿真、可维护性仿真、人体工学/安全性仿真。

人体建模：DELMIA/Human 提供了多种百分位的男女人体模型库，这些模型都带有根据人体生物力学特性设定的人体反向运动特性。用户可修改人体各部位的形体尺寸以适应各种人群和特殊仿真需求。

姿态分析：DELMIA/Human 可以对人体各种姿态进行分析，检验各种百分位人体的可达性，座舱乘坐舒适性，装配维修是否方便。

视野分析：DELMIA/Human 可以生成人的视野窗口，并随人体的运动动态更新。设计人员可以据此改进产品的人体工学设计，检验产品的可维护性和可装配性。

工效分析：DELMIA/Human 可以对人体从一个工位到另一个工位运动所需要的时间、消耗的能量自动进行计算。

人体作业仿真：DELMIA/Human 可以在图形化的界面下示教给人体设计的工作。可以用鼠标操作人体各个关节的运动。

（2）Jack™系统简介

Jack™是一个人体建模与仿真以及人机工效评价软件解决方案，帮助各行业的组织提高产品设计的工效学因素和改进车间的任务。Jack™最初是由宾夕法尼亚大学的人体模型和模拟中心（Center for Human Modeling and Simulation at the University of Pennsylvania）开发，目前是西门子 PLM 旗下的软件解决方案一员，通过其可以实现：

1）建立一个虚拟的环境；

2）创建一个虚拟人；

3）定义人体形状和生理参数；

4）把人加入在虚拟环境中；

5）给虚拟人指派任务；

6）分析虚拟人体如何执行任务；

7）对于虚拟人进行工效学评价；

8）支持多种虚拟现实外设。

除了人体建模之外，Jack™还是一个功能强大的互动性、实时视景仿真解决方案。您可以导入 CAD 数据或从草图开始建立模型，在周围的环境中移动物体，交互式地改变相机的视图和创建特殊效果，以提高您"现场"的真实性。

5.4.3 虚拟人机仿真技术在新型运载火箭设计中的应用

基于虚拟人机仿真技术在国内外航空航天企业中良好的应用效果及其在产品设计过程中体现出来的巨大优势，在新一代运载火箭的研究早期引入虚拟人机工程技术是非常有必要的。在新型运载火箭助推模块设计过程中，针对伺服机构的安装、箱间段整体装配的可行性、动力系统管路安装的可操作性等设计方案，用虚拟人机仿真工具达索 DELMIA 软件对装配过程进行虚拟人机工程仿真，来分析方案的可行性。

5.4.3.1　伺服机构安装仿真

伺服机构设计的质量约为 110 kg，伺服机构拆装流程如表 5 - 4 所示。

表 5 - 4　伺服机构安装拆卸流程

工作序号	工作项目	工作内容
1	全箭竖立总测	参加全箭总测。若在最后一次总测前的测试中箭上产品无问题，则将伺服机构工艺件拆下，安装伺服机构试样件，动力源管路与发动机对接后再行最后一次总测。若在测试中箭上产品有问题，需在模块竖立状态更换合格备份件
2	发射准备	推进剂加注后临射前，若发现伺服机构有故障，需要在模块竖立状态更换合格备份件

为便于伺服机构的安装，将挡火板梁的一部分设计为可拆卸的。在安装伺服机构时，先将挡火板和防热裙拆下，拆除挡火板梁的一部分，伺服机构安装完成后再将拆下的挡火板梁、挡火板和防热裙装上，如图 5 - 88 所示。

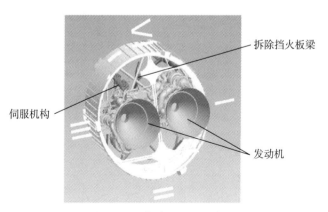

图 5 - 88　发动机尾段示意图

发射平台的支承臂分布及主支承结构示意如图 5 - 89 所示。

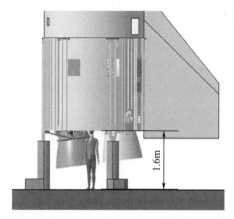

图 5 - 89　发射平台模型

工装工具方面，主要使用了图 5 - 90 中的工装工具。

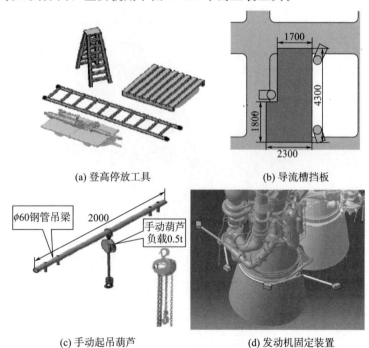

(a) 登高停放工具　　　　　　　(b) 导流槽挡板

(c) 手动起吊葫芦　　　　　　　(d) 发动机固定装置

(e) 发动机归位装置

(f) 扳手

图 5 - 90　工装工具

人体模型主要采用中等身材的人体模型，如图 5 - 91 所示。

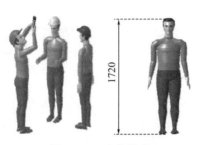

图 5 - 91　人体模型

详细仿真伺服机构安装工作流程如图 5 - 92 所示，伺服机构的拆卸流程如图 5 - 93 所示。

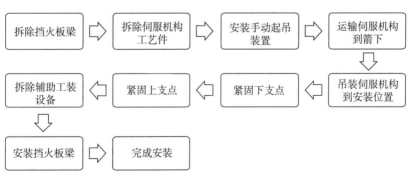

图 5 - 92　伺服机构安装流程

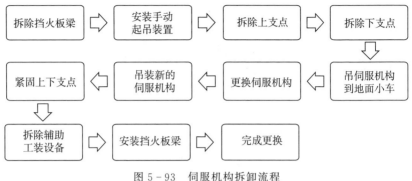

图 5-93 伺服机构拆卸流程

安装伺服机构的过程场景如图 5-94 所示。

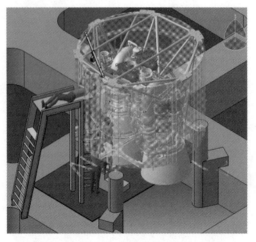

图 5-94 伺服机构安装

经过虚拟人机仿真分析,通过拆除挡火板梁进行安装的方案可行,需要辅助工装及拆除部分防热裙和挡火板后,工人可完成安装和更换操作。

5.4.3.2 箱间段安装仿真

箱间段中布置有增压气瓶,铺设了管路、电缆,安装了电气设备等，存在空间小、可操作性差的问题。

　　设计装配方案拟采用将箱间段内气瓶管路等组装完毕后，将箱间段整体与液氧贮箱和煤油贮箱水平对接安装。根据结构设计方案，箱间段与氧箱对接面、箱间段与煤油箱对接面各采用螺栓连接。

　　仿真环境简易工作场景如图 5-95 所示。

图 5-95　工作场景

　　使用的工装工具有梯子（1.4 m）、拧螺栓的电动工具和手动扳手等，如图 5-96 所示。

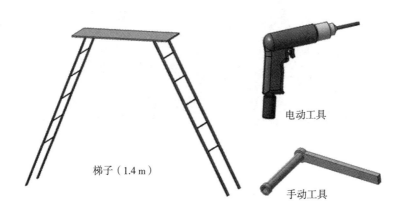

电动工具

梯子（1.4 m）

手动工具

图 5-96　工装工具

　　箱间段安装仿真流程图如图 5-97 所示。

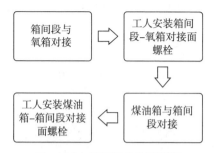

图 5-97　箱间段安装流程图

安装对接面螺栓的各主要场景如图 5-98 所示。

图 5-98　安装氧箱-箱间段对接面螺栓场景

　　经仿真分析氧箱-箱间段对接面螺栓的安装过程是敞开式的，工人有合适的操作空间，目前状态认为是可以完成的。

　　箱间段-煤油箱对接后，对接面螺栓安装是在封闭狭小的空间内进行，人的活动空间受到很大限制，对接面下部螺栓勉强可以安装，但是安装上部螺栓时需要人字梯，且人字梯要以散件的形式进出舱体，并在舱体内组装，且仍有部分螺栓不能安装，考虑到人的操作对箱间段中管路、电缆等设备的影响，安装过程存在风险，建议在相应安装位置开操作口。

5.4.3.3 发动机、尾段及相关连接管路的安装仿真

运载火箭尾段安装完后，连接管路离操作口较远，这里验证安装的可行性。发动机与箭体对接，尾段分上下两部分安装完毕后，进行发动机连接管路的安装。

仿真环境简易工作场景如图 5-99 所示。

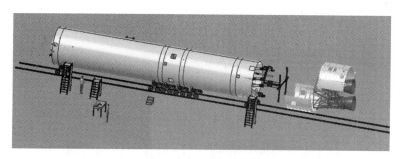

图 5-99 工作场景

使用的工装工具有梯子（2.5 m）、拧螺栓的各类扳手等，如图 5-100 所示。

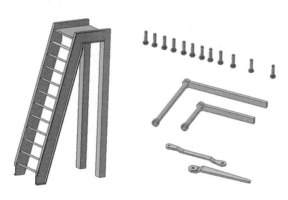

图 5-100 工装工具

发动机尾段等安装工作流程如图 5 - 101 所示。

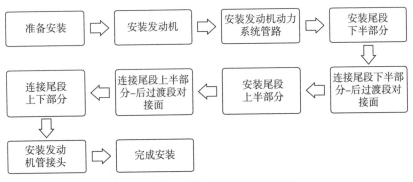

图 5 - 101　发动机尾段安装流程

相应部段连接的各场景如图 5 - 102 所示。

图 5 - 102　安装发动机动力系统管路及发动机相关管接头

经仿真分析，发动机及动力系统管路的安装、尾段的安装过程有合适的操作空间，如果工人可以站在发动机机架上进行工装，则安装可行。但是在进行结构设计时要注意，需要保证尾段上下部分对接面与尾段-后过渡段对接面的垂直度，以防止出现对接面螺栓无法安装的问题。同时发动机管接头距离操作口较远，人手无法到达安装位置，无法进行安装。需要将管接头绕煤油入口轴线旋转 45°，此时可进行发动机相关管路的安装，如图 5 - 103 所示。

通过虚拟人机工程仿真技术在新型运载火箭设计中的应用，验

图 5 - 103　发动机管接头旋转 45°

证了相关方案的可行性，并提出了相应的建议及措施，提高了设计效率，发现了设计中的不足，为型号的研制工作提供了预示性的建议。

　　虚拟人机工程仿真技术使数字人体模型与产品设计、制造、维护和人员培训的仿真相结合，通过虚拟仿真对实物原型和真实模拟的需求减少。设计者可在产品开发的早期从人机工程的角度评估各种不同的设计选择方案，以便做出实质性的设计改进，提高了设计水平及产品质量。

第6章　数字化工艺与制造技术

6.1　概述

近十年来，我国航天科技发展迅速。随着载人航天、月球探测、新一代运载火箭等一批国家大型工程的研制，航天制造呈现出多品种、质量高、任务重、周期紧等特点。利用以数字化技术、先进管理理念及数字化装备为代表的数字化制造技术，来改变和提升传统加工工艺、加工设备和生产过程管理，建立先进的数字化生产制造模式，对提升航天生产制造综合能力有着重要的作用。目前，航天生产制造信息化已取得了比较显著的成效，计算机辅助工艺规划、数控加工、设备管理、生产计划和质量管理等软件系统在航天制造企业中应用广泛，实现了研发设计、生产、设备资源等重要信息的管理，提升了航天生产制造能力。

随着越来越多的航天制造企业采用三维CAD进行产品设计，基于三维产品模型进行工艺规划已经成为航天企业提升工艺设计质量、提高整体工艺水平的迫切需求。国际上航天产品的工艺设计手段越来越先进。同以往工艺设计方式不同，负责型号任务的工艺设计人员迫切需要一个接近真实的可视化工艺设计环境，在此环境下进行包括建立和提取三维模型中的加工特征信息，基于零部件的三维模型进行可视化工艺建模，完成工序设计、装夹规划、加工过程仿真和校验、加工资源规划等高层次的工艺设计工作。在可视化环境下对工艺过程的设计、修改非常直观，容易发现工艺中的各种问题，大大提高航天产品工艺设计的质量、效率和可靠性，提升航天产品制造能力。

现代航天产品零部件众多，装配复杂，难度高。而装配作为制造过程的最后一步，在保证产品质量和交货期上占有重要地位，装配技术已经成为型号装备研制和生产急需解决的瓶颈问题，航天企业工艺人员需要虚拟的验证装配环境，在经济优化前提下采用合适的装配方案、装配顺序、装配路径等，将零、部件装配成产品。基于三维模型的工艺设计使得在产品生命周期初期，尽早发现产品设计问题及装配工艺合理性问题，同时通过可视化的装配过程及仿真模拟，配合工艺文档，直观地指导装配工人装配、检测复杂的产品，在后期产品维护过程中，也可以通过可视化方法进行产品维修维护。

6.1.1　三维数字化工艺和制造技术

数字化工艺系统起源于计算机辅助工艺过程设计（CAPP），它是数字化制造领域发展最为薄弱的一部分。从 20 世纪 60 年代末开始，CAPP 系统才开始进入开发、研制阶段。挪威在 1969 年开始研究 CAPP，于当年正式推出世界上第一个名为 AlrrOPRoS 的 CAPP系统，并在 1973 年正式推出 AUTOPROS 系统，是世界上最早进行此项研究的国家。1976 年 CAM－I 创造了 CAM－I's Automated Process Planning 系统，这一系统在 CAPP 发展史上具有里程碑的意义。CAPP 系统的名称就是取其单词的第一个字母而得到的。在计算机集成制造系统（CIMS，Computer Integrated Manufacturing System）出现后，CAPP 系统的发展逐渐趋向于集成化，它的上下两端分别与计算机辅助设计系统（CAD，Computer Aided Design）和计算机辅助制造系统（CAM，Computer Aided Manufacturing）相连接，从而搭建了设计与制造之间信息传递的桥梁，由设计过程产生的信息只有通过工艺规划过程才能产生可供制造使用的信息，继而与制造实现功能和信息的集成。由此可见，CAPP 系统在实现数字化制造过程中的地位十分重要。

近年来，随着基于 MBD 的 CAD/CAM 系统的广泛使用，基于二维的 CAPP 系统已跟不上时代的发展，三维数字化工艺系统应运而生。三维数字化工艺系统是基于 MBD 的三维数字化制造体系中的核心组成部分。通过对 MBD 技术的引入，不仅从根本上改变了以往需要二维图纸作为信息传递介质的产品设计过程，而且对包括企业生产管理及工艺方案的制定等其他方面产生深远影响。在以 MBD 为中心的制造管理体系中，需要建立以 MBD 为基础的数字化产品协调与定义规范，并在这个规范指导下建立全三维数字化样机设计和工艺设计体系。工艺设计人员依据体系规范，直接根据设计的三维模型完成三维数字化工艺方案的规划与设计工作，将以往使用的二维设计图纸彻底摒弃。

三维数字化工艺的发展趋势体现为，在并行工程思想的指导下实现基于 MBD 的 CAD/ CAPP / CAM 全面集成，进一步发挥三维数字化工艺在整个生产活动中的信息功能调节作用。这包括与产品设计实现双向的信息交换与传送，与生产计划调度系统实现有效集成，与质量控制系统建立内在联系等。

数字化制造首先是一种技术，它是将现代信息技术（如网络技术、图形技术等）与制造科学技术在更深的层次上结合而产生的交叉学科技术，这些技术构成数字化制造的使能技术群，如：制造过程的建模与仿真、网络化敏捷制造、数字化样机技术、开放式控制器等。数字化制造还是一种方法，因为数字化对制造的冲击就像其对我们生活的冲击，不仅仅是生产工具方面的，而且是生产方式方面的，如：在制造过程仿真领域，一方面是大量文章提出的各种各样的模型，另一方面我们却因很难借用别人的模型而不得不在同一水平研制自己的模型，大量地重复量变却很难有质变，而网络化突破了这种极限，改变了我们研究的方式，通过网络我们可以方便地共享，从而更快地从模型数量上的变化变成模型质量上的变化。

复杂结构产品如新型运载火箭、美国 X‑51 高超声速飞行器等具有研制周期短、大尺寸薄壁结构制造、制造工艺复杂、复合材料结构应用比重大、加工精度要求高等研制特点，传统的工艺设计方法难以适应新型号研制的需要。为适应复杂结构产品研制对数字化制造技术的新需求，有必要开展复杂结构产品三维数字化工艺和制造技术研究，建立一个能与设计集成、支持工艺信息的三维化表达、方便后续过程应用的三维工艺模型，并在此基础上研究如何基于三维模型进行制造，将促进工艺设计、制造过程智能化和自动化的实现，加快我国基于三维产品模型的数字化制造与集成应用，有效提高复杂结构产品的工艺创新能力，缩短新产品的研制周期，提高市场应变能力。

6.1.1.1 国际数字化制造技术应用现状

数字化工厂在全球先进的产品制造工业中得到广泛应用，汽车行业是数字化工厂的应用较为领先的一个领域。通用汽车公司为了提高知识的可重用性和减少产品变更，通过数字化工厂的建设，实现了在数字化环境下，已存在的产品设计、工艺规划和生产线设计方面的最佳知识的共享和重复利用；采用数字化制造提高了设计和工艺的"一次成功率"。重用了 80% 的生产设备模型并减少了约 60% 的工程变更。德国大众在生产线布局之前，在数字化工厂的虚拟环境中不断分析、验证和改进设计方案，这样生产线规划的质量就大大优化，并减少了许多实施后调整工作所带来的损失。每个白车身项目节约了 $2.5 百万资金，3 年的预算削减了 $30 百万资金。福特汽车公司采用了数字化制造环境下的虚拟装配分析，进行了装配序列和装配工步的优化。通过生产线的柔性设计，在一条生产线生产更多类型的汽车。效果明显：新车投产计划周期减少了 50%，并减少 5% 的投资成本；在福特的 Dearborn 卡车工厂，所有型号使用 80% 相同的工艺，生产线成本降低 10%，生产线改造节省 55%。

作为典型的离散性工业，发达国家的航空航天和国防工业，也正在进行着从传统生产向精益生产模式的转变。数字化工厂也在该行业中逐步推广应用。作为欧洲航空防务及航天公司（EADS）的一家全资子公司，Astrium 设计和制造定制卫星。在离散性工业的企业创建产品生产线是一项非常困难的事情，一个大订单可能只有三到四颗卫星，这与手机等产品的大规模开发生产形成了鲜明对比。

另外一个因素是制造很复杂。卫星的使用寿命通常为四到二十年，可靠性是第一要求。设计必须处理各种极端情况，比如发射时的振动、轨道的温度极限等。部件测试必须直到无故障为止，这个过程不仅耗时，而且十分昂贵。Astrium 面临的挑战是削减部件开发成本，减少要求的不同部件的数量。数字化工厂技术解决方案在这方面起到了关键作用。在数字化工厂的环境中可以及时地来回传递信息，可以通过一个电子工作流来提醒位于链中的每个人批准提议的任何变更或者标注任何潜在问题。一旦做出了变更，就会重复批准过程，从而减少了错误，把完成变更所需的时间缩短到一天。在以前，用户首先需要捕捉数据，然后管理和分发电子数据表，而这些电子数据表很快会过时。现在这些实时数据可以通过一个网络门户轻易地从中央数据库提取。能跟踪工程变更请求的处理进度，并且看见尚未处理完的工程变更请求。根据估计，仅在数据处理方面，Astrium 每月就能节约五个工程师日的时间。在过去的五年中，这种沟通把 Astrium 的卫星设计和制造周期从 24 个月缩短到 18 个月。

普惠公司在发展计算机网络和通信技术、主模型技术、快速原型仿制技术、计算机分析和仿真技术、建立企业级核心数据库和实施 PDM 的基础上，采用团队（Team）的形式来管理发动机全生命周期内的计划、流程、技术、信息等经济技术活动，到目前已发展成为以并行工程为核心的集成产品开发 IPD（Integrated Product Development）。罗·罗公司参照美国麻省理工学院提出的精益生产（Lean Production）的制造模式，通过建立专业化设计系统、发展 CFD 仿真分析、建立典型零件的自动化生产线等措施，建立了协同的数字化工厂的工作环境，实施了制造信息的单一数据源管理，从整体上增强了产品的数字化制造能力。

6.1.1.2 国际航天工业数字制造技术发展趋势

航天制造业，尤其体现在高性能运载火箭和航天器等大项目的发展上，其产品非常复杂，它具有涉及专业面广、设计更改频繁、对重量要求苛刻、空间十分紧凑、零部件数量巨大、系统布置密集、外形要求严格、内部结构复杂等特点。迫切需要应用数字化制造技术从根本上来改变传统的产品研制模式、方法和过程，大幅度地提高航天型号产品的研制质量、缩短研制周期和降低成本，它对科技进步和创新具有广泛、持久的牵引作用。数字化制造技术不仅需要各种单项制造技术的精通应用，而且还从制造的全过程出发，对制造的协同、工艺能力、制造能力、质量管控能力等提出了更高要求。

近十余年来，以波音、洛克希德·马丁和 ATK 公司为代表的航天制造业数字化技术应用有了飞速的发展，航天制造业的数字化发展方向体现在以下几个方面。

（1）由传统串行向高度并行协同的研制模式转化

航天研制过程中的并行协同，研制过程的设计、制造和使用维护的"纵向"并行协同，主要体现在 CAD、CAM 和使用维护的协同上，以构建完整的产品数字化定义，实现产品的全生命周期集成。

（2）建立基于三维的全过程数字化制造系统

数字化工厂将数字技术应用于航天器的工艺规划和实际的制造过程中，通过信息建模、仿真分析和信息处理来改进制造工艺，提高航天器制造技术优势和生产能力，提高航天器的制造效率和产品质量，降低制造成本，缩减产品制造周期。

数字化工厂把制造过程中相互作用的基本要素（产品、过程和资源）在一个统一的数字化环境中进行管理，实际工厂中所有典型的物流和制造过程将被数字化三维描述，生产件数和质量在数字化工厂中得到验证后，才在实际工厂中制造。数字化工厂是对在实际工厂中的产品生命周期中每个时间点的映射。

（3）基于模型定义的制造技术

基于模型定义的内容包括功能模型（性能模型）、空间模型（几何模型）、制造模型（工艺模型）和支持模型（维护模型）等，基于模型定义（MBD，Model Based Define）的制造技术，它仅涉及产品的几何模型和制造模型的并行数字化定义的内容。它是产品设计、制造和维护的纵向协同数字化设计结果。

新的 MBD 技术体系使 CAD 系统与产品数据管理系统高度集成，使产品数据集和它相应的零件表的管理融为一体，这样，MBD 技术体系无论从产品定义内容上，还是从数据组织管理与控制上都有着质的飞跃。

（4）构建数字化装配体系

在航天器总装过程中，零部件的装配作业和部件对接总装配一直是航天器生产过程中最费时费力的一个重要环节。据统计，航天器装配成本在产品总成本中的比重可达 40%，装配工作量一般约占产品工作量的一半。可是航天器装配长期以来一直沿用以实物样件的模拟量形式传递零部件的形状和尺寸，采用大量传统手工装配方法，使航天器制造过程中的各种问题和矛盾都堆积到最后装配中，成为制造过程中最薄弱的环节。

各航天器制造公司经过近十几年的努力，研究了数字化设计对装配技术的影响，使数字化互换协调方法、大尺度数字化测量系统、装配型架结构的简化、多种数字化自动钻铆系统、装配过程的数字化仿真技术等先进技术综合应用到航天器装配中，相应地形成了航天器数字化装配技术体系，并且已经在波音、ATK 和洛克希德·马丁等公司中得到了很好的应用。

6.1.1.3　国内航天企业数字化制造现状及存在问题分析

（1）工艺设计与管理现状及问题

当前，航天型号产品的设计与制造大多是分离管理的，即总体所主要承担型号产品的预研立项、总体设计、详细设计、实验与验证等工作，总装厂主要承担型号产品的研制、加工生产、装配测试等工作。由于设计是在总体所，设计文件、图纸是通过纸质文件形式传递到工厂，在工艺设计时依据纸质文件开展，没有使用信息化平台来管理跨厂所的 BOM 传递和图纸传递。图纸和 BOM 的更改也是依靠人工完成，技术状态难以及时保证。CAPP 系统中的工艺信息尚无法集成到 NC 系统中，工序计划排定仍然采用计划员手工处理方式，同时也没有系统能够根据工艺 BOM 展开制造 BOM。工艺设计可靠性验证主要依靠工艺员经验，通过编制工艺文件指导生产。但在小范围工艺专业内，如数控工艺的线切割、钣金成形工艺进行了数字化仿真能力的建设。

在继承和使用设计所的设计 BOM 和三维数字模型时，没有成熟有效的平台进行传递和技术状态控制；工艺设计标准目前只涉及工艺文件编制过程，不能适应系统集成模式下的基础数据要求，另外 CAPP 系统对工艺设计规范性的约束技术能力不足；没有建立必要的知识库对工艺文件中的关键信息进行标准化管理。

（2）工艺仿真现状及问题

目前，大多数航天企业先后引进了 Vericut 等切削仿真软件，用于数控加工的加工路径仿真与优化。但由于当时经费有限，软件从数量上和功能模块配置上都无法满足目前数控切削仿真的要求，调试机床依然靠人工完成，反复过程多，大量占用了机床的有效开动时间，时常出现设备等待的现象。如果有专业的机床模拟仿真软件来完成调试准备，可使生产效率提高，同时缩短生产周期。

由于尚未开展有关装配仿真方面的工作，装配工艺规程主要由工艺员凭借经验制定，采用纸质手段保存和传递。装配工艺规程的描述一般使用自然语言，辅之以适当的二维装配示意图。装配过程中必须严格执行的技术状态确认、装配操作作业、质量检查作业等活动，大部分依赖人工来保证。由于不能形象直观地描述装配过程，增加了装配工对装配工艺的理解难度，新员工需要投入大量的时间熟悉掌握和记忆装配过程；由于装配工艺细化程度不够，在实际装配操作过程中，装配工往往根据经验和个人理解进行工作，造成装配质量不稳定；由于可理解性不够，没有严格按照装配工艺参数操作，会出现错装、漏装等问题；由于指导性不强，造成同样的错误反复出现；这些问题严重影响了装配的质量和工作效率。虽然针对这些问题制作了一些提示图片，下发了一些操作注意手册，但这些措施仍然不系统、不深入，缺少可视化的装配过程验证和指导工具。

（3）科研生产计划管理现状分析及问题

目前，国内大多数航天制造企业单位的科研生产计划管理都是采用人工管理为主、计算机电子化、表格化为辅的传统作业模式。传统手工管理状态下，型号计划调度人员只能通过电话交流、跑现场、调度会等形式来获取生产状态信息，工作量大、效率较低，生产管理人员不能及时、准确地获得当前生产进度和状态。

近年来，部分航天企业初步建立了基于用友公司 NC 系统的航天型号科研生产管理系统。型号生产计划管理逐步纳入了生产管理系统，建立了产品 BOM 和产成品库，供计划管理中分解型号任务和平衡库存产成品使用，系统涉及企业内部的项目部、物资部、生保部、质保部、车间等多名用户。项目部计划员在建立产品 BOM 时参照纸质产品配套表，然后人工在 NC 系统中建立产品 BOM，人工识别设计、工艺状态差别。

由于缺少统一规则模式，各个计划员建立的 BOM 粗细程度不一致，BOM 信息完整性和准确性不一致。目前的产品 BOM 管理能够在一定程度上反映设计信息，但是实际生产中需要的典试件或毛坯件无法在 BOM 中反映。

标准化与信息化脱节，信息化需要的许多标准缺乏，比如企业管理和业务流程及工作程序标准、型号产品 BOM 标准格式、信息化分类编码标准、数据交换和信息共享标准等。无标先行，不仅浪费了大量的人力和物力，也为数据交换与共享带来许多不应有的问题。

目前，航天企业内部广泛使用的工艺设计 CAPP 系统在技术状态控制方面能力不足，使生产车间在产品制造前需要花费大量精力来确认有效的工艺文件版本。

没有有效的信息化工具帮助车间计划员对影响生产计划的各个要素数据进行收集和分析，造成工序计划可执行性较差，事后的调整变更频繁。计划执行过程中的实物跟踪主要依靠人工，造成计划遗漏、超期或产品丢在车间周转区内被遗忘。设备实际使用情况和员工实际工时统计能力不足造成生产成本无法有效降低。

制造过程各业务领域之间存在大量信息交换，多项业务仍处于手工分散管理或微机单项管理的阶段，没有纳入到科研生产管理系统统一管理，大大影响管理决策的科学性，没有实现信息的共享和资源的优化配置。

（4）工装管理现状及问题

大多数航天企业工装的设计使用 CAD 软件，在静态强度和刚度方面使用了数字化仿真技术。而企业工装的制造和管理尚未纳入科研生产管理系统，主要存在以下问题：

1）工装设计图纸保存在设计师电脑中，没有信息系统进行审批、归档、更改、版本控制，技术状态控制不到位；

2）工装设计信息没有通过集成方式有效传递给后续制造，工装作为重要的制造资源其信息没有集成到科研生产管理系统的产品 BOM 中；

3）工装的制造由于没有建立相关工装 BOM，只能手工完成作业计划下达、生产准备、工序计划建立到完工入库的管理，缺少可追溯性。

（5）质量管理现状及问题

目前，航天企业的质量信息依附于 OA、CAPP、NC、瀚海之星等不同的信息系统，是依托独立单个产品质量信息并结合具体记录单据的纪实性管理模式，其主要存在以下几个问题：

1）质量信息分散管理；

2）信息资源不共享，不互通；

3）未实现产品质量实时、动态监测；

4）实现子过程独立控制质量纪实，未实现全过程质量控制和管理；

5）信息资源可再利用性差、溯源性差；

6）无法实现产品数据包管理、质量与可靠性管理要求；

7）实现质量信息纪实，不具备质量策划、测量分析、持续改进和自我评价等功能。

（6）基础数据管理现状及问题

航天型号产品的基础数据包含产品图号、研制阶段、物资编码、产品 BOM、物资 BOM、工艺 BOM、供应商、工作令、组织结构、人员信息等各业务管理需要引用的通用信息。企业实施科研生产管理系统后，生产环节的各业务流在一个平台内得到集中体现，在业务和数据集成的模式下，数据规范性问题充分暴露，严重者已经影响到流程运行。

数据标准问题存在两种情况，首先是没有明确的标准化规定和企业规章制度约束，使得业务人员无章可循，随意性大；其次是有标准规范，但执行不严。最具有代表性的就是工艺文件，相对物资信息或产品数据信息而言工艺文件的标准化启动较早，但是工艺员在编制工艺文件时对于标准要求执行不严，同时信息系统也对数据录入的控制能力不足。

技术状态控制在科研生产管理过程中是非常重要的环节。以往的信息是通过纸质文件传递，技术状态控制依靠人工管理，但是现在的设计信息和工艺信息是电子式，而管理模式依然停留在人工管理，这种技术状态管理模式在集成化的信息系统中会产生版本混乱的情况。造成技术状态难以控制的原因有多种，首先设计制造分开而没有很有效的协同系统来管理设计信息的有效性，给技术状态控制带来问题；其次企业目前使用的 CAPP 系统不具备非常有效的版本控制和更改控制，给工艺信息技术状态控制带来问题。

（7）信息化标准体系现状及问题

航天企业的信息化建设经过几十年的建设，在网络基础建设、数字化设计、产品数据管理、综合管理等方面取得一定的成绩，在推进信息技术的同时，也适当地开展了一些标准、规范编制。

在 CAPP、AVIDM 等系统的应用中，制定了许多相应的规范标准，如命名规则、电子流程、模板等问题，为系统的顺利实施奠定了良好的基础。这些通用标准、规范或者规定在信息化建设初期发挥了一些积极作用，保障了网络的畅通、工艺设计一致性、PDM 管理的有效性。

但总体上讲，型号研制信息化相关标准的建设，与型号的发展、任务的发展比较相对滞后。这给型号的研制带来了比较大的障碍。现有相关标准大多停留在表面，停留在型号产品的外围，尚未深入到型号产品内部参与型号研制。尤其数字化设计规范、数据交换标准等领域尚属空白。

6.1.1.4　开展航天产品数字化制造的必要性

（1）一体化的数字化制造平台支撑航天持续创新

随着航天行业跨越式发展的需要，对运载火箭、空间飞行器、导弹发射发控设备的需求增加、数量增多，技术研制难度加大，对质量的要求越来越高，研制生产周期要求大大缩短，成本控制愈来愈严。传统的纸质、手工管理制造模式根本满足不了新技术、新产品、新工具的需要，甚至阻碍了生产力的发展。迫切需要基于产品的三维模型进行工艺设计与优化、工艺过程仿真、实现设计制造一体化，改变传统串行的研制模式，让工艺人员在型号产品设计阶段充分参与，通过对现实制造活动中的人、物信息及制造工程进行全面的仿真，借助虚拟环境中获取的各种信息，以发现制造中可能出现的问题，体验未来产品装配的性能或者装配系统的状态，从而可以做出预见性的决策与优化实施方案，才能大幅提高航天产品研发水平。在型号产品实际生产前就采用预防性措施，从而达到产品一次性制造成功，来达到降低成本，缩短产品开发周期，提高质量、保成功的目的。

中国航天事业的发展史是有中国特色的自主创新史。在设计、工艺、制造手段日益三维化、信息化、虚拟化、网络化的大背景下，如何创新、如何持续创新离不开一个整合的数字化工厂平台的支撑。基于该平台，积累运载火箭、空间飞行器、导弹发射发控设备研制知识、重用知识；基于该平台，整合各种设计、工艺、仿真、试验工具，管理各种产品数据；基于该平台，整合研发和工艺准备过程，并优化企业流程，使之适应科技创新；基于该平台，构建跨地域、跨系统的虚拟企业环境，使创新具有协同的大环境。

（2）精益制造助推航天新一代大运载火箭发展

新一代运载火箭作为先进制造的典型代表，基于数字化工厂平台的工艺数字化、制造数字化、协同数字化及经营管理数字化的建设水平，将直接决定我国运载火箭参与国际商业卫星发射竞争的服务能力。

在登月和载人的航天时代背景下，国内主要大型航天企业如首都航天机械厂、北京卫星制造厂和上海航天设备制造总厂等单位，所承担的航天器的设计和制造复杂度剧增，这对现有的制造资源和人力资源都是一个严重挑战。大型产品工装验证成本高，设计周期长，面临如何提前开展加工和装配仿真等问题。这些问题都必须要引入数字化制造的技术、理念，基于现有工艺条件进行工艺优化，实现精益制造。必须站在高起点上，基于数字化工厂建设数字化制造的产业基地，提升数字化制造的水平和能力，实现由传统生产制造方式向先进的精益制造方式的转变，达到缩短生产周期、提高生产质量、降低生产成本的目的。

（3）精细化的现场管理确保成功

国内主要大型航天企业如首都航天机械厂、北京卫星制造厂和上海航天设备制造总厂等单位，分别承担着重大宇航型号产品的零部件生产、型号产品的总体装配、总体测试以及各项大型地面试验（如震动测试、部段模态试验、分离试验等）的任务。除了设计和工艺之外，现场的计划、执行和数据收集也是火箭质量的重要一环。企业级的制造执行系统将统筹管理车间生产计划、生产过程监控、质量管理、机床运行状态分析、机床刀具管理、DNC 等内容，使生产过程信息化，可控可管可查可追溯。

航天事业大发展，发射任务频繁，如何保质保量保成功，离不开生产过程和试验过程的精细化管理；而管理的精细化离不开数字化工厂的建设。在数字化工厂的建设过程中，数据设备管理和有关监控是第一步必要工作。

（4）跨地域协同创新研发模式

基于视频与网络的跨地域协同研制已经成为国际航空航天行业产品开发与生产的主要模式。以空客为例，其在多国进行异地专业化联合设计，采用跨国异地设计/制造/管理的信息平台，进行长期、复杂、庞大、异地的项目协同，大大提高了产品的设计与制造效率。

航天型号产品研制是协同发展的大型科研生产联合体，新型研制的航天器设计、制造、装配、试验和管理等过程所涉及的行业多、业务面广、流程长、数据量大、协同要求高。同时需要充分利用设计制造之间的资源优势，进行能力互补。异地间的协同工作模式对协同工作环境提出了新的要求。特别是新型号全面采用三维设计，电子数据生效后，如何异地管理和应用三维设计数据，充分利用这些数据进行工艺准备、提前进行加工和仿真，需要成熟可靠的异地协同解决方案。

（5）提升制造知识的积累和质量追溯

目前，航天企业都先后开展和实施了数字化制造平台的建设。但由于起步较晚、缺少经验，PDM、工艺设计管理、ERP、MES 等系统之间的集成度很低，使得工艺、生产、质量等领域信息相互独立，数据格式没有统一标准，造成型号产品研制各阶段信息流通不畅。无法打通设计、工艺、制造、试验和质量数据链路的协同环境。需要实现制造数据的集中管理，从三维设计领域应用向三维设计、工艺、制造、装配一体化的应用范围扩展，支持与其他制造平台的有效数据集成，实现单一数据源，形成数字化制造体系框架，建立全闭环的尺寸质量管理体系，实现提高产品质量，缩短研制周期的目的。

6.1.2　国内外三维制造平台软件产品

国外较早开展三维工艺规划系统的研究，除计算机辅助制造（CAM）软件外，在数字化制造领域也有部分较成熟的三维数字化制造软件系统，如西门子公司的 Tecnomatix、法国达索公司的 DELMIA、PTC 公司的 Windchill 等，这些产品国外厂商已经开始在国内进行推广。

（1）西门子 PLM 数字化制造解决方案

西门子 PLM 数字化制造解决方案主要包括工艺验证平台 Tecnomatix 和综合性数字化制造解决方案（Teamcenter Manufacturing）。Tecnomatix 是架构在 Teamcenter 基础之上的数字化制造平台，主要包括产品的 Process Designer（工艺设计师）、Process Simulate（工艺模拟仿真）和工艺文档的输出等。其中 Teamcenter 作为架构基础，存储着产品数据、企业资源数据、工艺过程数据，以及三个要素之间的关系。在此基础上，Process Designer 是一个通用的工艺过程设计平台，在这个平台环境下，制造工艺工程师可以进行诸如工艺流程设计、作业时间分析、生产线、单元平面和立体布局等操作。Process Simulate 提供了一个基于数据库的无缝的工艺过程模拟功能，所有的 Process Designer 中的工艺数据和流程在这里都可以进行三维的虚拟分析模拟和验证，如装配路径的分析、顺序的调整、人机工程的分析评价、机器人路径的优化和 OLP 等。同时产品设计的 BOM 信息可以传递到 Process Designer 进行工艺分析和后续流程的规划，而工艺流程、审签和最终数据状态的确定和发放等管理功能可以回到 Teamcenter 中实现。

Tecnomatix 通过建立相互关联的数据模型，将产品设计、规划、制造工艺和设备资源等联系在一起，将所有的制造规范与产品工程设计（包括生产流程布局和设计、制造过程仿真以及生产管理）联系起来，以弥合产品设计与产品交付之间的差距。Tecnomatix 包含七大功能模块：零件规划与管理验证、装配规划与验证、自动机械与自动化规划、工厂设计与优化、质量管理、生产管理、制造流程管理。Tecnomatix 以汽车制造业、航空制造业和消费电子行业为主要客户群。

西门子 PLM 数字化制造系统的三维机加工艺规划解决方案（Teamcenter Manufacturing）则分三个部分：UG NX、Teamcenter、TC Publish。UG NX 主要负责三维模型构建及工序模型生成，Teamcenter 主要负责数据、流程、任务管理及工艺规划，TC Publish 主要负责工艺发布。其核心思想是通过同步建模技术逆向生成毛坯面和各种面的加工工序模型，采用 WAVE 技术可以实现工序模型间的全关联。

（2）达索数字化制造解决方案

达索公司的数字化制造解决方案包括 DELMIA，3D Via Composer 等系统。DELMIA（Digital Enterprise Lean Manufacturing Interactive Application，数字企业精益制造交互式应用）提供以生产工艺过程为中心的数字制造方式与解决方案。3D Via Composer 主要负责工艺发布。其中以 DELMIA 为工艺规划的核心，可满足制造业中按订单生产和精益生产等分布式敏捷制造系统的数字仿真需求。

DELMIA 数字制造解决方案通过建立一个开放式结构的产品、工艺与资源组合模型（PPR），使得在整个研发过程中可以基于该模型持续不断地进行产品的工艺生成和验证，同时支持设计变更，让参与制造设计的多个人能及时随地掌握目前的产品（生产什么）、工艺与资源（如何生产）。DELMIA 解决方案主要包括面向制造过程设计的 DPE；面向装配过程分析的 DPM；面向物流过程分析的 QUEST；面向人机分析的 Human；面向机器人仿真的 Robotics；面向虚拟数控加工仿真的 VNC 等。DELMIA 解决方案涵盖汽车领域的发动机、总装和白车身（Body‑in‑White），航空领域的机身装配、维修维护，以及一般制造业的制造工艺。

作为达索公司面向制造维护过程仿真的系统，对三维装配工艺而言，DELMIA 的重点是通过前端 CAD 系统的设计数据结合制造现场的资源（2D/3D），通过 3D 图形仿真引擎对整个制造和维护过程进行仿真和分析，使用户利用数字实体模型完成产品生产制造工艺的全面设计和校验，得到诸如可视性、可达性、可维护性、可制造性、最佳效能等方面的优化数据。对三维机加工艺，则采用 CAM 技术实现特征加工切削体文件，产生各种面的加工工序模型。采用甘特图编制的特征加工切削体添加顺序，实现工序模型间的全关联。

（3）PTC 数字化制造解决方案

PTC 的制造过程管理解决方案 Windchill MPMLink 提供了一个整体解决方案以支持 MPM 过程。它为机械工程师提供了所需的工具，让他们能够在设计师设计产品的同时以数字化方式设计和管理所有工艺计划交付项。Windchill MPMLink 提供 3D 装配工艺计划构建顺序，从而可以将相关装配的构建顺序以可视化的形式进行显示。例如，直接重复使用工程数据，包括零件、分类、3D 模型和制造要求，如 GD&T（几何尺寸和公差）。从序列和工序的角度定义特定于工厂的过程计划，以说明如何制造、装配、返工、维修和/或检查零件；通过分配零件、资源、标准程序、文档、时间和成本明细来定义过程计划的工序。在交互式甘特图中审阅和分析过程计划定义，包括资源使用情况和加载，并且定义交替的和并行的工序序列，以及备用的过程计划。使用 3D 可视化功能动态生成和查看任何工序的装配进展状态。定义和管理执行生产活动所需的物理资源和人力资源库（连同它们的兼容性一起），其中包括工厂、工作中心、工装、加工材料和人；生成丰富的可视化车间工作指令。同时简化了 BOM 变换工艺，改进了工艺计划的重用并利用了 Creo Elements/Pro 中的部件加工信息。

除了面向三维装配工艺规划的制造过程管理解决方案 Windchill MPMLink 外，针对中国制造业企业的需求，PTC 还提出了三维机加工艺规划解决方案。PTC 的三维机加工艺规划解决方案主要包括 Pro/E、Windchill、ProductView express 三个部分。其中 Pro/E 主要负责建三维模型、工序模型生成，Windchill 主要负责数据、流程、任务管理及工艺规划，ProductView express 主要负责工序模型及工艺发布。它主要是采用 CAM 技术实现特征加工切削体文件，理论上可以产生各种面的加工工序模型。采用簇表形式设置的特征加工切削体添加顺序，可以实现工序模型间的全关联。

（4）其他数字化制造解决方案

工艺设计是企业生产活动中最活跃的因素，因此不同行业对工艺系统需求各异。目前国外三维工艺规划系统在平台级上已经进行了广泛的探索，形成多个不同风格的产品，有些产品在一个或几个行业内有大量的特定功能构件和工具集，形成了一批基于三维模型的行业工艺解决方案。如内燃机器行业中一些著名的内燃机技术服务公司（美国的 Gamma Technologies，英国 Ricardo，比利时的 LMS，奥地利的 AVL）都有自己的内燃机工艺设计软件，主要用于内燃机的工艺设计、动态特性仿真，取得了良好的应用效果。

6.2　三维数字化工艺管理

6.2.1　三维数字化工艺内涵

　　三维数字化工艺设计的目标是以产品三维数字化模型为基础，建立数字化工艺设计与管理方法，开发实现面向生产现场可视化的三维工序模型快速建立、工艺过程设计、资源定义与选择、数控编程、仿真、工艺规程生成、工艺设计业务过程管理及工艺数据管理的方法，进而构建三维数字化工艺设计环境，实现基于三维产品模型的工艺方案制定及详细工艺设计，并生成三维数字化工艺，指导生产加工，提升产品零件数字化工艺设计与管理的水平和效率。

　　三维数字化工艺设计的特点是工艺设计人员在三维数字化环境下，基于三维产品模型建立与三维产品设计集成的三维数字化工艺模型，通过工艺决策生成工艺信息和三维工序模型。三维数字化工艺便于利用仿真技术验证制造工艺的可行性和合理性；同时，也便于完整反映工艺信息的过程性和动态性，提供多视角三维工艺信息的表达，从而便于后续制造过程实现对工艺过程的可视化应用。通过以产品三维数字样机和 EBOM 为基础，改变现有的工艺协调制造体系，建立工艺数字样机，形成以工艺数字样机为核心的数字化工艺设计体系。采用三维数字化工艺设计手段还将有助于实现与产品设计并行的三维工艺设计和分析，提前发现可能的设计缺陷，保证研制质量，缩短研制周期。

在三维数字化工艺设计中,建立的三维数字化工艺模型包含描述产品零件制造状态的几何信息、加工或装配等制造工艺技术要求、尺寸和工序说明信息等,即包含了可直接提供给加工、装配等制造过程使用的、能完整描述产品零件的制造工艺过程的工艺规程信息。因此,三维数字化工艺设计不仅可直观地为加工制造过程的操作提供指导说明,更重要的是,三维数字化工艺设计可为生产制造执行过程提供完整的结构化工艺信息。

6.2.2 三维数字化工艺设计核心技术问题

计算机辅助工艺设计系统作为数字化工艺设计的手段已得到较大发展,在支持三维产品模型表达的应用方面,国内外在三维数字化产品定义技术方面展开了大量研究,美国机械工程师协会(ASME)在波音公司的协助下开始进行有关 MBD 标准的研究和制定工作,制定了"数字化产品定义数据规程"ASME Y14.41 标准。波音公司通过 MBD 技术实现 787 全机 100% 的三维数字化产品定义、数字化预装配和数字化工装设计,为三维工艺设计及三维数据可视化应用奠定了基础。

我国近年也重视 MBD 技术的研究,航空航天集团的一些科研院所及工厂,以及北京航天航空大学、西北工业大学等多所高校,都在相关方面展开了探索和研究,并召开了 MBD 技术专题研讨会,讨论相关标准的制定。北京航空航天大学提出了制造数据过程语义结构(POM,Process of Manufacturing)理论,建立了一种以过程为核心的新的制造数据的描述方式,并基于该理论建立了统一制造信息模型——eP^3R 模型,该模型支持过程化工艺信息表达,并通过集成制造信息模型,有效地将工艺设计与 MES 等制造应用系统进行集成。

在工艺设计系统研究开发方面,随着三维 CAD 技术不断完善和逐渐成熟,基于三维几何模型的工艺设计系统得到发展和应用。Boeing、Lockhead、Airbus、NASA 及 BMW 等著名公司和研究单位将 CAD 系统和 PLM 系统的应用与并行工程和知识工程等先进思想相结合，形成了面向产品全生命周期的三维设计制造集成应用，并将新的技术成果应用于航空、航天和汽车等产品的设计、制造和管理过程中，改变了传统工艺设计模式，提高了工艺设计的效率，缩短了生产周期。国内的 CAPP 系统，如 CAXA 工艺图表、CAPP-Framework 及开目 CAPP 等也在企业中得到广泛应用，但在充分利用三维模型中的几何信息和工艺要求信息进行工艺设计方面仍有待深入研究和发展。

虽然当前基于三维产品模型的数字化工艺设计技术及系统已得到研究和应用，但在新产品研制所带来提高工艺设计效率、缩短开发周期方面仍难以满足当前和未来发展的要求。三维数字化工艺设计在企业的技术实施中主要存在以下几个方面问题。

（1）三维工艺信息建模与表达问题

产品设计建模领域的三维数字化技术的研究和应用已比较成熟，但工艺设计系统以二维 CAPP 为主，缺乏对三维产品模型的支持。在工艺设计领域尚未深入研究工艺信息的三维表达和动态演化。三维数字化工艺设计模式的实现需要从支持集成、过程性、动态性和三维化表达的角度研究三维工艺信息建模，综合运用计算机信息建模、基于模型的数字化定义和三维标注等理论和技术构建三维工艺模型。解决工艺设计与三维设计的集成、基于三维模型的工艺信息定义、三维工序模型生成以及工艺信息的三维化表达等问题，支持基于三维模型的工艺决策和三维工艺信息生成。

（2）基于三维模型的工艺决策方法问题

三维工艺设计系统中基于三维模型的工艺决策是三维数字化工艺设计的关键。传统工艺决策缺乏对三维产品模型中几何信息和非几何信息的处理和支持。基于 MBD 的三维产品模型可提供工艺决策所需完整产品几何和非几何信息。因此，需要研究此情况下工艺信息的生成方法，建立工艺信息之间的推演关系，引入人工智能方法支持工艺设计决策，促进工艺信息生成的自动化。

（3）基于三维模型的快速数控编程问题

随着数控加工技术的日益发展和普及，研究和建立基于三维工艺模型的快速数控编程方法具有重要意义。特别是针对复杂结构产品零件，如舱段、精密异型件及结构件等，如何直接利用三维产品模型快速建立三维数控加工工艺模型，如何利用知识工程和分析仿真等方法实现数控工艺参数的合理决策，实现数控程序的快速编制、验证及优化，并最终实现产品零件的高效高质量数控加工，都是急待研究解决的问题。同时，这些研究也将为提高数控工艺知识的重用和积累提供有效的手段。

6.2.3 三维工艺规划系统框架

6.2.3.1 功能框架

三维工艺规划系统充分考虑了产品全生命周期的各个环节，利用产品的 MBD 模型，由工艺规划人员在计算机环境中对产品的加工和装配工艺过程进行交互式的定义和分析，包括建立产品各组成零部件的三维模型、加工方法、装配方法、工装/设备等制造资源规划、工艺仿真、工艺决策机构、三维工艺文件编制/输出等，并以三维工艺来指导生产现场的加工与装配，从而使制造人员能更加直观、准确、高效地完成加工与装配工作，为企业提高产品质量和生产效率、降低时间和成本带来革命性进步，功能架构如图 6-1 所示。

三维工艺规划系统功能架构如下：

1）MBD 三维模型信息表达与集成通过与三维 CAD 的集成，将三维 CAD 设计数据导入到三维工艺规划系统中，进行 MBD 信息的表达、管理与集成，以及三维模型的轻量化。MBD 是后续进行三维工艺规划的基础。

2）三维装配工艺规划系统能够引入三维 CAD 系统生成的三维模型，通过三维模型转换器生成轻量化文件，以优化装配性能。之后在三维产品模型的基础上，按照企业实际装配工位的布置情况，零部件装配的工艺性原则，定义零件的装配过程，重新组织产品的

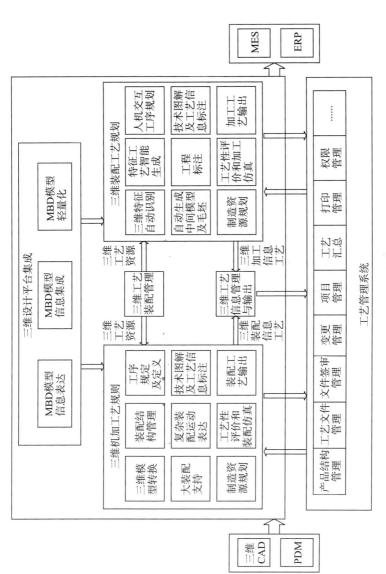

图 6 - 1 三维机加工艺规划系统功能架构

装配结构，用户参照真实感的三维产品模型，规划产品装配的所有工序，并定义工序中每一个工步需要完成的生产活动，引入装配过程中用到的工艺装备并定义其在装配过程中的活动，最后完成核心零部件和整个产品的装配过程，利用三维装配工艺设计仿真环境，实现装配过程仿真、装配干涉检查、人因工程仿真、对装配过程进行分析与优化，检验工装、工具使用者的可达性、制造空间的开敞性；并通过向用户展示真实感的三维装配工艺过程仿真，评价装配工艺的合理性。基于装配过程数据自动形成操作顺序图、装配工艺规程及可视化装配工艺文件（视频文件、MBOM 报表、零组件配套报表），最后生成三维装配工艺文档及装配过程录像，供现场装配作业时参考，以指导现场装配操作人员，实现可视化装配。

3）三维机加工艺规划系统获取零件工艺信息、全三维模型文件后，通过对三维模型中制造特征识别，采用基于知识的参数化设计思想，生成各制造特征的加工方法，再通过人机交互，生成面向零件的机加工工艺过程，根据零部件模型和工艺过程，生成毛坯模型及各工序的中间模型以及加工过程仿真。完成后的工艺信息能够按照企业指定的格式进行输出，或者进行工艺信息在车间的电子化发布。

4）通过在系统中建立三维工艺装备管理，在进行三维工艺规划时，能够直接调用工艺资源管理器中的工装、设备等三维模型，辅助完成制造资源的规划。

5）三维工艺规划系统完成的三维工艺信息能够输出和管理，可以发放到车间。既可以发放纸质工艺文件，也可以通过车间的终端进行三维工艺信息的电子化发布。除以三维工艺呈现技术进行信息的发布和生产现场利用外，还可以利用二维 CAPP 进行卡片工艺文件输出。用户可以自定义卡片样式模板，系统自动按照指定的模板进行二维工艺卡片的输出。可打印输出，也可以输出为电子文件供浏览和查看。

6）三维工艺规划系统提供多种系统集成接口，实现与三维CAD、工艺管理系统、PDM/MES/ERP 等系统的集成，其中：通过与三维 CAD、PDM 的集成，能够及时获取设计部门发布的三维模型以及相关设计数据，并及时响应设计变更；通过与工艺管理系统的集成，GXK、AVI、PDF 等各类三维工艺文件统一保存在工艺管理系统中；在工艺管理系统中可以进行产品结构的管理、工艺任务的分派、工艺文件的签审、工艺变更、工艺研发的项目管理及工艺信息的汇总等；通过与 MES/ERP 的集成，完成的电子工艺数据可以直接进行电子化的发布，可以发布到车间，也可以发布到其他指定的系统或终端。

6.2.3.2　系统体系架构

三维工艺规划系统从总体设计上本着良好的开放性、可重构性等原则，系统通常由核心基础层、平台框架层和行业应用层组成，如图 6 - 2 所示。

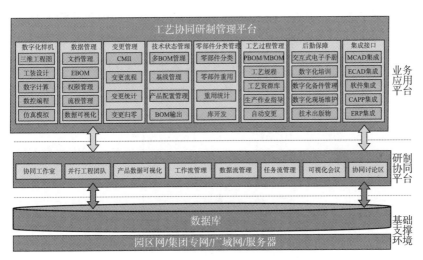

图 6 - 2　航天型号三维工艺系统框架

1）核心基础层是通过分析工艺设计方法及工艺数据管理模式，利用面向对象分析方法提炼出支撑本系统的核心组件，将上层应用和系统的底层核心功能相隔离。主要包括：三维模型轻量化、工艺信息建模、工艺流程建模、制造特征建模、工艺知识建模、仿真引擎、安全管理等。

2）平台框架层在核心基础层的支撑下，封装业务逻辑，为系统提供面向应用的可重构的、即插即用的通用构件，它们是为客户提供行业性解决方案的基础。主要包括：工艺信息管理与输出、工艺知识管理、三维工艺装备管理、MBD 模型信息表达与集成、三维机加工艺规划、三维装配工艺规划、工艺分析与评价、工艺仿真、工艺输出和客户化定制工具等。

3）行业应用层是在核心平台的基础上，根据实际需求组织核心功能，利用客户化工具快速建立航天研制需要的系统扩展模块和企业应用集成方案，解决行业、企业面临的专业需求问题和应用问题。

6.2.3.3　系统集成架构

在三维工艺规划系统与其他企业信息系统之间的集成以及向下兼容问题上，其数据接口采用通用的标准数据格式，如 XML/VRML/X3D 等；另外，数据格式的定义上将充分考虑它的可扩展性，以适应外部系统需求的变化。三维工艺规划系统集成框架，如图 6-3 所示。

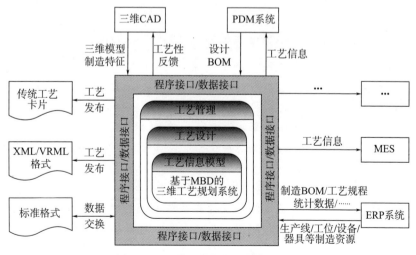

图 6-3　三维工艺规划系统集成框架

6.2.4　三维机加工艺规划

三维工艺规划系统中的三维机加工艺规划是基于特征实现的，零件信息的存储、加工工艺的编排以及最终的加工仿真，都是以特征为单位的。特征是零件产品设计与制造者关注的对象，是零件产品某一局部信息的集合。为了适应数控加工，将特征定义为形状结构便于数控加工的加工单元，并以此为单位进行相关操作。

在系统中，首先利用特征提取和识别模块分析零件 CAD 模型，得到以特征为单位的零件几何、工艺信息。然后，通过工艺推理和决策模块获得所提取特征加工需要的设备和工艺参数信息。在此基础上，通过人机交互编排工艺过程，而后利用毛坯生成模块根据零件 CAD 模型和已知的工艺参数，形成零件的加工毛坯。将所有这些参数传递给加工仿真模型自动建立模块，得到零件的加工仿真模型，最终经 CAM 系统处理，生成零件加工代码。

三维机加工艺规划系统技术路线如图 6-4 所示。

三维机加工艺规划系统运行流程如下：

1）从设计部门获得零件的设计模型，审查零件模型。

2）提取模型信息。一般情况下，全三维模型中的信息是完整的。信息包括几何形状信息、标注信息、零件属性信息等。

3）从零件模型中识别出需要加工的制造特征及其属性。对于有明显制造意义的模型特征（如倒角、倒圆、螺纹孔等），可以直接通过映射关系识别为制造特征。对于其他特征（如外圆柱、圆锥、键槽、退刀槽、砂轮越程槽、中心孔、阶梯孔、凹槽等），通过特征识别规则组合几何体素将面及面组合识别为制造特征。通过标注的关联体转换和匹配，得到特征的加工属性。

4）制造特征识别出来后通过特征工艺知识库推理出各个制造特征的加工步骤。系统输出的加工步骤中，工艺参数包括切削余量、加工精度、机床主轴转速、进给量、切削深度等。

5）根据特征的加工步骤进行零件加工工艺排序，即将各个制造

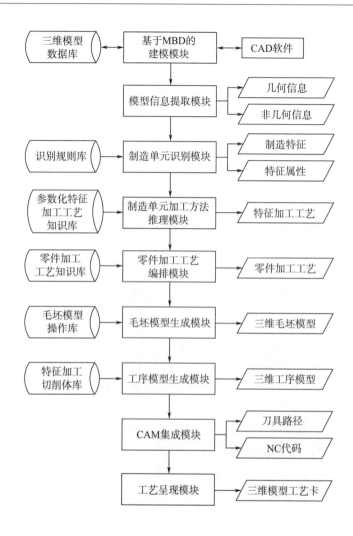

图 6 - 4　基于 MBD 的 CAPP 系统技术路线

特征的加工步骤排到零件加工工序中。系统提供零件工艺规划平台，工艺员以交互的方式完成零件加工工艺编排。系统会帮助工艺员使特征的加工步骤不漏排、不倒排。

　　6）系统根据零件的类型及加工工序（工步）自动产生零件的毛

坯模型及各工序的工序模型图。系统支持工程标注，允许用户在工序模型图中指定每道工序的加工基准面、被加工面的粗糙度，并标注工序尺寸。

7）通过 CAM 集成模块产生某道工序的刀位文件，仿真加工过程，并生成数控加工代码。

8）工艺规划完成后产生工艺文件，工艺文件中嵌入三维工序模型并关联仿真录像，直观地在车间进行呈现。

（1）制造特征自动识别

产品模型中的制造特征是连接 CAD、CAPP 和 CAM 的桥梁，如何有效表达不同类型的制造特征和工艺知识，如何应用知识及几何推理提取制造特征，并稳健地推理特征的工艺过程，这是三维机加工艺规划中的智能化工艺决策的基础，也是实现产品设计、工艺规划及数控加工集成的关键。

三维机加工艺规划时，特征识别是从 CAD 零件模型中识别出需要加工的制造特征。提取的制造特征包含三个大类的属性。第一类属性是几何体素属性，即几何组合面信息，此类信息主要用于与 CAM 的集成。第二类属性是特征加工属性，主要包括设计尺寸和设计精度，此类型属性便于特征工艺自动推理。第三类属性是特征几何表达属性，即建模定位及尺寸，此类信息用于驱动工序图自动生成。

（2）特征工艺智能生成

三维机加工艺规划过程中，通过零件模型的特征提取，形成零件特征树后，系统能够通过工艺知识库，实现特征工艺的智能生成。通过面向特征的加工方法推理过程，形成零件特征工序树。特征工序树是以特征为节点，以单个特征的加工工序为节点属性，加工方法通过流程推理获得，如图 6-5 所示。

（3）交互式机加工艺规划

工艺决策受经验、资源等因素的约束，因而工艺规划应以工艺员的经验为主、系统推荐为辅的模式完成。在特征工艺智能生成的

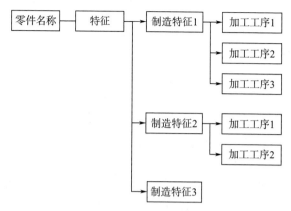

图 6-5　零件特征加工方法树

基础之上，工艺员需完成的工艺决策过程就是以特征加工方法为基础，对方法重排。通过人机交互的工艺排序过程，形成加工工序树，如图 6-6 所示。

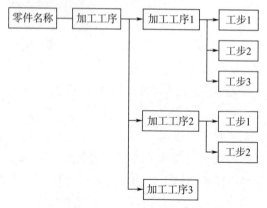

图 6-6　零件加工工序树

加工工序树是以加工工序为一级子节点，节点下为零件的加工工序。加工工序是以特征的加工工序为基础，对其进行重排，形成的零件实际加工工序如图 6-7 所示。

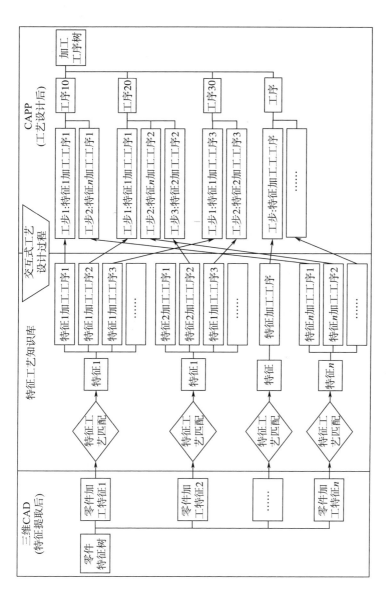

图 6 - 7　工序重排过程示意图

（4）毛坯及工序模型生成

工序模型生成的模式可分为两种：正向推进模式和逆向反推模式。正向推进模式是根据零件加工的工艺顺序从毛坯模型到中间工序模型，再到成品模型的减材料过程，逆向反推模式是从零件加工工艺的最后一道工序开始，从成品模型到中间工序模型，再到毛坯模型的加材料过程。本系统采用正向推进模式的工序模型生成技术，以加工特征为核心、以余量尺寸为驱动因素之一，生成工序模型。技术框架如图 6-8 所示。

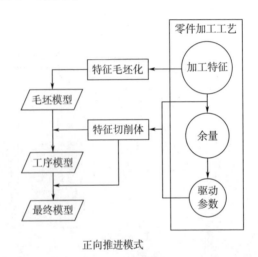

图 6-8　基于 MBD 零件模型的工序模型生成

正向推进模式模仿加工过程中的工件外形状态的演变过程，仿照传统的加工工艺设计过程，先设计毛坯，后根据加工过程顺序生成工序模型。

①三维毛坯模型的生成

三维毛坯模型的生成分三个阶段：

1）数据准备阶段：初始数据包括零件的工艺信息和模型信息。工艺信息包括材料、批量等信息。模型信息是三维零件图中所包含的信息，如形状信息、标注信息等。经特征提取、特征工艺推理、零件工艺编排后会形成零件特征信息、特征加工信息及零件加工过程信息。这些信息将作为毛坯模型生成的约束及尺寸来源。

2）策略推理阶段：根据模型信息及工艺数据中包含的约束信息，推理出毛坯的生成方法。各种生成方法中，根据零件图中不同特征，选择不同的策略完成毛坯图。如对于零件图中的小孔，在毛坯模型的生成过程采用填充的方式将孔"抹掉"。

3）模型绘制阶段：策略确定后，通过调用相应的毛坯化工具，实现策略。工具有的是尺寸可驱动的，有的是可随中间状态的模型图而变化。策略实施的初始对象是零件图，在零件图上特征所在位置应用工具，实现从零件长成毛坯的过程。

②工序模型自动生成

工序模型是从毛坯到产品的加工过程中的中间状态模型。本系统采用正向推进式生成工序简图，即从毛坯模型开始，向产品模型逐步推进的方向生成工序简图。工序简图生成（工艺过程的可视化）是显示毛坯在完成当前工序工步后工件的实际被加工模型状态。由于机械加工主要是去材加工，产品的形成过程主要是在毛坯的基础上做减材料操作，在三维模型中对应的是在毛坯模型中做对应的布尔"减"运算。基于此思想，每次模仿刀具在毛坯上去材处理，即在毛坯模型上做"减"运算，此时需要插入一个做布尔运算的特征体，称这个插入的特征体为"特征切削体"。切削体实际上模仿的过程不是模仿刀具的走刀过程，而是模仿在当前工步走刀下的全部去材的组合，可理解为刀具在一个工步中去材所形成的模型。根据零件加工工艺，从毛坯开始，依次在上一道工序模型上加载特征切削体，逐步形成工序模型。工序模型完成后，指定当前工序的加工基准，根据 MBD 技术中的标注规范在模型中标注加工基准符号以及被加工特征的工序尺寸、公差、表面粗糙度等。

（5）与 CAM 集成实现加工过程仿真

工艺规划系统与 CAM 集成的目的主要是为了实现加工过程的仿真、刀位文件的生成及 NC 代码（工艺指令）的生成，用以直观地指导加工。目前 CAD 与 CAM 的集成相对比较成熟，CAM 能直接读取 CAD 模型中的面信息，指定加工方法及加工参数可以实现加工路径的自动计算及加工仿真。然而现在市面上少有 CAPP 与 CAM 集成的产品。

工艺规划系统与 CAM 集成的主要过程如下：首先根据零件的加工特征编写加工工艺，得到加工所需的各个工艺参数，然后利用这些数据在 CAM 系统中建立加工仿真模型，再经过加工仿真、后置处理等环节，得到数控加工代码。这一过程中，自动生成加工代码的核心步骤是加工参数的自动获取和加工仿真模型的自动建立。

工艺规划系统前处理过程中完成特征提取和识别、工艺推理和决策、毛坯生成，CAM 主要负责加工仿真模型自动建立模块，数控代码自动生成，其运行流程如图 6 - 9 所示。

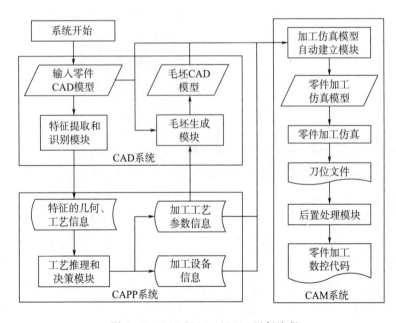

图 6 - 9　CAD/CAPP/CAM 运行流程

本系统采用基于特征的 CAM 集成技术。工艺规划系统将当前工序被加工特征信息及加工参数传递给 CAM，CAM 读取信息后，实现加工过程仿真、刀位文件生成及 NC 代码生成。工艺规划系统与 CAM 集成框架如图 6-10 所示。

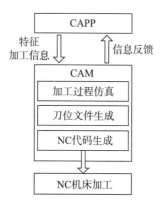

图 6-10 工艺规划系统与 CAM 集成框架

6.2.5 三维装配工艺规划

在产品生产阶段，有 1/3 以上的人直接或间接从事与装配有关的活动，产品的装配费用占整个生产成本的 30%～50%，甚至更高，而复杂产品的装配成本约占工业产品总价值的 40%～60%，因此装配是复杂产品制造过程的主要环节。运载火箭作为典型的复杂产品，具有尺寸大、形状复杂、零件及连接件数量多等特点，其装配生产更是一项技术难度大、涉及学科领域多的综合性集成技术，在很大程度上决定了火箭的最终质量、制造成本和生产周期。

目前，我国火箭装配工艺技术缺乏创新研究，存在的主要问题是：

1) 工艺编制基本采用传统的二维 CAPP 系统，编制工艺主要依靠工艺人员的经验，无法充分利用上游产品设计阶段发布的三维设计模型。

2) 沿用以实物试装作为验证装配工艺可行性与合理性的主要手段，出现装配效率低下、质量不稳定、装配周期长、装配成本高等问题。

3) 装配人员现场作业时，需要阅读大量图纸、技术文件和工艺文件，经常由于装配人员无法充分理解图纸或文件内容而出现工作失误，影响了装配效率，造成运载火箭出现装配质量问题，从而影响了装配周期。因此，装配工艺设计与输出技术已成为影响我国运载火箭制造过程的薄弱环节，严重阻碍着我国的火箭制造技术的发展。

应用数字化制造技术对火箭进行三维装配工艺设计，并在现场输出可视化工艺文件，这样就可以有效解决工艺设计手段落后、验证手段单一及工艺可理解性差的问题。基于数字化制造平台，利用上游设计部门发布的产品、工装三维模型作为数据源，构建虚拟装配环境，实现工艺部门对三维设计模型的使用。分解工艺任务，划分装配流程，建立零组件、工装、工艺之间的关联关系，生成装配工艺结构，并通过记录装配路径关键点进行装配过程仿真，在实际装配前实现对装配工艺的验证，这样就能大大降低装配成本。最终，将数字化制造平台的工艺设计与仿真数据传递到现场，实现对现场作业的可视化指导，从而提高了装配工艺的可理解性。

6.2.5.1　面向装配单元的工艺路线规划

（1）基于工艺约束的装配单元划分

目前，在航天复杂产品装配规划中通常参照设计约束把产品结构划分为部件、组件和套件等各个相对独立的装配单元，但装配工艺约束却没有受到足够的重视。因此，为使装配单元划分结果更加合理，本书从实际装配生产过程出发，采用装配工艺约束优先、自上而下的分解方法，将产品分解为互不干涉的装配单元集合。装配工艺约束可以分为三类：工艺因素（如装配重定向次数、装配工具改变次数、装配干涉关系等）、制造资源因素（工装夹具能力、工位布局等）、管理因素（生产线利用率与平衡率、生成成本、任务协同度等）。

每个装配单元不仅是由一个或多个工序完成的、能够相对独立进行装配的组合体，包含了组成该单元的零组件，而且是进行装配工艺规划的基本对象，记录了该单元从配套、生产到质检整个过程完整的各种信息。这样，通过构建面向装配单元的产品结构树（如图 6-11 所示），企业能够以装配单元为基本单位排布生产计划，发布实际的生产指令。

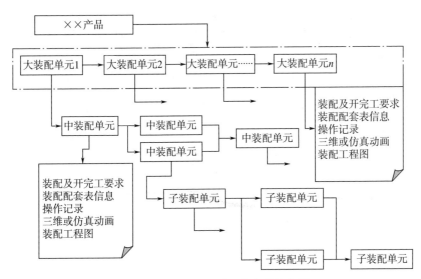

图 6-11 面向装配单元的产品结构树

（2）面向装配单元的工艺规划流程

针对航天产品总装工艺和装配过程管理的需要，为支持总装执行流程设计、生产计划调度、生产现场应用三个环节的并行协同工作，需要允许总装流程可进行分解，将每个流程节点独立设计并发布应用；然后具体到总装工艺的单个工序上，按照工艺设计、生产计划、车间生产的顺序进行，每个节点相互间的信息进行集成、共享。具体装配工艺规划流程如图 6-12 所示。工艺设计阶段即总装工艺的流程设计，是通过装配单元设计和总装流程设计两个方面编制符合实际总装流程需要的工艺体系的过程。装配单元设计通过导入已有配套表，以结构化数据模式编辑管理配套表。总装流程设计是以装配单元为节点单位，编制符合实际总装流程的流程图，体现总装流程的串行、并行关系，每个流程节点支持向子级流程设计。总装流程图的设计过程就是对目前总装工艺路线进行分解后再组织的过程。

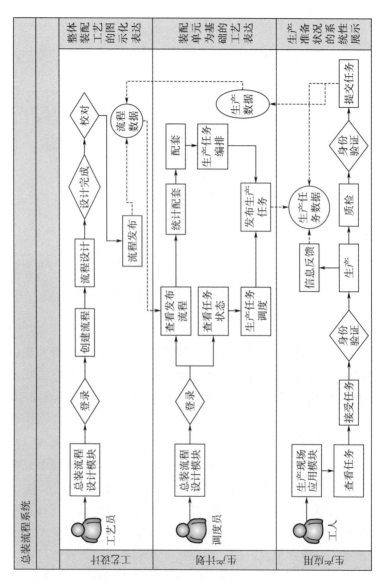

图 6 - 12　面向装配单元的工艺规划流程

生产计划阶段是按总装流程顺序规划生产，以装配单元为单位编制生产指令，通过生产指令指导管理车间生产，包括对生产计划执行进度统计及生产计划的调度。生产计划执行进度统计是根据航天产品安装情况（结构安装、增压输送系统安装、设备电缆安装等）进行进度统计。生产计划调度是通过追踪生产指令的执行状态，了解实际生产进度，根据实际情况，调整生产计划。生产应用阶段是以可视化手段辅助生产和生产任务在线应用，工人能够通过生产指令直接查看相关工艺数据，提供对音视频、文档等文件的现场浏览功能，并能及时向上游反馈。

6.2.5.2　多视图关联的装配工艺信息模型

在大多数航天产品装配过程中，由于是多本工艺同时执行，没有明确地表明一本工艺文件工序的串并行关系，以及多本工艺之间工序执行的串并行关系，不能为工艺管理和操作者提供清晰明确的生产指导，导致工序之间的先后执行顺序通常是根据班组长的经验确定，工艺执行的一致性难以得到保障。为此，通过建立装配流程视图、工艺文档视图和装配单元视图及多视图关联关系，使多种视图之间共享单一的数据源头，实现了工艺过程和工艺信息的准确表达。装配流程视图定义了工序之间的嵌套关系以及装配之间的串并行顺序关系，实现了完整的产品装配工艺流程设计。每个执行流程节点可自由向下扩展，以及反映出不同的装配技术、配套及执行状态，可以最终细化到单个生产指令，如图 6-13 所示。

工艺文档视图定义了进行装配工艺路线规划所需的数据信息，主要包括两部分：一方面是从 MES 获得的车间生产信息，如车间名称、工位状态、开工时间等；另一方面是每个执行流程节点产生的技术文件，如工序卡、工装图、配套表等，如图 6-14 所示。

装配工艺路线规划的核心任务之一是针对产品的某个模块（包含结构安装、管路安装等）编制出相关的工艺文件，模块划分与装配单元划分相对应，内容涉及一个小组在一个工位单元上跨系统完成的所有工作的集合。本书将装配流程视图和工艺文档视图的信息

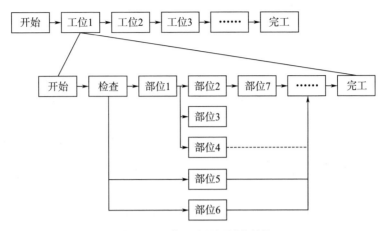

图 6 - 13　装配流程视图的结构

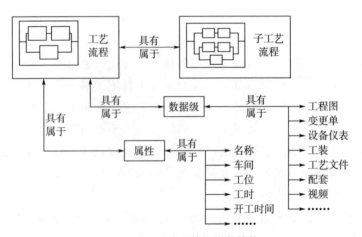

图 6 - 14　工艺文档视图的结构

均与装配单元视图链接，形成以装配单元视图为主线的结构化工艺信息模型。装配单元视图包括装配单元的工程技术准备信息、计划任务信息、现场执行与反馈信息及变更调整信息四部分，如图 6 - 15 所示。

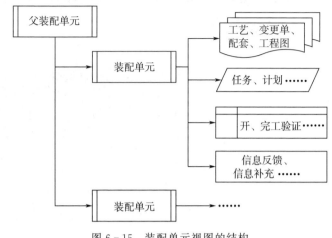

图 6-15 装配单元视图的结构

6.2.5.3 应用实例

面向装配单元的工艺执行流程管理系统可以通过不同视图的组合和切换以满足不同的工艺应用场景。目前该系统已经应用于某型号火箭总装配工艺设计中,下面以某型号为例说明系统的运行过程。针对复杂的工艺流程,工艺人员可以采用工艺流程图方式辅助表达工艺过程,从生产指令发布开始,在生产技术准备、配套、生产、质检、调度、工期等各个环节上,提供相对的预设流转、反馈。生产中各个环节的状态随着装配单元构成信息的产生而触发更新,因此生产调度人员可依据装配单元节点信息进行实时汇总统计,为实现精细化管理奠定基础。车间现场的工人在进行生产时采用触摸屏电脑终端/条码扫描仪,浏览数据包(支持 office 文档、图片、视频、三维数模等)、查询整体工作状态、正在开展的工作、遇到停工问题列表、配套不齐套清单等信息,同时将本火箭的安装意见反馈到系统中,如图 6-16 所示。

企业车间生产组织是以工位为基础,以工序、工步为加工单位进行分工,因而要求工艺规划设计组织必须以生产组织为依据和约束。基于面向装配单元的工艺规划设计方法为:面向实际生产组织

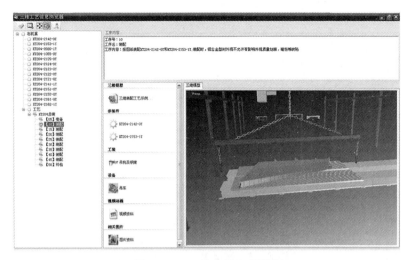

图 6-16　工艺执行流程浏览

模式，以装配工艺为优先约束进行装配单元划分，并以装配单元为基础进行工艺数据组织；建立装配流程视图、工艺文档视图和装配单元视图及多视图关联关系，使生产的每个单元成为一个完整、有机的信息集成模型，从而满足现场制造的需求。

图 6-17 所示为制造工艺规划器，图 6-18 所示为某部件装配工艺流程视图，图 6-19 所示为三维作业指导。

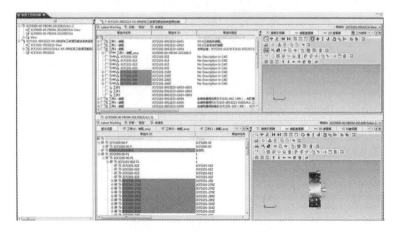

图 6-17　制造工艺规划器

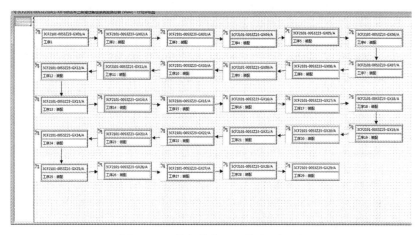

图 6-18　某部件装配工艺流程视图

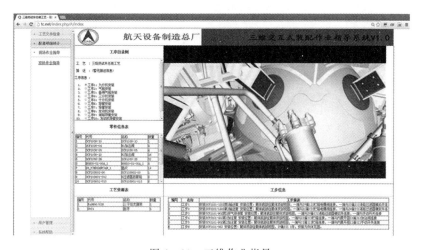

图 6-19　三维作业指导

6.2.6　三维工艺数据管理

工艺数据是产品数据的重要组成部分，也是企业各种生产信息的发源处。企业的采购、生产、资源配置、计划调度、质量保证部门甚至人力资源部门、财务部门等都紧紧围绕工艺规划这个核心。

作为桥梁的三维工艺规划系统必须与各类信息平台和工具进行交流和数据传递服务。通常采用的方法（包括三维工艺规划系统与相关系统集成）基于服务的集成（SOI）实现；或者应用 PLM 系统管理工艺数据和工艺流程。三维工艺规划系统与 PDM 系统集成框架如图 6-20 所示。

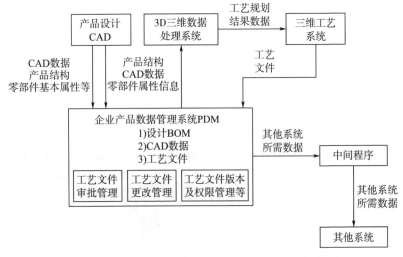

图 6-20　三维工艺规划系统与 PDM 系统集成框架图

具体地，通过三维工艺规划系统与 PDM 系统集成可以实现以下功能：

1）工艺编辑基于产品结构进行。

2）从 PDM 系统中启动工艺编辑系统，创建 PBOM 结构，针对 PBOM 中某一节点机加工艺规划系统时，自动继承产品数据信息，包括产品名称、图号、材料牌号、规格及相关属性信息等。填写零件信息时自动关联工艺资源数据库，快速获取数据，通过三维机加工艺规划系统获得工艺的所有数据。

3）工艺规划完后，工艺结果数据将在工艺发布系统中显示，并进行补充设计。

4）工艺设计完成后，为 PDM 系统进行汇总统计各类工艺报表提供数据源支持，即：凡卡片里有的数据均可通过配置提供给 PDM。

5）为 PDM 系统中定制的各种工艺报表提供数据源。

6）工艺报表的数据基于工艺文件，可以定义工艺文件中需要汇总的数据内容和数据处理要求，包括数据提取属性、条件、排序要求、同类项合并/累加、公式计算等，并支持自定义 SQL 查询。

7）支持 PDM 系统管理工艺相关的所有文件，如工艺方案、工装图纸、工艺卡片等。

8）通过 CAPP/PDM 的集成数据接口，实现工艺文档在 PDM 中的浏览、编辑、下载等。

9）在 PDM 的工艺签审流程中提供工艺文件的电子圈阅、修订，若有设计修改，则可在工艺规划系统修改后更改工艺文件版本。

系统集成强调应用系统功能的独立性、信息的集成性、集成的可扩展性。由于 CAPP 系统与 PDM 间传递的信息比较多，而且为了便于今后传递信息的扩充，CAPP 系统与 PDM 集成采用了目前广泛使用的中间文件和接口技术的方法，通过约定格式的信息交换文件实现信息交互，使得集成具有良好的可扩展性，程序升级换代方便。该信息交换文件包括所有的传递信息，而且文件的格式具有可扩充性，以利于今后扩充新的交换信息。该信息交换文件与工艺管理系统传递给 PDM 的信息文件一样，是临时文件，而且仅限于在 PDM 环境下调用工艺规划系统时使用。对于其他应用系统所需要的工艺信息，集成实现形式为由 CAPP 系统将工艺信息传递给 PDM，由 PDM 传递给其他的应用系统。

工艺规划系统的接口组件具有的功能包括但不限于以下几类：

1）获取零部件的工艺属性信息。如零件的材料牌号、材料名称、毛坯种类、毛坯规格、零件重量等信息。

2）获取零部件的工艺路线信息。如零件的工序数目、零件指定工序的工序名称、设备、工时等详细的信息。

3）获取零部件的工序内容信息。如零件指定工序的工艺装备、工序内容、车间、工步工时切削用量等信息。

6.3　数字化加工制造

6.3.1　数字化加工制造内涵

在现代制造业中，以制造工程科学理论为基础，将数字化技术与制造技术相结合的数字化制造技术，已成为先进制造技术的核心，具有广泛的应用前景。将数字化技术应用于广义的"制造"和一般意义的"制造"两个不同层次的制造过程中，也就形成了广义的数字化制造概念和一般意义的数字化制造概念。广义的数字化制造是指将数字化制造技术用于产品设计、制造及管理等产品全生命周期中，以达到提高制造效率和质量、降低制造成本、实现敏捷响应市场目的所涉及的一系列活动和运作的总称；一般意义的数字化制造是指将数字化技术用于产品的制造过程，通过信息建模和信息处理及反馈应用来优化生产制造过程，提高产品制造效率和质量，降低制造资源消耗和制造成本所涉及的一系列活动的总称。

相对于传统制造技术，数字化制造技术是以制造工程科学为理论基础的重大制造技术革新。正如我国两院院士顾诵芬等专家所指出的：数字化制造是一场深刻的技术革命，正在不断地改变着世界，并从根本上动摇着传统制造业的基础，也为我国制造业开创了一种新型的生产方式。

6.3.2　数字化加工仿真

机加工、铸造、焊接、钣金、热处理、复合材料等九大专业是火箭制造过程涉及的主要工艺专业，其技术水平决定着火箭产品的质量水平、制造效率和企业竞争能力。因此应用数字化仿真模拟技术是提升产品制造能力的有效途径。

6.3.2.1　钣金成形过程仿真

钣金专业主要包含冲压、拉弯、旋压、锻造等成型手段，被广泛应用于火箭各种型号零件生产中，典型构件钣金如瓜瓣/壁板成形、型材框拉弯、发动机壳体旋压、封头模锻等通过仿真软件进行成形仿真，解决工艺设计盲目，成形缺陷控制难，模具设计周期长，成形精度低等诸多问题，提高零件成形精度、一次成形率，提高生产效率。

对新一代运载火箭贮箱箱底充液拉深成形仿真分析，可获得不同压边力、反向预胀压力及液室压力加载路径条件下成形规律，分析了液体对消除起皱和改进贮箱箱底壁厚均匀性的原因；通过静力隐式分析流体高压成形件在解除模具约束及切除法兰后由于残余应力产生的形状尺寸变化，考查零件的开口直径，指导模具设计及工艺参数优化；通过对不同压边力、反向预胀压力及液室压力加载路径条件下成形过程模拟，进行缺陷形式预测，确定缺陷产生的边界条件；以壁厚及成形精度为指标，确定合理的工艺参数，最终用于指导工艺实验。获得的起皱和成形良好的贮箱箱底仿真结果如图 6-21 所示。

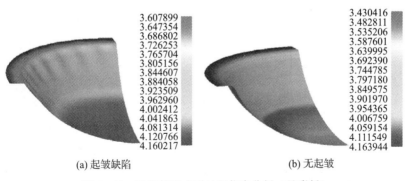

(a) 起皱缺陷　　　　　　　　　　　　(b) 无起皱

图 6-21　贮箱箱底成形过程仿真分析（见彩插）

通过对不等厚截面超硬铝 LC9M 型材的拉弯成形进行研究，如图 6-22 所示，建立了不等厚 L 型材的有限元仿真模型，分析了预拉量和补拉量对截面畸变角和曲率回弹的影响，以及影响的原因。研究表明，截面畸变角和曲率回弹对成形精度有很大的影响，是影响贴膜度的主要因素。随着预拉量和补拉量的增大，截面畸变角增大，且在型材长度方向的中心对称面处最大，随着远离中心对称面而减小；随着预拉量和补拉量的增大，曲率回弹量减小。根据拉弯仿真结果，改进拉弯机加载曲线，提高了拉弯成形质量。

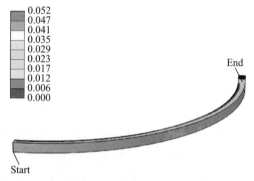

图 6 - 22　大型框环拉弯成形仿真分析（见彩插）

通过对运载火箭破裂膜片压制成形仿真分析，如图 6 - 23 所示，获得了膜片压制过程材料流动规律，分析了膜片尺寸精度超差的原因。获得了刃口形状、角度、压下量等参数对压制过程和均匀性的影响。通过与实验研究对比发现，仿真结果与实验吻合较好。

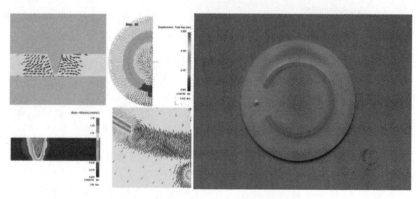

图 6 - 23　破裂膜片的成形过程仿真

6.3.2.2　机加工过程仿真

机加工作为预制和优化零件创成的一种重要手段，在火箭型号产品生产中占有重要的地位。通过仿真模拟代替真实切削过程，可解决难加工材料切削、刀具切削稳定性、高速加工参数设计等问题，促进火箭型号产品机加工制造能力全面快速发展，满足当前航天产品生产快速化、精密化、敏捷化要求。下面以 Vericut 软件为例介绍航天产品零件机加工仿真过程。

Step1：项目树配置。由于航天型号产品零件机械加工中往往需要多工序多台机床多状态进行组合加工，因此，如图 6 - 24 所示，在项目树中，通过多个工位的设定，将多工序多台机床多状态的加工分解为不同的工位的加工仿真，将同一状态的加工归结于一个工位，上道工位的加工毛坯直接放在下道工位使用，通过多个工位的联合切削仿真实现航天型号产品零件机械加工的整体仿真。

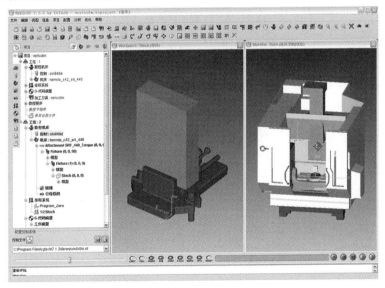

图 6 - 24　项目树配置内容

Step2：控制系统的建立。通过对控制系统文字格式和控制系统文字/地址的设置，实现对不同类型数控系统的控制设定。控制系统用户自定义控制文件方法如图 6 - 25 和图6 - 26所示，在如图 6 - 27 所示的通用控制设定中，可以对运动、旋转、刀补、圆弧等常用的控制参数进行设置。

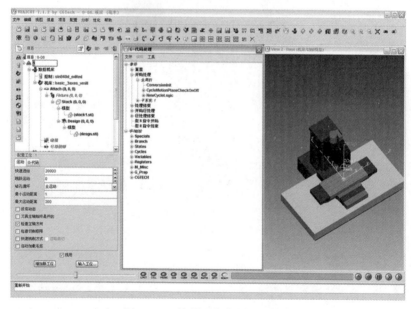

图 6 - 25　控制系统参数设置

图 6 - 26　控制系统代码地址设置

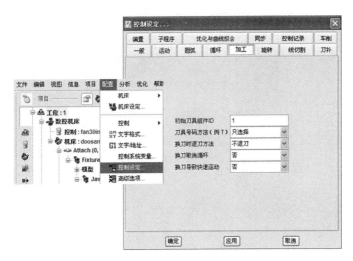

图 6 - 27　通用控制设定

Step3：机床模型的建立。通过对机床运动链的设定，将机床分解为各个存在运动关系的轴，对于旋转轴还需要通过平移轴线的方式定义轴的旋转轴线，如图 6 - 28 和图6 - 29所示。

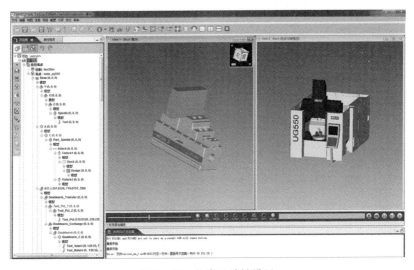

图 6 - 28　机床运动链设置

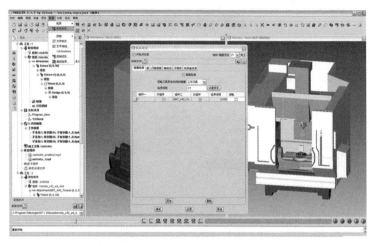

图 6-29　机床参数设置

Step4：加工刀具的建立。在刀具管理器中创建加工刀具的方法如图 6-30 和图 6-31 所示，加工刀具的创建包括刀刃和刀柄部分，同时需要指定刀刃和刀柄的组合方法。刀具相关的参数在刀具管理器中可进行相应的设置，例如装夹点、装夹方向、刀具半径补偿值及优化。如图 6-32 所示，对各类优化所需条件进行设置后可在优化控制中对加工代码进行相应的优化。

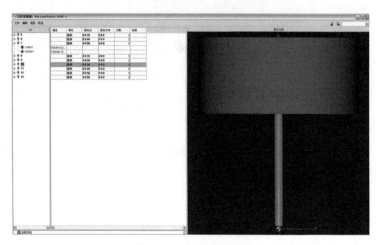

图 6-30　刀具管理器

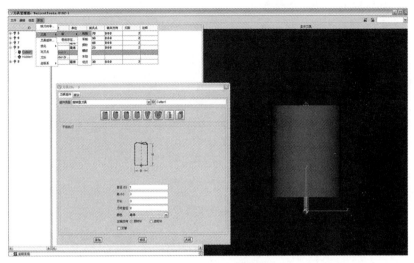

图 6-31　创建加工刀具

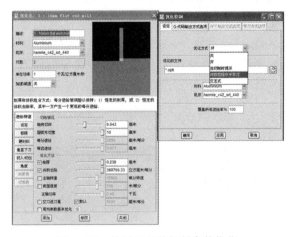

图 6-32　针对刀具的切削参数优化

Step5：G 代码偏置设置。G 代码偏置的作用是建立工件坐标系与机床坐标系的关系，如图 6-33 所示，Vericut 提供了组件到组件的偏置设定方法，同时也设定了组件到坐标系统的偏置方法，设置时需要根据具体的装夹方式进行设定。

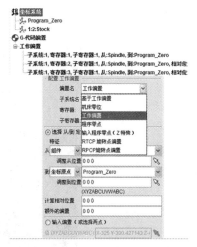

图 6 - 33　G 代码偏置设置

Step6：添加数控加工代码。如图 6 - 34 所示，Vericut 支持两种类型的数控加工代码：G 代码文件和刀位文件，其中刀位文件包括 UG 的 CLS 文件、CATIA 的 APT 文件及 Pro/E 的 APT 文件等格式。在工位配置时，也需要针对 G 代码进行相应的设置，例如刀具长度补偿、刀具半径补偿等。

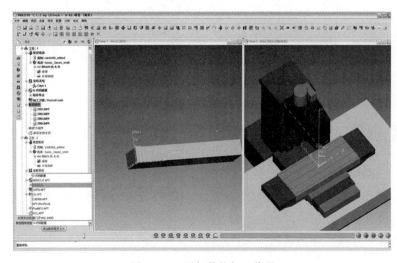

图 6 - 34　添加数控加工代码

　　Step7：切削仿真运动和机床切削仿真运动。通过 Vericut 仿真软件提供的数控程序预览功能，如图 6 - 35 所示，能直观地观察刀具路径轨迹，提前预知数控代码运行方式，判断数控代码正确性。

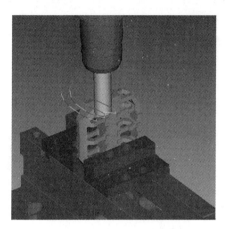

图 6 - 35　数控程序预览功能

　　如图 6 - 36 所示，Vericut 机床仿真能同时观察到零件切削仿真运动和机床切削仿真运动，不同的程序和刀具加工出的颜色不同，通过机床仿真能观察整体机床运动，而通过零件仿真能细致地观察零件加工效果。

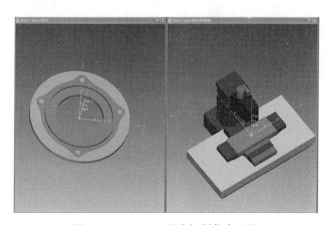

图 6 - 36　Vericut 机床切削仿真过程

6.3.2.3　铸造过程仿真

铸造工艺因其操作简单、成本低廉、造型方便的特点，被广泛应用于航天产品零部件生产中，包括砂型铸造、金属型铸造、低压铸造、差压铸造和熔模精密铸造等工艺方法。在镁、铝、钛合金等轻质高强合金零件制造中，仿真模拟应用于铸件生产过程，预测铸造缺陷，优化工艺参数，已经成为当前航天制造提高铸造生产水平的必然趋势。图 6-37 为某型导引头舱体浇铸模拟过程，图 6-38 所示为真实导引头舱体浇铸过程。

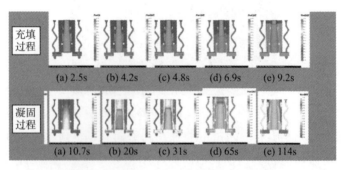

图 6-37　某型导引头舱体浇铸模拟过程

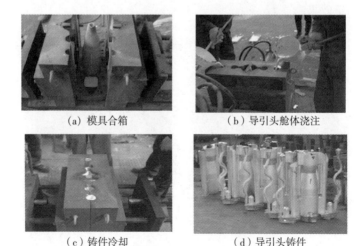

（a）模具合箱　　　　　　　　（b）导引头舱体浇注

（c）铸件冷却　　　　　　　　（d）导引头铸件

图 6-38　导引头舱体浇铸过程

6.3.2.4　焊接过程仿真

焊接为航天产品制造过程中一种常用的重要连接手段,包括搅拌摩擦焊、激光焊接、等离子弧焊、真空电子束焊、钎焊等多种焊接技术。通过加强焊接过程仿真模拟可以大大提高焊逢质量控制、焊接工艺快速设计,对摆脱焊接参数设计依赖经验这一瓶颈具有重大意义。

图 6 - 39 中焊接结构仿真分析包括焊接结构设计和焊接结构分析,而焊接结构设计中又包括焊接材料设计、焊接接头设计、焊接方法选择、焊接结构优化等内容;焊接结构分析中包括结构失效分析、应力应变分析和结构安全分析等内容。采用最优化技术则可以对焊接结构进行分析与优化,它的原理是利用计算机在一切可能的方案中寻求最优方案,根据一定的数学模型和目标函数在一定约束条件下求极值,最优化技术目前已广泛用于焊接工程中,达到了优质、高效、节能和提高经济效益的目的。焊接自动化是应用最广泛、投资最大的领域,是基于焊接科学与工程、焊接结构设计与分析采用的总和,包括设计、生产和管理一体化的综合生产系统和计算机集成制造系统。

目前,焊接设计通常采用商业有限元软件进行计算,得到焊接温度场、应力场、变形场结果,通过分析结果,改变初始条件及各种载荷条件,来寻找及优化焊接工艺。图 6 - 40 为某产品焊接工艺设计的有限元计算模型。

6.3.2.5　复合材料工艺仿真

复合材料由于和传统材料相比,具有比强度、比刚度大,不易腐蚀等鲜明特点,在航天、航空、船舶、军工等各个领域都得到了日益广泛的应用。常规的 CAE 软件(ANSYS 和 Nastran)无法适应复合材料各向异性和可设计性的特点,无法直接对复合材料的制造性能进行仿真。同时现阶段复合材料的主要生产工艺包括模压、缠绕、热压罐及 RTM 等,在处理较为复杂的型面时缺乏有效手段

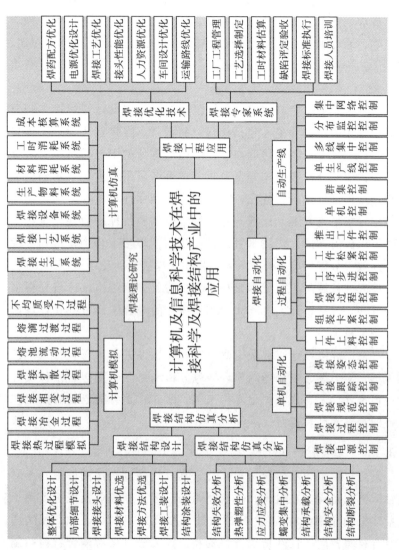

图 6 - 39　数字化信息技术在焊接科学中的应用

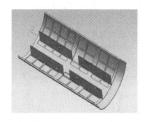

(a) 某产品几何模型

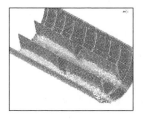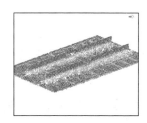

(b) 网格模型

图 6 - 40 某结构有限元建模

对工件进行力学分析,无法预测缠绕缺陷,只能通过样机的方法验证,投入成本大,生产周期长。使用仿真模拟软件对复合材料的工艺设计和制造过程进行虚拟仿真,可以有效地减少工艺验证试验的投入,精确预测成形问题,提高生产效率和质量。

据了解,目前国内外许多应用复合材料的大公司和研究机构都已经引进了专门的复合材料设计分析 CAE 软件,国内航空的 621 所、成都飞机制造厂均选择了 ESI 公司的复合材料工艺仿真软件,主要有 SYSPLY、PAM - AUTOCLAVE 和 PAM - RTM。因此,通过引进复合材料专业设计和仿真软件,开展复合材料的铺层、热压罐和 RTM 成形的工艺仿真应用研究。通过工艺仿真,确定工艺参数和铺层参数。通过复合材料工艺仿真技术的研究,可以缩短复合材料制品的开发周期,提高产品应用可靠性,改变现在先制作样机再进行测试的传统开发模式。

6.3.2.6 装配工艺仿真

航天产品结构复杂,系统集成度高,装配空间有限,装配精度高，导致产品的装配周期长，因而对装配工艺编制提出了很高的要求，迫切需要采用装配工艺仿真技术，在装配工艺设计环节对夹具设计、装配序列、路径进行规划，分析操作工人在装配操作中的人机功效，进行数字化的容差分析，生成多媒体装配工艺文件，指导装配生产。装配工艺仿真主要包含装配过程仿真、人因工程仿真及容差分析仿真等。

（1）装配过程仿真

动态装配过程仿真给工艺人员提供了一个三维的虚拟制造环境来验证和评价装配制造过程和装配制造方法。在此环境下，设计人员和工艺人员可同步进行装配工艺研究，评价装配的工装、设备、人员等影响下的装配工艺和装配方法，检验装配过程是否存在错误，零件装配时是否存在碰撞。它把产品、资源和工艺操作结合起来分析产品装配的顺序和工序的流程，并且在装配制造模型下进行装配工装的验证，仿真夹具的动作，仿真产品的装配流程，验证产品装配的工艺性，达到尽早发现问题，解决问题的目的。

规划人员在装配工艺仿真中可以在产品开发的早期仿真装配过程，验证产品的工艺性，获得完善的制造规划。交互式或自动地建立装配路径，动态分析装配干涉情况，确定最优装配和拆卸操作顺序，仿真和优化产品装配的操作过程。甘特图和顺序表有助于考察装配的可行性和约束条件。运用这一分析工具，用户可以计算零件间的距离并可以专门研究装配路径上有问题的区域。在整个过程中，系统可以加亮干涉区，显示零件装配过程中可能实际发生的事件。用户也可以建立线框或实体的截面以便更细致地观察装配的空间情况，帮助用户分析装配过程并检测可能产生的错误。动态装配仿真的软件环境如图 6-41 所示。

装配过程中，更多的装配问题与现场的装配环境相关，所以动态装配过程仿真在复杂的工装、夹具、设备环境下对复杂的零部件的装配更能发挥作用。图 6-42 是对复杂的型架和夹具所做的三维动态装配仿真，以便在工装夹具投入制造以前，对工装夹具的可行性进行评估。

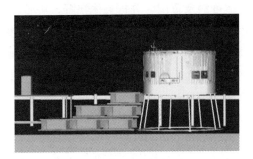

图 6-41 动态装配仿真环境

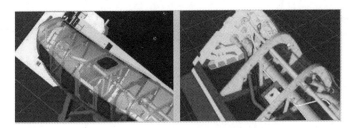

图 6-42 复杂型架和夹具的动态仿真

（2）人因工程仿真

人因工程仿真能用来解决图 6-43 提出的一些问题，此外还能应用在产品的维修领域和对工时定额的研究方面。

图 6-43 基于人因工程仿真的操作评价

人因工程仿真能详细评估人体在特定的工作环境下的一些行为

表现，如动作的时间评估、工作姿态好坏的评估、疲劳强度的评估等。可快速地分析人体可触及范围，分析人体视野，从而来分析装配时人体的可操作性和装配操作的可达性。还可以分析人体最大/最佳的触手工作范围，帮助改善工位设计。能进行动作时间分析，支持工时定额评估标准来达到工位能力的平衡，简化工作及提高效率。系统提供多种人体建模模型标准，以及全面的人因评价标准，具有完善的评价体系和更为柔性的动作仿真功能。图 6 - 44 是两个应用实例。

图 6 - 44　人因工程仿真

（3）容差分析仿真

数字化容差分配和分析是通过对产品、安装、工艺的三维建模和数理统计仿真来分析和优化系统里的制造偏差和定位安装方案，通过控制制造公差和推进优化设计来提高产品的尺寸质量并降低产品的生产成本。

数字化容差分配和分析是一个覆盖产品设计、零件制造和装配全过程的概念，包括配合间隙目标值的定义、零件定位方式和形位公差定义、制造装配阶段的装配偏差分析等，并且进一步延伸并影响到零件的模具设计、检具设计、夹具设计和测量设计等。因此，数字化容差分配和分析的实施可以系统性地监控和改善产品制造质量。

数字化容差分配和分析可以创建一个三维数字模型来对生产建造过程进行仿真。该数字模型包括对几何图形、产品变差（公差）、装配、过程偏差（顺序、装配附件的定义、工装）和测量结果的综合表示。该模型被用于预测是否会有装配建造问题——在制造物理零件或实际加工之前。还可以识别造成建造问题的根本原因,在产品开发过程的早期对设计、公差及装配过程进行优化。

数字化容差分配和分析可以在工艺协调方面帮助工艺人员优化容差分配方案和工艺协调方案。数字化容差分配和分析提供了一个虚拟的计算机环境,在工艺规划阶段就可以对初始的容差分配方案进行分析。通过建立起装配体的容差模型和对该模型的分析计算,找出影响装配精度的问题,明确控制装配精度的关键特性,然后根据影响程度对其进行排序,这样就能进行比较性的容差分配方案研究,通过有限次的迭代分析,得到比较优化的容差分配方案。即在保证装配质量需求的前提下尽可能地用最经济的生产工艺。应用数字化容差分配和分析能够使工艺规划人员在早期就能全面地评估工艺协调方案,从而减少由于尺寸质量问题带来的工程更改。

数字化容差分配和分析还能对装配体进行装配精度的验证。可以在软件环境下把影响装配精度的各种因素都放入容差模型中,如零件上的尺寸公差和形位公差、装配的顺序、装配的基准、装配的定位和装配方法以及装配夹具和装配工装等,来模拟实际的装配工作环境和装配过程。然后定义需要检验和测量的装配质量特性,通过分析计算来验证装配质量特性是否满足设计和工艺的要求。例如,检查舱门和门框之间的间隙和阶差是否满足要求,工序和工位的工艺能力是否达到要求。还有在车间生产发生质量问题时,用数字化容差分配和分析的验证能力可以在虚拟环境下再显质量问题,帮助寻找产生质量问题的原因,从而提出和验证解决质量问题的方案。

容差计算流程如图 6 - 45 所示。

数字化容差分配和分析在设计和制造两方面都能优化零件公差,决定零件和装配件的关键公差变化、预测加工的能力,指出影响公差变化的最大因素。从而合理地制定装配顺序和装配方法。另一方面数字化容差分配和分析能够对产品装配精度进行验证,主动预测公差和装配方法会带来的误差变动影响;能对出现的质量问题进行定性分析和定量计算,找出关键所在,指出解决问题的方法和途径。

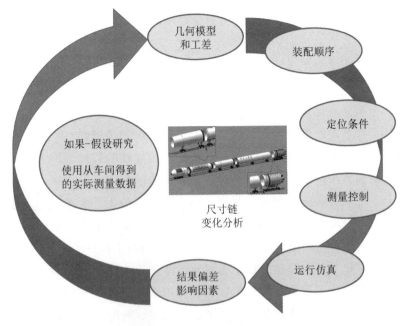

图 6-45　容差计算流程

1）输入三维几何模型和零件上的尺寸公差、形位公差。

2）自动或手工生成一个可以映射出装配操作顺序的装配树，通过这个树结构可以清楚地浏览部件中的零件。

3）在已选定的顺序内自动或手工确定各零件的装配定位条件。

4）决定装配体的检测要素，定义测量方法和精度要求。

5）运行仿真来考查装配变化，这个仿真可以预测在某个操作顺序下由公差和装配零件的配对所共同引起的变化。

6）计算出每个方案的总偏差并识别影响因素。然后按各影响因素比例大小来排列。通过这些信息，用户可以进行"条件-结果"的对比研究，优化公差和装配方法并消除车间生产中的耗资巨大的反复试验研究。这样的输出可以提早检测到潜在的问题，评价它们的严重性并能够快速地采取纠正措施。

　　数字化容差分析工具也是一个交流的平台,在这个平台上产品工程师、工艺工程师和制造工程师等相互合作共同对产品的尺寸质量和公差进行分析和优化。

　　数字化容差分配和分析的应用非常广泛,例如在飞机结构工装、机身装配、机翼装配、补给装置、驾驶舱装配、推力装置、仪表盘、弹射椅、武器系统等都有成功的应用。

6.3.3　数字化生产管理仿真

　　当前,国际空间力量的增强、运用、对抗、控制等的竞争日益激烈,我国每年研制的卫星、飞船、运载器、导弹武器等航天产品研制数量持续增长,航天产品生产制造呈现出越来越明显的多型号并举、多任务并行、高密度发射、高强度生产的趋势,需要不断提升航天制造能力满足型号任务需求。

　　数字化生产管理技术是面向效率,以工业工程理论和方法为基础、以过程管理和持续改进为思想、以信息技术为支撑的一套系统管理方法和工具集。针对航天产品生产的特点,基于航天产品数字化生产管理工程应用框架,通过开展航天产品生产系统规划技术、航天产品生产现场改善技术的研究,推动信息化技术方法在航天制造中全面应用,全面提升航天制造产业能力。研究的总体方案如图6-46所示。

6.3.3.1　生产系统建模仿真技术

　　生产系统的建模、仿真和优化技术,包括生产过程模型构建、计算机仿真、系统运行分析等内容,借助专业软件工具,建立设备布局和生产单元的仿真模型,以此为基础开展工艺过程、物流路径、生产运行等的分析和优化,通过仿真运行进行设备布局与工艺路线符合性的动态验证、识别生产瓶颈、预测生产能力,为优化实施方案提供定量的依据。通过生产系统仿真与优化,能够定量地考虑批量、生产时间、设备共享、设备能力等约束,面向未来的生产任务,计算分析生产单元的合理布局、生产设施的合理配置以及合理投产

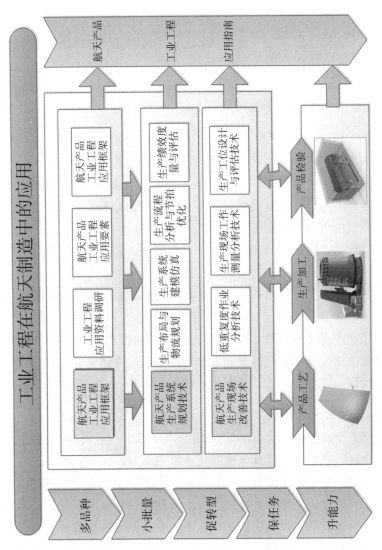

图 6 - 46　火箭数字化制造生产管理应用总体方案

顺序。包括：产品投产规律的统计分析技术，生产系统数据结构的构造技术，生产运行规则的程序实现技术，层次化柔性仿真模型建模技术，生产运行仿真结果分析技术等。生产系统的建模与仿真技术流程如图 6-47 所示。

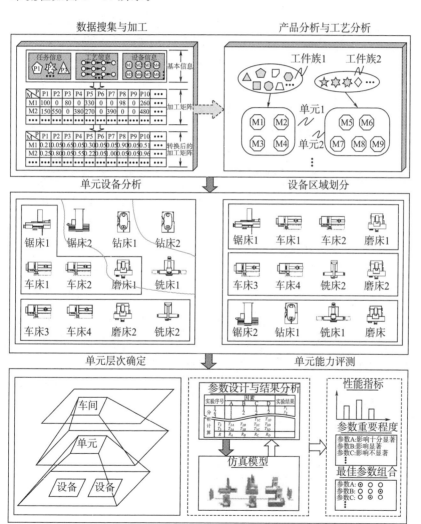

图 6-47　生产系统的建模与仿真技术流程

生产系统建模与仿真根据系统性质可分为两大类：连续系统仿真和离散事件系统仿真。离散事件系统指由在时间上离散发生，在空间上也离散发生的事件构成的系统。随着航天产业化发展，航天产品制造出现新的特点，对快速制造响应能力的要求越来越高，本书以航天产品生产系统为对象，研究离散事件建模仿真技术在航天产品生产系统中的相关应用，如生产布局、物流系统规划等，以实现生产系统合理规划和优化，保证生产效率和能力的提升。

（1）系统建模仿真框架设计

基于离散事件系统仿真技术，设计生产系统仿真的基本框架。

①生产系统分析

严密、深入地分析整个生产系统。利用工艺流程图、业务流程图等工具分解、剖析生产系统，使得生产系统更加直观地展现，找到生产系统中的不合理的流程，从而进行改进，同时为建模仿真做好准备。

②识别系统仿真要素

离散事件系统仿真具有以下几个要素：实体，仿真系统的重要要素之一，组成了系统的物理单元，如工件、仓库、机器等；实体属性，用以描述实体的状态，如机器设备的加工精度、效率等；事件，引起系统状态变化的因素都可称为事件，如货物到达仓库，机器开始加工零件等；活动，两个相邻发生的事件之间起衔接作用的过程叫作活动，如零件的加工过程；进程，一系列活动和事件所组成的过程叫作进程，如一个零件从到达、等候到加工、离开这一完整过程。进程、活动及事件之间的关系如图 6-48 所示。

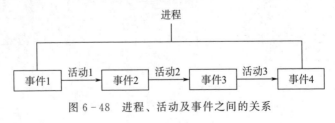

图 6-48　进程、活动及事件之间的关系

在完整分析生产系统的基础上，识别构成仿真系统的关键要素以及各要素之间的关系，建立要素库和关系表。

③确定仿真方法

离散事件系统仿真有三类方法：事件调度法、活动扫描法、进程交互法。事件调度法以事件发生的时间为主线，随时间推进，事件逐一发生，系统状态也随之改变；活动扫描法以事件发生的条件为主线，条件满足时，相应的活动发生；进程交互法以事件的行为过程为主线，当前活动和未来活动随时间推进，满足条件的相继发生。

结合生产系统的特性，以及仿真软件的特点，采用进程交互法进行生产系统的建模与仿真。

（2）系统建模仿真构建

系统分析、要素识别与仿真方法构成了系统建模仿真的基本框架，在框架设计的基础上，进一步完成生产系统的建模仿真，具体地：

1）调研生产系统，设立目标。对生产系统现运行情况进行调研，根据调研情况，设立系统建模仿真的目标，即要解决的关于生产系统的问题，如生产布局问题、生产线性能分析问题等。

2）收集数据。仿真模型因目标不同对模型所需数据的要求也有所不同，针对所设立的目标收集相应所需的各类数据，如物料到达时间、机器加工时间等，构建数据库，并分析数据，得到相应的分布规律。

3）建立仿真模型。依据所设计的仿真框架，即生产流程、各要素及其之间的关系、仿真方法，搭建仿真模型，并对模型进行检验，结合专家意见，调整模型，并最终确认模型对真实生产系统的反映程度。

4）程序编制。根据所使用的仿真软件，编写仿真程序，以能够完整且准确地描述仿真模型，并实现相应的功能。

5）运行模型，计算结果。根据生产系统实际情况，确定仿真运行时间和模型相关参数，并依据已有的实际数据检验模型是否有效，如若有不合理情况，则需对模型进行进一步修改。

6）分析数据，制定决策。根据模型运行情况，确定仿真模拟的次数，对多次运行的输出结果进行数据统计和分析，获得有利于支撑决策的依据。通过系统仿真，可对生产布局的合理性进行探讨，进而改善布局，或是对不同资源配置下生产线能力进行分析，从而获得合理的配置方案等。

建模仿真的过程如图 6 - 49 所示。

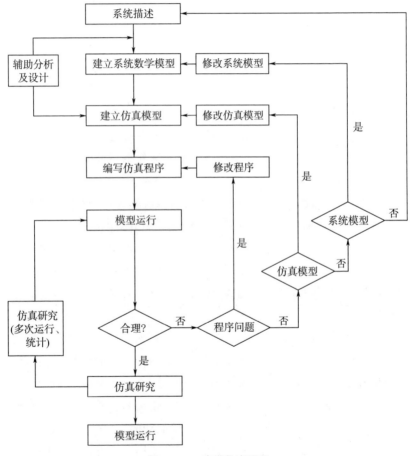

图 6 - 49　建模仿真流程

6.3.3.2　生产布局与物流规划技术

生产布局与物流系统工程规划直接关系到制造企业人员流动、

物料移动、产品储存等各个要素的有效衔接，合理的布局与物流系统能够大大提高企业生产的效率，生产布局与物流系统规划技术的研究具有重要的意义。有研究认为，制造型企业的物料搬运成本约为企业总生产成本的 20%～50%，合理的布局可以为企业节约10%～30%的生产成本，提高约 3 倍的生产效率，同时对大多数制造企业而言，物流成本平均高达 40%以上，大量实例证明，对企业物流系统结构的优化与配置能够使企业的总物流成本降低 5%～10%之多。

生产布局和物流规划主要研究在预先给定的空间约束下，如何按照一定的设计原则，合理地安排放置各类资源，决定设施位置，以便生产系统实现预期的优化目标。良好的布局及物流系统能够缩短物料流通距离，使其流转更有效率。本书以系统化布局设计方法与建模仿真技术相结合的方式研究生产布局与物流系统规划在航天产品生产系统中的应用，以很好地解决航天产品生产中由于新设计、新制造导致的效率低、成本高、周期长的不良局面。

（1）系统化布局设计

系统化布局设计（SLP，System Layout Planning）方法是一种经典的用于工厂、车间布局的设计方法。该方法以分析作业单位之间的物流关系以及相互的非物流关系为主，运用简单图例和相关的表格完成布局设计。在 SLP 方法中，以 P——产品、Q——产量、R——路径、S——服务、T——时间五个要素作为布局的设计依据。应用 SLP 方法布局时，首先要分析各个作业单位之间的关系密切程度，包括物流和非物流的相互关系，从而得到作业单位的相互关系表，然后依据表中各个作业单位之间的相互关系的密切程度，确定作业单位布局的相对位置，并依此绘制出作业单位位置相关图，位置相关图要与实际的各作业单位占地面积结合起来，在此基础上形成作业单位面积相关图；通过修改和调整作业单位面积相关图，便可得到几个可行的布置方案，对各方案进行评价选择，采用模糊综合评判法，将分数最高的布置方案作为最佳布置方案。基于 SLP 的生产布局设计流程如图 6-50 所示，具体实现步骤如下：

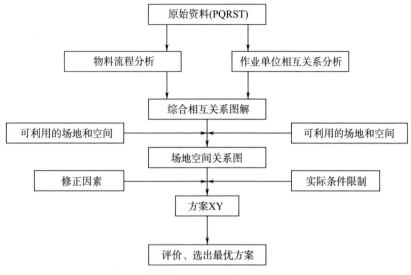

图 6-50　生产布局设计流程

1) 原始资料的准备。在进行系统布局设计时，要先收集原始资料，即生产布局设计所需要的基本要素，如设备等，并利用作业流程图等工具分析作业流程，获得作业单位最优的划分情况。

2) 物流分析及作业单位间关系的分析。对生产布局来说，物流分析是规划设计中十分重要的过程。作业单位之间的物流分析可用物流强度等级及物流相关表表示，作业单位间非物流关系可用量化的关系等级表示。

3) 绘制作业单位的位置相关图。根据得出的物流与非物流关系，从关系等级高低的角度进行考虑，决定两个作业单位相对位置的远近程度，从而得出作业单位的位置关系。

4) 作业单位占地面积计算。根据物流、人流和信息流，且同时根据各作业单位所需要的面积和设备、操作人员等因素，计算出占地面积大小及土地可用面积的大小。

5) 绘制作业单位面积相关图。将计算出的作业单位面积添加到位置相关图上。

6）修正。修正因素主要包括物料搬运与操作的方式以及储存周期等，还要考虑实际约束条件，如费用、员工技术、人员安全等，在此基础上结合面积图调整得出总体布局方案。

7）方案评价及选择。针对调整后的各布局方案，采用模糊综合评判法，利用专家调查，对其费用、技术及其他因素进行评价，通过比较，选出最佳方案。

物流系统分析与规划无论对于布局设计，还是企业整体生产来说都至关重要，有利于提高布局设计的合理性，有利于提高整体生产的效率。一方面，在布局设计前期可对物流系统进行分析和设计，从而为布局设计提供基础；另一方面，也可单独对现有物流系统进行分析和设计，从而改善现有物流系统，提升物流效率。物流系统规划采用如下实现步骤：

1）确定系统规划目标。明确所实施的物流系统规划的具体背景、意义和目标。整理合理的决策指标，为之后的方案评价提供依据，如响应时间最小、成本最低等。

2）分析问题约束条件。进行物流系统规划时，事先对问题的基本情况进行详细的了解，对物流系统各环节节点的分布情况、运输情况、连接情况等进行资料收集，分析得到物流系统规划的相关约束条件。

3）收集整理相关数据。物流系统规划以成本、响应时间等作为指标，因此对这些指标进行数据收集和整理，建立数据库。

4）建立优化模型并求解。针对物流系统建立相应的优化模型，根据模型特点选择有效的方式对模型进行求解，从而得到物流系统的初步设计。

5）方案综合评估。综合具体的实际条件，对模型给出的物流系统设计方案进行可行性评估，修改方案，并得到最终的物流系统规划方案。

（2）生产布局及物流系统建模仿真

针对 SLP 给出的生产布局方案以及物理系统规划设计方案，通过计算机建模仿真技术对方案进行模拟，对仿真结果进行分析，从而获得设计方案的有效性信息，为最终方案实行提供支持。

1）方案分析。对生产布局和物流系统设计方案进行分析，获得建模仿真所需的基本要素及相互关系，为建模仿真设计基本框架。

2）搭建仿真模型，编制程序。根据所设计的仿真框架，搭建仿真模型，并对模型进行检验，确定模型对方案的模拟程度，并根据所选用的仿真软件，编写程序。

3）运行模型，计算结果。确定模型建立完毕后，运行模型，根据运行结果，对模型进行有效性调整。

4）分析数据，检验方案效果。多次运行模型，获得模型运行数据，对数据进行统计分析，从而得到关于生产布局和物流规划设计方案的运行效果，为最终的管理决策提供支持。

图 6-51 是应用上述方法对运载火箭某钣金厂房进行布局仿真分析并优化后的布局展示。

图 6-51　生产布局展示

6.3.3.3 生产流程分析与节拍优化技术

生产流程分析是应用工业工程技术的基础，这部分的研究内容包括使用较为专业的分析工具和分析方法，清晰而全面地描绘现有的生产流程现状，清晰物料与信息流动方式，识别增值与非增值环节，为生产流程的优化重组提供基础和方向，并为其他的研究工作提供支持。此外，节拍优化是基于生产流程分析的重要优化方向，确定合适的生产节拍也是研究的重要内容。

总体来说，在生产流程分析和节拍优化方面，可以首先通过绘制价值流图和使用价值流图分析技术来理解现有流程，了解现有的物料流和信息流，识别增值和非增值过程。之后基于价值流图，绘制流程程序图，详细区分操作、搬运、检验、等待、存储这五种操作，确定相关信息，并通过 ECRS（即取消 Eliminate、合并 Combine、调整顺序 Rearrange、简化 Simplify）原则对现有的流程进行优化和改进，最终基于改进后的生产流程，考虑实际需求节拍，计算和调节生产节拍。

（1）现有生产流程分析

首先，需要对现有的生产流程进行分析。使用价值流图和流程程序图对其进行分析，航天产品研制流程如图 6-52 所示。

价值流是指当前产品通过其基本生产过程所要求的全部活动。这些活动包括增值和不增值活动。价值流图同时包括物料流和信息流，它是一个工厂价值流可视化的工具，通过一张价值流现状图，使我们对工厂的主要现状一目了然。使用价值流图分析技术可以更好地区分增值与非增值环节，有助于识别浪费和为改善找到方向。

流程程序图是程序分析中最基本、最重要的分析技术，它是进行方法研究改进工作的有力工具。它能记录产品或零部件在整个制造或装配过程中所发生的操作、搬运、检验、等待和储存等生产工序内容，用于分析其搬运距离、等待、储存等"隐藏成本"的浪费。

（2）节拍优化

生产节拍是指根据客户订单数量计算的每产出一个产品所需要

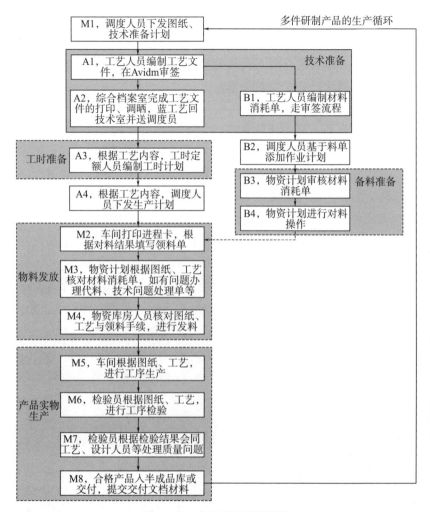

图 6 - 52　航天产品研制流程

的时间。在装配线上，节拍就是相邻两产品通过装配线尾段的间隔时间。节拍是平衡生产线的依据，本质上生产节拍由客户订单数量决定，稳定的节拍有利于生产安排和人力物力的充分利用。通过对生产线节拍的计算，可以分析生产线的平衡状况和人员利用率情况。

　　一般来说，节拍可以分为需求节拍和生产节拍，而优化的方向则是将生产节拍向需求节拍靠拢。生产节拍的优化主要可以在改进设备、优化工艺、科学计算节拍、装配线平衡/调度、物料配送、装配线布局、采用信息技术等方面进行改进。

总体来说，在生产流程分析和节拍优化方面，可以首先通过绘制价值流图和使用价值流图分析技术来理解现有流程，了解现有的物料流和信息流，识别增值和非增值过程。之后基于价值流图，绘制流程程序图，并通过 ECRS 原则对现有的流程进行优化和改进，最终基于改进后的生产流程，计算和调节生产节拍。

6.3.3.4 航天产品生产低重复度作业分析技术

作业分析技术是将人因学应用于实际生产中的一个重要手段。一般来说，作业分析的作用可能包括如下几个方面：为在多种作业方法中选择最好的作业方法提供依据；用于改善流水线平衡问题；提供企业制定生产计划的产能依据；提供人员、物料需求信息；作为评估作业标准时间的方法；提供工作改善的依据；提供一个公平公正的作业平台。

在作业分析的过程中，关键内容是作业时间测定，其主要技术可以通过动素分析来完成，此外，还需要考虑作业空间设计、人机作业分析、作业环境、作业疲劳等相关内容。

在人因学相关内容的设计方面，需要考虑到作业空间设计、人机交互设计、作业环境、作业疲劳等相关内容。

作业空间设计中需要考虑到作业姿势和作业空间尺寸设计，设计过程中需要考虑到如下几个重点：

1）人手臂的有效活动范围及最佳施力范围，并考虑不同作业姿势下人的活动，以此作为工作台和手控空间的设计依据。

2）腿脚的尺寸及其活动范围，以此作为工作台下部空间的设计依据，设计时应以人体的自由、舒适和无障碍活动为原则。

3）考虑人的视觉阈限及最佳视觉范围，并考虑人体信息接受能力来设计相应的显示装置，使各种调节及操作能得以准确高效进行。此外，还需要对作业空间的布置进行设计，在设计中，需要综合考虑操作重要性、使用频率、使用顺序、使用功能等布置原则。

在人机交互设计中，操纵装置和作业工具的设计要充分考虑操作者的体形、生理、心理、体力和能力。一般来说，对于设备、工具和操作方法的设计需要考虑到如下几个原则：

1）按照人体肢体运动规律选用不同的操纵方式，适应不同的生理特征。

2）注意考虑操作装置和相应显示装置的相合性及运动的一致性，使其符合人们的思维习惯，避免操作失误。

3）不同的操纵装置应有不同的形状、位置、颜色和文字标识，必要时还应按功能进行分类排列，赋予相应的特殊标记，以便于记忆减少失误并提高工效。

4）各种操作装置及工具应与人体操作部位成比例，并符合人体操作习惯，使其能高效地实现预定功能，且不易引起操作部位过度疲劳或职业病。此外，在对于作业环境的设计中，需要考虑到照明因素、噪声因素、震动环境、微气候环境及污染环境，同时，需要对作业者的疲劳情况进行关注。

虽然我国航天制造技术在近年来获得了长足的发展，但与世界武器装备制造技术水平相比差距很大，尤其是在快速研制、常规制造技术现代化、批生产快速转换及前沿基础技术研究等方面问题更为突出。在新的时期，为提高效率、降低成本、提升制造能力，满足航天产品研制生产的需要，适应产业化发展的需求，促进航天科技工业新体系的建立，需要强化航天产品的综合制造能力，加速航天产业转型升级步伐，加快实现由以社会效益为主向社会效益和经济效益并重，加速宇航产品的制造模式转型，加速由单型号向多型号并举的转变，未来还将深化应用先进的数字化制造技术和模式在以下几方面进一步提升：

1）批生产和产品生产转换能力提升方面；

2）缩短产品研制周期方面；

3）先进制造技术和装备的应用；

4）前沿技术研究和技术储备。

因此可见，为更好提升中国航天制造综合能力，需要对已有的制造模式进行深层次的调研分析，对制造模式的现状进行评估。同时借鉴国际航天制造业的模式及先进制造技术的应用，进一步对典型企业制造系统的形成实施指导意见，在这个基础上，对航天产品单元制造系统设计方法和关键技术进行研究。

6.4　制造资源计划管理

6.4.1　制造资源计划内涵

制造资源计划（MRP Ⅱ，Manufacturing Resource Planning）是美国在 20 世纪 70 年代末、80 年代初提出的一种现代企业生产管理模式和组织生产方式。MRP Ⅱ是由美国著名管理专家、MRP Ⅱ的鼻祖奥列弗·怀特（Oliver W. Wight）在物料需求计划（MRP，Material Requirement Planning）的基础上继续发展起来的。20 世纪 90 年代以来，MRP Ⅱ经过进一步的发展与完善，形成了目前的企业资源计划（ERP，Enterprise Resource Planning）系统。MRP Ⅱ/ERP 的发展大体上经历了 4 个阶段，基本 MRP 阶段，闭环 MRP 阶段，MRP Ⅱ阶段，ERP 阶段。

第一阶段：MRP，也称作基本 MRP。在 20 世纪 60 年代中期，美国 IBM 公司的管理专家约瑟夫·奥列弗博士首先提出了独立需求和相关需求的概念，将企业的物料分成独立需求物料和相关需求物料，并在此基础上总结出物料需求计划（MRP）理论。这种理论和方法与传统的库存理论和方法有着明显的不同，其最主要的特点是，在传统的基础上引入了时间分段和反映产品结构的物料清单 BOM（Bill of Materials），较好地解决了库存管理和生产控制中的难题，即按时按量得到所需要的物料。也正是由于计算机技术的发展，才可以将生产中的物料分为相关需求和独立需求来进行管理。相关需求根据物料清单（BOM）、库存情况和生产计划制定出物料的相关需求时间表，按所需物料提前采购，这样既可以大大降低库存，也可以降低公司的运营成本。当一个产品由成千上万个零部件或材料组成时，必须依靠计算机进行管理才可以实现。

第二阶段：闭环 MRP。闭环 MRP 理论认为主生产计划与物料需求计划（MRP）是可行的，即考虑能力的约束，或者对能力提出需求计划，在满足能力需求的前提下，才能保证物料需求计划的执行与实现。企业根据自身的发展需要和市场的需求来制定企业生产规划，根据生产规划制定主生产计划，同时进行生产能力分析和公司的生产机器负荷分析。只有通过对产能负荷的分析，才能达到主生产计划基本可靠的要求。然后根据主生产计划（MPS）、物料库存信息、物料清单（BOM）等信息来制定物料需求计划。再由物料需求计划、产品的工艺路线和工作中心能力生成能力需求计划，通过加工工序的能力平衡来调整物料需求计划，如果还不能平衡就需要进行 MPS 的调整，所以，闭环物料需求计划能较好地解决计划与控制的问题，是计划理论的一次大的进步，但是它并没有彻底解决计划和控制的问题，正是基于这一点才有了后续的继续发展。

第三阶段：MRP Ⅱ。在闭环 MRP 中主要是物料的运转，在企业的供应流转过程中，包括原材料的引进和成品销售中，都伴随着资金的流转，这些在闭环 MRP 中没有涉及到，但是资金的运作会影响到生产的运作，比如说，在采购计划制定后，可能会由于企业的资金短缺而造成无法按时完成，进而影响到整个计划的执行。正是基于这个问题，美国著名的生产管理专家奥列弗·怀特提出了制造资源计划（Manufacturing Resources Planning），它的简称也是 MRP，为了与物料需求计划区别，称为 MRP Ⅱ。此理论在 20 世纪 80 年代开始在企业中广泛应用，它的应用和发展也给制造业带来了巨大的经济效益，据不完全统计，美国在 1985 年时有大约 150 家软件公司开发了 300 余种 MRP Ⅱ，拥有数万家的客户。在我国，沈阳鼓风机厂于 1981 年引进了 IBM 的 COPICS 系统，也拉开了 MRP Ⅱ

在中国应用的序幕。在进入 20 世纪 90 年代后，随着制造型企业规模的不断扩大，多集团、多工厂需要统一部署，协同作战，MRP Ⅱ 已经显得力不从心，而且它也难以解决企业之间的信息交流和信息共享问题。

第四阶段：ERP。进入 20 世纪 90 年代，随着现代管理思想和方法的提出和发展，比如说准时生产制、分销资源计划、制造执行系统等先进的管理思想，MRP Ⅱ 也在吸收和引进先进管理思想的基础上，完善着自身的理论，进入了一个新的阶段，ERP（Enterprise Resource Planning）产生了，它融合了企业内部的三大资源物流：实物流、资金流和信息流，ERP 的作用和任务是把企业内部的资源进行全面的集成管理，并为企业提供决策、计划、控制和经营业绩评估等全方位和系统化的管理平台。ERP 不仅仅是一个企业的信息管理系统，它更是一种管理理论和管理思想，并利用企业包括内部资源和外部资源在内的所有资源，为企业的制造生产和服务提供最优的解决方案。

6.4.2　制造资源计划管理软件系统

国外 ERP 软件发展较早，且产品历经上千家企业、上万个用户的检验，版本更新换代了数次，稳定性、功能性较好。

1）SAP：SAP 公司是 ERP 思想的倡导者，成立于 1972 年，总部设在德国南部的沃尔道夫市。SAP 的主打产品 R/3 是用于分布式客户机/服务器环境的标准 ERP 软件，主要功能模块包括：销售和分销、物料管理、生产计划、质量管理、工厂维修、人力资源、工业方案、办公室和通信、项目系统、资产管理、控制、财务会计。R/3 适用的服务器平台是：Novell、Netware、Windows Server、Unix，适用的数据库平台是：IBM DB2、Informix、MS SQL Server、Oracle 等。支持的生产经营类型是：按订单生产、批量生产、合同生产、离散型、复杂设计生产、按库存生产、流程型，其用户主要分布在航空航天、汽车、化工、消费品、电器设备、电子、食品饮料等行业。

2）Oracle：Oracle 公司是全球最大的应用软件供应商，成立于1977 年，总部设在美国加利福尼亚州。Oracle 主打管理软件产品 Oracle Applications R11i 是目前全面集成的电子商务套件之一，能够使企业经营的各个方面全面自动化。Oracle 企业管理软件的主要功能模块包括：销售订单管理系统、工程数据管理、物料清单管理、主生产计划、物料需求计划、能力需求管理、车间生产管理、库存管理、采购管理、成本管理、财务管理、人力资源管理、预警系统。Oracle 适用的服务器平台是：DEC Open VMS、NT、Unix、Windows，数据库平台是：Oracle。支持的生产经营类型是：按订单生产、批量生产、流程式生产、合同生产、离散型制造、复杂设计生产、混合型生产、按订单设计、按库存生产。其用户主要分布在：航空航天、汽车、化工、消费品、电器设备、电子、食品饮料行业。

3）BAAN：BAAN 是一个为项目型、流程型及离散型产业供应链提供 ERP 系统和咨询服务的公司。BAAN 的软件家族产品支持企业一系列的业务过程，其中包括：制造、财务、分销、服务和维护业务。此外，BAAN 公司还提供了一套组织工具和软件工具 Orgware，它能帮助企业减少实施时间和成本，并能帮助企业实现对系统的不断改进。BAAN ERP 适用的服务器平台是：Windows Server、Unix，适用的数据库平台是：IBM DB2、Informix、MS SQL Server、Oracle。支持的生产类型是按订单设计、复杂设计生产，用户主要分布在航空航天、汽车、化工、工业制造等行业。

20 世纪 90 年代，企业管理软件从美国传入中国，经过 20 多年的发展，现在国内已经涌现出一批优秀的企业管理软件品牌，包括：用友、金蝶、神州数码、浪潮、博科等。

4）用友：核心产品包括 U9/U8、NC、"通系列"。用友软件股份有限公司是亚太本土最大的管理软件、ERP 软件、集团管理软件、人力资源管理软件、客户关系管理软件、小型企业管理软件公司，已形成 NC、U8、"通"三条产品和业务线，分别面向大、中、小型企业提供软件和服务。用友拥有丰富的企业应用软件产品线，覆盖了企业 ERP 企业资源计划、SCM 供应链管理、CRM 客户关系管理、HR 人力资源管理、EAM 企业资产管理、OA 办公自动化等业务领域，可以为客户提供完整的企业应用软件产品和解决方案。

5）金蝶：核心产品包括金蝶 K/3、KIS、EAS。金蝶国际软件集团有限公司是中国第一个 Windows 版财务软件及小企业管理软件（金蝶 KIS）、第一个纯 JAVA 中间件软件（金蝶 Apusic、金蝶 BOS）、第一个基于互联网平台的三层结构的 ERP 系统（金蝶 K/3）的缔造者，其中金蝶 K/3 和 KIS 是中国中小型企业市场中占有率最高的企业管理软件。金蝶 EAS 构建于金蝶自主研发的商业操作系统——金蝶 BOS 之上，面向中大型企业，采用最新的 ERPⅡ管理思想和一体化设计，有超过 50 个应用模块高度集成，涵盖企业内部资源管理、供应链管理、客户关系管理、知识管理、商业智能等，并能实现企业间的商务协作和电子商务的应用集成。

6.4.3　ERP 在火箭研制过程中的应用

目前火箭型号产品研制过程主要以项目管理制作为产品科研生产的主要管理方式，以型号项目部作为科研生产的核心，集计划管理、资金管理、技术管理、质量管理为一体，实行扁平化管理，指挥和协调生产部门（各车间）和业务部门（物资部等）。图 6 - 53 所示为 ERP 系统对火箭型号研制过程中企业资源的整合。

ERP 系统组织集成的特点在航天企业应用中的具体体现有以下几点：

（1）ERP 系统的纵向组织

所谓纵向集成，是指在应用 ERP 系统的企业中，实现了管理功能和信息在企业各层次之间的集成，或者说实现了各层次的业务流程之间的集成，即计划层、执行层和控制层的集成，计划层将生产作业计划、物资备料计划、资金需求等在 ERP 系统中重新整合，建立了集成化的计划管理体系。执行层是执行各项计划规定的生产经

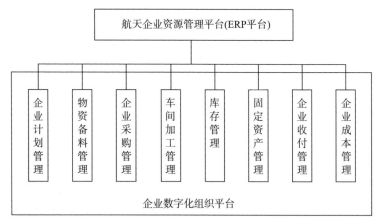

图 6-53　ERP 系统对企业资源的整合

营目标和各项任务，如车间加工、物资采购等并得出执行过程相对原计划的偏离。控制层通过反馈、统计和报表等手段对企业各项执行活动进行监控，及时发现各项业务活动的执行结果对计划规定的指标的偏差，从而完成整个科研生产过程的闭环控制。

（2）ERP 系统的横向组织

ERP 系统除了完成企业各管理层次之间的纵向集成外，还实现了业务流程跨部门的横向集成。所谓业务流程跨部门的横向集成，是指打破传统的按职分工的原则和部门之间的界限，将跨越不同职能部门，由不同专业人员完成的业务工作环节集成起来，合并成单一业务流程，由不同专业的工作人员组成的团队，应用 ERP 不同模块提供的功能和信息，完成该业务流程的运行。各业务部门人员能够有效协调，保证生产供应等环节相互配合，达到资源的优化配置，克服凭经验下达作业计划、盲目采购和盲目生产引起的浪费。图6-54为产品项目计划业务流程图。

（3）ERP 系统实现了物流、资金流和信息流的集成

物料、资金和信息是企业的三大制造资源，其中物流和资金流是信息流的载体，信息流反映了物料和资金的运动状况。ERP 系统

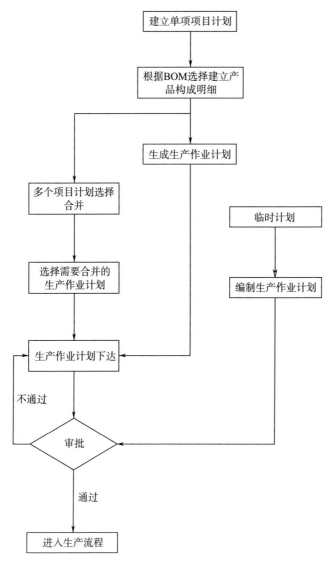

图 6-54　产品项目计划业务流程图

解决了物流和资金流的脱节问题,在 ERP 系统中,各个业务模块都做了严密的接口,每一项业务活动的变化都在另一相关业务活动中存有对应的回写与记录。这样,物流状态的每一变化都会动态地反映到资金状态的变化中，诸如，由技改造成的数控机床的改建增值，不仅影响生产计划中设备的选用，还影响固定资产模块中对应该机床的每月记入生产成本的折旧费用摊销，从而进一步做到企业资源的合理组织。

6.5　制造执行管理

6.5.1　制造执行系统定位

车间作为制造企业的物化中心，它不仅是制造计划的具体执行者，也是制造信息的反馈者，更是大量实时制造信息的集散地，因此车间层的生产管理与信息资源集成是企业生产系统和信息化管理中的重要一环，车间生产及管理自动化是实施企业信息化整体解决方案的共性核心关键技术，车间生产管理及其信息系统的敏捷性在很大程度上决定着整个企业的敏捷性。20 世纪 90 年代美国先进制造研究（AMR，Advanced Manufacturing Research）机构提出了"制造执行系统"（MES，Manufacturing Execution Systems）概念，并将 MES 定位于重点解决车间生产管理问题。

美国先进制造研究机构将 MES 定义为"位于上层的计划管理系统与底层的工业控制之间的面向车间层的管理信息系统"，它为操作人员/管理人员提供计划的执行、跟踪以及所有资源（人、设备、物料、客户需求等）的当前状态等信息。MES 国际联合会对 MES 的定义如下：MES 能够通过信息传递对从订单下达到产品完成的整个生产过程进行优化管理。当工厂发生实时事件时，MES 能够对此及时地做出反应和报告，并用当前的准确数据对它们进行分析和处理。这种对状态变化的迅速响应使 MES 能够减少企业内部没有附加值的活动，有效地指导工厂的生产运作过程，从而使其既能提高工厂及时交货能力，改善物料的流通性能，又能提高生产回报率。MES 还通过双向的直接通信在企业内部和整个产品供应链中提供有关产品生产行为的关键任务信息。

从企业集成模型可以看出，制造执行系统在计划管理层与底层控制之间架起了一座桥梁，填补了两者之间的空隙。近年来，一些 ERP 软件试图将其车间管理的功能向下延拓，而一些底层控制软件如 DCS 软件、各种底层组态软件等尝试向上延伸功能，尽管增加了一些功能模块，但是其收效不大。MRPⅡ/ERP 软件缺少足够的底层控制信息，无法实现与控制系统紧密相连；DCS、各种组态软件等控制软件又缺乏足够的顶层控制信息，不能实现对生产的管理与控制。因此，上述情况造成了企业内部的信息传递瓶颈，不能对瞬息万变的市场变化做出快速响应。其主要原因是虽然重视了计划管理（Planning）和底层控制（Control），却忽视了车间执行（Execution）功能，如图 6 - 55 所示。因此重视制造执行过程对企业来说，可以起到事半功倍的效果。MES 是面向车间生产过程的"实时"生产和调度，一方面 MES 可以将来自 MRPⅡ/ERP 软件的生产管理信息细化、分解，形成操作指令传递给底层控制；另一方面 MES 可以实时监控底层设备的运行状态，采集设备、仪表的状态数据，经过分析、计算与处理、触发新的事件，从而方便、可靠地将控制系统与信息系统联系在一起。

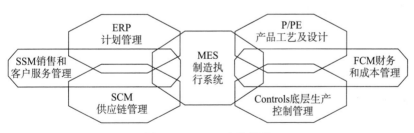

图 6 - 55　MES 定位模型

作为车间生产管理系统核心的 MES 可看作一个通信工具，它为企业各种其他应用系统提供现场的数据信息。图 6 - 56 反映了 MES 与 ERP/PDM 和 Controls 之间的信息流动和交互，MES 国际联合会

ERP/PDM	交互的信息	MES	交互的信息	Controls
预测 成本分析 生产计划 过程定义 销售订单处理 人力资源 库存管理 采购 分销 供应计划 配件需求 财务	产品生产需求 BOM/图纸/工艺文件 企业生产资源 库存状态/人力状态 生产计划 供应计划/配件需求 订单完成情况 交货期状态 物料消耗情况 人员分配情况 实际物料清单(BOM) 生产能力/短期生产 计划/废品/次品	生产过程管理 人力资源管理 质量管理 文档管理 产品跟踪 产品谱系管理 工序级详细调度 生产单元分配 性能分析 数据采集 维护管理	短期生产计划 生产指令单 零件清单 生产分析报告 加工标准 物料短缺信息 生产优化运行参数 工序进展信息 设备运行参数 物料使用状态	生产数据采集 工序监控 设备监控 人力监控 物料监控 工序排序管理 设备管理 工序指令管理 人机接口管理 安全维护

图 6-56　MES 与 ERP/PDM 和 Controls 之间的信息交互

在 MES 白皮书中也给出了 MES 在企业生产管理中的数据流图和所处地位。MES 向上层 ERP/SCM 提交周期盘点次数、生产能力、材料消耗、劳动力和生产线运行性能、在制品（WIP，Work in Process）的存放位置和状态、实际订单执行等涉及生产运行的数据；向底层控制系统发布生产指令控制及有关的生产线运行的各种参数等；生产工艺管理可以通过 MES 的产品产出和质量数据进行优化。另一方面，MES 也要从其他的系统中获取自身需要的数据，这些数据保证了 MES 在工厂中的正常运行。例如，MRPⅡ/ERP 的计划数据是 MES 进行生产调度的依据；供应链通过外来物料的采购和供应时间控制着生产计划的制订和某些零件在工厂中的生产活动时间；销售和客户服务模块提供的产品配置和报价为实际生产订单信息提供基本的参考数据；生产工艺管理提供实际生产的工艺文件和各种配方及操作参数；从控制模块传来的实时生产状态数据被 MES 用于实际生产性能评估和操作条件的判断。总之，MES 接受企业管理系统的各种信息，充分利用这些信息资源，实现优化调度和合理资源配置。

6.5.2 制造执行系统功能

制造执行系统在工厂综合自动化系统中起着承上启下的作用，它在 ERP 系统产生的生产计划指导下，收集底层控制系统的与生产相关的实时数据，安排短期的生产作业的计划调度、监控、资源调配和生产过程的优化工作。MES 国际联合会给出的制造执行系统的功能如图 6-57 所示。

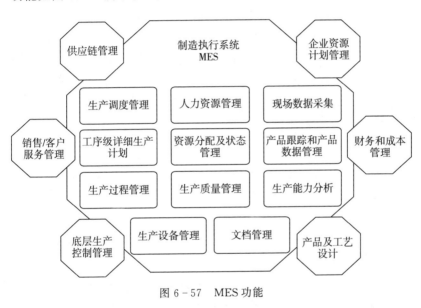

图 6-57 MES 功能

1) 资源分配及状态管理：对资源状态及分配信息进行管理，包括机床、辅助工具（如刀具、夹具、量具等）、物料、劳动者等其他生产能力实体，以及开始进行加工时必须具备的文档（工艺文件、数控设备的数控加工程序等）和资源详细历史数据，对资源的管理还包括为满足生产计划的要求而对资源所做的预留和调度。

2) 工序级详细生产计划：负责生成工序级操作计划，即详细计划，提供基于指定生产单元相关的优先级、属性、特征、方法等的作业排序功能。其目的就是要安排一个合理的序列以最大限度地压缩生产过程中的辅助时间，这个计划是基于有限能力的生产执行计划。

3）生产调度管理：以作业、订单、批量及工作订单等形式管理和控制生产单元中的物料流和信息流。生产调度能够调整车间规定的生产作业计划，对返修品和废品进行处理，用缓冲管理的方法控制每一点的在制品数量。

4）文档管理：管理与生产单元相关包括图纸、配方、工艺文件、工程变更等的记录/单据。该部分还完成包括对存储的生产历史数据进行维护的操作。

5）现场数据采集：负责采集生产现场中的各种必要的实时更新的数据信息。这些现场数据可以从车间手工输入或由各种自动方式获得。

6）人力资源管理：提供实时更新的员工状态信息数据。人力资源管理可以与设备的资源管理模块相互作用来决定最终的优化分配。

7）生产质量管理：把从制造现场收集到的数据进行实时分析以控制产品质量，并确定生产中需要注意的问题。

8）生产过程管理：监控生产过程，自动修正生产中的错误，提高加工效率和质量，并向用户提供纠正错误和提高在制产品生产行为的决策支持。

9）生产设备管理：跟踪和指导企业维护设备和刀具以保证制造过程的顺利进行，并产生除报警外的阶段性、周期性和预防性的维护计划，也提供对直接需要维护的问题进行响应。

10）产品跟踪和产品数据管理：通过监视工件在任意时刻的位置和工艺状态来获取每一个产品的历史记录，该记录向用户提供产品组及每个最终产品使用情况的可追溯性。

11）性能分析：能提供实时更新的实际制造过程的结果报告，并将这些结果与过去的历史记录及所期望出现的经营目标进行比较。

12）外协生产管理：在敏捷制造模式下，当车间的任务不能完成时，可直接通过网络在网上寻求合作伙伴，实现跨车间乃至跨厂的资源组合，实现企业之间加工设备及资源的共享，构成一个虚拟车间；另一方面，车间也可直接接受其他车间或企业的生产任务，作为其他虚拟企业/虚拟车间的一部分。

6.5.3　MES 在火箭制造中的应用

（1）运载火箭生产特点

1）典型的多品种、小批量（或单件）的离散加工。企业生产的产品品种多达上千种，每种产品的批量大小不一，多的几十件到上百件，少的几件甚至单件。

2）多型号并举，研制与批产交叉进行。多种型号产品同时生产，研制任务和批产任务并举，特别是研制任务、设计方案变化较频繁，与之相适应，产品的制造工艺、物料需求都将随之改变。

3）生产插单现象普遍，导致生产计划变更频繁。车间生产存在大量"插单"，在产品生产中，经常会接到一些指令性任务，存在较多的紧急生产任务。

4）工艺过程复杂，涉及的生产环节多，制造难度大。由于该类企业的产品零部件的加工工艺复杂、精度要求高。新产品的制造需求与企业现有生产能力和生产设备不匹配，从而造成资源配置和物流的不平衡，难以体现单元化生产的效率。

5）产品质量要求高，生产过程对质量控制非常严格。企业对生产的产品质量要求非常高，出厂后的合格率必须是 100%。在企业生产过程中，对零部件每一道工序加工完成后都要进行严格的检验，对出现的质量问题进行及时处理，将质量问题控制在企业范围内。

（2）实现车间资源的数字化建模

通过采用对象化的技术与方法，对机加生产车间现有的主体资源，建立一个能够满足企业生产需求的数字化资源模型，并通过关联关系建立相应实体对象之间的内在联系，更好地管理车间的人员、设备、物料及工时等信息，为后续的生产排产和生产任务的有效执行做准备。

（3）生产计划排产

通过导入 ERP 下达的主计划，根据生产准备情况拆分成车间生产计划，结合车间的有限资源，通过先进的排产引擎对车间生产计划进行快速有效的排程，生成可执行的工序级任务计划，从而导出作为车间生产现场生产流转依据，车间任务流转过程的执行信息记录在 MES 系统中，作为下次排产的部分数据进入排产引擎以支持企业的滚动排产过程。

当前生产过程需要经过多道工序，在编制生产计划时需要考虑上下游生产计划的协同性。当 ERP 确定主生产计划后，可将主生产计划下发给 APS（Advanced Planning and Scheduling），由 APS 按机台进行计划的分解，检验无误后，回传 ERP 进行确认，并将派工单下发给 MES。MES 进行资源的齐套检查，并下发给生产机台，流程如图 6 - 58 所示。

（4）生产过程管理

生产排产完成后，生成了工序级的任务计划，经车间调度员派工，任务就进入了车间生产现场进行生产加工流转过程。车间生产过程管理主要包括智能卡管理、班组任务管理、物料转移通告、车间生产监控、车间视频监控、生产任务进度跟踪及车间报警事件管理。班组任务管理主要是对记录的任务计划进行动态调度管理和细化执行过程管理，包括车间班组长分配任务给工人、工人接收任务、汇报提交任务、车间异常事件报警等操作，图 6 - 59 为科研生产管理系统界面。

车间生产监控细分为任务执行进度、设备状态与报警事件监控，这些均以看板方式通过车间大屏幕实时地了解车间现场生产进度、设备运行状况及车间突发事件，及时地响应和处理车间生产现场所发生的问题，尽最大限度地保证生产现场能够持续稳定地推进生产，从而提高车间的生产效率。

可通过监控视频监控车间生产现场各个工位上的实时生产现状，也可以查看以往的生产视频，追溯过往的生产过程信息；生产任务

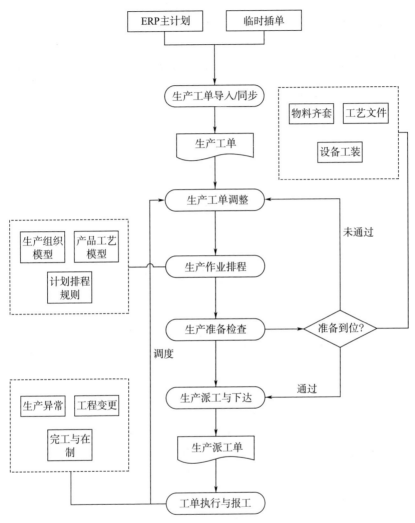

图 6-58　生产调度流程示意图

进度跟踪是对一些考核的任务实时掌控其生产执行进度，以保证其能够按期完成；车间报警事件管理是对车间发生的各种异常事件进行统一的维护和管理，以供方便地查询和统计分析，为后续生产持续改进提供数据支持。

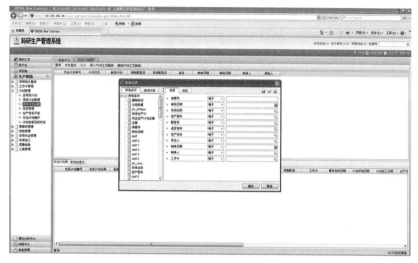

图 6-59　科研生产管理系统界面

（5）生产现场执行状态实时感知与动态管控

针对基于动态感知技术的制造执行过程优化控制问题，首先通过物联网感知技术，实时了解生产现场情况。在掌握全局信息之后，针对制造过程出现的异常生产状况，如设备故障、紧急生产任务等，利用协作感知的敏感性技术，提高与生产密切相关的重要信息的敏感度，并降低对生产不重要的或不利的干扰信息敏感度来提高动态信息的感知效果，然后对制造过程的优化控制策略进行研究，拟采用分时段模型，以应用多时段实时决策模型动态地处理主动感知的执行过程异常变化，建立基于动态感知技术的优化控制模型；其次，对单元级的生产任务群建立相应的降维协调优化模型实现对任务序列进行动态优化。结合事件处理功能，可以针对不同报警事件建立处理工作流。实现对异常的通知、判定、处理、跟踪、分析、追责和关闭，形成车间异常管理的闭环，提高异常处理的及时性。通过对异常的分析，进行有针对性的持续改进。异常管理流程示意图如图 6-60 所示。

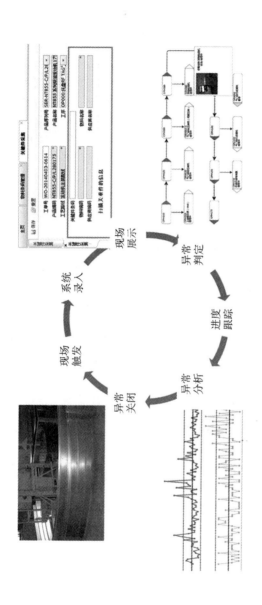

图 6 - 60　异常管理流程示意图

（6）生产过程质量控制管理

质量管理贯穿整个生产过程，包含来料的抽检，生产过程中的巡检、首中终检，完工后车间全检。通过对质量数据的实时采集，并将采集的数据与生产订单、批次等信息进行关联，能及时发现潜在的质量风险和问题，实现返工返修、质量可视化，以及质量全过程追溯管理。并在出现质量问题后及时发现问题原因，为后续处理提供依据。向车间和品质部门提供分析数据和报表，提高产品合格率，减少同类问题的出现。

质量管理业务流程示意图如图 6−61 所示。质量记录：产品生产过程中的检查、检测记录；设备加工过程中的设备参数；供应物料入厂质量检查记录；产品返修记录等。这些资料将同产品编号一同记录，形成电子质量档案，便于分析和存档。

不合格品处理：在制品检测是针对同一工序创建一条或多条检测任务，提高检测效率、增加检测准确性。根据检测结果可分为两种处理结果，一种是定性合格与不合格；一种是基于定量，判定是否超过误差范围，超过则不合格，反之合格。针对不合格品分为多种情况进行处理。

质量分析：收集到质量资料记录后，可以对质量记录进行分析，可以获得某时段产品质量频次、产品一次通过率、供应商供货质量通过率等指标，对于提高产品质量提供数据支撑。

（7）统计与分析

在机加车间 MES 系统中，使用报表管理模块进行报表定义以及统计分析；在报表管理模块中，提供了报表、线型图、饼状图、柱状图等数据的多种展示手段。

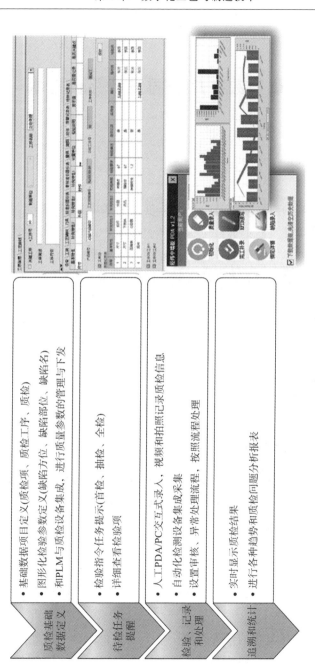

图 6 - 61　质量管理业务流程示意图

质检基础数据定义
• 基础数据项目定义(质检项、质检工序、质检)
• 图形化检验参数定义(缺陷方位、缺陷部位、缺陷名)
• 和PLM与质检设备集成，进行质量参数的管理与下发

待检任务提醒
• 检验指令任务提示(首检、抽检、全检)
• 详细查看检验项

检验、记录和处理
• 人工PDA/PC交互式录入，视频和拍照记录质检信息
• 自动化检测设备集成采集
• 设置审核，异常处理流程，按照流程处理

追溯和统计
• 实时显示质检结果
• 进行各种趋势和质检问题分析报表

第7章 数字化协同设计平台技术

7.1 概述

运载火箭的研制过程是一个十分复杂的系统工程，涉及火箭总体、分系统设计及制造的数十个学科领域、上百个专业，直接配套单位几十家，参与配套的单位上千家。运载火箭是一个典型的多企业、多区域、多专业、多系统之间协同研制的结果，其研制技术难度高、任务重、时间紧、参与研制单位多、协调工作量大。随着航天高密度发射任务的需求，运载火箭如果还是应用传统的研制模式和技术手段，是无法适应和克服上面提到的那些问题和困难的，必须借助信息化技术、采用数字化手段来提高研制过程的效率，确保型号研制质量，解决影响运载火箭研制周期的关键技术和保障问题。

7.1.1 协同设计概述

协同设计的概念源于 CSCW（Computer Supported Cooperation Work，即计算机支持的协同工作），即在计算机技术支持的环境下，一个群体协同完成一项共同的任务。CSCW 技术是一门交叉学科，涉及的领域非常广泛，其中包括计算机网络通信、并行和分布式处理、数据库、多媒体、人工智能理论等。它具有分布性、共享和通信、开放性、异步性、自动化支持、工作协同性、信息共享性和异质性等特点。

面对越来越复杂的设计对象，单个人和企业已不能胜任，需要众多设计专家和企业组成多功能设计小组，以一种协同的方式来进行产品的设计。协同设计（Collaborative Design）是指在计算机的支持下，各成员围绕一个设计项目，承担相应的部分设计任务，并交互地进行设计工作，最终得到符合要求的设计结果的设计方法。协同设计强调采用群体工作方式，从而不同程度地改善传统设计中项目管理与设计之间、设计与生产之间的脱节，以及设计周期过长、设计费用高、设计质量不易保证等缺点。

7.1.1.1　协同设计过程的特点

1）分布性：参加协同设计的人员可能属于同一个企业，也可能属于不同的企业；同一企业内部不同的部门又在不同的地点，所以协同设计须在计算机网络的支持下分布进行，这是协同设计的基本特点。

2）交互性：在协同设计中人员之间经常进行交互，交互方式可能是实时的，如协同造型、协同标注；也可能是异步的，如文档的设计变更流程。开发人员须根据需要采用不同的交互方式。

3）动态性：在整个协同设计过程中，产品开发的速度、工作人员的任务安排、设备状况等都在发生变化。为了使协同设计能够顺利进行，产品开发人员需要方便地获取各方面的动态信息。

4）协作性与冲突性：由于设计任务之间存在相互制约的关系，为了使设计的过程和结果一致，各个子任务之间须进行密切的协作。另外，由于协同的过程是群体参与的过程，不同的人会有不同的意见，合作过程中的冲突不可避免，因而须进行冲突消解。

5）活动的多样性：协同设计中的活动是多种多样的，除了方案设计、详细设计、产品造型、零件工艺、数控编程等设计活动外，还有促进设计整体顺利进行的项目管理、任务规划、冲突消解等活动，协同设计就是这些活动组成的有机整体。

6）除了上述特点外，协同设计还有产品开发人员使用的计算机软硬件的异构性、产品数据的复杂性等特点。对协同设计特点的分析有助于为建立合理的协同设计环境体系结构提供参考。

7.1.1.2　协同设计的关键问题

协同设计是计算机支持的协同工作与先进设计技术相结合对产品设计过程进行有效支持的研究领域，不仅需要不同领域的知识和经验，还要有综合协调这些知识、经验的有效机制，来满足不同的设计任务。一般认为，协同工作的基本要素为协作、信任、交流、一致、不断提高、协调。为体现这七个基本要素，实现协同工作，必须解决好以下关键技术：

1）产品建模：是指按一定形式组织的关于产品信息的数据结构，是协同设计的基础和核心。在协同设计环境下，产品模型的建立是一个逐步完善的过程，是多功能设计小组共同作用的结果。

2）工作流管理：工作流管理的目的是规划、调度和控制产品开发的工作流，以保证把正确的信息和资源，在正确的时刻，以正确的方式送给正确的小组或小组成员，同时保证产品开发过程收敛于顾客需求。

3）约束管理：产品开发过程中，各个子任务之间存在各种相互制约相互依赖的关系，其中包括设计规范和设计对象的基本规律、各种一致性要求、当前技术水平和资源限制以及用户需求等，这些构成了产品开发中的约束关系。产品开发的过程就是一个在保证各种约束满足的条件下，进行约束求解的过程。

4）冲突消解：协同设计是设计小组之间相互合作、相互影响和制约的过程，设计小组对产品开发的考虑角度、评价标准和领域知识不尽相同，必然导致协同设计过程中冲突的发生。可以说，协同设计的过程就是冲突的产生和消解的过程。充分合理地解决设计中的冲突能最大限度地满足各领域专家的要求，使最终产品的综合性能达到最佳。

5）历史管理：历史管理的目的是记录开发过程进行到一定阶段时的过程特征，并在特定工具的支持下将它们用于将来的开发过程。

目前，为实现产品协同设计管理平台有三种主流的技术思路，一种是在 CAD 平台的基础上，拓展协同管理的各种应用；另外一种就是基于项目管理、文档管理的协同设计管理软件,配合单机设计软件达到协同设计目的;第三种是基于协同数据管理平台,在标准、开放、可扩展的框架下实现文档管理、项目管理、用户管理、图纸审核、网络图库、协商交流工具等协同设计功能。

7.1.2　数字化协同设计平台

7.1.2.1　基于 PDM/PLM 的协同设计平台

协同设计平台是一个基于计算机硬件/操作系统/网络/支撑服务,具有通用性、开放性和可扩展性,可集成多学科领域涉及的设计工具、模型库及数据库等系统,对整个设计过程和信息进行有效的组织管理和控制协调、正确的传递和共享,支持异地协同工作的集成框架。在复杂产品的开发中,分布于异地的不同领域设计人员,通过协同设计平台连接在一起,以协调完成复杂的设计任务。

（1）协同设计平台的特征与功能

协同设计平台为协同设计人员、过程、模型或数据资源、设计工具之间的协同活动提供集成的一体化支撑环境,其应具备以下特征和功能。

1）强调多领域协作,基于开放式环境,支持跨学科领域的异地协同设计,支持并行工程。

2）提供一个基于标准的集成环境,实现应用系统在分布、异构环境下基于“系统软总线”的即插即用;提供一套协同开发的设计工具集以及支持多领域协同设计的工作环境。

3）提供一个管理支撑平台,支持团队组织、过程、产品数据模型和项目的管理与优化;对设计数据、模型、文档进行科学有效的管理,对设计软件具有良好的集成机制;具备良好的开放性、可扩展性及二次开发功能。

4）对设计过程中的重点设计活动进行定义,并指示使用者各设计间的关系与传递参数。

5）提供项目进展、任务的分解下达、协同设计过程管理与控制、设计变量的交互、设计结果反馈等机制。

（2）基于 PDM/PLM 的协同设计平台

作为工程设计分系统普遍采用的信息集成框架，PDM/PLM 可对分布式环境中的产品数据和过程进行统一管理，是企业实施项目管理、产品协同设计、应用系统集成、信息共享的支撑平台。鉴于运载型号产品协同设计的特点和管理需求，以成熟的商品化 PDM/PLM 软件作为型号协同设计平台的支撑环境，可充分借助其完善的 Client/Server 结构、网络通信功能实现协同设计，应用系统集成机制实现设计工具的集成，数据集成、文档管理及产品结构管理功能实现设计数据、文档、资源的统一管理和共享，工作流管理和人员组织管理功能实现协同设计运行管理。

协同设计平台需为运载型号研制提供一个基于网络的异地协同工作环境和应用系统集成的环境，对协同设计过程中所使用的主要软件 AutoCAD、Pro/E、UG、I‐DEAS、ANSYS、ADAMS、Matlab 及办公软件 MS Office、Acrobat 等进行应用系统集成。基于 PDM/PLM 的运载型号协同设计平台，由系统支撑层、核心功能层、运行环境层和用户界面层的四层体系结构构成，并实现系统管理、应用软件集成、数据管理、产品/模型结构管理、过程管理与控制等功能。

1）工程图档管理：包括图档信息定义与编辑、图档入库与出库、图档浏览、图档批注，支持数据库中图档文件的 Check in/Check out 功能，保证文件的完整性和一致性。

2）产品配置与变更管理：产品结构定义与编辑、产品结构多视图管理、产品结构查询与浏览，提供快速访问和修改 BOM 表的方法，能根据不同需求生成产品结构信息的不同视图。

3）工作流程管理：工作流程编辑、工作流程管理，根据实例化的流程建立有关人员的任务列表，伴随工作流程的进展情况，向有关人员提供过程信息和执行任务的指令。

4）项目团队管理：提供机构、角色、用户的定义和修改，分配对象操作权限和系统操作权限。集成工具：将外部应用系统封装或集成到 PDM 系统中，提供应用系统与 PDM 之间的双向数据交换。

7.1.2.1　协同设计管理平台软件系统

（1）Windchill

Windchill 是 PTC 公司的产品全生命周期管理的平台和工具。PTC Windchill PDMLink 提供一种富于系统性的方法，可以创建、配置、管理和重复使用产品结构。此外，这些产品结构含有关联的产品内容，例如 CAD 文件、文档、要求、生产信息、零件/供应商数据、计算和插图，能够提供任何等级的数据粒度。PTC Windchill 是所有产品信息的中央存储库。同样的，对于产品相关内容，例如 CAD 模型、文档、技术插图、嵌入式软件、计算和要求规范，都有一个"单一数据来源"。

Windchill 系统应用框架如图 7 − 1 所示。

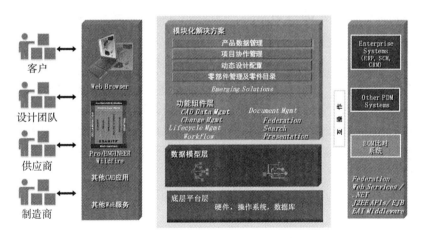

图 7 − 1　Windchill 系统应用框架

1）MCAD 的集成化管理。可存储和控制对所有 MCAD 信息的访问，并且和 PTC Creo 一样，用户不离开他们原来的 MCAD 环境就可以访问并充分利用 PTC Windchill 的功能（例如检入和检出）。

2）管理产品结构。产品结构包含指定产品的所有单独部件，也被称为工程物料清单（简称 EBOM）。PTC Windchill 可以定义这种结构并关联所有相关信息，例如材料规格、手册和测试结果。除了可"读取"CAD 模型的能力以外，PTC Windchill 还能导入 CAD 模型并依据 CAD 模型信息生成部件结构。一旦定义，此部件结构就可用于简化任务，例如导出 BOM 以获得供应商报价或将信息传输到 ERP 系统。

3）配置管理。PTC Windchill 中的任何具体部件都可以在许多产品结构中重复使用；在其他产品结构中自动引用原始部件定义。同样的，在 PTC Windchill 中更改某个部件时，更新后的信息会自动出现在任何使用该部件的产品中。通过重复使用现有内容，此类"构建基块"设计节省了大量时间并提高了整体效率。

4）版本管理。PTC Windchill 能够同时追踪多个版本，因此可以在以后轻松查看在同一产品中使用了哪些部件版本。对于时间敏感产品，可以在 PTC Windchill 中指派一个有效日期，从而强制在某个日期之前或之后不能使用某个版本。

5）管理文档。使用与 CAD 文档一起使用的相同工具，例如版本控制和检入/检出，PTC Windchill 还能帮助企业高效地管理文档。

6）更改管理。PTC Windchill 以每个人都已经在使用的 CAD 管理功能为基础，向企业提供全面的更改管理。它非常适合现今复杂的制造环境，即承担批准责任的利益相关方通常散布在世界各地。PTC Windchill 确保每一项所需的批准已发生，然后规定一组适当的措施（例如，如果更改得到批准，则自动生成更改通告）。

（2）AVIDM

AVIDM 是北京神舟航天软件技术有限公司的核心软件产品，也是我国具有自主知识产权的高端 PDM/PLM 产品之一。AVIDM 是英文 Aerospace Vehicles Integrated Design and Manufacturing 的简称，意即航空航天飞行器集成设计制造。AVIDM 功能框架如图 7-2 所示。

神舟 AVIDM（企业级协同产品研制管理平台），是北京神舟航

图 7-2　AVIDM 功能框架

天软件公司在制造业信息化领域历经十余年打造出的拥有自主知识产权的、基于 Web 的企业级 PDM/PLM 产品。产品基于 JavaEE 和面向服务体系结构，全面采用 Java、JSP、Applet 和 WebStart 技术，实现产品研制所需数据、应用资源、软件工具与计算设备的有机集成。AVIDM 产品的宗旨为以信息技术为基础、以项目管理为主线、以技术流程和计划流程为依据、以满足复杂产品技术状态管理为目标，为企业构建起一个基于 Web 的，从设计、生产到管理综合集成的分布式集成系统平台和协同工作环境。AVIDM 不仅能够有效提升企业内部的协作能力、增强对市场需求的快速反应能力，同时，也可以进一步提高企业的产品质量，缩短产品研制周期，降低研制成本，并为企业未来的快速发展奠定坚实的技术基础。

神舟 AVIDM 以产品研制过程模型为控制主线，并贯穿于项目管理的整个过程。过程模型主要由产品的 WBS 任务分解结构及针对复杂任务的各类技术流程所组成，在过程模型中充分结合了与计划流程的接口和信息交换，满足了一般企业基于项目管理的研制过程的管理需要。

神舟 AVIDM 系统已经形成包括项目管理、文档管理、产品结构与配置管理、工作流管理、域间协同管理、基线管理、设计质量管理、产品管理、审计管理、分级保护、应用集成管理、工艺管理、生产制造管理等功能在内的完整的软件产品，可有力支撑研制单位设计、分析、制造、试验和工程管理需要。

神舟 AVIDM 以图文档管理为基础的应用，提供对设计文件、研究试验文件、软件文档、工艺文件的管理，支持文档的创建、审签、更改、分发、归档等阶段的全生命周期管理，满足企业图文档管理需要。

神舟 AVIDM 以产品结构为核心的产品数据统一管理，提供基线、批/发次等管理手段，支持成套产品数据的分类、送审、电子签署，以及 BOM 转化、BOM 输出、多应用系统数据集成等应用，支持产品设计、工艺、制造、试验等各业务环节在产品结构支持下的高效工作，基本搭建起产品多专业、多学科的数字化协同工作平台。

神舟 AVIDM 满足不同应用单位的应用需要，提供灵活的部署机制，支持两个或多个 AVIDM 系统间的产品数据共享、会签、分发，支持灵活的软件部署，提供邦联、星型等多种部署模式，满足产品研制单位对系统部署与协同的业务需要，提高了产品协同能力和研制效率。

神舟 AVIDM 提供灵活、可视化的工作流定义与运行管理，规范了研制流程。所有产品数据、BOM 等的发布以及更改过程通过电子流程进行驱动，提高了工作流和整个研制过程的效率。

（3）Teamcenter

Teamcenter 是 SIEMENS 的 PLM 系统平台，是面向产品全生命周期内各种工作流程、信息、数据统一管理的工具。Teamcenter 采用 SOA 架构，提供各行业全生命周期管理的完整功能，包括企业知识管理平台、物料清单与配置管理、文档管理、零部件分类管理、工作流程管理、更改管理、项目管理、需求管理、仿真分析管理、报表与分析管理、供应商与采购管理、制造过程管理、系统集成扩展等。Teamcenter 功能框架如图 7-3 所示。

图 7 - 3　Teamcenter 功能框架

7.2　航天型号并行设计过程技术状态管理

7.2.1　技术状态的定义

对于产品技术状态的定义在不同的领域、不同的产品对象有所差异，如：

1）MIL－STD－973－1992 中对"技术状态"的定义：现有的或计划中的硬件、固件、软件或者其组合在技术文件提出，并最终在实际产品中达到的功能和物理特性。

2）ECSS－M－40A 和 ISO 10007：1995 中对"技术状态"的定义：一个产品在技术文件中定义并且在实际产品中达到的功能和物理特性。

3）ANSI/EIA－649－1998 中对"技术状态"的定义：a）现有的或计划中的一个/一组产品的性能、功能、物理属性；b）一系列连续产生的变型产品中的一个。

4）GJB 3206－98（国家军用标准—技术状态管理）中对"技术

状态"的定义：在技术文件中规定的并且在产品中达到的功能特性和物理特性。

5）GB/T 19017－2008/ISO 10007：2003 中对"技术状态"的定义：在产品技术状态信息（对产品设计、实现、验证、运行和支持的要求）中规定的产品相互关联的功能特性和物理特性。

技术状态管理：军事技术装备设计制造领域的一种管理方法。它是在军事技术装备的论证、研制、交付、使用的整个生命周期内，对其功能、指标、构成、更改进行有效控制的活动。

7.2.2 基于基线的技术状态管理

7.2.2.1 基线的定义

在软件设计领域，基线是软件文档、源代码或其他产品的一个稳定版本，它是进一步开发的基础。定期建立基线制度可以确保各开发人员的工作保持同步。在软件项目进行过程中，设计人员往往需要在每次迭代结束点，以及于生命周期各阶段结束点或是主要里程碑处定期建立基线，而参与项目的开发人员则将基线所代表的各版本的目录和文件填入各自的工作区内，随着工作的进展，基线将会合并自从上次建立基线以来开发人员已经交付的工作，变更一旦并入基线，开发人员就采用新的基线，以便与项目中的变更保持同步。

在产品设计领域，基线的概念与上述内容类似，是指产品设计数据储存库中每个零部件版本在特定时期的一个"快照"。它提供一个正式的标准，随后的工作都基于此标准，并且只有经过授权后才能变更这个标准。在项目中建立基线可以为产品设计过程提供一个定点和快照，在此基础上，每一个型号设计项目可以从这些定点之中建立，相当于把新项目与随后对基线所进行的变更视作一个单独的分支进行隔离。这样做使得各设计人员可以将建有基线的构件作为他在隔离的私有工作区中进行更新的基础，当设计人员认为更新不稳定或不可信时，基线为设计团队提供了一种取消变更的方法。

产品设计过程中基线的定义：产品设计过程中的基线是指产品满足用户规定的特定功能特性和物理特性的结构组合，并适时记录当时结构中各零部件版本的组合关系。通过产品设计过程中基线的建立可区分不同产品间或同一产品不同需求间的生产制造、验收试验等技术文件的技术状态，是产品初始状态的起点，是产品结构树搭建的平台，并且会不断自我完善和衍生。

7.2.2.2　基线的分类

根据不同的应用需求，基线被分成了不同类型。以运载火箭研制过程为例，在其产品研制业务过程中主要有三种类型的基线：转阶段基线、产品状态基线和设计过程基线。

三种类型基线都是用来固化和记录产品数据在某一时期的技术状态，但是在基线建立的方法和对基线的管理上，三者之间又存在着明显的差别。

转阶段基线是用于固化产品在转阶段过程中正式确定的与产品物理状态和工艺工程相关的技术状态的基线。通过该基线设计人员可以提取产品在完成某一阶段设计后的数据，也可以实现将产品在对应阶段的数据的批量归档。在实际业务中由管理系统自动在产品转阶段过程中建立转阶段基线，以保证转阶段数据的固化和可追溯性，同时，系统严格控制每个产品在每个研制阶段有且只有一条转阶段基线。另外，转阶段基线投放的数据包括产品在特定研制阶段的所有信息，以产品结构为核心，关联与产品功能、性能有关的文档。其标志性文件为：产品结构树、产品图样、技术规范、调试规范、试验规范、验收规范等。

产品状态基线是指在产品研制过程中某一重大事件发生之前（例如多阶段并行和多批组并存设计过程）正式确定的与产品物理状态和工艺工程相关的技术状态的基线。通过该基线设计人员可以提取产品在完成某一重大事件之前的数据，也可以实现将产品在对应事件发生之前的数据的批量归档。在 PDM 系统中其建立的原则是由产品经理发起建立产品状态基线请求，经过签审完成基线建立工作，以固化产品在整个产品研制过程各个阶段内重要时刻（除转阶段过程）的技术状态，同时，产品经理必须严格根据业务需要建立各个产品状态基线。产品状态基线投放的数据以产品结构为核心，关联与产品功能、性能有关的文档。其标志性文件有产品结构树、产品图样、技术规范、调试规范、试验规范、验收规范等。

设计过程基线是指用于固化产品设计过程中除以上两种基线建立时刻外，仅用于固化和记录产品某一时期技术状态信息的基线，通过该基线设计人员可以查看和提取产品在某一时期的数据。在实际业务中该基线由设计人员自行建立和管理，系统不进行严格的控制，仅实现固化、查询和提取的功能。对于设计过程基线的建立时间，也没有严格的要求，由设计人员自行决定何时建立设计过程基线，其作用是辅助设计师记录和追溯产品设计过程，给设计人员提供一个文件备份的作用。设计过程基线中投放的数据也没有严格要求，由设计师自行决定。表 7 - 1 列出了三种基线的对比信息。

表 7 - 1　三种基线的比较

基线类型	基线内容要求	建立方式	固化方式	归档方式
转阶段基线	系统自动提取该产品转阶段之前所有文件内容投入该基线	PDM 系统自动在产品转阶段过程中建立	PDM 系统建立转阶段基线后自动固化	由产品经理发起归档流程并签审
产品状态基线	由产品经理进行基线数据投放并签审	由产品经理在重大事件发生之前建立并签审	产品负责人发起固化流程并签审	由产品经理发起归档流程并签审
设计过程基线	无要求	由设计人员自行建立	设计人员自行固化	无需归档

7.2.2.3　基线建立的流程和应用

为了对上述三种基线进行科学的控制和管理，都有规范的基线建立流程。考虑到设计过程基线不受严格控制，仅仅实现固化的功能，其建立流程相对简单，在此就不做介绍，而产品状态基线建立的过程相对复杂，因此现重点将产品状态基线的建立流程进行详细的分析和说明。

产品状态基线投放的时间必须是在重大事件之前，用来固化产品技术状态，如数据签审完成、重大变更、重大试验、多方案状态确认、开展多阶段并行设计之前、发射后归档等。当满足产品状态基线的建立要求时，由负责项目总体规划的产品负责人下达建立产品状态基线的通知，由相应产品负责人员编写技术状态总结报告并提交签审流程，产品配置管理员负责基线的数据投放和建立，并开始签审流程，签审过程中如发现错误则驳回进行修改，当批准后产品状态基线便正式完成建立，处于固化状态，此时只有系统管理员才能修改。

产品状态基线建立具体流程如图7-4所示。

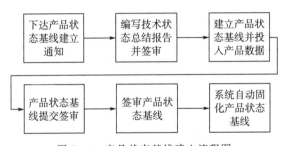

图7-4　产品状态基线建立流程图

1）下达产品状态基线建立通知：在重大事件之前固化产品技术状态，如数据签审完成（技术状态确定）、重大变更、重大试验、重大评审、开展阶段并行设计之前等，由科技部门或产品负责人下达通知。

2）编写技术状态总结报告并签审：根据建立产品状态基线的通知，产品负责人员编制当前时期的产品技术总结报告，作为一份正式文档并提交签审。

3）建立产品状态基线并投入产品数据：当技术总结报告完成签

审后，产品配置管理员负责投放和建立产品状态基线，其编码需要遵循基线编码规范，然后根据通知在此基线中投放相应的产品数据信息。最后，产品配置管理员将该产品状态基线进行提交和签审。

4）产品状态基线提交签审：产品配置管理员提交产品状态基线，并指定需要参与产品状态基线的签审人员和批准人员，系统将自动执行签审流程。

5）签审产品状态基线：产品状态基线的各级签审人员负责检查产品状态基线内容，如果存在问题则可以驳回该基线，由提交者检查和调整基线内容，直到满足相应技术要求为止。

6）系统自动固化产品状态基线：当产品状态基线得到批准后，该基线的生命周期处于已审阅状态，设计人员将无法直接修改，只能由基线更改业务流程实现更改。

7.2.2.4 基线的编码标识

在基线的管理当中，必不可少的一点就是基线标识规则的建立和管理。对于基线标识而言，可以包含产品的相关信息，用于识别不同时间或不同用途的产品，以方便设计人员、档案管理员和系统管理员的工作，如阶段标记、产品代号、版本信息等，同时，为了区分不同功能的基线，可在基线编码中加入基线类型的代码，基线标识中还需加入产品的流水号，保证产品在同一型号范围内按一定顺序编列，同时可以防止重复代码的出现，保证数据的唯一性。

在新型运载火箭设计系统中，所有基线的编码都是按一定要求包含了产品的一些基本信息，然后根据这些信息将基线创建到相应的产品虚拟结构树上，与对应的产品数据相关联。基线的编码规则如图7-5所示。

1）基线标识：为了在系统中区分基线和其他数据类型，规定基线文件的编号前加BL，以便于系统与人工的管理工作。

2）产品代号：这里可以是各级产品的代号，包括产品级、分系统级、单机级的代号。

3）研制阶段标识：为了区分不同研制阶段同一产品的基线，特

图 7-5　基线编码规则

意在基线信息中包含阶段信息，以便于系统和人工的管理工作。例如，M 方案阶段、C 初样阶段、S 试样阶段、Z 正样阶段、D 定型阶段等。

4）基线类型：代表着前文提到的三种不同类型基线，分别是 P 产品状态基线、G 转阶段基线和 T 设计过程基线。

5）三位流水号：为了防止系统中出现两个甚至多个编码信息完全一致的基线，系统将基线编码的后三位设置成为流水号，由系统自动生成不重复的顺序数。

7.2.2.5　基线的生命周期

对于基线的生命周期管理可以有效地帮助基线的固化工作。对于不同生命周期状态，可通过合理的权限配置，保证基线数据在从创建至归档的整个过程中的安全有效。三类基线的生命周期包括"正在工作"、"正在审阅"、"已批准"和"已冻结"（固化）四种状态。

1）正在工作：基线在创建后且尚未提交签审，则处于"正在工作"状态，相关人员可以进行基线信息的更新、基线数据的投放和移除等操作。

2）正在审阅：基线在提交签审后且尚未完成签审批准，则处于"正在审阅"状态，该状态下的基线只能进行读取，不能进行任何的修改操作。

3）已批准：基线在签审批准后且尚未提交归档，则处于"已批准"

状态；该状态下的基线只能通过基线更新流程进行更改，或在极个别情况下由产品配置管理员进行手工调整。

4）已冻结：基线在提交归档流程后，则处于"已冻结"状态，设计人员和系统管理员都不允许再对其进行修改。

基线各生命周期所对应的权限信息如表 7 - 2 所示。

表 7 - 2　基线各生命周期所对应的权限信息表

生命周期状态	权限
正在工作	编制者：读取、更新、删除 产品配置管理员：读取、更新、删除、创建 同型号团队的其他成员：读取
正在审阅	同型号团队所有人员：读取
已批准	产品配置管理员：设置状态 同型号团队所有人员：读取
已冻结	同型号团队所有人员：读取

基线方法对新型运载火箭设计过程中复杂的技术状态过程及其数据进行有效管理提供了重要的保证。

7.2.3　批组技术状态管理

7.2.3.1　批组/批次的定义

目前运载型号研制过程中，一般都会有多发产品同时进行研制。每发产品都有独立的设计任务书和要求，有各自独立的研制阶段管理。型号研发有完整的阶段管理，如 M、C、S、Z 阶段。在前期的 M 和 C 阶段可能会研发单发的多个方案（多方案设计），同时开展设计、试验等，并最终确定一个方案进入下一个阶段。因此在某发产品的研制中会共用型号内前几发的数据，或借用其他型号的数据。

因此单发产品、实验产品和多方案产品统称为批次。这里的批次与在生产单位按照某单机或分系统进行批量投产的生产批次不是一个概念。批次的技术状态管理叫作批组状态管理。

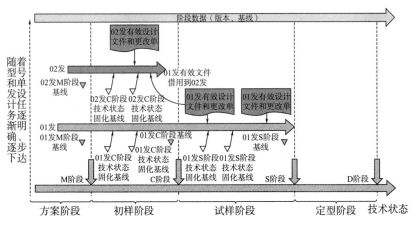

图 7 - 6　多批组以及相关技术状态基线关系示意图

7.2.3.2　批组技术状态管理

根据运载型号目前的管理现状，以单发产品作为一个单独产品来管理，同时试验状态、多方案为单独产品结构树，不与基本型关联，单独出具报表和投放技术状态基线。在规范新建批次业务的时候，尽量借用或共用成熟数据，减少换号。在单发、试验产品和多方案的重大更改、试验前、发射前等时机投放批次技术状态基线。

在批组技术状态管理上，将整个业务流程划分为批组新建、批组设计过程、批组数据更改、批组转阶段及批组设计完成等多个阶段（如图 7 - 7 所示）。新批组数据采用分级执行的方式，按照各分系统、单机逐步建立新批组数据，形成完整的新批组设计数据，如图 7 - 8 所示。在此过程中可借用其他型号或共用型号内的数据。

同时，针对实际生产中往往存在多批组产品同步研制的情况，数字化协同设计平台采用分级执行的方式，按照各分系统、单机所负责的级别逐步建立新批组数据，重新装配，形成完整的新批组设计数据。

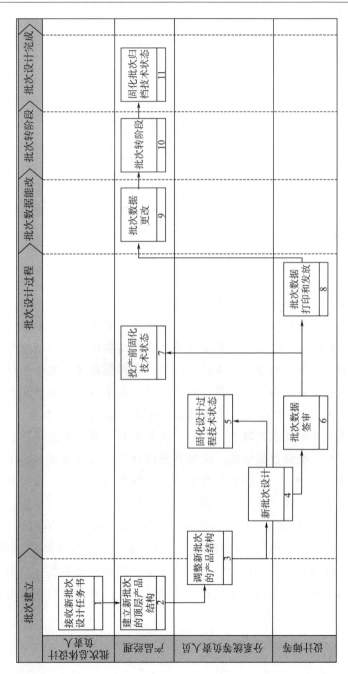

图 7 - 7 批组技术状态管理业务流程

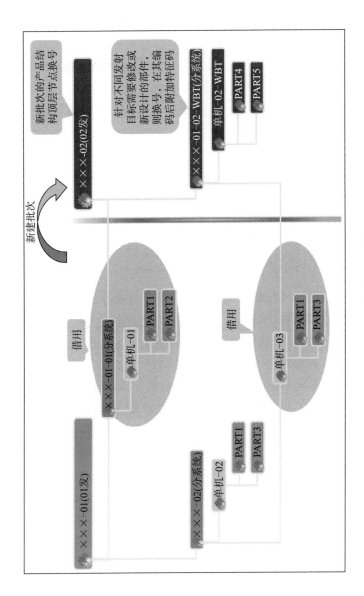

图 7 - 8　批组数据建立的示意图

7.2.3.3　批组间数据借用状态管理

对于借用件原则上只有借用件的原设计者可以更改；更改后，借用方可以继续借用，借用方如不能继续借用则需要换号；原设计者也可以主动换号。新批次借用件更改不能影响旧批次。在实际操作中要保证新批次新号数据的更改不会影响旧批次；旧批次的被借用件更改需要通知到新批次，新批次的借用方可以选择继续借用，如果不能借用则需换号；新批次借用件更改不能影响旧批次，如确实需要更改，可以自行换号，或与原设计者协商同意后由其发起更改。图 7-9 所示为借用件更改管理规则，图 7-10 所示为借用件更改中新号处理方式。

7.2.4　阶段并行技术状态管理

7.2.4.1　阶段并行设计的定义

型号研制周期一般都过长，因此利用并行设计的理念和管理方法加快型号设计过程，对型号研制效率的提高显得尤其重要。阶段并行设计是指，某个产品在上一阶段研制工作未完成、未实现转阶段的情况下，提前开始下一阶段的设计工作的情况。在阶段并行设计中，一个产品两个阶段的设计数据同时修改、同时生效。

单发产品内不同层次的多阶段并行设计时，存在同一分系统下的零部件对象转阶段进度不一致。某些单机或分系统可以在总体未转阶段情况下，先行进入下一阶段设计；一个批次产品内同一数据多阶段并行设计，对于同一个产品下的同一数据在两个阶段中需要同时进行修改和同时生效。同时，型号产品中存在一些特殊的零部件对象，加工周期很长。对于此类零部件，当其技术状态已经确定，但未完成技术评审时，就可能会先行进入准备加工和生产的阶段，这类零件为先行件。

在阶段并行过程中，对新旧阶段数据的识别是并行过程数据管理的重点。数据标识方法应该能够准确、唯一地标识两阶段并行设

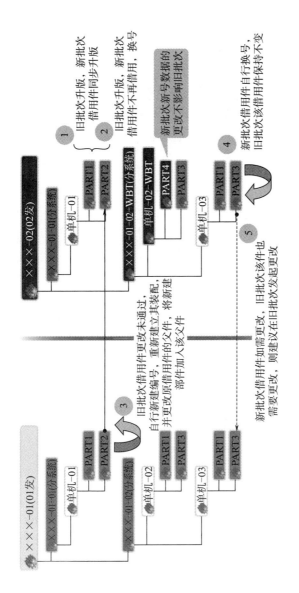

图 7 - 9　借用件更改管理规则

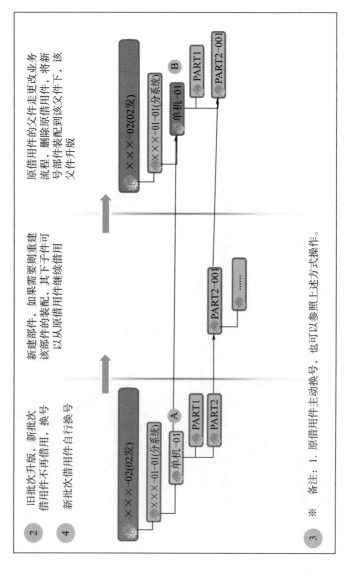

图 7 - 10 借用件更改中新号处理方式

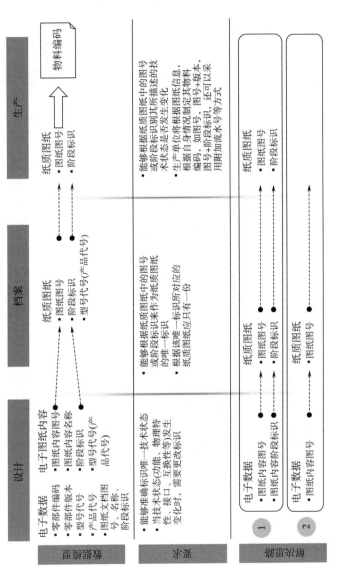

图 7 – 11　阶段并行设计标识管理分析

计数据及技术状态，无论该数据是在两阶段复用，还是分别并行开展业务。因此阶段并行设计标识管理分析具体如图 7 - 11 所示。

7.2.4.2 阶段并行设计过程的数据规划

（1）数据规划基本准则

1）阶段并行中的新阶段尽量使用旧阶段较为成熟的设计数据。这种使用有两种方式：一种是并行新阶段数据的内容使用旧阶段数据，但平台中对象需要换号；一种是对旧阶段数据升版并更改阶段标识，直接使用。

2）数据标识方法应能够准确、唯一地标识两阶段并行设计数据及技术状态，无论该数据是在两阶段复用，还是分别并行发展。

（2）新阶段建立过程的数据规划

阶段并行中新阶段的数据建立过程如图 7 - 12 所示。

1）开展阶段并行设计之前，需要固化旧阶段产品技术状态。

2）准确规划并行件（明确需要并行的单机、分系统）。

3）并行两阶段设计数据是两棵产品结构树，即需要建立不同的产品结构顶层节点。

4）并行件全部需要换号，且其遍历到产品结构顶层节点的所有父件都需要换号，并重新装配形成产品结构。

5）非并行件则可以继续沿用上一阶段数据，对其升版修改阶段标识，然后直接使用；前提是旧阶段将不再设计该数据，也不会对该数据进行更改。

6）零部件对象以"零部件对象号＋阶段标识"作为唯一标识，并衔接设计、档案和生产单位。

7.2.4.3 阶段并行的数据管控

阶段并行中的数据管控，需要辅助转阶段管理和基线管理来实现。针对阶段并行情况，不要求对迁移阶段进行转阶段维护，而是通过基线固化技术状态。

（1）多阶段并行管理流程

多阶段并行管理可以划分为并行新阶段新建、两阶段并行设计过程、两阶段并行设计数据更改、旧阶段数据转阶段等部分。多阶段并行管理流程如图 7-13 所示。

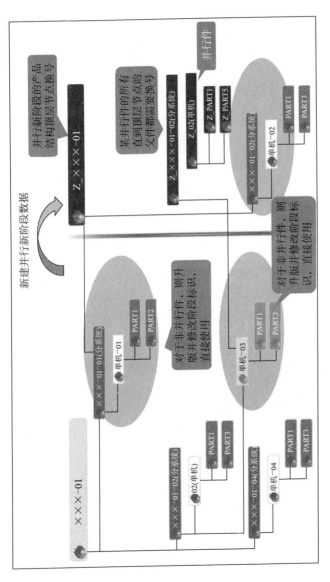

图 7-12　建立并行新阶段数据

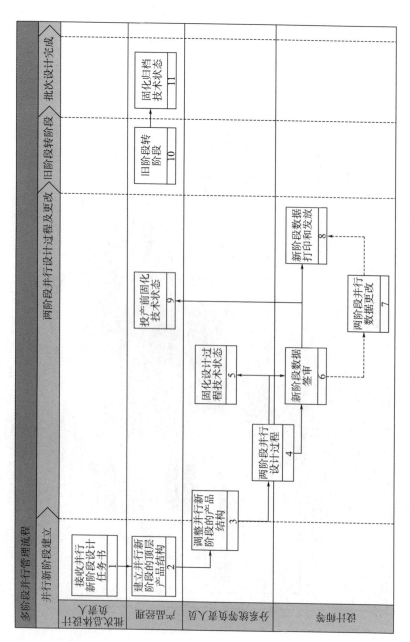

图 7 − 13 多阶段并行管理流程

1）总体设计负责人接收并行新阶段设计任务书；

2）产品经理根据并行新阶段设计任务书，新建新阶段的产品结构树顶层节点；各分系统、单机等负责人各自根据需要新建产品结构树节点；

3）多阶段并行的旧阶段任务结束后需固化技术状态。

（2）不同级别的转阶段原则

1）对于总体级，总体下只要有一个分系统采用多阶段并行，则总体需要新建一棵并行的结构树；

2）对于分系统及以下级别产品，可采用正常转阶段方式或多阶段并行方式；

3）对于同一分系统及以下级别产品，两种方式不可并存。

转阶段示例图如图 7-14 所示。

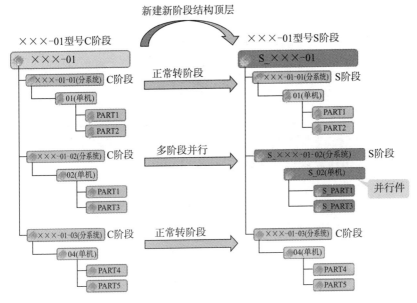

图 7-14 转阶段示例图

7.3　基于 CMII 的型号产品工程变更控制技术

7.3.1　型号设计过程更改类型

型号研制过程中严格按照 QJ 1714.11A—99《航天产品设计文件管理制度 设计文件的更改规定》进行技术状态更改。其更改类别见表 7-3。

表 7-3　更改类别

更改类别	类别代号	更改性质	说明
1 类更改	1	不涉及产品功能特性和物理特性的更改	不改变产品性能。如：完善设计文件、明确技术要求、统一标注方法、变更阶段标记等
2 类更改	2	涉及产品功能特性和物理特性的一般更改	改善产品性能或工艺方法。如：提高使用性能、产品质量、改变非协调尺寸等
3 类更改	3	涉及任务书或产品功能特性和物理特性的重大更改	变更产品的性能指标和使用特性。如：接口特性、电磁特性、协调尺寸及结构的重大变动等

7.3.2　CMII 更改控制模型

7.3.2.1　更改控制的需求

运载型号的工程更改的管理主要划分成三个阶段（具体流程如图 7-15 所示），质量问题的收集和确认阶段、更改方案的论证和审批阶段，以及更改实施和归档阶段。原先整个过程主要依靠纸质的报告和单据，进行线下的审批流程作业。

面向新一代运载型号研制过程更改管理的需求，上述的流程已经不能满足实际的业务管理要求，具体体现在：

1）亟需建立规范的、统一的、覆盖工程更改落实跟踪的标准化

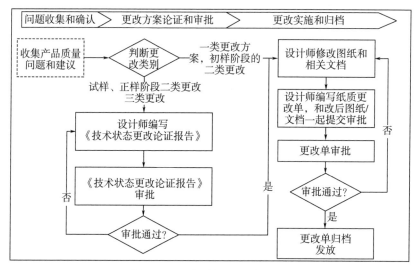

图 7-15　更改管理的一般模式

更改控制流程：由于是线下的审批流程作业，上述流程在具体执行环节中人为性、随意性因素大，在流程执行过程中不规范性问题多，因此急需建立覆盖所级、规范、统一、可跟踪可追溯的更改控制流程。

2）电子数据更改不受控：目前更改管理模式基于纸质文件流程，电子文件的更改不受流程控制。更改对象不包括三维模型，仅对二维图纸进行更改控制。电子文件的正确性和有效性无法得到保证。

3）借用件更改有效范围无法通知：目前只是进行更改的部分落实，对于更改关联数据的影响范围并未有效通知和落实。因此对于借用件发生更改，借用方无法得到及时通知。

因此，针对此情况在工程更改的管理中必须要：

1）建立统一的更改控制电子流程，并在实施规程中组织标准化、质量等部门建立统一的适合本所的更改管理规范。

2）对电子数据进行版本控制和更改管理，三维模型和二维图纸同步更改，保证电子数据的有效性。

3）管理技术通知单以及相关的临时偏离设计数据。

4）建立借用件更改通知机制。

7.3.2.2 基于 CMII 的更改控制模型

可将运载型号设计更改的过程分为四个重要的阶段：更改的提出、更改影响的确认、更改的审签评价、更改执行及实施阶段。在设计、工艺等过程中，当发现设计存在问题或需要改进时，则提出问题报告和更改建议书，更改的管理人员根据这些问题报告决定是否建立更改请求单。如果更改的专家管理人员认同了更改建议书中的内容，则需要分析更改的影响、拟定更改计划并提出更改申请书，该步骤标志着更改过程的正式开始。更改申请书通过了更改审签评价以后，根据它创建更改任务单。接下来各个职能部门的有关人员通过任务箱或电子邮件得到工作任务，找到所需更改的对象并对其进行修改。更改执行工作结束以后需要对更改结果进行确认。在经过发放过程以后，更改对象被赋予一个新的更改标记，将其存入档

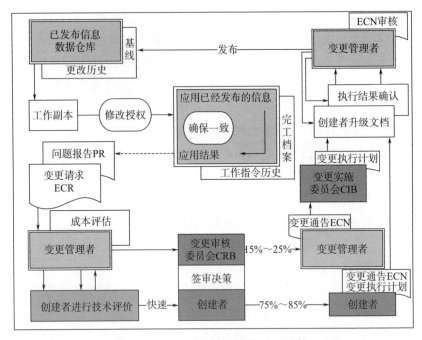

图 7 - 16　基于 CMII 规范的型号设计更改管理流程

案库并打上标记冻结，同时分发更改通知单或发放通知单。相关部门根据更改通知单上标明的更改实施计划，按要求实施更改。每个更改活动都用"状态"属性来表示完成情况，状态值采用国际工作流管理组织（WFMC，Workflow Management Coalition）定义的七种活动状态：初始、就绪、执行、挂起、终止、执行后和完成。通过状态的描述，可以监控到更改过程现在处于什么位置，是否正常进行，何时能够完成。

7.3.3　型号工程更改落实与控制

7.3.3.1　型号工程更改的管控方法与流程

　　基于 CMII 的模型，建立了以更改单为驱动的变更管理方式，涵盖问题报告、更改请求、更改单、更改通知对象管理及技术通知单等全面的更改过程跟踪、落实和控制，具体流程如图 7 - 17 所示。

　　1) 问题报告（PR，Problem Report）：首先由质量部门和生产部门建立问题报告，收集在设计、工艺准备和生产等环节中来自各部门的反馈问题，作为后续更改的起源。问题报告与产品数据建立关联，方便查看和追溯。同时，现有反馈产品问题的纸质报告，扫描为 PDF 电子文件格式，作为问题报告附件上传到系统中。对于工程更改来说，问题报告作为现有各种反馈形式的一种补充，属于可选环节。工程更改的发起可能是由于问题报告引起，也可能是直接发起更改请求。

　　2) 更改申请：采用更改请求（ECR，Engineering Change Request）管理更改申请。方案阶段的各类更改、一类更改和方案、初样阶段的二类更改，更改请求（ECR）属于可选环节，可以直接提交更改单（ECN，Engineering Change Notice）。试样、正样阶段的二类更改和三类更改，更改请求（ECR）签审通过后才能提交更改单（ECN），并需将现有的"更改方案论证报告"在系统外走完签审流程后，作为（ECR）的附件提交。系统中提供查找零部件的"用于"功能，以及查看零部件与文档关联关系的功能，设计师可以使

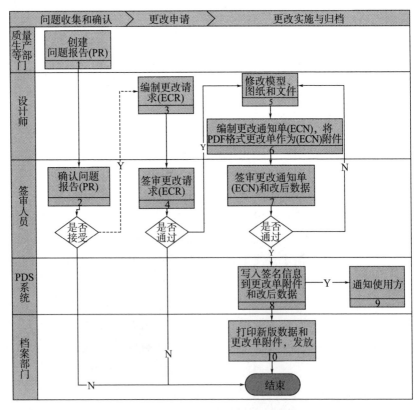

图 7 - 17 　变更管理业务流程图

用这些功能分析更改影响的范围。

　　3）更改实施和新版数据发放：采用更改单（ECN）携带改前数据（如 A.4 版本）、改后数据（如 B.2 版本）和"更改单"一起进行审签的模式。将现有模板的更改单（需转换为 PDF 格式）作为（ECN）的附件。更改单（ECN）完成审签即表明改后数据和更改单同时完成审签。

7.3.3.2　工程更改关联范围分析方法

　　在更改管理中，需要对更改的影响范围进行分析，确定更改传播影响到的产品结构中的组件和零件，从整体和全局对设计更改进行控制，确保更改在可控制的范围之内。另外还要对更改的追溯路径进行研究，实现更改的可追溯性，确保更改有序规范地进行。下面对设计更改的影响范围进行分析。

在产品结构各组件、零件之间和各产品组件、零件属性之间，存在着密切的联系，一个组件、零件的更改往往会引起其他相关联部分的变化，这称为更改传播。设计更改分析就是对于一个给定的设计更改确定它影响到的产品结构中的组件、零件，也就是确定更改传播的影响范围。下面首先用矢量来描述设计更改，然后从定性和定量两个角度来分析更改的影响范围，最后讨论影响关系矩阵的确定。

（1）设计更改描述

一个产品对象（产品、组件、零件）用一个实体来定义，这个产品对象的性质，如外形、尺寸、材料等，用实体的属性来描述。由于一个实体可以用矢量来描述，这样一个产品对象就可以用它对应的实体的矢量来代表，如一个有 n 个属性的产品对象 A，用 n 维矢量 $\boldsymbol{A} = [a_1, a_2, \cdots a_n]$ 表示。

假设实体属性之间是互相独立的，即它们之间不存在互相依赖关系，这点保证了一个实体属性发生更改时，不会引起同一实体其他属性的更改。

一个设计更改实际上就是实体的一个或多个属性发生变化，同样可以用矢量来表示这种更改。例如，实体 A 的第 1 个属性和第 n 个属性发生更改，就可以用矢量 $\Delta\boldsymbol{A} = [\Delta, 0, \cdots, \Delta]$ 来表示，Δ 表示它所在位置的实体属性发生更改。

实体之间的联系用实体属性之间的影响关系矩阵来描述。影响关系矩阵 $\boldsymbol{R} = (\boldsymbol{A}, \boldsymbol{B})$ 就是实体 $\boldsymbol{A} = [a_1, a_2, \cdots, a_n]$ 对于 $\boldsymbol{B} = (b_1, b_2, \cdots, b_n)$ 的一个 n 行 m 列 $n \times m$ 矩阵。矩阵元素的值反映了一个实体的属性发生更改对另一个实体属性的影响程度，R_{ij} 就反映了 A 实体第 i 个属性发生更改对于 B 实体的第 j 个属性的影响程度。矩阵元素的值可以是定性的指标，如 0 代表没影响，1 代表有影响，这主要根据分析的目的来确定。

实体 B 由于实体 A 的更改而产生的更改影响可以由等式 $\Delta B = \Delta A \times R(A，B)$ 计算出来，这一等式描述了更改的传播过程。

（2）定性确定更改传播范围

定性地确定更改传播范围就是当产品结构中的一个实体更改时，确定它引起哪些属性的更改。由前面的描述，只需令影响关系矩阵元素的值为 0 或 1（1 代表有影响，0 代表没有影响），然后从更改源实体矢量开始分别依次计算所有实体的更改矢量，就定性地得出了源实体更改的影响范围。

例如，对于实体 $A = [a_1，a_2]$ 和 $B = [b_1，b_2]$ ，影响关系矩阵

$$R(A，B) = \begin{bmatrix} 1 & 1 \\ 0 & 0 \\ 1 & 0 \end{bmatrix}。$$

例如，A 的属性 a_1 发生更改，即 $\Delta A = [\Delta，0，0]$ ，那么 A 实体的更改引起的 B 实体的更改就可以用下式决定：

$$\Delta B = \Delta A \times R(A，B) = [\Delta，0，0] \times \begin{bmatrix} 1 & 1 \\ 0 & 0 \\ 1 & 0 \end{bmatrix} = [\Delta，\Delta]$$

$$(7-1)$$

其中，$[\Delta，\Delta]$ 表示 B 的 $[b_1，b_2]$ 属性均受到更改的影响。

（3）协同设计平台中工程更改范围的确定

前面的计算过程中，影响关系矩阵假设是已知的，实际操作过程中需要首先确定关系矩阵，在系统设计平台中主要依据零部件对象之间的父子、借用等关系来确定。通过确定被引用的关系来明确工程更改的关联范围和程度。

7.3.3.3 技术通知单管理规则

（1）技术通知单的定义

技术通知单是产品制造前或对该产品的某些方面在指定的数量或时间范围内，可以不按其已批准的现行设计文件要求进行制造的一种偏离设计、制造要求。允许偏离时，对其已批准的现行设计文

件不作出相应更改。技术通知单应附在相应的设计文件上同其一并作为产品制造、试验和验收的依据。

（2）技术通知单数据关联方式

技术通知单作为对设计数据的临时偏离，需建立与原设计数据的关联关系，可以附图，也可以关联新号的临时偏离设计数据，但该部分临时偏离数据不与原设计数据建立关联关系。技术通知单可以单独下发，也可以对某技术文件或图纸进行临时偏离。

技术通知单与所对应的临时偏离数据建立关联关系，但临时偏离数据不与待改数据直接关联。设计师可以根据三者的关联关系进行相互查找，具体如图 7-18 所示。

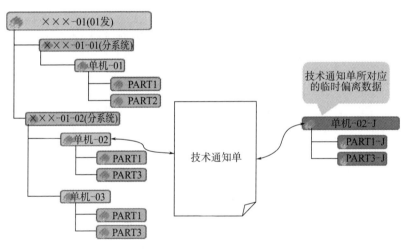

图 7-18　技术通知单与偏离数据及待改数据间的关联

（3）技术通知单审批流程

由于技术通知单相关的范围比较广，因此整个审批流程覆盖了设计所和制造厂，涉及的对象包括设计部门、质量部门、管理决策部门、工艺部门、制造厂工艺部门、标准化部门及总师室等。具体流程如图 7-19 所示。

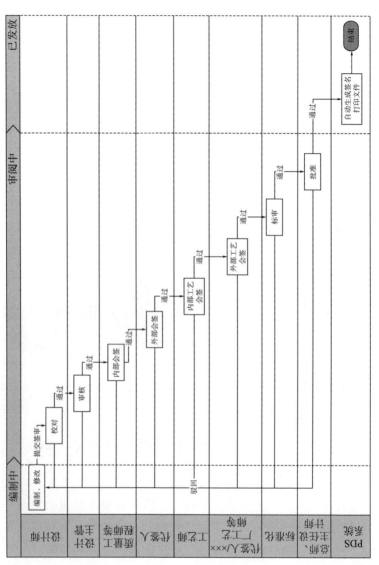

图 7 - 19　技术通知单审批流程

7.4　图文档生命周期管理技术

图文档管理是协同设计平台的一项重要功能，在型号研制全过程必须对图文档数据进行全生命周期管理。图文档的创建、审批、受控更改和作废、发放和归档整个过程在系统中进行。文件的创建、修改和应用依据严格的用户权限策略分配，文件的受控以文件电子签审流程为驱动完成。文件的更改和作废必须通过更改流程完成。文件的发放和归档通过归档方法流程完成。

图文档对象管理如图 7 - 20 所示。

- 建立图纸和技术文件生命周期流程
  - 创建文档的生命周期
  - 使用流程编制工具，创建可配置的文档审批流程
  - 签字步骤：校对，审查，工艺审查，标检，审定和批准
  - 文档审批前，设置文档签署步骤和人员
  - 各级签署人员对文档进行审批

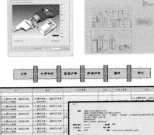

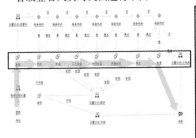

图 7 - 20　图文档对象管理

7.5　跨厂所的数据会签发放技术

运载型号研制涉及配套单位较多，总体设计单位与配套单位存在数据传递和数据审批环节。基于协同设计平台的流程管理工具，建立了跨厂所的数据审批发放流程，将制造厂所纳入到工艺会签环

节，实现设计数据及时安全传递到制造厂工艺部门，完成工艺和设计的协作。同时制造厂工艺人员按照授予权限规则，进行相关数据的下载和应用。工艺审批环节结束后，系统关闭相关权限。设计、制造工艺协同审批如图 7 - 21 和图 7 - 22 所示。

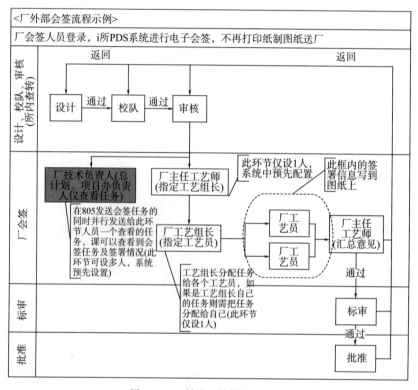

图 7 - 21　制造厂协同会签流程

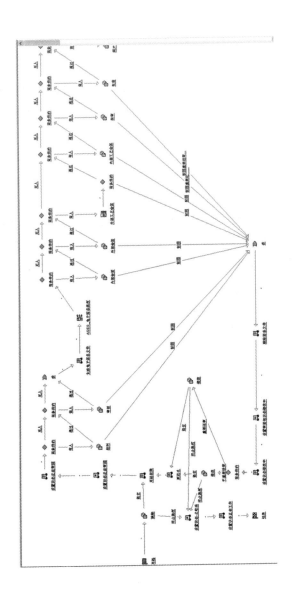

图 7 - 22　制造厂协同会签电子流程

7.6　运载火箭协同设计平台应用

通过数字化协同设计平台的应用，运载型号建立了一个基于商用 PDM 系统的设计协同平台的技术框架，实现了对运载型号研制过程的技术支撑和管理，并把型号产品的技术状态管理、产品数据管理、变更管理、研发过程的协作等有机地集成为一个整体。

7.6.1　总体功能框架

目前新型号运载火箭的所有设计相关数据全部纳入协同设计平台进行管理。通过数据的版本、数据的更改和管理、数据的审批和发放应用、产品阶段的控制、产品批组状态的管理等完成运载火箭研制过程中的技术状态控制。协同设计平台总体功能框架如图 7 - 23 所示，具体功能模块包括：

1）产品设计 BOM 结构管理；

2）型号产品基线管理；

3）型号产品的技术状态管理；

4）制造厂工艺会签；

5）型号产品设计变更过程管理；

6）型号图纸和技术文件对象管理；

7）同外部系统集成应用。

7.6.2　产品设计 BOM 结构管理

在产品设计过程中，建立了产品的"型号库"，形成研发制造的型号相关数据的一个独立存储区。"型号库"中可以定义数据存储的文件夹目录、访问权限规则等信息。基于型号库开展产品设计 BOM 结构数据的管理。运载火箭产品骨架结构如图 7 - 24 所示。

1）以产品结构为核心管理型号产品数据。

2）每个型号作为一个产品库，每个型号内的每发产品形成一棵

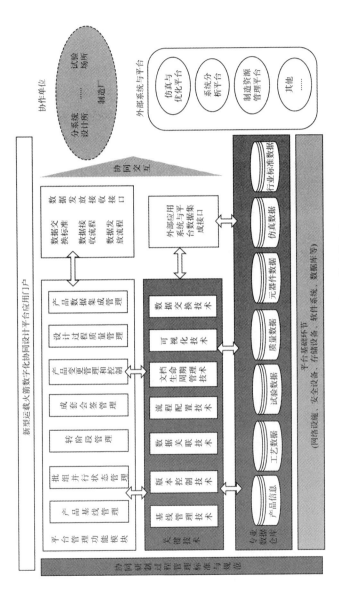

图 7 - 23　协同设计平台总体功能框架

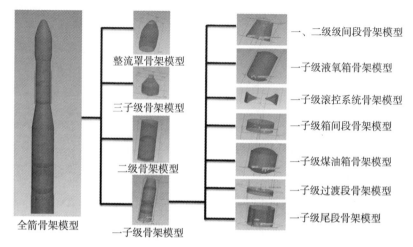

图 7-24 运载火箭产品骨架结构

完整产品结构树。

3）产品结构按照：产品、分系统、子系统、单机、组件、零部件的层次进行组织。

4）产品结构中每个节点都是一个抽象的零部件对象，各类图纸技术文件以文档对象的形式管理，并与对应的零部件建立关联关系。

5）产品结构中每个零部件都具有阶段标识，可以直观地反映型号所处的研制阶段。

在协同设计平台系统中支持产品结构的以下三种管理模式：

1）模型驱动的产品结构管理模式：通过平台与 CAD 系统集成接口检入自动生成产品结构。对于具有有效的三维 CAD 装配模型的单机、组件等，可以使用这种方式。

2）手工维护产品结构的管理模式：对于系统、分系统级以及其他无有效 Pro/E 装配模型的产品，可以通过平台提供的功能，手工创建相应层次的部件，并在部件间建立使用关系，形成产品结构。

3）批量导入式产品结构的管理模式：历史产品的产品结构，可以按格式整理成导入文件，由批量导入系统建立产品结构。

7.6.2.1　手工建立 BOM 结构

总体、分系统层次的部件一般由产品经理或相关负责人手工或自动导入创建。通过部件间的关联关系建立产品结构树。在部件或成品的操作菜单中选择编辑物料清单，进入编辑物料清单页面。检索所需的零件或创建新零件，添加为子部件。具体创建过程如图 7 - 25 所示。

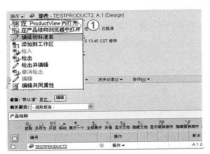

图 7 - 25　BOM 编辑器

创建结果如图 7 - 26 所示。

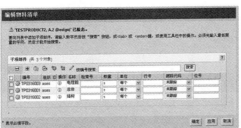

图 7 - 26　创建产品结构结果

7.6.2.2　模型驱动建立产品结构

通过三维 CAD 设计软件与协同设计平台的集成接口，将运载型号中单机及以下的各层部件的三维设计模型在检入时自动生成产品结构，并且保持产品结构的层次与装配结构的一致性。

模型驱动建立产品结构如图 7 - 27～图 7 - 29 所示。

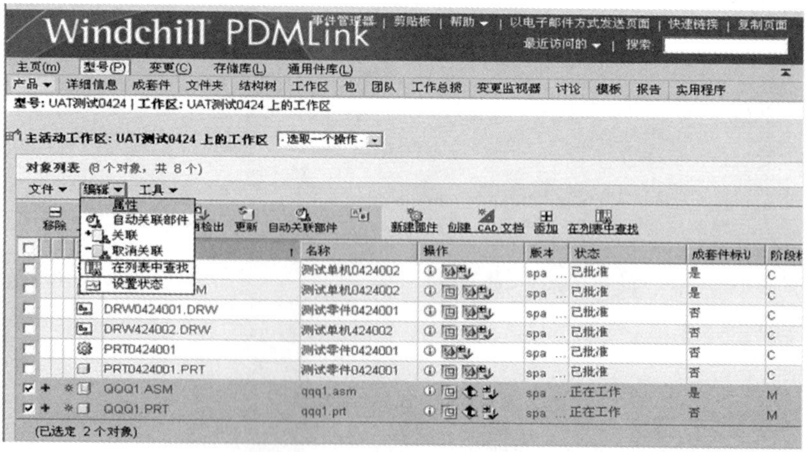

图 7 - 27　工作区选择所需数据

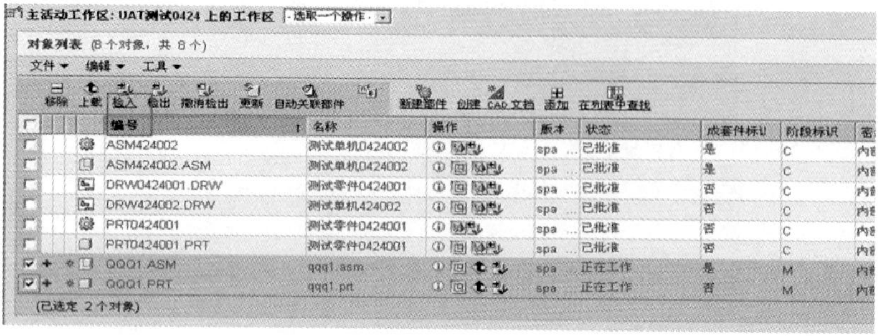

图 7 - 28　检入所需数据

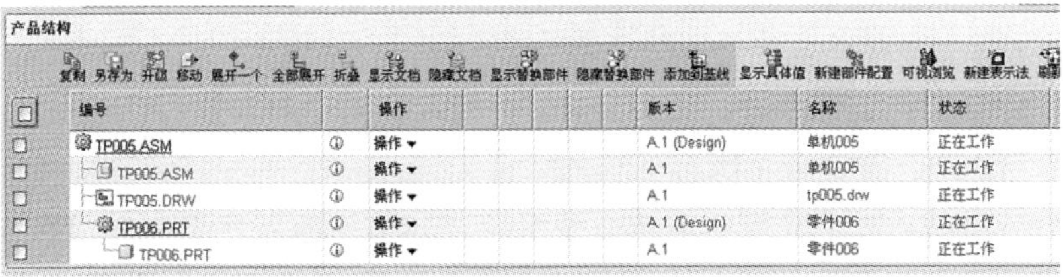

图 7 - 29　完成模型驱动创建产品结构

7.6.3　型号产品基线管理

在协同设计平台中对于三类型号基线的管理主要包括以下三个方面。

1）基线管理的建立与合并：依据运载型号研制的不同阶段和设计成熟度，在系统中创建不同类别的基线；并建立基线合并功能。

2）基线的检索：以基线作为过滤条件，检索具体型号符合某一技术状态的完整设计资料。

3）基线固化后更改控制：支持将变更后的新版图文档更新的功能，并将新版图文档重新投入到基线，替换以前的版本。

归档基线如图 7 - 30 所示。

图 7 - 30　归档基线

7.6.4 型号产品的技术状态管理

7.6.4.1 转阶段管理

对于运载型号按照单机、子系统、分系统的顺序进行转阶段。旧阶段的数据一般需设计完成、更改到位才允许转阶段。转阶段需要有审核的流程，因此在协同设计平台建立了由阶段变更通告发起，需通过更改单签审流程，系统自动完成"阶段标识"修订升版的过程。转阶段时系统首先自动查找产品相应阶段的基线（如未找到则自动创建），将旧阶段的模型、图纸、技术文件等对象投入基线，以实现阶段研制成果的固化。

转阶段流程如图 7 - 31 所示，创建变更通告如图 7 - 32 所示。

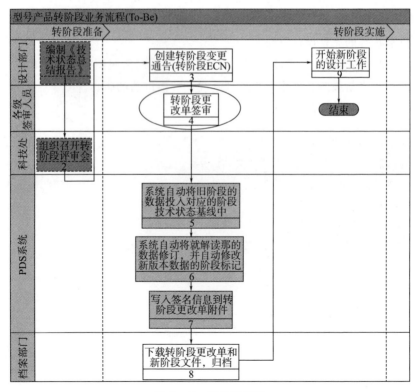

图 7 - 31　转阶段流程

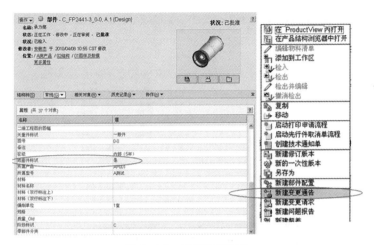

图 7 - 32　创建变更通告

7.6.4.2　批组状态管理

在协同设计平台中单发产品、试验产品，以及多方案产品都统称为批组/批次。在批组状态管理中核心的功能包括批组数据的建立、批组数据的更改及转阶段。其中转阶段实现的过程与 7.6.4.1 节的内容相同。图 7 - 33～图 7 - 35 展示了其他两个功能。

图 7 - 33　选择批量另存的单机或分系统

图 7-34　批组数据建立

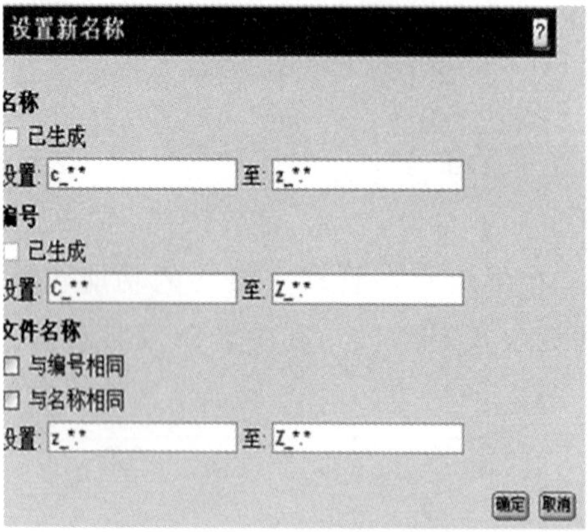

图 7-35　设置新批组名称

7.6.4.3　多阶段并行管理

在运载型号设计过程中，为了加快设计的时间过程，并行设计是常见的情况。在型号产品设计过程中就存在阶段并行的过程。在多阶段并行管理中主要实现的功能包括：建立新阶段并行的产品结构、两阶段并行设计过程中并行件数据的修改，以及旧阶段数据的固化。图 7-36～图 7-38 展示了多阶段并行管理的功能。

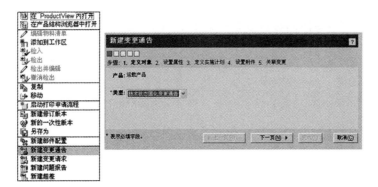

图 7-36　技术状态固化变更通知

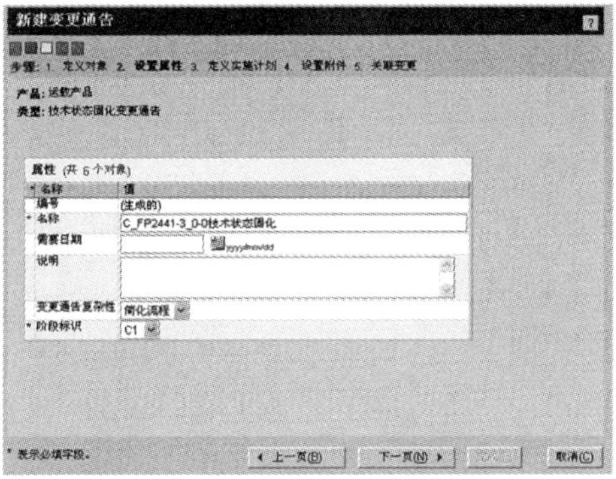

图 7-37　技术状态变更通告

图 7-38　关联数据确认

7.6.5　型号产品设计变更过程管理

型号产品更改管控过程是基于 CMII 模型，整个管理过程是一个全面审核、落实的签审流程。核心的功能包括问题报告的管理、变更请求的管理、变更单的管理及技术通知单的管理。协同设计平台工程更改 ECN 流程如图 7-39 所示。

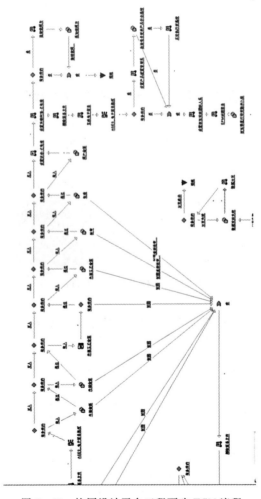

图 7-39　协同设计平台工程更改 ECN 流程

（1）问题报告管理

问题报告管理如图 7-40 所示。

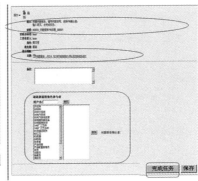

图 7-40　新建问题报告与问题报告编制

（2）变更请求管理

变更请求管理如图 7-41 所示。

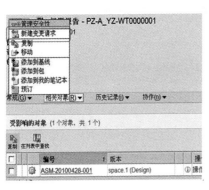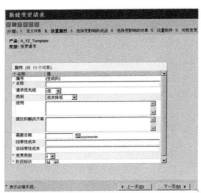

图 7-41　变更请求创建

（3）变更单管理

变更单管理如图 7-42 所示。

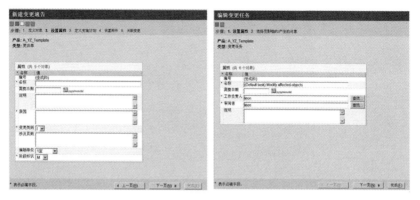

图 7-42　变更通告与任务定义

7.6.6　型号图纸和技术文件对象管理

在图纸和文档对象管理中主要实现的功能包括图纸和文档的全生命周期管理（如图 7-43 所示）、可视化管理（如图 7-44 所示）、技术文件发放管理（如图 7-45 所示）等。

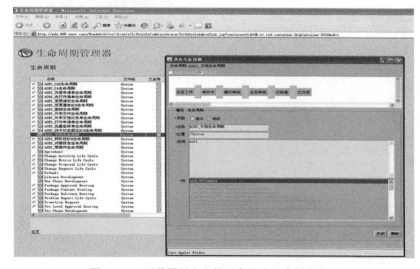

图 7-43　型号图纸和文档对象的全生命周期管理

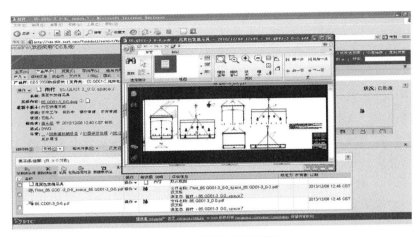

图 7-44　可视化查看和管理

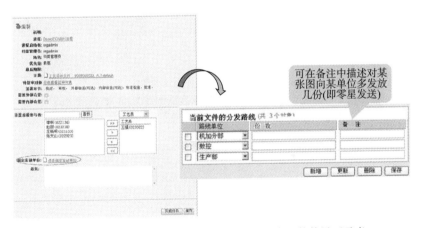

图 7-45　设计师在提交签审时指定分发单位和份数界面示意

7.6.7　同外部系统集成应用

同外部系统的集成应用包括的主要功能：向制造厂发放数据和向档案系统发放数据，以及与所内本地其他系统的集成（如 CAPP、档案管理系统等）。

（1）制造厂和档案系统数据发放

1）建立数据发放单和关联发放数据：创建数据发放单；基于产品结构、基线或批次配置，提取产品零部件或文件属性信息到 Excel 文件（用户可以手工更改数据列表信息），自动将产品结构关联的数据文件打包，并关联到数据发放单；数据范围包括：三维模型、二维图纸、技术文件的属性信息和物理文件。

2）数据发放单审批：将数据发放单提交审批流程，由主管部门领导审核和批准。

3）数据发放单和关联数据下载：数据发放人将数据发放单和关联数据下载到本地目录。数据打印外发过程——设置发放单位和份数环节如图 7-46 所示。

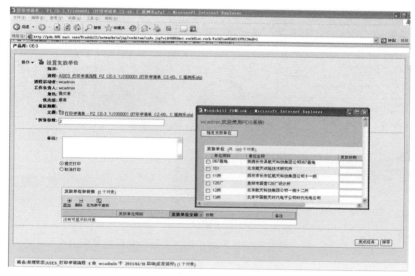

图 7-46　数据打印外发过程——设置发放单位和份数环节

系统自动按约定格式生成档案系统接口文件，并发送任务给档案人员，档案人员可从任务页面上的链接下载接口文件，导入到档案系统，如图 7-47 所示。

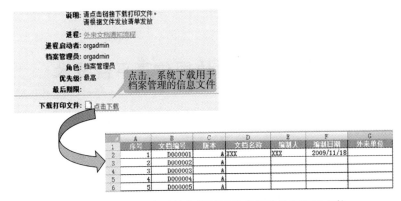

图 7 - 47　档案签审后档案部门下载条目信息和物理文件

（2）与外部数据的集成

用户按规定的 Excel 表格整理外部文件的属性信息，将单个或多个数据文件统一命名，通过数据导入功能将外部系统数据导入系统中。与 CAPP 的集成中是将 CAPP 的文件转化为 PDF 格式纳入协同设计平台管理，完成与档案系统数据格式的统一，如图 7 - 48 所示。

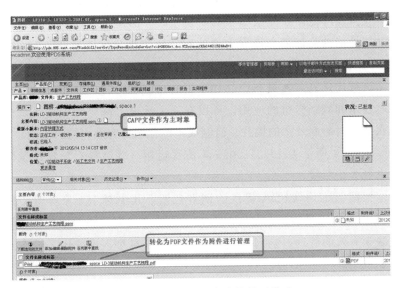

图 7 - 48　与 CAPP 集成的管理模式

第8章 多学科协同仿真平台技术

8.1 仿真平台的概念及主要内容

8.1.1 仿真平台的提出背景及需求

8.1.1.1 仿真平台的工程背景

近几十年来，随着计算机技术的不断发展，基于 CAE 的工程计算与仿真分析技术也在不断发展和逐步普及，仿真分析的工作量和仿真分析生成的数据量都呈现出快速增加的趋势。目前，伴随着计算机性能及 CAE 软件功能性能的不断提升完善，数字化的仿真分析成本在持续降低。在复杂型号的研发中，产品质量特性的优化设计和功能性能的验证需要依靠大量的数字化仿真分析技术来完成，应用 CAE 仿真分析技术可以发现设计方案中潜在的质量问题，对设计方案进行优化完善，提高产品和工程的可靠性。另外，通过数字化仿真技术和数字样机的应用，可以在一定程度上减少物理样机试验的次数，对研制效率的提升、研制成本的控制都有着积极的作用。

图 8-1 所示为 1960—2020 年仿真运用（软硬件）与物理试验成本等变化曲线。

根据 2007 年 CPDA 提供的调查数据，其中对 150 家经常使用 CAE 仿真的用户的调查发现，约 75% 的仿真数据和相关工程仿真知识缺少有效的管理，它们大量存在于工程人员个人电脑中，没有共享和重用的机制和环境。

下面以某航天研究所承担的空间飞行器运动机构的研制为例，说明数字仿真分析技术的应用和积累。在 1995 年启动了某空间飞行

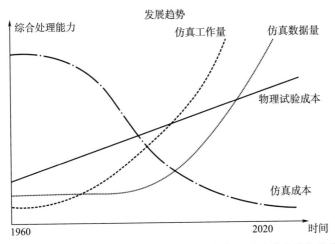

图 8-1 1960—2020 年仿真运用（软硬件）与物理试验成本等变化曲线

器运动机构的研制工作。工程师分别应用 ADAMS 仿真软件和 Fortran 语言编写了运动机构多体动力学仿真系统，包括碰撞动力学、机构运动学和动力学等模型，并应用这些仿真模型对空间机构的动力学、运动学等复杂力学问题进行仿真分析和研究，通过数字化仿真分析来指导和优化设计方案。

2002 年又建成了该空间机构综合实验台等试验环境，在实验台上可以实现空间机构多工况的物理试验。通过数字仿真与物理实验的反复对比，实现对数字仿真模型的修正完善。利用该空间机构的数字仿真模型，对空间机构的各种工作状态进行虚拟测试和验证，大量地减少了物理样机的试验次数。通过对物理样机试验数据的分析，以及对该空间飞行器后来多次的飞行试验数据的对比分析，该空间机构数字样机仿真的数据与物理样机试验（含飞行试验）数据的一致性达到了 90% 以上。

由于在该空间飞行器运动机构数字化研制时还没有建设应用数字化仿真管理平台，因此大量的仿真模型、数据、分析报告等都还掌握在相关工程师的手中，存放在个人电脑中。虽然在一定阶段会对相关资料信息进行归档，但这种工作模式对于企业知识的积累与共享、关键数据信息的存储安全、多学科模型之间的协同应用、企业的持续改进和工作规范化等都带来了一定的不便和问题。

因此，在数字化仿真分析技术快速发展且在型号研制中应用愈加广泛和深入的情况下，如何有效地对仿真流程、仿真模型、仿真分析数据等进行有效的管理，支持仿真资源共享，实现仿真过程多学科、多专业的协同和仿真效率的提升，是运载火箭和其他航天型号研制中所面临和要解决的问题。

8.1.1.2　运载型号仿真面临的困难与不足

CAD/CAE 等数字化设计仿真技术在产品设计中的应用，从根本上改变了传统的设计方式。目前，运载火箭等航天型号在研制过程中普遍应用了数字化三维设计技术以及 CAE 计算分析和仿真验证技术，在一定程度上提高了设计水平，降低了研制成本。通过应用 CAD/PDM 技术，实现了设计团队内部及设计团队之间的协同设计。而基于 CAE 的计算仿真工作还停留在局部分散的应用层面，仿真模型、仿真数据和仿真过程缺少统一的管理，主要的问题包括：

1）各种仿真分析软件分散在相关专业的少数设计人员手中，软件无法充分共享。

2）各种仿真分析软件或模型没有按设计及仿真流程进行集成并形成专用设计仿真系统，大部分数据流衔接需要依赖人工完成，这种工具的孤岛状态造成过程效率低、可靠性差。

3）各专业独立设计、协调难度大，各级模型相互关系松散，难以实现系统综合性能的提高和优化，难以通过先进软件的应用实现总体设计能力的提升。

4）仿真流程不够清晰和规范，单次设计仿真循环的代价较高，设计仿真过程和结果难以追溯复现；项目的执行和监控仍主要依赖大量协调会议和碰头会，项目的状态和进度难以有效控制。

5）仿真数据分散独立，缺乏完整的管理体系，数据利用率低。

因此，CAE 仿真平台是在航天型号研制多学科计算分析和仿真运用日趋增多以及数字化工程逐渐建设完善的基础上，针对计算分析和数字仿真能力与效率的提升所形成的必然需求。通过仿真平台，企业可以更好地组织和管理仿真任务、仿真过程、仿真软件和仿真数据，进一步提高仿真工作的效率和准确性，减少因仿真流程不规范和仿真数据缺少管理所导致的可能的浪费和失误，充分发挥仿真对数字化设计的驱动和优化作用。

8.1.1.3　仿真平台的特性

企业在产品的研制阶段主要涵盖这几方面的内容：计算机辅助设计 CAD、计算机辅助工程（仿真）CAE、计算机辅助制造 CAM 及计算机辅助试验 CAT（Computer Aided Testing）等研发活动。工程人员分别使用相应的软件工具开展相关的设计仿真工作，同时这些活动过程及产生的数据由相应的框架平台软件来进行管理，这类框架平台软件主要有产品数据管理框架软件 PDM（Product Data Management）、工程计算与仿真数据管理框架软件 SDM（Simulation Data Management）和试验数据管理框架软件 TDM（Test Data Management）等。

PDM 作为产品的数据管理平台，侧重于以物料清单 BOM（Bill of Material）为核心的产品设计数据管理和以技术状态管理为核心的工作流管理。但是 PDM 系统目前还无法全面管理和驱动复杂产品研制关键阶段的业务流程，其数据管理模式还不能科学地容纳这些阶段反复迭代产生的多方案、多状态计算、分析仿真数据和试验数据。同时，由于仿真分析的结果数据往往是"参数级"，并不是传统描述的"对象级"，所以 PDM 无法有效地挖掘、组织与展示数据及维系各种数据的复杂关联关系。

仿真平台（SDM）在数据和流程管理方面的需求特性如下：

1）仿真的学科范围很广，仿真工具软件的专业学科种类很多，例如结构静力学、动力学需要 Patran/Nastran、ANSYS、Abaqus、Hypermesh 等，机构运动有 ADAMS 等，气动力学需要 FLUENT、CFX 等，冲击动力学需要 LS - DYNA、Autodyn 等，热力学需要

TMG、SINDA/G 等，控制仿真需要 Matlab/Simulink 等各种类型的软件，还有大量用户自编的 In - house 软件。各种软件之间经常需要开展多学科的联合仿真计算和数据共享，仿真平台需要支持不同学科的工具运用，提供集成的工作环境。

2）仿真工作的专业性强，不同学科的仿真过程差异很大，对仿真过程的管理和规范，是仿真平台的一项重要内容。且仿真过程不仅仅是前处理、设置、求解、后处理的简单流程，还需要根据不同学科特点，进行操作步骤级的过程管理；同时，在 SDM 系统中需要能对数据的历史谱系进行记录和追踪，实现对仿真过程的追溯和管理。

3）仿真过程中的一次分析计算，从前处理、求解到后处理，分别都要产生很多不同格式的过程数据文件，这些数据之间有密切的关系，数据结构也要比 CAD 生成的数据结构复杂，而且 CAE 不同专业学科仿真计算生成的数据格式很难统一，所以管理仿真数据的难度比管理 CAD 设计数据的难度大很多。SDM 所管理的仿真数据容量一般要比 CAD 数据容量大很多。

4）PDM 主要是管理工程设计过程中的设计相关数据和工艺设计数据，而 SDM 侧重管理仿真分析过程数据；PDM 主要进行文件级数据管理和审签流程，而 SDM 不仅要管理文件级别的数据，同时还要管理参数级的数据。

5）仿真数据主要是面向学科专业，往往不是通过产品的结构层次来组织的。

6）在仿真过程中往往需要多学科集成协同和多学科优化设计，所以需要 SDM 能够管理多学科仿真数据，需要处理更频繁的数据输入输出和相互共享，支持多学科仿真计算动态的业务过程。

8.1.2　仿真平台产品概述

工程计算与仿真数据管理框架软件 SDM 主要支撑 CAE 工程计算与仿真分析的专业学科工作，实现对仿真模型、仿真数据和仿真流程的有效管理。仿真管理平台形成的初期,是面向日益复杂和日趋庞大的仿真数据管理需求,为企业的仿真工程师提供仿真数据的存储、共享、重用、检索等应用功能。因此,初期的仿真管理平台主要解决了仿真数据的管理、仿真任务的管理,以及标准仿真过程的管理等问题。为了与企业的 PDM、TDM 等管理系统相对应,以及论述和使用中的方便,我们将工程计算与仿真数据管理框架软件简称为 SDM。PDM、SDM、TDM 等管理平台通常是集成式的、开放的框架软件,其基本功能包括:管理相关活动生成的数据;定制并管理相关活动的流程;集成相关专业学科的工具软件和 In - house 软件;支持在不同管理平台之间的协同关联等。

由多个企业围绕同一个型号产品开展的协同研制过程中,支持实现跨企业进行模型传递、研制信息共享、研制过程协同的平台就是 PDM 框架软件。因此在有协同研制关系的企业之间,理想的情况是建设和应用同一种 PDM 框架软件,如美国波音公司在开展跨企业的飞机协同研制中,统一部署和应用 Teamcenter 框架软件作为支撑跨企业协同研制的 PDM 平台。目前,像 Windchill 和 Teamcenter 等成熟的 PDM 框架软件,都能对产品的研制数据进行有效的管理,并支持跨企业的协同研制和应用。

目前关于 SDM 软件的功能、定位、应用领域等还缺少权威的定义和达成一致的共识,尚停留在软件厂家自己为自己的产品进行定位和说明,或者是用户根据自己的应用需求进行规划建设、应用和定位说明。与主流的 PDM 软件相比,目前市场上推出的 SDM 软件的成熟度还处于不断的完善之中。针对型号产品研制中出现的静力学、动力学、运动学、控制、热、电、磁、流体等众多学科的仿真计算需求,目前还没有一个 SDM 软件能实现全面的管理支撑。从航天型号研制的生命周期看,在方案的评估论证阶段以 CAE 技术的应用为主,总体相关的专业采用相对集中的模式开展并行协同的方案论证和优化工作,实现闭环的协同仿真分析。在工程研制阶段,工程计算和仿真分析主要是对产品设计的验证或预测,通过反复迭代应用 CAE 技术，实现设计方案的优化，这些工作往往在分系统研制或单机研制的内部就实现了闭环，跨企业（跨产品）协同仿真计算的需求很少。在一个企业内部构建多学科协同仿真分析管理系统，选用什么样的 SDM 软件，覆盖哪些专业和学科，如何构建协同仿真流程等，其首要的原则是必须满足型号研制的需求和使用者的要求，在一定程度上提升工程计算和仿真分析的效率，确保工作的质量。

仿真管理平台应该能实现对产品研制各个阶段的仿真计算数据进行统一存储，支持文件级和参数级的数据跟踪，实现仿真数据的浏览、检索和管理，能够基于仿真数据进行后处理，实现多方案、多工况的对比、分析和报告生成，能够基于仿真数据实现研发过程中相关各专业学科人员之间的共享和协同，在保证数据安全性的同时提高研制和运行管理的工作效率。

与 PDM 产品趋于成熟、稳定相比，SDM 产品目前仍然处于成长发展阶段。在国内市场上目前可了解到的 SDM 仿真管理平台产品主要包括：美国 MSC 公司的 SimManager、美国 ANSYS 公司的 EKM、法国达索公司的 SLM、中国安世亚太公司的 PERA Workspace、中国索为公司的 SYSWARE、中船重工 702 所的 ORIENT 等。下面对其中一些 SDM 产品进行概要介绍。

8.1.2.1 MSC 公司的 SimManager 仿真平台

MSC SimManager 是美国 MSC Software 公司推出的 SDM 管理软件。该仿真平台推出较早，在结构力学领域仿真数据管理、仿真任务和仿真过程管理方面功能较强。

该仿真平台以虚拟产品开发为主轴，以基于 B/S 方式的架构，实现从总体设计到零组件设计这一 V 字形产品开发流程的集成框架环境，作为企业级的仿真管理平台架构，使用人员（型号总师、项目经理、仿真分析工程师、设计工程师）以自己的角色、按照被系统赋予的权限和工作内容，在仿真管理平台参与相关的工作，包括 Build（构建性能模型），Test（分析测试，可以是虚拟仿真的方式、物理试验的方式或是两者的结合），Review（评审，跨部门、跨地区、跨学科的联合快速评审），Improve（持续改进，包括对工况自动对比、DOE、稳健性分析和多学科优化等），在仿真流程中可以方便地调用各种商用软件和自制软件。使用人员（特别是仿真分析人员和设计人员）还可以以客户端的方式在工作的客户端启动应用程序，交互地完成分析和设计工作。使用人员在仿真管理平台中所完成的各项工作的中间结果和最终结果可以自动地保存到 SimManager 数据库中，该数据库和其他企业信息化系统如 PDM、ERP（Enterprise Resource Planning，企业资源计划）等可通过 EAI（Enterprise Application Integration，企业应用集成）或者 SOA（Service - Oriented Architecture，面向服务架构）的方式进行集成。

MSC SimManager 的主要功能特色如下：

1）基于 Web 访问系统，采用 B/S 架构：架构具备保密性、安全性、易用性、可维护性、扩展性；用户客户端无须进行额外的系统配置，只需通过浏览器登录服务器即可方便地进行工作，不受时间地点的限制，同时减少了企业 IT 部门的维护工作量。

2）可与 PDM 系统集成为设计分析一体化平台框架：基于 EAI 与其他信息系统（如 PDM）的集成，仿真管理平台通过提供一个协作平台在流程参与者之间共享仿真数据、信息和知识，并将结果与 PDM 及时关联，使设计和评估模型保持一致，结论可以更快更直接地反馈到设计流程，促进设计的改进，在整个流程中 CAE 被提前使用从而实现仿真驱动产品开发。

3）协同仿真的平台：由于不同部门或厂所在产品的研制过程中需要交换模型或数据信息，这就需要有一个合适的平台用于交换在虚拟产品开发流程中产生的相关数据。基于分布式构架、采用标准的 Web 服务器，可在 Windows、Unix、Linux 的异构硬件平台上运行，为协同研发提供可靠的保证。基于仿真平台的协同工作，要能够实现对保存在仿真平台内的仿真流程、仿真数据、仿真计算模板的方便访问和调用，实现对常用各专业学科软件或自编 In - house 软件的关联调用，对仿真数据和数据流进行管理，并将新生成的仿真流程、算法模板等及时纳入该平台进行管理。

4）数据管理：在仿真分析过程中，所有相关的数据自动存储在关系型数据库中，文件自动保存在文件仓库中。因此仿真分析完成后，所有中间数据和结果数据的前后继承关系也完全确定下来，SimManager 可以简单地通过点击鼠标对数据谱系关系进行追踪，并可以通过组合条件在数据库中对数据进行搜索查询。仿真数据谱系关系如图 8-2 所示。

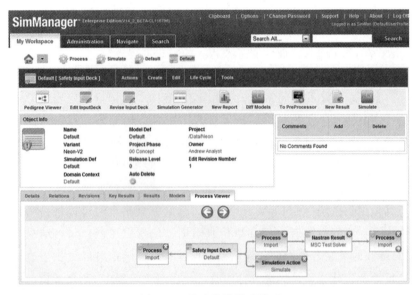

图 8-2　仿真数据谱系关系

5）基于项目树、流程图的管理：SimManager 可以将数据和分析仿真流程以直观的方式显示在界面上。使用人员可以方便地基于项目树和流程图的方式进行自己的工作，也可以随时了解仿真流程的工作进度。

仿真任务管理如图 8-3 所示。

6）最佳实践的流程集成和规范化：内嵌基于标准化、模板化的快速模型构建与集成，包括模板化的载荷、材料、边界条件和部件

图 8 - 3　仿真任务管理

模型库，综合组件模型库、材料库和载荷库以及客户化的模型组模块和软件工具的开发与集成，达到快速模型构建的目的，并将企业的最佳实践封装在仿真流程之中。可用 Web Services 方式，管理和重用通过 SimXpert 或其他工具创建、发布和共享的专家知识模板，实现企业级的知识共享和重用。同时可内嵌业务标准、规范并根据其进行新设计方案的可行性验证。

7) 快速多方案、多工况对比能力：具备与多学科优化软件的 Web Services 接口，支持 HPC（High Performance Computing，高性能计算）、网格计算。自动多方案对比和流程批处理化模块可包括 Robust Design 的带概率分布输入参数的稳健性仿真分析，实现 6 - Sigma 设计。可以一次性地提交多个设计方案并自动获得相关的性能指标，通过对性能指标的比较来判断更优的方案。

多工况设计分析矩阵如图 8 - 4 所示。

8) 报告自动生成：基于标准化、模板化、客户化的报告生成器，可以按客户的要求，定制并自动生成网络化的报告，且可以方便地发布到其他企业信息系统如 PDM 系统中去。

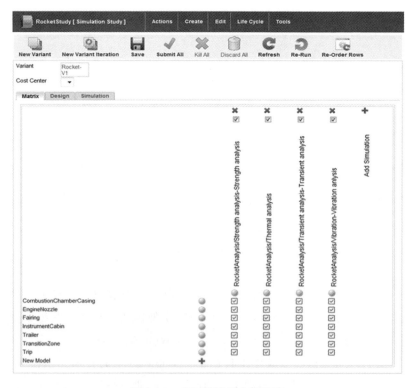

图 8-4　多工况设计分析矩阵

9）项目管理：SimManager 可以根据客户需要的项目管理要求进行项目管理相关的配置，具有的功能包括：对项目进行人力资源配置、灵活界定职责范围、详细的权限分配体系、规范的质量管理流程等。

10）知识库的积累和利用：在总体设计阶段和详细设计阶段都有大量的设计参数变化、产品状态变化、材料参数变化、载荷边界条件的变化等，需要进行大量的"What-If"分析和多学科平衡和优化。所有这些都以定制好的内嵌最佳实践的流程加以实现，且与流程相关的数据保留在 SimManager 的关系型数据库中，经数据挖掘、总结、抽取，形成数字化工程研发的基于数据库的知识库，在后续产品研制中可直接获取利用，以提高设计质量。

以 MSC SimManager 为代表的这一类传统仿真平台，主要是面向仿真过程的各类数据的管理需求和标准的仿真任务及步骤的管理，还没有能够解决在仿真工作中更多的需求。例如，SimManager 的仿真任务及过程管理，以结构力学仿真的前处理、求解、后处理的标准过程为主，在对气动分析、控制分析、工程计算等其他一些学科的综合管理支持方面能力就比较弱。对仿真数据的管理，以支持自己公司的商业计算仿真软件的数据格式为主，如对 Nastran 等 MSC 公司的计算仿真软件的支持较好，对航天型号研制中大量的自编程序和计算数据的管理功能还需要定制开发。

8.1.2.2　ANSYS 公司的 Workbench＋EKM 仿真平台

在仿真平台的逐步完善和实际应用过程中，其所包含的概念和内容变得更加丰富，从传统意义上仅对仿真数据的管理，逐步扩展到仿真任务及工作过程的管理和规范，多学科软件的集成和联合仿真，以及与 HPC 计算系统连接等。目前的仿真平台，正逐渐成为真正意义上的多学科集成环境和协同仿真工作平台。

ANSYS 公司对其 EKM 仿真数据管理系统和 Workbench 工具集成环境进行深度整合，充分利用 ANSYS 旗下软件模块众多、学科类型丰富的优势，提出了 Workbench＋EKM 仿真平台解决方案。其中，Workbench 是 ANSYS 近十年中发展的工具集成环境和用户界面，逐步将原有的 Mechanical，以及后来收购的 FLUENT、CFX、ICEM CFD、Maxwell、HFSS 等各学科的软件模块整合到 Workbench 架构中。ANSYS 通过 Workbench 提供的前后处理模块、仿真数据管理及 HPC 服务、软件工具集成方案等服务，为用户提供一个仿真工作的统一界面。如图 8 - 5 所示，基于 Workbench，各类 CAE 软件和用户自编程序都可以被集成和整合，可在 Workbench 框架下运用各类服务。

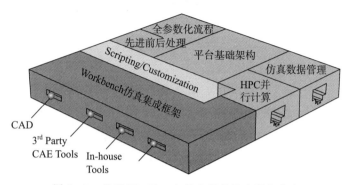

图 8 - 5　基于 Workbench 的各类软件和服务集成

在 ANSYS 提 出 的 Workbench ＋ EKM 解 决 方 案 中，通 过 Workbench，提供统一的仿真过程机制，集成各种软件工具，能够在集成环境中执行 EKM 发布的仿真任务，同时 Workbench 能够自动地管理分析项目相关的数据文件，这些数据文件可上传到 EKM 进行统一管理。而 EKM 则包含了传统的仿真数据管理的各项功能，并内置了丰富的数据处理功能，其中包含 ANSYS 系列产品的大部分接口及一些第三方 CAE 工具接口，可以直接调用 Workbench 的流程进行仿真，可以对大多数种类的仿真数据提供文件解析、数据分析等功能。

ANSYS EKM 是基于 J2EE 标准开发的应用系统，具有柔性的系统架构，能够支持主流的各种系统和环境。ANSYS EKM 的三层架构分别提供仿真数据管理、仿真流程管理功能，并提供丰富的开发手段实现用户个性化定制。

ANSYS EKM 提供统一管理企业仿真数据的服务器，并提供仿真数据（包括模型文件、结果文件、报告等）的上传下载、检索、版本管理、元数据管理、数据报告等功能，能够让用户随时获得现在和历史的仿真数据信息，实现全方位仿真数据管理。

ANSYS EKM 的工作流系统规范了仿真任务执行，保证正确的数据传递到正确的仿真人员，并且使仿真人员工作目的更加明确，从而有效提高仿真工作的效率。

此外，EKM 提供的柔性扩展机制能够将特定仿真流程固化，简化仿真过程。并能够与企业现有应用系统进行集成，实现大规模应用。

仿真流程数据管理平台 ANSYS EKM 主要包括三部分功能：仿真数据管理、仿真流程管理和系统管理。

Workbench 与 EKM 的集成关系如图 8-6 所示。

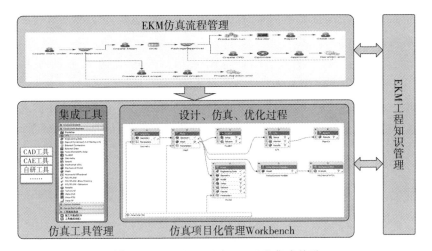

图 8-6　Workbench 与 EKM 的集成关系

ANSYS 公司提出的 Workbench＋EKM 仿真平台的解决方案，依托自身仿真软件种类丰富的优势，可以支持结构、流体、电磁、电子等不同学科的仿真分析过程和仿真数据管理。同时，借助 Workbench 的软件工具集成能力，可以较好地满足客户对多学科协同仿真的软件工具集成和多物理场耦合仿真的需求。其中，Workbench 集成平台，在国内外有大量的用户实践和成功案例，而 EKM 推出时间较晚，国内用户相对较少。

ANSYS 的 Workbench＋EKM 解决方案，主要的不足之处在于进行多学科的软件集成时，对部分不常用的商业软件，二次开发的工作量较多，需要一定专业知识的开发人员完成。

8.1.2.3　安世亚太公司的 PERA Workspace 平台

安世亚太的 PERA Workspace 仿真平台，由国内公司自主开发，并已在国内多个企业部署应用，它的推出时间较晚，但综合了国外的仿真平台的功能特色，在软件工具集成的方便性和易用性方面，以及对企业的定制实施的灵活性方面，具有较强的优势。此外，Workspace 开发了设计仿真任务及工作流程管理模块，提供工作流引擎，并可以根据企业的设计仿真过程进行流程的定义和配置，支持多学科跨部门的多人协同工作。

Workspace 基于统一 IT 基础架构，采用面向服务的架构（SOA）设计，使用基于 J2EE 的开发标准，平台中各模块以 Web Services 的方式整合，能够有效提升平台的实施效率，实现业务的灵活扩展，并能够有效地与企业其他信息化系统（例如 PM、PDM 等）进行集成整合。它的主要功能包括：

1）工具集成与应用，可以封装和集成各种应用程序和自研软件系统，提供多样化的参数分析和优化方法，实现多学科综合分析优化功能。

2）仿真任务管理，通过流程管理实现任务的分解、分派和监控等，实现流程细分与数据传递等紧密结合。

3）数据管理，对于各类设计仿真过程数据，通过数据管理工具的集成实现数据的全面管理，并与企业已有的产品数据管理系统（PDM）等集成，实现论证－初设－详设－试验等不同阶段的数据的关联。

Workspace 平台由四个基础模块构成：仿真流程任务管理系统 Workspace. Workflow、仿真过程数据管理系统 Workspace. DataMan、仿真过程集成模块 Workspace. Simworkflow 和仿真工具封装模块 Workspace. Component。另外，可以基于开放 API 定制门户模块 Workspace. Portal（研发客户端），还可以基于 Workspace. DataMan 应用定制出设计仿真知识管理系统。模块组成逻辑如图 8－7 所示。

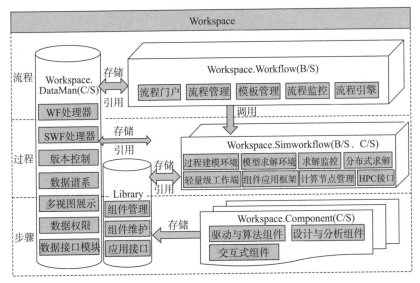

图 8-7　Workspace 产品构成及关系

（1）仿真流程任务管理系统

仿真流程任务管理系统提供工作流引擎，提供工作流程的定义、发起、管理、统计等功能，使得仿真工作流程变得清晰和规范，多学科之间的工作数据可以准确地传递和共享，简化了工程师团队之间的协同工作过程。具体而言，仿真流程任务管理系统，通过对产品的型号、发次、流程、任务等内容进行管理，以便于管理者对型号任务全局性的管理和监控。仿真工作流程是由多个任务节点及其之间的数据关系构成，用于将大的任务分解为不同的子任务，同时定义子任务之间的数据传递关系，并将子任务分配给不同人员进行执行。

①定义工作流程

定义工作流程时，首先需要定义流程整体的属性、数据等。然后以可视化的方式定义流程图，包括各任务节点以及节点之间的数据映射。在定义工作流程时，用户可以新建一个工作流程，也可以从仿真平台的模板库中导入已有的工作流程模板修改编辑。

②管理工作流程

通过仿真流程任务管理系统定义和发起的全部工作流程，都可以通过该系统进行访问和管理。在该系统界面的业务结构树选择某个研发阶段或专业时，可以查看所关联的工作流程列表，并可以详细查看每个工作流程的信息、数据、状态、流程图，以及各个节点的详细信息。对于尚未发起的工作流程，部门领导或项目负责人可以随时进行修改编辑，并在定义完成后发起运行。对于已经发起的工作流程，可以随时监控流程及其节点任务的运行状态等，还可以对流程进行暂停/恢复、终止等管理操作。当流程中各个节点任务均已完成并确认后，可以关闭整个流程。

工作流程管理页面图如图 8-8 所示。

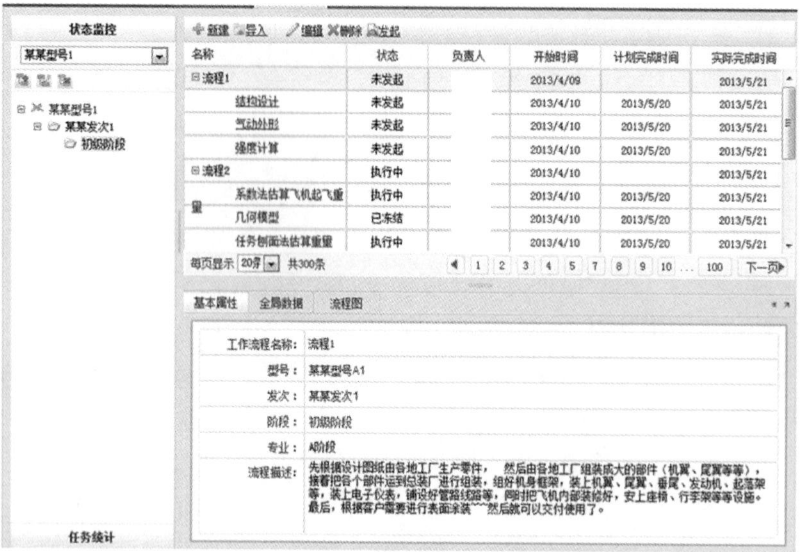

图 8-8　工作流程管理页面图

③工作任务统计

在系统中，除了通过业务结构树对工作流程进行管理之外，还可以对工作流程及其节点任务进行统计分析，通过人员、时间、状态等不同维度对流程或任务进行统计,并以图表的形式显示统计结果,如图 8-9 所示。

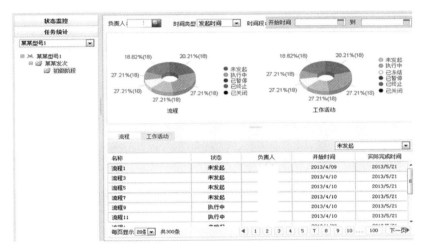

图 8-9　工作任务及人员统计图

(2) 仿真过程集成模块

仿真过程集成模块用于多学科工具的协同仿真与优化计算,并能够对各类应用模型、软硬件资源进行管理和共享,能够进行分布计算和集成高性能计算,Workspace. Simwork-flow 界面如图 8-10 所示。它包括的功能主要有:

1) 通过简单的建模方式,建立仿真和优化分析过程,并可重复、自动执行;

2) 提供封装各类 CAD、CAE、In-house 程序的执行过程;

3) 提供高效丰富的优化算法供优化计算调用;

4) 提供分布式应用环境,集成多学科、异地的计算应用;

5) 丰富的结果可视化手段,直观了解优化的过程和结果;

6) 软硬件资源整合,提供集成框架,支持分布式仿真和 HPC 硬件调用。

(3) 仿真工具封装模块

Workspace 的 Component 模块提供各类软件调用接口和参数解

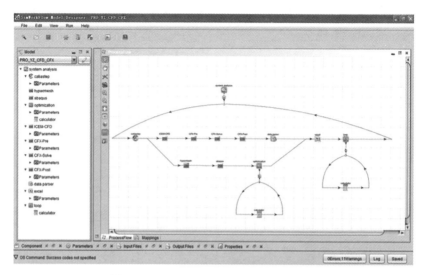

图 8 - 10　Workspace. Simworkflow 界面

析工具，封装各种应用程序或自编算法，形成专业化的应用组件，用于创建优化计算、试验设计、人机交互等组件，并可以根据需要开发新的应用组件。

通过标准组件，对各学科的商业软件、自研软件及算法程序进行集成和封装处理，形成支持分布式部署应用和自动化参数化运行的系列标准组件（形成可共享的组件库），从而解决了不同软件的系统架构和运行环境的不协调问题。系统提供的基于组件的封装功能包括：

1）基本驱动组件：通过设置 For、While 等条件判断，来实现体系样机设计的顺序、判断、迭代及循环等运行过程。

2）设计与分析组件：根据装备体系设计分析和评估工具的不同程序结构和运行环境，通过以下的基本组件进行封装：包括 Data Exchanger 组件、OS Command 组件、Calculator 组件、Excel 组件，以及第三方专用组件。

3）交互组件：交互组件可嵌入到装备体系设计分析和评估工具

的软件中，在用户熟悉的软件环境下进行参数化的设计分析等工作。实现组件运行过程中的人机交互，增强组件应用的灵活性，包括驱动与算法组件、设计与分析组件、交互组件。

（4）仿真过程数据管理系统

仿真过程数据管理系统，针对多学科协同仿真过程中产生的各类仿真过程数据，包括输入条件、模型文件、结果文件、计算报告等，提供数据定义、研发过程数据自动记录、元数据管理、网络文件管理、数据应用集成、数据版本管理、视图定义等功能。可用于全面存储和管理计算过程中的各类数据。主要功能如下：

1）过程（WIP）数据管理：仿真过程的数据管理，支持历史数据的回溯。

2）数据分析及可视化：设计计算文件中的关键数据提取；参数结果和模型文件的可视化。

3）数据管理基础功能。

4）提供多视图数据管理操作，支持多种维度数据检索。

5）过程数据追溯，支持项目、人员、流程等追溯方式。

6）通过与企业现有系统的集成，形成企业全面的数据管理体系。

8.1.2.4　中船重工 702 所的 ORIENT 平台

中船重工 702 所是我国较早应用仿真技术的研究院所之一。该所在 2012 年推出了自主研发的 ORIENT 仿真平台，目前在国内的航天、航空、兵器、船舶等行业都有用户，成为国产通用仿真平台的又一选择。

基于十多年对国外不同厂商的各类仿真软件进行二次开发的经验，ORIENT 平台在对仿真工具的集成深度上具有更多的优势，更容易做到自动化参数化的一键式仿真，覆盖的专业范围也更广。

ORIENT 平台提供的仿真集成环境，通过标准化接口和模型封装技术，实现仿真模型的参数化、仿真过程的自动化，可满足快速设计、专家仿真，多学科仿真、设计优化等多种需求。平台基于 VC

和 J2EE 开发，并采用了可扩展的软件架构。仿真专家通过仿真集成环境来固化成熟的仿真过程形成仿真模板，这些仿真模板的应用方式非常灵活，可以发布为专业软件包供用户下载到本地使用，也可以通过服务器提供远程的计算服务。OREINT 平台应用场景如图 8 - 11 所示。

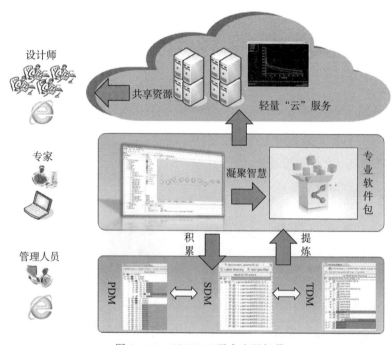

图 8 - 11　OREINT 平台应用场景

　　ORIENT 仿真平台包含了一个仿真集成环境，两个仿真运行环境和一个仿真管理模块。平台的软件模块组成如图 8 - 12 所示。

　　（1）仿真集成环境

　　仿真集成环境是平台的核心模块，提供了建立仿真模板所需的所有功能，使用仿真集成环境能够将仿真的建模、计算、后处理等过程进行封装，形成各个专业的仿真模板。

　　仿真集成环境界面截图如图 8 - 13 所示。

①仿真组件库

平台提供的组件非常丰富，见表 8-1，用户可以将仿真过程的每个步骤都封装为具有标准化输入输出，并且能够自动化执行的基础模块。

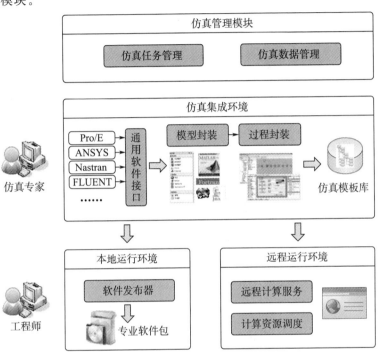

图 8-12　ORIENT 平台模块组成图

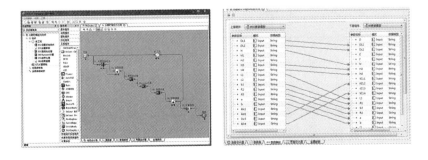

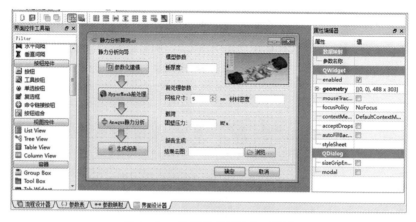

图 8 - 13　仿真集成环境界面截图

表 8 - 1　仿真组件库

自研方法封装组件	Matlab，MathCAD，Calculator EXE，DLL，Script
商软模型封装组件	Pro/E，UG（NX），CATIA，SolidWorks，Hypermesh，Partran，ICEM CFD，Abaqus，ANSYS，Nastran，LS - DY-NA，ADAMS，Recurdyn，FLUENT，CFX，STAR CCM＋，TecPlot，EnSight，HFSS，FEKO，CST，GRASP，CHAMP，ADS
通用功能组件	FileParser 文件解析组件，Word 组件，Excel 组件，Viewer 可视化组件，FileManage 文件管理组件
流程控制组件	分支组件，并行组件，暂停组件，循环组件，子流程组件

②试验设计算法包

试验设计（Design of Experiment，DOE）是研究和处理多因子与响应变量关系的一种科学方法。它通过合理地选择试验条件，安排试验，并通过对试验数据的分析，从而找出总体最优的改进方案。

③优化算法包

现代产品，设计参数众多、运行环境复杂、性能指标互相制约，因此需要设计人员从系统工程角度，快速高效地探索设计空间、分析参数敏感性、寻找全局优化解，进行品质优化。多学科综合优化设计，采用多目标机制平衡学科间影响，探索整体最优解。

④流程设计器

流程设计器用于将手工仿真的过程转换为计算机定义的流程，用户可以从组件库中拖拉相应组件到流程视图，并通过连接线定义组件间的执行顺序，以及组件之间的数据传递关系。流程中的组件可以设置为单步执行或自动化执行，通过流程控制组件还可以实现串行、并行、分支、判断、循环等复杂的流程控制。

⑤界面设计器

界面设计器用于快速生成与仿真流程相匹配的人机交互界面，将无关的参数隐藏在后台，提供给用户一个简洁的个性化界面。通过界面设计工具可以拖拉式配置界面布局，实现界面控件与后台参数的关联，无须编码即可定制操作界面，满足复杂的人机交互需求。

（2）远程计算系统

远程计算系统提供了基于 Web 的仿真模板执行方式，远程服务是工程师之间共享仿真经验的一种高效方式，相比单机执行来说，用户无须关心仿真软件在哪里运行，也无须安装任何程序，只需一个浏览器就可以建立仿真模型、得到仿真结果。限于 Web 方式的交互能力较弱，这种方式更适用于人机交互较少或能够全自动执行的仿真模板。

远程计算系统包括了计算资源调度和计算服务门户两大模块。计算资源调度将每个安装了仿真软件的计算机视为一个计算节点，通过对计算节点的控制实现仿真软件的启动、加载、运行和监控，其最大的作用就是能够对并发的多个计算任务进行合理的资源分配以保证计算资源的充分利用，减少浪费。而通过计算服务门户，用户可以远程提交计算任务，监控任务的状态，并上传下载模型和结果文件，如图 8-14 所示。

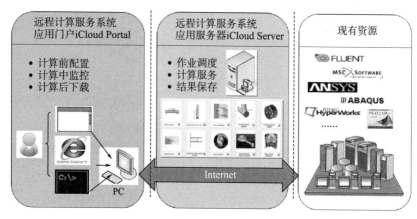

图 8 - 14　远程计算服务示意图

（3）仿真管理模块

ORIENT 平台提供了一套轻量化的仿真管理模块，如图 8 - 15 所示，用于对多人协同的仿真活动和相关的数据进行管理，主要功能包括仿真任务的分解、模板的共享，以及仿真数据的管理。

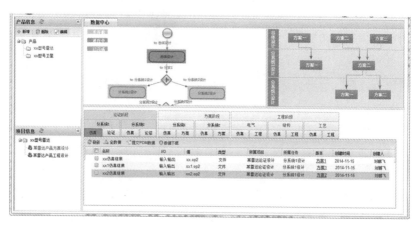

图 8 - 15　仿真管理模块界面截图

8.2　航空航天仿真平台应用案例

8.2.1　NASA AEE 先进工程环境

（1）项目背景

NASA 的 AEE（Advanced Engineering Environment）先进工程环境，目前主要支持 NGLT 计划［该计划的重点致力于未来包括政府和商业在内的空间应用，致力于近期(10～15年)、中远期（25年和以后）时间内的运载系统的技术成熟和对系统进行设计规划，目标就是要为 NASA 未来运载系统开发制定架构和技术路线图］。AEE 已被用于支持 NASA 第 2 代可重复使用运载器 RLV 计划上，用于性能分析与生命周期分析等多学科综合优化，以指导飞行器总体概念设计。性能分析包括几何、气动/气动热、运载工具尺寸、重量、结构、轨道、推进和 TPS（热防护）分析。生命周期分析包括费用、营运、安全和可靠性，以及经济性等。

（2）解决方案

作为协同和分布式框架，AEE 是基于 Web、数据与分析的工程环境，它的主要目标包括为 NASA 内部提供跨所有中心的集成系统评估能力，覆盖更大范围学科领域的工程评价和设计能力，技术性能指标数据可追溯性的整体系统架构和技术开发路线。

在 AEE 中，采用多学科仿真集成软件对 RLV 的 IATR 过程进行封装和集成，将各种分散的远程计算机上各类程序或商用软件进行集成和连接，建立由多个工具形成的性能分析和全生命周期分析模型（迭代回路、优化回路或参数设计权衡研究回路），并确保各学科数据交互性及格式的严格性和正确性。

AEE 系统中集成的各学科分析工具提供了定量评估 RLV 架构和技术的能力。AEE 将 NASA 各个中心自己编写并使用的设计与仿真分析程序集成到单一的环境中，控制不同学科之间的计算分析过程，实现分析计算过程中相关学科之间数据的映射传递。AEE 中的分析可以分成两个大类：运载工具性能部分和生命周期分析部分。生命周期分析包括评估价格、营运、经济、安全性和可靠性参数。运载工具性能和确定尺寸的第一步可用下面三个工具中的一个或多个来完成：CONSIZ，HAVOC 和 INTROS。第二代 RLV IATR 的工具包足够用于在概念阶段的早期进行 RLVs 的评估。

8.2.2　普惠 ITAPS 航空动力总系统集成环境

（1）项目背景

普惠公司的航空动力总系统集成（ITAPS）环境是第一个研究军用和民用飞行器的总系统和所有子系统集成的工具，普惠公司和其他许多美国技术公司采用 ITAPS 来快速集成与评估航空运载系统的功能特性以及推进系统和动力系统的设计。普惠公司空间推进部门，基于 ITAPS 开展飞行器、推进与动力等复杂系统的协同分析与设计过程的研究。飞行器动力系统包括推进系统、电力系统、通信系统、发动机安全运行管理系统（EHMS）、导航与控制系统（GNC）。飞行器动力系统设计的焦点是动力与推进系统和飞行器系统间的性能匹配与权衡，这需要集成飞行器系统、动力与推进等子系统的需求分析工具、仿真分析工具、CAD 设计工具和费用分析工具，进行系统级多学科集成设计、分析、评估与优化，综合考虑各组件系统的性能设计及彼此间的关系，研究子系统与总系统性能的相互影响。

（2）解决方案

普惠公司在进行飞行器动力系统设计过程中，采用多学科集成设计优化技术，建立了复杂大系统分解与集成的设计模型，构成用于飞行器动力系统的集成设计和性能评估系统。封装集成各系统单元的子程序、大量的自研程序、CAD 设计等工具，总系统和子系统能共享统一的设计参数，能在总系统级设计时捕获子系统模型单元的设计参数，能进行总系统和子系统的设计灵敏度分析。

ITAPS 环境建设的相关内容如下：

①ITAPS 过程与系统工程概念开发路线

在 ITAPS 环境下都是基于系统结构和系统单元的功能分析，并专注于系统的概念设计，进行性能需求分析以及性能指标分配，在开发初期通过验证关键的设计功能降低系统设计风险。ITAPS 是基于过程和模型的分析与设计评估环境，专注于系统功能的评估与研究，并能复用大量自研程序和现代工程工具用于系统级交叉功能研究。通过建立所有系统功能单元的高逼真度模型，调用 ITAPS 集成的程序进行系统级设计求解，满足飞行器等应用系统的设计需求。

②ITAPS 功能分析

通过子系统功能单元及其相互依赖关系的确定、系统级功能的描述和功能模型需求的定义来构建一个完整的 ITAPS 模型。构成飞行器系统的每个单元，如：航空系统的结构与容积、制导导航控制系统、环境控制与生命保障系统、动力推进系统，都可通过功能分类进行系统研究和定义。在确定了系统功能和系统链接关系后，建立系统功能性能等级和设计参数，执行质量、性能、费用、复杂度和可维护性的冲突分析。

③评估系统品质因素

系统级品质因素分析通常包括成本、质量、性能、可维护性和集成系统可靠性，每个系统模型（如：运载工具系统模型、动力模型、推进系统模型、费用模型等）都有特定的算法，通过分析获得总系统和子系统的品质因素。ITAPS 开发环境进行集成功能分析和系统分析，快速、高效地进行系统级的品质因素分析，合理平衡各子系统和总系统之间的矛盾。

8.2.3　某航天型号典型舱段结构强度仿真系统

国内某航天总体设计单位的结构专业室，经常需要做型号舱段结构的强度校核，需要采用 Nastran、ANSYS 等商业软件工具来完成。

之前的舱段分析计算工作，需要在 CAD 模型到有限元模型的转换上花费大量人力，需要人工完成从 CAD 模型到有限元板壳＋梁模型的建模过程。此外，在结构计算过程中，需要对舱段进行多种工况的强度、刚度、屈曲、模态等分析工作。

因此，基于商业的 ANSYS 软件，通过二次开发定制，形成了型号典型舱段的结构强度分析计算系统，如图 8 - 16 所示。通过二次开发，加入了型号舱段建模所需的蒙皮、桁条、中间框和端框等模型，桁条包括 T、C、L、Ω、I 五种截面形式，建立截面实例库，并建立了静力分析载荷设置、特征值屈曲分析、非线性后屈曲分析等仿真工况。实现了典型舱段有限元分析计算模型的快速建立，通过标准化的分析计算模板快速完成仿真分析工作。通过该项目的建设和应用，工程人员减少了大量的重复建模工作和条件设置的工作。并且，通过应用标准化的仿真分析模板为舱段强度分析的准确性提供了有效的保障。

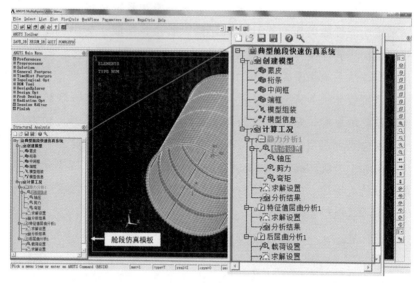

图 8 - 16　某型号典型舱段结构强度仿真计算系统界面图

8.3　运载火箭总体多学科协同仿真分析平台应用

国内的航天型号研制院所，从 20 世纪 90 年代初开始引进一些先进的设计、仿真分析软件和硬件条件，用于型号的设计和仿真分析工作。经过 20 多年的建设，目前初步具备了一定规模、一定规范的信息化保障和应用体系，对型号的研制和日常管理工作都起到了积极的推动作用。

随着"十二五"和"十三五"期间大量增加的研制任务和型号高密度发射的要求，不仅研制周期紧，同时对产品的质量和可靠性也提出了更高的要求。新型号的研制要求逐步采用通用化、组合化、系列化的工程方法进行模块化设计，并能够应用数字化技术整合设计过程，实现高效优化设计、虚拟试验验证、快速测试，提高型号的研制效率和研制质量，其中，构建面向型号各专业综合应用的多学科协同设计仿真系统环境成为关键。

8.3.1　运载火箭总体多学科协同仿真平台的业务需求

（1）设计仿真任务及流程管理

在运载火箭总体设计仿真流程中，很多是跨专业多学科的工作，需要不同专业背景的分析人员协同开展工作。大多数型号研制单位没有专门的系统平台用于对仿真分析任务的管理，仿真分析任务的流程通常是，通过 PDM 系统向仿真分析人员提出任务书，仿真分析人员接到任务书后，通过与任务提出者的多轮沟通反馈，最终完成仿真分析工作。有些临时性的计算分析工作，分析人员完成计算分析工作、编写完成计算分析报告后直接提交反馈，计算分析过程、输出结果和计算分析报告等缺少支撑平台进行规范化管理。与此同时，仿真分析任务的项目管理人员仅仅是单线条对仿真分析工作进行分配，对计算和仿真分析过程缺乏管控，因此建设工程计算和仿真分析管理系统也包括对相关工作的管理调度功能。

任务管理应提供对工程计算和仿真分析任务的监控功能，使任务分配者对任务运行情况进行监控，监控的内容包括任务执行到的节点、任务节点的完成情况等，及时发现运行时出现的问题。

在任务流程执行过程中，各专业人员会建立不同专业的模型和程序、组织准备相关的工程数据、应用不同专业的工具软件等，并通过业务流程衔接形成多学科协同工程计算与仿真分析执行系统。流程中关联的软件和程序在协同仿真计算过程中会产生大量的工程数据、分析模型、网格数据、仿真结果文件和各种计算分析报告，因此结合仿真计算管理平台的建设需要确定建立各种输入输出数据的标准和规范，支持保障工程计算和仿真分析任务流程的高效执行。

（2）工程计算与仿真分析自动化

对于运载火箭典型的工程计算和仿真分析流程，可固化为任务流程模板。当再有类似计算分析任务的时候，可以在流程模板库中调用该流程模板并进行简单修改，比如修改任务承担者、任务完成时间等，使之适合本次计算分析工作，大大减少了流程定义的工作量。借助于参数化的计算仿真任务流程模板，任务管理者可以快速地发起运载火箭工程计算和仿真分析任务流程。

同样对于一个具体的仿真计算工作，分析人员根据计算输入，可以选择经过封装固化的计算模板，通过应用该模板的输入输出参数化管理界面进行参数修改并快速发起计算，从而有效地实现了工程计算和仿真分析模板的复用，提高了效率，也保证了质量。

运载火箭相关专业的技术人员在进行工程计算和仿真分析时，还经常进行繁琐的数据处理工作。对于不同专业之间的数据传递，目前运载火箭的现状是上游专业输出任务书或者报告，下游专业人员从文档中摘录相关设计仿真数据后，手工生成输入文件。传递的方式是通过 PDM 系统或者邮件等，计算分析人员手工摘录数据不仅工作量大，而且数据格式、类型等往往需要转换，技术人员通过手工处理的工作量过大，质量难以得到有效保障。

因此需要通过仿真计算管理平台对典型的设计分析流程各个任

务节点的输入输出数据、仿真计算各计算步骤之间的数据传递实现自动化，将上下游的输入输出的数据关联起来，这样就不用每次都要对这些数据进行人工处理和定义，可以显著提升工作效率和工作质量。

（3）设计仿真计算工具的封装集成

要实现设计仿真计算的自动化，必须将设计仿真中用到的工具封装集成到仿真平台中。这些工具包括商业软件和自研程序，需要集成 CAE 商业软件包括：Patran、Nastran、ANSYS、Marc、ANSA、Abaqus、FLUENT、Matlab、MathCAD、Hypermesh、I-DEAS 等，以及研制单位现有的自研程序和算法。此外，仿真平台可对运行的 CAE 工具软件运行情况，包括 Lisence 占用情况、被什么流程调用、软件执行的状态、软件使用率等进行实时监控。

（4）设计仿真过程的参数匹配与优化

运载火箭总体设计过程中，需要对火箭的运载能力、弹道等进行优化，应有多种优化设计算法，建立集成优化模型，提取优化模型中的设计变量、约束条件及优化目标，建立与相应指标的映射关系。并且驱动模型计算，动态监控总体关键性能指标的完成情况，实现总体设计各个专业的状态监控，以达到协同设计。

（5）设计仿真过程数据的统一管理

在火箭总体设计过程中，各个专业会产生大量的设计、仿真数据。这些数据只有一部分结果数据被摘录入分析计算报告提交协同设计平台管理和归档，大部分都分散存储在分析人员的个人计算机中，这样很不利于数据的安全保存和快速查询，因此必须对这些数据进行有效管理。此外，针对仿真结果数据，还应支持数据的分析处理、历史数据和多设计方案对比，以及二维数据和三维模型的轻量化、可视化等。

（6）设计仿真工程知识库

建立运载火箭总体设计与仿真分析类知识的采集、管理和使用方法，形成研发知识库；支持流程模板、报告模板等各类企业经验和最佳实践的集成与定制，实现知识重用；支持材料库、插件库、模型库、流程库、方案库的集成应用。

（7）系统集成需求

多学科协同仿真平台，应与 PDM 系统、TDM 系统、PBSPro 系统等集成。

8.3.2 运载火箭总体多学科协同仿真平台架构

建设的运载火箭多学科协同仿真平台包括六大部分：平台门户、设计仿真流程体系、设计仿真过程集成环境、设计仿真过程数据管理系统、工具资源和硬件环境。运载火箭总体多学科协同仿真平台的功能模块架构如图 8-17 所示。

1）平台门户：多学科协同设计仿真平台门户是平台系统的统一入口，同时该门户支持与设计所的主门户集成。门户的四个应用功能分别是：统一登录、应用集成、工作界面配置和子系统入口；门户同时还包含三员分离、权限管理、用户管理、组织机构管理和 IPT 组织机构管理等系统管理功能。

2）设计仿真流程体系：主要用于搭建研制单位各专业设计仿真流程体系，设计仿真流程体系由设计仿真流程/任务管理系统提供基础支撑功能定制而成。设计仿真流程/任务管理系统包含五大功能模块：协同工作区、流程设计模块、流程监控模块、流程模板管理模块和工作包管理模块。

3）设计仿真过程集成环境：该环境主要是基于通用组件或定制开发来封装各类工具和自研程序，形成专业组件，并基于专业组件来进一步搭建过程模型，为设计仿真工作提供支撑。平台提供的通用组件包括：过程组件、优化组件、Loop 组件、计算器组件、数据解析组件和命令行调用组件。需要构建的专业组件包括：总体性能计算、弹道计算、晃动分析、模态分析、弹性分析、气动分析、载荷分析、POGO 计算、星箭耦合分析、制导分析、姿控系统分析等专业分析组件。然后，以这十多个经过封装的专业组件为基础，根

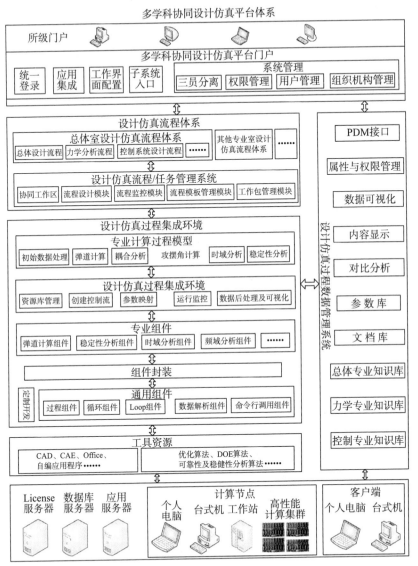

图 8-17　多学科协同仿真平台的设计架构

据火箭总体设计仿真的需要，构建出由多个专业组件关联集成的多学科协同仿真分析模块，供设计师在火箭研制中调用，实现多专业

（学科）的快速协同仿真分析。

4）设计仿真过程数据管理系统：该系统主要用于实现某航天设计所产品设计过程中的设计仿真数据的统一管理与分析，主要包括数据属性与权限管理、数据可视化、内容显示、对比分析、元数据和数据版本管理等功能，同时提供与 PDM 的接口。该系统通过功能应用扩展实现对研制单位产品设计仿真过程中的知识进行统一管理，该类知识包括各种组件、参数、文档、模型、历史数据等，通过建立不同的知识库在设计仿真过程中实现知识复用，主要包括参数库、归档库、文档库以及根据各专业设计需要构建的专业知识库。

5）工具资源：主要是进行设计仿真工作需要用到的各类 CAD、CAE 工具和各类自研算法程序，是研制单位的基础设计仿真资源。

6）硬件环境：底层的平台部署环境以及各类计算硬件资源。

8.3.3 运载火箭总体多学科协同仿真平台应用内容

8.3.3.1 运载火箭总体设计多学科协同仿真流程

通过多学科协同仿真及平台的长期研究、项目建设，以及应用积累，目前基本建成了面向运载火箭研制过程的多学科协同设计仿真的系统框架。并且以运载火箭总体设计为重心，构建运载火箭总体专业的设计仿真流程、打通设计仿真工具间的数据流、对设计仿真工作中产生的过程数据进行有效管理，解决了火箭总体设计中的多学科、多专业的流程固化问题，显著地提高了工作效率，缩短了工作时间。通过分阶段的实施和建设，面向运载火箭总体设计的众多专业，实现了总体性能计算、弹道计算、晃动分析、模态分析、弹性分析、气动分析、载荷分析、POGO 计算、星箭耦合分析、制导分析、姿控系统分析等十多个专业的高效协同工作，如图 8-18 所示。通过这几年持续的建设应用和总结，探索出多学科协同仿真分析技术在型号研制中的应用模式、实施方法和建设策略，为进一步推广应用多学科协同仿真技术打下了重要基础。

专业领域的仿真流程和功能模块的实现需求如下：

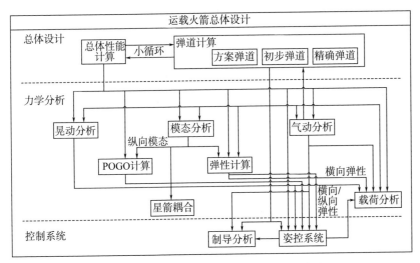

图 8-18　运载火箭总体设计多学科协同仿真流程

（1）数据处理算法

在之前的运载火箭总体设计流程中，各专业在进行分析计算前，首先需要根据总体设计要求的性能指标及相关专业提供的数据、报告等准备输入数据。目前这部分工作主要是工程师手工进行的，繁琐的数据复制、格式转换、粘贴、校核工作占用了大量宝贵时间，数据的准确性也难以保证。据此，需要编制数据处理算法程序，实现输入数据准备的自动化，这既可以减轻工程师的劳动强度，保证数据的准确性，同时也是实现后续整个设计流程自动化的基础。

（2）流程集成

某型号火箭的总体设计流程包含总体指标确定、晃动分析、模态分析、弹性分析、气动分析及载荷分析等过程，通过协同仿真平台，建立上述设计流程中各计算分析过程的自动化流程，并实现设计信息的全局共享和数据的自动流转。

（3）数据管理

某型号火箭的总体设计包含了众多业务节点，在设计过程中会产生大量仿真数据，以往由工程师个人分散保存的方式不利于数据的管理、共享与重用。通过仿真平台的建设，主要解决以下问题：

①单元库管理

在模态分析时，首先根据各部段的梁单元来生成全箭的有限元模型文件，文件中描述了梁单元的属性定义、材料定义、质量矩阵、节点定义及各部件的连接关系等内容，其中梁单元、材料单元、节点定义等部分需要以数据库的形式加以管理。在模型准备时，相关数据从数据库中获取，与其他部分组合而生成全箭模型。

②仿真数据管理

集中存储和管理火箭总体设计过程中通过执行仿真流程（Process）产生的大量仿真计算数据，通过对仿真计算过程数据的管理实现设计过程的可追溯。

③历史数据比对

研制单位在长期的运载火箭总体设计过程中积累了大量的历史数据，对于后续型号批次的设计工作具有很大的借鉴和指导意义。在设计完成后，还可以将设计结果与历史数据进行比对，以验证本次结果，以及进行可靠性分析等。

通过充分运用先进的系统工程、数据管理、流程管理、知识管理等管理思想及技术，引进新的柔性可扩充系统架构，实现适用于运载火箭设计全过程的、能够支撑协同设计仿真并且是高度可扩充的系统，提高型号设计的质量和效率。图8-19为运载火箭总体多学科协同仿真平台工作界面及主要功能模块（包括设计仿真任务、设计仿真模板、设计仿真流程、设计仿真作业、设计仿真数据、系统配置等功能模块）。

下面重点介绍运载火箭总体设计、总体力学和控制系统有关专业如何构建多学科协同设计仿真系统，从而实现运载火箭总体方案的快速设计和小回路闭合分析。

图 8-19　运载火箭总体多学科协同仿真平台工作界面

8.3.3.2　总体设计仿真分析

火箭的总体设计主要由三个功能子模块组成：初始数据分析模块、理论图设计模块、弹道仿真模块。总体性能分析软件系统原理图如图 8-20 所示。

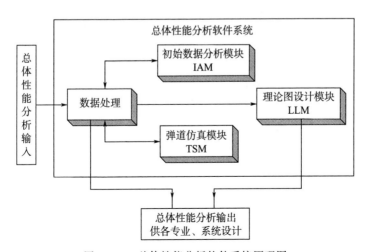

图 8-20　总体性能分析软件系统原理图

（1）初始数据分析模块

初始数据计算模块以火箭理论图、飞行程序、贮箱增压计算报告、贮箱容积、发动机性能和使用说明书等为输入，结合箭上设备各部件结构质量、质心、转动惯量等参数，完成火箭总体性能参数、结构质量计算；推进剂加注诸元及贮箱容积数值，各类发动机主要性能参数，安装参数统计计算；竖立状态、运输状态、分离状态产品结构的质量、质心、绕横轴转动惯量计算；各级火箭飞行时绕纵轴转动惯量计算；飞行中各级液位高度、质心、转动惯量计算；供气动加热计算用蒙皮厚度、材料、部件长度；产品偏差量计算；全箭质量分布设计；发动机入口压力偏差计算。

（2）理论图设计模块

理论图计算模块相对简单，要求能够汇总统计结构、设备安装专业的设计结果，体现各舱段理论外形尺寸、相对位置关系，箭体外部增压输送管路、电缆整流罩理论位置尺寸等。根据不同型号的相关参数，自动调用 AutoCAD 软件，生成初步理论图模型供设计人员使用。

（3）弹道仿真模块

弹道仿真模块主要是根据弹道模型，采用数值仿真的方法，对程序角以及火箭的总体参数等针对目标和约束条件进行优选，最后确定弹道方案，并完成弹道的计算。模块以卫星的轨道要求和火箭总体技术状态为依据，合理地选择程序角（主要是俯仰程序角），使得火箭飞行满足卫星的轨道要求，同时需要满足运载能力、航程、落点、测量、过载等限制条件。

弹道仿真模块主要分三个子模块，分别为方案调算弹道、初步调算弹道和精确弹道。

1）方案调算弹道主要计算火箭发射轨道参数，包括标准发射轨道参数、星箭分离点卫星轨道参数及火箭一子级、卫星整流罩落点参数等，供火箭各系统及参加飞行试验任务的各有关单位使用。

2）在初步设计阶段，要进行初步的弹道计算，为火箭各分系统提供所需的弹道数据，核实火箭的运载性能，检查飞行方案对弹体结构、稳定系统、制导系统的适应性，检查在各种飞行条件下以及火箭参数偏离额定值时，能否保证达到给定的运载性能和入轨精度。

3）精确弹道计算主要进行初步、精确弹道的调算，为相关专业提供弹道参数。其输入主要来源于弹道设计、总体性能专业及制导等专业。弹道设计、总体性能专业主要提供装订的初始数据。制导专业提供用于干扰弹道计算的导引系数等。精确弹道计算的结果提供给弹道设计、总体性能、制导、姿控、力学、外安、箭载软件等专业。

8.3.3.3　总体力学仿真分析

（1）火箭纵向弹性计算模块

本模块主要对稳定性分析中火箭的纵向模型和确定纵向振动动力学参数等方面进行计算。火箭类型主要为多级的液体和固体推进剂火箭，贮箱呈串联结构。而在目前的设计和计算中，纵向动力特性与横向及扭转特性并不考虑耦合，采取分开建模、分别计算进行处理。

对纵向弹性振动计算一般是根据火箭特性建立质量和刚度模型。确定火箭固有模态后，由固有频率及关键舱段处的振型来计算得到纵向弹性振动各参数，供 POGO 专业和姿控专业使用。火箭纵向弹性计算流程图如图 8 - 21 所示。

（2）火箭横向星箭耦合分析模块

星箭耦合分析模块是计算火箭结构在受到外加激励载荷作用下所产生的力学响应，包括位移响应、速度响应、加速度响应、载荷响应、准静态载荷等。其结果一方面可以为火箭载荷设计提供重要设计依据，另一方面也是火箭力学环境设计预示的重要手段，同时为卫星的设计（如卫星过载系数等）提供重要的依据。

星箭耦合分析技术要求通常包括卫星模型说明、载荷工况要求、卫星内部响应计算点的要求、截止频率与响应特性分析要求和计算结果及报告要求等内容。在特定的运载发射任务研制过程中，需要提供的相应技术参数有动态位移、加速度、动态载荷等。

设计输入一般包括总体初始数据、发射轨道、气动特性报告、

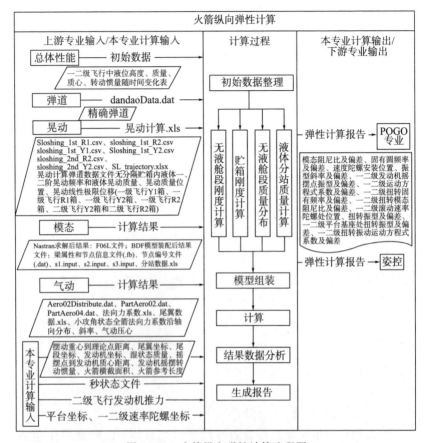

图 8-21　火箭纵向弹性计算流程图

脉动压力数据、发射场综合风剖面风场数据、卫星结构动力学模型、全箭设备配套表、运载火箭各舱段结构图纸等。

火箭横向星箭耦合分析一般计算最大动压工况和跨声速抖振工况两个工况。

平台中横向星箭耦合分析流程图如图 8-22 所示。

中建立的姿态控制仿真流程包括以下几方面。

①攻摆角计算分析

攻摆角计算主要根据火箭初始数据、发射轨道、气动数据、风场数据、发动机参数及控制参数等计算火箭一、二级飞行干扰形成的火箭攻角、发动机摆角，计算结果作为载荷分析的输入数据。攻摆角计算的流程如图 8-23 所示。

图 8-23　功摆角计算的流程

②姿态动力学模型刚晃参数计算分析

姿态动力学模型刚晃参数计算主要根据火箭初始数据、发射轨道、飞行程序、理论图、气动数据、晃动参数、弹性参数及发动机参数等计算火箭各级飞行刚晃、干扰参数及偏差，以形成描述具体某发火箭箭体姿态动力学特性的姿态动力学模型实例，计算结果作为编制姿态控制系统设计任务书的输入数据。姿态动力学模型刚晃参数计算的流程如图 8-24 所示。

图 8-24　刚晃参数计算的流程

③飞行试验结果分析

飞行试验结果分析主要根据火箭靶场飞行试验的遥测、外测数据，靶场试验间实测数据及理论设计数据绘制数据曲线、挑选极值及计算数据表格，并与最近相近型号成功数据进行对比，计算结果供编写各发火箭各系统飞行试验结果分析报告。飞行试验结果分析的流程如图 8 - 25 所示。

图 8 - 25　飞行试验结果分析的流程

④姿态控制系统频域分析

姿态控制系统频域分析主要根据火箭箭体姿态动力学特性、火箭控制系统各单机频域相关参数及控制参数等计算火箭各级各秒状态频率特性，并调整控制参数，使全飞行任务周期内频域稳定并满足一定裕度指标，分析结果作为姿态控制系统时域分析及箭机装订数据的输入数据。姿态控制系统频域分析的流程如图 8 - 26 所示。

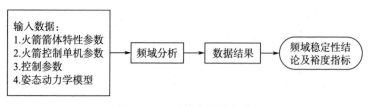

图 8 - 26　频域分析的流程

⑤姿态控制系统时域分析

姿态控制系统时域分析主要根据火箭箭体姿态动力学特性、火箭控制系统各单机频/时域相关参数及控制参数等解算火箭姿态动力学方程，分析结果作为调整控制参数及判定指标满足情况的依据，为系统设计报告编制的输入数据。姿态控制系统时域分析的流程如图 8 - 27 所示。

图 8-27　时域分析的流程

⑥推进剂加注量计算

推进剂加注量计算主要根据加注量计算任务书、推进剂饱和蒸气压及预计逐时环境温度计算火箭各级各推进剂组员加注体积，计算结果作为发射场库房加注装订数据的输入数据。推进剂加注量计算的流程如图 8-28 所示。

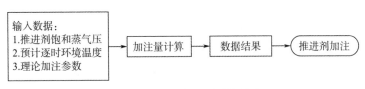

图 8-28　推进剂加注量计算的流程

⑦射前 q_α 计算

射前 q_α 计算主要根据火箭初始数据、气动数据，发动机参数、控制参数、标准大气、程序角、发射点地球物理参数及实测逐层高空风数据计算火箭一级飞行 q_α 值，计算结果作为加注决策依据及发射条件。射前 q_α 计算的流程如图 8-29 所示。

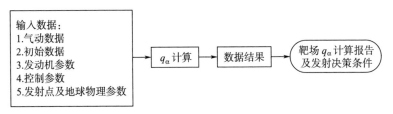

图 8-29　射前 q_α 计算的流程

⑧POGO 稳定性分析

POGO 稳定性分析主要根据火箭初始数据、纵向振动参数、增压输送系统管路参数、发动机参数及偏差参数计算管路－发动机－箭体系统临界阻尼,计算结果作为蓄压器安装与否及调整蓄压器充气压力及体积的依据。POGO 稳定性分析的流程如图 8-30 所示。

图 8-30　POGO 稳定性分析的流程

⑨运载火箭飞行软件验收及集成综合试验测试仿真分析

运载火箭飞行软件验收及集成综合试验测试仿真分析主要根据火箭飞行程序、控制系统单机参数、测试点大地参数、箭机装订数据及飞行控制算法计算控制系统各单机理论输出曲线,计算结果作为软件验收及集成综合试验数据判读的依据。运载火箭软件验收及集成综合试验测试仿真分析流程如图 8-31 所示。

图 8-31　运载火箭软件验收及集成综合试验测试仿真分析流程

8.3.4　运载火箭总体多学科协同仿真平台应用技术

8.3.4.1　仿真工具软件及自编程序的封装集成

协同仿真管理平台实施过程中,针对总体设计、力学分析、控制系统等专业工作流程中涉及的各种商业应用程序（包括 Nastran、Pro/E 等软件）以及 In-house 计算程序，通过仿真平台的设计仿真组件封装模块进行了集成封装，定义或解析计算程序相关的输入输出数据。封装后的组件可以保存到本地，也可以发布到组件库中供其他人员共享重用。

　　这里以 Nastran 结构分析程序为例说明组件是如何进行封装的。Nastran 结构分析的原理是启动 Nastran 软件并导入后缀为 *.bdf 的文件，通过修改几何尺寸和边界条件进行计算分析，计算完后得到 *.f06 文件，并输出最大位移和最大应力。在常规计算中需要在 Nastran 中进行复杂的设置和调整，而通过组件封装将全过程集成在后台，前台设计人员只需要调整输入参数，组件就可以自动调用 Nastran 程序进行计算，得到输出结果，简化了计算过程，极大提高了计算效率。Nastran 程序计算示意图如图 8-32 所示。

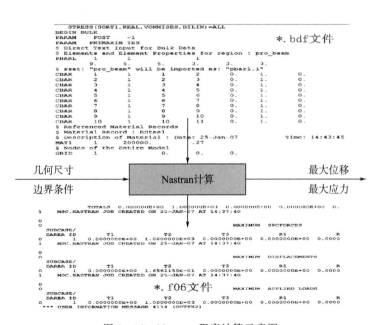

图 8-32　Nastran 程序计算示意图

封装完后的组件应用交互界面如图 8-33 所示。

图 8-33　　Nastran 程序组件封装

　　按照专业、学科、型号、阶段等模式灵活定义组件库的结构目录，将封装好的各种组件按照类型、属性发布到仿真平台组件库的目录中进行管理和维护，并同时为这些组件设置相应的访问权限，保证使用的安全性。

8.3.4.2　运载火箭仿真任务流程的梳理和定制

　　在仿真平台中，通过仿真任务/流程管理系统，实现针对运载火箭总体设计仿真任务及流程的管理，以及技术执行的状态监控。总体设计流程主要包括初始数据分析、理论图设计、弹道仿真等过程。总体力学流程主要包括晃动分析、模态分析、弹性计算、气动分析、星箭耦合分析、POGO 计算、载荷分析等模块。控制系统流程主要包括制导系统分析和姿态控制系统分析。在项目实施过程中，对总体专业室的设计仿真流程及相关输入输出数据进行梳理，针对总体设计、总体力学和控制系统三个专业方向，梳理结果如图 8-34～图8-36 所示。

　　在运载火箭总体多学科协同仿真平台中，把前面梳理的工作流程进行改造。图 8-37 为在仿真平台中定制的总体设计仿真流程示意图。

　　图 8-38 为在仿真平台中改造定制的总体力学仿真分析流程示意图。

　　图 8-39 为在仿真平台中改造定制的姿态控制系统仿真分析流程示意图。

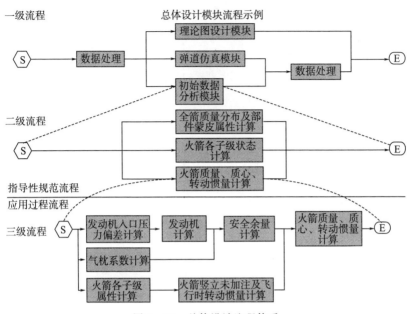

图 8-34　总体设计流程体系

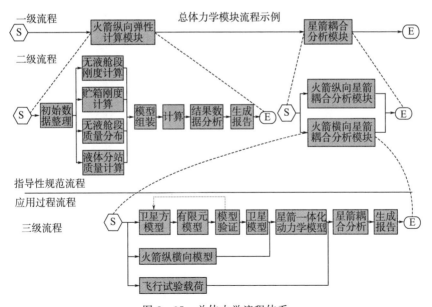

图 8-35　总体力学流程体系

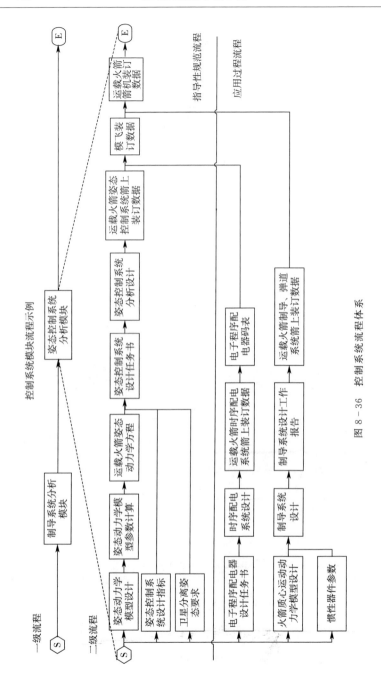

图 8 - 36 控制系统流程体系

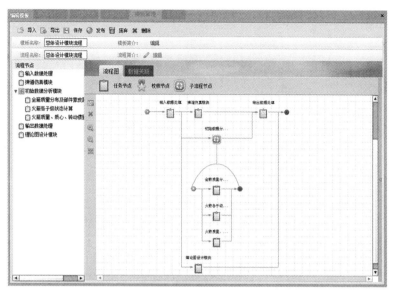

图 8-37　仿真平台中定制的总体设计仿真流程示意图

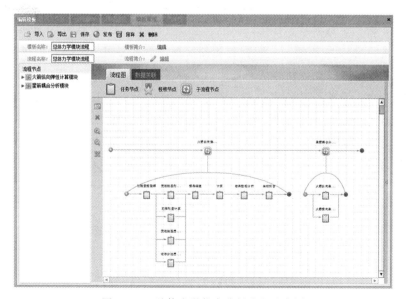

图 8-38　总体力学仿真分析流程示意图

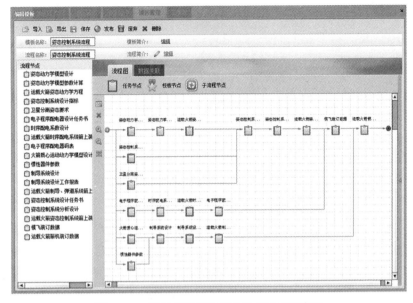

图 8 - 39　姿态控制系统仿真分析流程示意图

8.3.4.3　运载火箭总体设计仿真过程模型的定制

对于运载火箭总体的设计仿真流程和过程，二者有所区别：流程的概念较为宏观，主要是定义多专业多学科之间，不同的工作人员协同工作的设计仿真任务及流程。设计仿真流程之下的更细一级，即为各专业的设计仿真过程，通常是具体的某项仿真工作，由一个设计人员完成工作。例如，运载火箭的总体力学设计仿真流程中，包含了火箭质量、质心、转动惯量计算过程，以及火箭纵向弹性计算过程，还有攻摆角计算过程等多个过程。

通过运载火箭多学科协同仿真平台，可以基于软件封装集成形成的组件库，建立多个专业学科仿真模块联合执行的设计仿真过程模型，在用户输入设计参数后，自动完成相关专业模块的运算和过程的执行，得到仿真计算结果。搭建设计仿真过程的方法如下：

1) 从组件库中选择已经封装的组件，通过拖拽的方式搭建多个专业学科设计仿真组件之间协同仿真的过程模型，如图 8 - 40 所示。

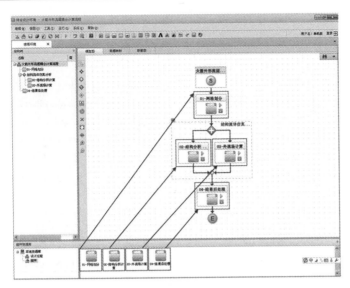

图 8-40　从组件库中选择已封装组件搭建仿真过程模型

2）建立仿真过程流程中组件之间的参数映射关系，如图 8-41 所示。

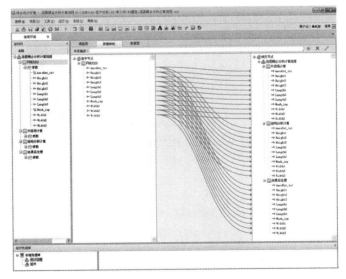

图 8-41　建立组件之间参数的映射关系

图 8 - 42 为定制的火箭质量、质心、转动惯量计算过程示意图。

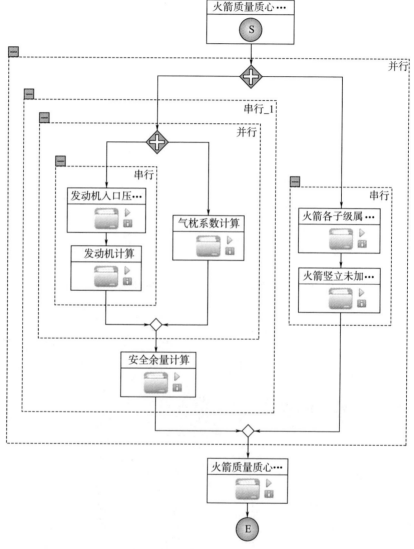

图 8 - 42　平台中定制的火箭质量、质心、转动惯量计算过程示意图

图 8-43 为定制的火箭纵向弹性计算过程模型示意图。

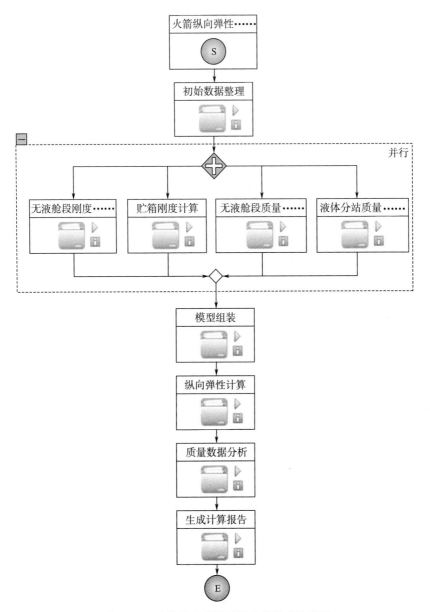

图 8-43 火箭纵向弹性计算过程模型示意图

图 8 - 44 为定制的火箭攻摆角计算过程模型示意图。

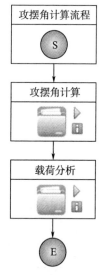

图 8 - 44　攻摆角计算过程模型示意图

8.3.4.4　运载火箭总体设计仿真数据管理

（1）数据管理模式

在 PDM 协同设计平台中设计数据的集成管理模式是，制定产品结构树（BOM），数据共享与交换规范，开发相应的数据库，从而使设计任务的相关数据得到有序、高效的管理，为设计系统提供技术支撑，如图 8 - 45 所示。而在多学科协同仿真平台中仿真过程数据的管理模式，是按产品的系列、型号、设计专业、部件、设计任务、设计状态等对设计任务的相关数据［包括任务的输入和限制条件、使用的模型、中间过程数据（可有选择地存留）、得到的最终结果数据、编制的设计报告及设计改进意见和建议］等内容进行组织和管理，使其既方便人与人之间的交互式使用，也方便计算机的自动处理；既支持权限控制下的任务数据追溯、比对，也支持下游计算分析任务的数据共享与交换。同时通过大容量的数据库，积累型号的设计数据，为后续型号设计和改型提供重要参考。数据管理模式实施如图 8 - 45 所示。

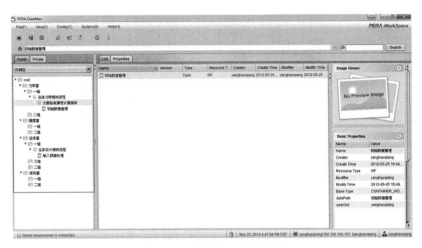

图 8 - 45　数据管理模式实施

（2）HPC 集成技术方案

运载火箭总体设计仿真过程中，有部分商业软件的运行需要较长的时间和较多的硬件资源，例如大规模的结构动力学分析。因此，有一部分计算需要通过仿真平台与 HPC 环境的调用接口，提交 HPC 环境（以 LSF 为例）进行运算，将运算所需的输入数据、命令流文件以及其他必需的数据文件提交给 LSF，并且在运算完毕之后接收计算结果。

具体集成技术方案如图 8 - 46 所示，在具体的实施过程中，只需在 LSF（PBS）环境（或其他 HPC 计算环境）的管理节点安装 A-gent 并启动，即可调用 LSF 等计算资源。与 LSF 进行集成调用时，用户只需要按照 Simworkflow 组件的封装方法，将输入文件、批处理文件和输出文件封装到组件中即可。

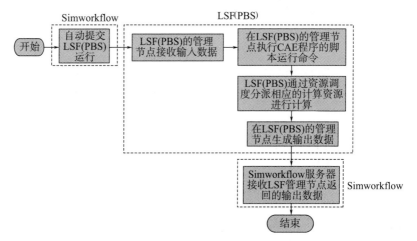

图 8-46 与 HPC 的集成技术方案

第 9 章　试验数字化管理技术

9.1　数字化试验的概念及主要内容

9.1.1　数字化试验的提出背景及需求

（1）试验数字化背景

信息化和数字化技术是当前大型复杂装备制造业发展的必然选择和必由之路，也是试验过程开展数字化管理和逐步实现数字化试验的必然走向。面向型号试验的数字化能力建设与应用过程是企业变革管理思想、改进管理模式、优化管理流程、提高员工素质的过程，是提升企业经营管理水平、缩小企业目标与资源能力之间缺口的有力手段。

如何在最短的时间、以最低的成本研制出高质量、高水平的航天型号产品，一直是我们长期以来关注的问题。随着基于数字化技术的设计、仿真、试验、制造等能力的建设与提升，要求我们对许多传统的试验方法和模式进行重新审视：试验设计要求通过少量试验得出令人满意的试验分析结果，可供分析的数据量往往有限；另外由于实际生产过程复杂、试验条件难以控制、各种误差因子作用，比较容易出现噪声数据；试验与仿真数据进行实时对比分析，并进行优化设计，比两方面数据单独管理的效果要好得多；大型试验任务的综合管理正在取代试验数据的简单获取和分析技术。在这个背景下基于数字化的试验管理和应用技术得到进一步的重视、研究、建设和应用，数字化试验逐步成为产品生命周期中重要的一环。国外很多大型的制造业企业已经或正在开始投资建立数字化试验平台。

在国内，也已经有多家军工单位建立了数字化试验平台，并取得了很好的效果，缩短了产品的研发周期，节约了大量的人力物力成本。

（2）试验数字化现状

目前，以美国和法国的试验测试及数据分析研究水平最高，开发的应用系统最先进，其软硬件设备已经将测试系统、高性能服务器与数据终端的系统联合，数据终端上使用的是流行的 GUI 图形操作系统，用户能够使用流行的软件对试验设备进行操作或对试验数据进行采集、处理，对试验数据进行妥善保存和管理，辅助编写试验报告等。比如，美国在世界上拥有最多和最庞大的火箭发动机试验机构和试验装置，大部分隶属于美国国家航空航天局（NASA）和美国空军，具有相当规模的试验能力。美国的主要试验机构有斯坦尼斯航天中心（SSC）推进试验联合体、马歇尔航天飞行中心、白沙试验场、阿诺德工程发展中心。马歇尔航天飞行中心，位于美国阿拉巴马州的亨茨维尔，主要负责对固体火箭发动机的试验工作，对火箭发动机的改装进行资格验证，测定新材料性能是否与目前所用材料同等优良。在试验中，技术人员逐步采用其开发的数据库系统将收集的传感器数据与仿真数据等各种信息资源实现有效管理整合和资源共享，以评估发动机的性能，验证发动机增强能力。此外，法国的 EURILOGIC 公司开发的试验数据管理和处理软件 MAGALI 在著名的空中客车 A340、A380 的试飞试验中发挥了极大的作用。美国国家仪器公司、惠普（HP）公司、Tektronix 公司、Racal 公司也相继推出了多种总线系统的虚拟仪器，并在短短的十余年间，便占领了世界仪器、仪表市场。

通过引进国外先进的软件、技术和理念，国内的试验数字化研究也有了长足的发展，越来越多的国内企业认识到试验数据的重要性。从"十一五"开始，我国航天、航空、船舶、兵器、电子、核等军工领域信息化开始了快速发展，尤其在科研与试验数据管理方面，通过引进国外先进的理念和技术，国内该领域也有了长足的发展，越来越多的国内企业认识到试验数据的重要性。在一些如航空、航天、船舶等领域，已开发出了相当多适合本单位的科研与试验数据管理系统。航天领域的多家院所都建设了适合自己的型号的试验数据管理系统，如航天某院建设了试验数据快速开发平台，可以迅速搭建一个型号试验数据管理系统，另一研究院完成了试验数据实时监控与处理系统，可以在监控中心进行全方位的监视和指挥。在航空领域，某飞机设计研究所在"十一五"期间进行了数字化工程项目，解决了研发设计和生产制造的数字化协同和试验验证系统；另一设计所在"十一五"阶段完成了结构强度、飞控专业、FD 专业等部分专业的试验信息化工作，在"十二五"阶段准备进行全所的试验验证信息化整体规划建设。这些单位利用现有的计算机和网络资源，开发操作简单、灵活的管理工具，这使得国内试验数字化能力踏上了新的台阶。

（3）面临的困难与不足

目前，国内已经初步形成了集设计、试验、测试为一体的产品验证评估的基本框架，基本上保障了现阶段研发的需要，在型号研制、基础预研、科技开发任务中发挥着重要作用。经过多年的努力，试验与测试技术水平已经取得了长足的进步，但是与国外先进技术水平仍有较大的差距，尤其是没有形成完善的技术体系、验证评估体系和保障体系，无法满足未来高水平试验测试的需要。

1）硬件数字化程度不足：由于前期信息化建设处于摸索阶段，试验设备数字化升级投资力度较小，而且由于我国的试验设备大量为国外多个厂家引进，其接口方式参差不齐，自动化程度不高，不仅降低了试验数据的获取效率，而且影响了数据的同步性和准确性。

2）试验信息化范畴不全：这里指的试验信息化已不仅仅是试验项目的管理，还包括试验现场的信息化管理、试验后处理及试验设计等，由于试验信息化范畴考虑的不够全面，导致在试验信息化运行过程中常常需要人工介入，这造成了试验数据的可追溯性和试验信息的完整性不足。各个型号的试验规划、试验准备、试验资源没有统一的平台进行管理，试验规划脱离型号项目的管理，缺乏一致性。

3）数字化预测技术缺乏：没有实现从经验设计向数字化预测设计的过渡。

4）数据处理分析手段落后：在运载火箭的有关地面试验中，试验任务复杂，试验对象的空间位置十分分散，试验系统庞大，需要大量的试验基本单元，各试验点之间以及试验点与管理计算机之间的信息交换量越来越大，现有的数据处理分析手段，已经明显不能适应当前试验的要求。

5）试验数据管理方法不足：试验数据的数据量很大，试验数据的格式多样，不同的试验采集设备采集的数据的格式有很大差异。这些都增加了试验数据管理的难度。

（4）试验数字化需求

试验数字化的目标是建立包含试验全过程管理和试验数据管理的试验数据管理平台，形成数字化试验体系，实现试验流程规范化、试验数据标准化、数据入库自动化、试验过程可视化、数据处理智能化，并且打通数字化设计、仿真系统与试验数据管理系统之间的数据流，能够为设计提供快速验证和更好地指导仿真。

①试验体系规范化

根据试验作业指导书和相关规范整理试验手工流程，形成计算机可以执行的固化流程，同时加入专家经验控制，形成可以自动执行的智能化流程，流程固化后可以保存为流程模板，不断积累形成流程模板库。

②试验数据标准化

包括试验类别定义：为各个实验室、设计室定义试验类别，进行试验项梳理。

数据结构定义：为实验室制定试验数据规范，形成标准数据格式，提高了试验数据发布的效率和准确性。

③试验执行高效化

通过对设备、人员等资源进行灵活的、全面的、可扩展的优化配置，实现试验业务执行的高效化。

通过试验流程梳理与试验数据梳理，形成了自动化的试验流程和规范的数据格式，试验人员专注试验业务，大大提升了试验效率。

④试验过程可视化

建立对试验任务的过程监控，包括人员、资源、交付项、进度的监控，实现对试验过程的可视化管理。方便试验管理人员对试验过程的掌握。

能够通过现场视频监控系统，实时传输试验现场信息到信息中心，对现场情况进行实时掌控，同时还能将现场数据实时传输到中心大屏进行显示，能够实现数据采集过程、处理过程以及回放过程的图形化展示，如图 9 - 1 所示。

图 9 - 1　试验过程可视化

⑤数据存储自动化

采用统一的数据导入入口；对导入数据进行格式的自动校验和内容的人工判别，根据判别结果的不同发起不同的试验审批流程。

通过与采集设备的有效集成，实时读取采集设备的数据，通过数据转换后可以直接存储到数据库服务器上，实现数据入库的自动化。

⑥试验知识模板化

通过对试验数据、试验报告进行知识固化，建立试验报告模板库、试验数据算法库。实现了对试验知识的经验总结，并为新试验提供技术支持，进一步提高了试验质量。

⑦数据处理智能化

通过专业函数绘图、处理、分析方法，以在线和离线两种方式进行快速分析处理，满足了图形化数据查看、数据分析、函数拟合的需要。

⑧设计、试验、仿真一体化

通过与设计系统、仿真数据管理系统进行深度集成，实现设计系统下达试验任务，试验数据管理系统分解和执行任务后将试验报告和数据反馈给设计系统，同时还能将试验数据与仿真数据进行对比分析，对仿真具有指导作用，如图9-2所示。

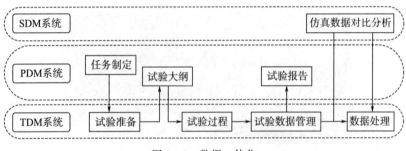

图9-2　数据一体化

1) 对设计进行优化：打通与设计系统的数据流，试验结果数据经过分析处理后，可以直接提供给设计师对设计结果进行性能评估，性能评估结果与设计参数进行对比，从而发现设计中的问题，以改进和优化设计。

2) 为仿真提供基线和指导：通过对不同试验任务、不同试验状态、不同试验件型号的物理样机试验数据及虚拟试验数据进行横向、纵向对比分析，实现试验与仿真的一体化。

9.1.2　试验数据管理产品概述

高技术产品的研制过程中，试验的地位越来越重要。特别是在航空、航天、船舶、电子等领域，高技术产品的性能和寿命的最终验证和确认，都必须依赖于试验工作。航天工程中某些试验的成本是巨大的，使得人们研究和探索应用信息化、数字化技术来实现降低成本、缩短周期、保证质量的试验技术和方法，而信息技术的快速发展，也使得试验领域的信息化、数字化手段的更新速度不断加速。

综合起来，试验领域的信息化、数字化进程可以分为如图 9 - 3 所示几个阶段。

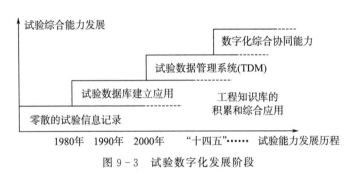

图 9 - 3　试验数字化发展阶段

第一阶段："零散的试验信息记录"阶段。自从出现了专门的试验设备和仪器，就开始了第一阶段。本阶段最大特点是试验信息处于零散状态。最开始试验信息完全靠人工和纸质记录。数字化仪器设备出现后，最普遍的业务状态就是：试验信息以手工记录、仪器内部记录、数据文件等多种形态存放在多个地方，不仅无法充分利用，而且无法避免试验信息的流失。总之，在试验的科学管理、信息处理分析方面，本阶段可以说是停留在"原始阶段"。

第二阶段："试验数据库建立应用"阶段。该阶段最大特点是：将试验数据存放在数据库中。本阶段可以分为两个时期，前期着重于保存试验采集数据，后期逐步增加了一些试验项目、资源信息的管理和仪器测控的功能，成为不仅可以对试验采集数据进行管理，还可以管理试验任务、试验环境、仪器设备状态、试验知识等信息。

本阶段的系统最大的不足在于，它是随着试验数据管理需求的不断涌现而逐步发展起来的，可以说是逐步"堆积"起来的，不是"编织"出来的。它没有从系统整体的角度，没有从试验业务的出发点来进行规划，因此留下了致命的弱点：只强调数据管理，而忽视试验业务的本质需求；系统扩展不方便，难以支持长远发展；数据访问机制缺陷降低了处理效率；无法提供很多试验环节的重要工具，如试验准备、设备综合集成、信息发布、试验评估等。

总的来说，本阶段在试验信息的管理和处理方面具备了一定的基础，但是还谈不上试验业务的科学管理，效率也有很大问题。

第三阶段："试验数据管理系统（TDM）"阶段。这是试验领域信息化、数字化发展的最新阶段。该阶段系统的最主要特征是：平台化、专业化、数字化、工程数据库机制、业务流程掌控能力和丰富全面的试验业务工具。具体包括：采用全新的软件平台技术，将试验对象、过程、环境、数据、知识等统一纳入试验数据管理系统，实现试验信息的数字化获取和试验业务的信息化管理，利用工程数据库技术对数据进行有效管理和挖掘，实现对试验资源的合理配置和对试验业务过程的科学管理，同时提供服务试验各个阶段的数字化工具。当前，不少企业都已经处在或正在跨入这一阶段。

第四阶段："数字化综合协同能力"阶段。在这一新阶段中，试验业务和设计业务、仿真业务等将实现高度的融合，从而达到一个充分发挥设计、试验、仿真潜力，得到最佳产品设计的系统优化能力阶段。

与 SDM 产品发展相似，TDM 产品目前仍然处于成长发展阶段。在国内市场上目前可了解到的 TDM 试验数据管理产品主要包括：美国 Newtera 公司的 Newtera TDM、北京瑞风协同科技股份有限公司的 TDM3000、北京神州普惠科技有限公司的 AppTDM、中船重工 702 所的 ORIENT TDM 等。

9.1.2.1　美国 Newtera 公司的 Newtera TDM

美国 Newtera 公司的主要业务是为制造业提供试验数字化平台解决方案，其开发的 Newtera TDM 系统是当前比较成熟的商业化试验数据管理系统。军工企业如洛克希德·马丁、霍尼韦尔、波音等均是该公司的客户。Newtera TDM 3.0 版本通过图形化的工作流设计工具 Workflow Studio，帮助用户直观快捷地完成工作流程的定制，并易于观察工作流程的执行情况。技术人员通过该版本提供的流程管理功能，实现流程的自行定义和维护，提高了工作效率。Newtera TDM 的流程管理与数据管理是模块式紧密集成的，提供了快捷的工作流程开发环境，使得系统能够与用户业务需求密切结合，更好地满足企业的应用需求。

（1）平台架构

基于 Newtera TDM 平台的试验数字化管理系统具有多层次的逻辑架构（如图 9 - 4 所示）。

访问层：为各种设备、终端、第三方系统提供了统一的访问系统业务组件的界面或标准接口。访问层根据访问用户使用的终端和访问权限来提供个性化的界面或接口。

应用层：提供了实现业务需求的业务组件。这些业务组件基本为"软组件"，即为元数据驱动的组件，非代码编写而成。

平台层：提供了公共服务组件，包含流程引擎、数据引擎、界面引擎、文档管理、权限管理、用户管理、元数据管理、备份恢复管理和可扩展接口等。公共组件为实现和运行"应用层"的业务组件提供服务。

数据层：可使用 Oracle 或 SQL Server 数据库，其负责提供数据管理的服务，管理的数据分别对应着系统数据、流程数据、业务数据和元数据等数据。

维护层：提供了方便易用的设计工具来设计及配置"应用层"业务组件的功能，使得业务人员，而非软件人员，能直接进行系统构建及维护工作。

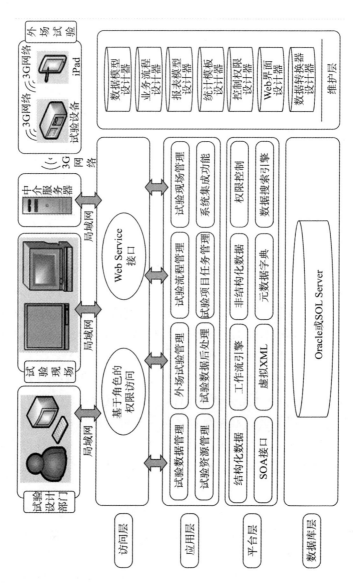

图 9 - 4 系统结构

（2）平台特点

Newtera TDM 为构建试验数字化管理系统提供了一个"柔性组件"业务基础平台。

与传统的业务组件不同的是，"柔性组件"不是完全用代码实现的，而是由元数据驱动的业务组件。元数据的语言是 XML，用于描述业务组件的配置参数，包括数据对象元数据、用户界面元数据、业务流程元数据和业务逻辑元数据等。由于元数据与软件是相互分离的，所以可以动态地修改元数据而无须修改软件代码，从而使得试验数字化管理系统具有构建简单快速，以及极大的灵活性、良好的可扩展性，并易于业务组件升级和维护，能给企业带来很大的效益和投资回报。随着试验管理软件发展历程的平台特点，如图 9-5 所示。

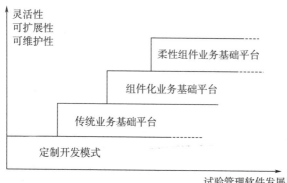

图 9-5 平台特点

（3）平台功能

动态数据库设计：实现技术数据管理系统的数据模型，包括数据结构、数据类型、数据约束、关联关系、数据分类等，并自动生成对数据库的各种操作。

灵活的数据批量导入：实现将各种类型和格式的数据文件转化为结构化数据并批量导入到系统中。

方便易用的 Web 运行端：自动生成用户页面来展现设计器所设

计的业务，便于最终用户进行远程应用。

可视化流程设计：实现技术数据管理系统的流程模型，包括流程的设计、运行和监控，如图9-6所示。

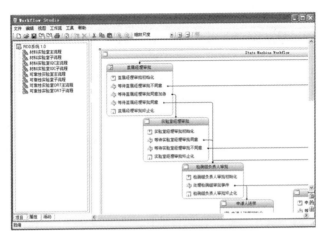

图9-6　流程设计

简单易用的报告生成：实现 Word 报告的快速生成，包括报告模板的定义和数据自动填充。

丰富的数据分析和统计：实现对系统中结构化数据的后处理，包括统计、分析、绘图、计算等，如图9-7所示。

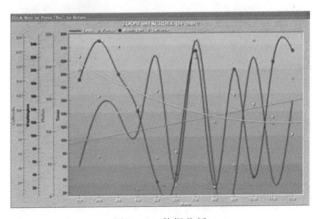

图9-7　数据分析

9.1.2.2　北京瑞风协同科技股份有限公司的 TDM3000

北京瑞风协同科技股份有限公司自主研发的数字化试验业务平台 TDM3000，在国内航空、航天、船舶等领域的型号产品数字化研发中已有广泛的应用。TDM3000 建立了贯穿四大试验阶段、多个专业部门和多学科领域的协同试验流程，从而控制产品试验的全过程，实现产品试验的执行、分析、传递和挖掘，对产品试验的全过程数据进行全局性溯源和应用，将产品试验过程纳入到统一、规范的平台体系中。

TDM3000 的主要功能模块如图 9-8 所示。

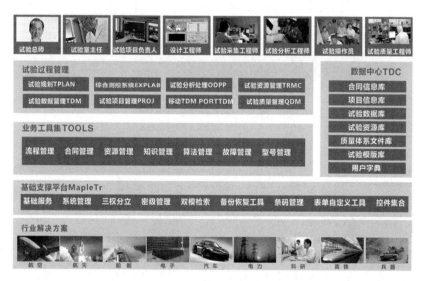

图 9-8　TDM3000 产品功能结构图

试验业务分为两大类：试验专业工作，试验管理工作。前者是在试验任务各个阶段中的涉及试验专业技术的具体工作（例如，设备配置、数据采集、试验分析等），其目标包括：试验成果的获取和处理、达到试验任务的专业技术指标等；后者是贯穿试验整个过程中的全局性、管理类的工作内容（例如，项目管理、资源管理等），其目标包括：使试验资源得到合理的调配、业务参与人员充分协同，以及试验质量和成本得到有效控制等。各种试验业务工作在试验业务流程中的分布图，如图9-9所示。

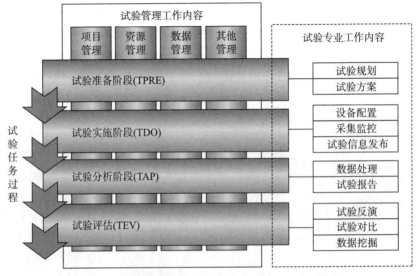

图9-9　各种试验业务工作在试验业务流程中的分布图

北京瑞风协同科技股份有限公司推出了数字化试验业务平台TDM3000 V4.0，该平台软件的主要功能如下：

（1）多门户系统

充分利用平台门户扩展配置机制，为各级用户提供自由、方便、可扩展、可定制的多门户应用站点，增强信息定位准确性，提高工作效率。

（2）个人应用空间

提供个人应用空间，随时掌握任务进度，即时办理任务/流程，提升试验人员业务高效化。

（3）可配置基础平台

提供强大的配置定义工具，包括登录、人员、权限以及数据模型定义、数据库连接、流程工具、全文检索、业务编码、备份恢复及条码等功能，具备安全措施，满足国防军工科研体系的安全保密要求。

（4）全生命周期试验数据管理

管理试验过程中的全数据、增强数据间的关联性与共享性，满足各类数据解析与应用需要，提高数据利用率/共享性/定位准确性，通过数据比对实现对设计过程的支撑。

（5）高性能试验数据中心

对试验项目、数据、报告、模板、合同、资源、知识、故障等进行不同管理权限下的协同数据管理，轻松管理大规模协同试验和多个试验项目的海量试验数据。

（6）试验规划

协助客户做好试验前各种准备工作，包括对试验资源规划和预约、试验方案设计、试验工况和参数设计、试验采集通道配置、试验标识测点等。通过知识驱动的试验设计辅助工具、试验资源管理规划工具、计算和汇总工具，快速完成试验准备工作，自动形成TBOM表，提高试验准备效率和试验设计质量。

（7）专业数据分析软件集成

平台工具提供常用算法处理、专业工程算法、开放式的算法扩充和检测数据自动判读。支持批量处理、支持超大试验数据的专业处理，可以方便调用 Origin 及 Matlab，进行深入分析和显示。

（8）试验项目管理

遵循项目管理标准五个层次的要求，提供试验项目规划、资源预约、项目分解和计划安排、界定职责范围和权限分配、项目过程的监控和反馈、项目统计和查询、试验项目归档总结功能。

（9）试验资源管理

针对试验过程中涉及的所有资源，如试验台架、试验转台、风洞、微波暗室、仪器仪表、传感器、环境试验设备，以及油、气、电等易耗资源进行统一管理。主要功能包括资源的出/入库管理、资源预约、资源调度、易耗资源管理、资源统计、校验预警、维修管理、报废管理。

(10) 移动 TDM 系统

可直接运行的轻量化移动 TDM 解决方案，以实现单位内数据打包到协作单位的试验场所（统称"外场"），外场试验现场信息规划、试验任务分发、试验现场数据收集、数据分析处理，以及外场试验完成后，试验数据提交到厂内数据库等功能，最终实现外场试验数据管理及外场试验数据的归档。

(11) 试验质量管理

提供试验过程质量管理、对试验过程关键节点提供评估并提交评估结果，对实现试验质量信息资源的优化配置和试验质量管理的网络化协同，提高试验质量管理和保证能力具有十分重要的现实意义。

(12) 丰富的试验业务工具

提供了试验审批流程、试验合同及委托单管理、试验故障管理、试验报告生成等各项基础管理工具，保障试验业务过程顺利开展，基础管理工具具备页面扩展、功能扩展，满足不同客户管理与扩展需要。

9.1.2.3　中船重工 702 所的 ORIENT TDM

中船重工 702 所是国内船舶行业最大的试验研究基地，从事船舶水动力学性能、结构力学性能、振动等基础技术研究与试验。O-RIENT TDM 依托 702 所试验研究基础，并由其研发团队开发。该系统是面向试验全过程的试验数据管理平台，覆盖了试验策划、试验准备、试验执行到试验分析的全生命周期，如图 9-10 所示。

该系统是一个"1+6"的体系，即由 1 个服务器和 6 个客户端工具组成，如图 9-11 所示，服务器为：TDM Server（管理服务器），6 个客户端工具分别为：LabDAC（数据采集控制系统）、Design Studio（数据建模系统）、TBOM Studio（数据展现配置系统）、ETL Studio（海量数据导入系统）、WorkFlow Studio（试验流程设计系统）、LabPLOT（数据处理分析系统）。

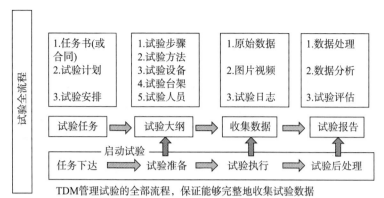

图 9-10 试验全过程闭环管理

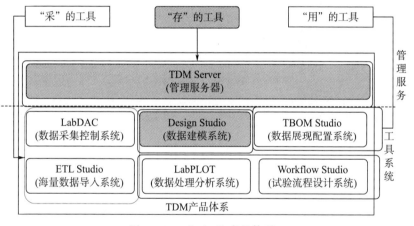

图 9-11 "1+6"产品体系

通过建立面向"采"、"存"、"管"、"析"等整个业务过程的试验数据及资源库,把试验数据及与试验相关的信息进行统一管理,实现试验数据在试验、设计、仿真和管理等多部门之间的同源和共享,提高试验数据利用率,从而提高试验的管理水平。

ORIENT TDM 系统功能模块如图 9-12 所示。

ORIENT TDM 主要功能如下:

(1) 动态建库

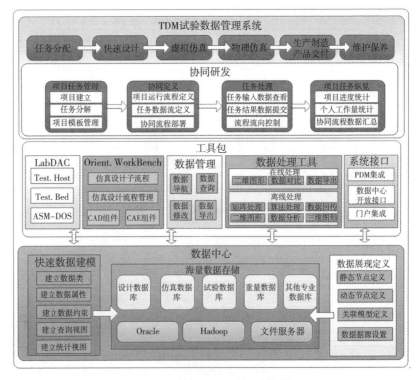

图 9-12 ORIENT TDM 功能模块

1) 面向对象的建库原理，支持数据的继承和派生；

2) 支持面向对象的数据模型，可自行动态地建立和修改数据模型，生成新数据类、属性和关联关系等；

3) 支持复杂多变的试验数据。

(2) 海量数据导入

1) 数据抽取：把数据从各种原始的业务系统中读取出来；

2) 数据转换：对数据转换处理，确保数据的正确性、合法性和完整性；

3) 数据导入：将转换好的数据加载入库，支持单个导入、批量导入、多对一导入、后台导入和自动导入多种方式；

4）可支持多种文件格式：文本、Excel、XML、二进制文件等，以及 NI、LMS、Nicolet、Oros、Agilent 等设备通用格式文件等；

5）支持 Matlab、Origin、TecPlot 等后处理软件能识别的数据格式的导出；

6）支持 Excel、Txt、自定义的数据格式等；

7）导入过程中可以生成导入脚本，实现自动导入。

（3）TBOM 数据组织

1）从产品结构的角度把各种试验信息进行有效组织；

2）实现 TDM 中的 TBOM 和 PDM 中的 EBOM 的转换，便于用户在产品设计数据和试验数据之间快速溯源分析；

3）可以从产品结构的角度去查看了解相关的试验信息，提高试验数据查询效率。

（4）报告生成

1）通过 Word/Excel 编制报告；

2）提供灵活多样的试验报告定制模板；

3）"一键式"报告生成功能，快捷高效。

（5）流程管理

1）提供流程设计工具，可视化无须编程；

2）对流程状态进行跟踪、任务统计，形成进度图；

3）对试验项目进展总览显示。

（6）数据处理

1）实时数据显示与历史数据回放功能；

2）三维图形在线显示；

3）自研算法集成。

（7）试验场地与设备可视化

1）方便快捷地了解试验场地和设备的使用情况；

2）为试验场地和设备的投入制定合理的计划。

（8）绘图分析

在线绘图分析与离线绘图分析功能。

（9）符合保密要求的系统管理

ORIENT TDM 具备符合保密要求的相关功能。

9.2 国内外航空航天的试验数字化案例

9.2.1 F-35 飞机系统综合设施（VSIF）数据采集系统

（1）项目背景

洛克希德·马丁公司委托 G Systems 公司开发 F-35 飞机系统综合设施（VSIF）来监测航空飞行器子系统的集成测试。该 VSIF 系统分布在多个服务器上，以实现负载平衡并获得所需的系统性能。这一分布式软件架构包括六个主要的自定义应用程序，为系统的未来扩展提供支持。

（2）解决方案

①系统硬件

使用 5 个内插多个 NI 数据采集板卡（DAQ）的 PXI 机箱来执行模拟与数字采集功能，这 5 个 PXI 机箱组成了一个具有 640 个模拟通道和 480 个数字通道的采集系统。

②数据采集与存储

VSIF 系统控制和保护所有记录的数据。当用户开始测试运行时，系统数据自动从采集服务器转移到中央数据存储单元（RAID）里。用户可随意地在 RAID 中查看测试数据，但不能删除里面的任何测试数据。数据显示器和数据导出应用程序均可直接调用 RAID 和归档数据集里的数据。

③数据显示

系统提供了测试控制、监视、回放几种操作模式。系统可连续采集数据，并将其发布到六个客户端工作站。该系统支持先进的导航功能，用户可即时浏览实时数据或调用和查看以前的测试数据，同时用户能够快速查看多个运行测试的测试数据。

④自定义应用程序

DIAdem 数据接口（DDI）为 VSIF 数据采集系统提供了先进的分析能力。

9.2.2 固体火箭发动机试验数据采集和分析系统

（1）项目背景

某单位固体火箭发动机试验需要在两个实验室操作，试验操作人员无法同时监测和控制。具体问题如下：

1）无法对试验数据进行集中显示和管理，专家及领导没法直观了解各试验系统的运行状态和参数控制情况。

2）无法集中查看和分析试后试验数据。

3）试验台及实验室采集的大量试验数据各自存储，处理分散。

4）查询历史试验数据不方便。

建立试验数据采集和分析系统，需要解决如下三个实际问题：

1）实时将试验数据反馈到试验监控中心，实现对试验的同时监测和控制。

2）实现在试验监控中心对试验数据处理分析。

3）解决试验台及各实验室采集的大量试验数据各自存储，分散处理的现状。

（2）解决方案

建立试验数据采集和分析系统，包括系统部署和系统功能两大块。

系统部署：如图 9-13 所示，在两个实验室采集端安装采集终端（TestBed）软件，通过 TCP/IP，UDP 等协议，获取各个现有采集系统发出的试验数据。在实验室服务器安装数据传输（DataSocket）软件，获取各个 TestBed 发送的实时数据，并转发到监控中心服务器（TestGate）；在实验室服务器安装 TestGate 软件，获取各个 TestBed 发送的试后数据，以文件形式统一存储、处理，并将试验过程实时投影至大屏幕；在实验监控中心监控端安装专家系统（TestWatch）软件，试后展现试验数据。

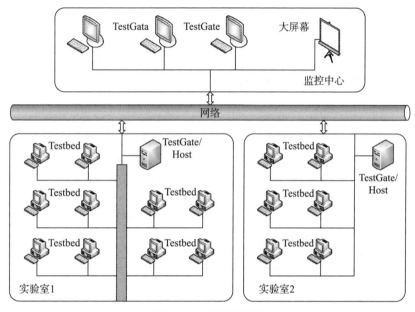

图 9-13　系统部署图

功能模块：采集终端模块、数据管理服务模块、服务器模块、专家系统模块。

①采集终端（TestBed）

以计算机为基础的试验过程控制与调度自动化系统，可以对现场的运行设备进行监视和控制，以实现数据采集、设备控制、测量、参数调节以及各类信号报警等功能，并实时将试验数据反馈到试验管理门户。

②服务器（TestGate）

通过企业高速局域网，提供对 TestBed 的远程监控、对试验任务的远程配置等功能，实时接收 TestBed 发来的试验数据，实现对试验的同时监测和控制，并实时将试验数据反馈到试验监控中心大屏进行显示，对现场情况进行实时掌控，如图 9-14 所示。

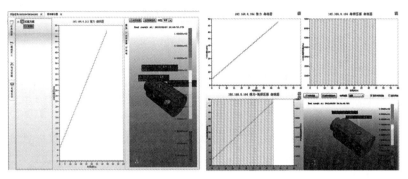

图 9 - 14 实时监控

③数据管理服务（Host）

通过企业高速局域网，将各个采集系统连接起来，获取各个 TestBed 发送的试后数据，以文件形式统一存储、处理，并发布实时采集数据至试验管理门户，转发试后数据至试验监控中心专家系统。

④专家系统（TestWatch）

通过 Host 传输试后数据到监控中心专家系统，如图 9 - 15 所示，再现整个试验过程，实现在试验监控中心对试验数据的查询、分析和处理。支持同时接收多个 IP 的数据文件，以及两个不同类型的变量或不超过 10 个同类型变量的数据查询。

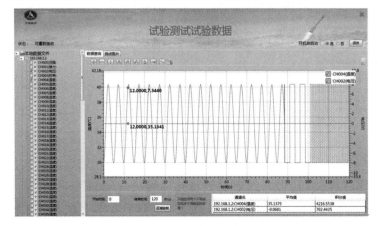

图 9 - 15 专家系统

9.2.3 国内航天某单位总测数据管理系统

（1）项目背景

某航天研究所规划建设的总测数据管理系统是一个试验数据管理、分析的综合试验数据管理和应用平台，可实现总测数据的集中存储管理、有效共享、合理使用，提高试验数据利用效率，为产品研制提供强大的试验数据数字化管理手段，全面提升总测数据管理能力和数据分析处理能力。

（2）解决方案

总测数据管理系统采用三层结构，底层为物理数据库，中间层为应用服务器、文件服务器和集成接口，上层为 Windows 客户端、Web 客户端和其他系统接口。总测数据管理系统结构图如图 9-16 所示。

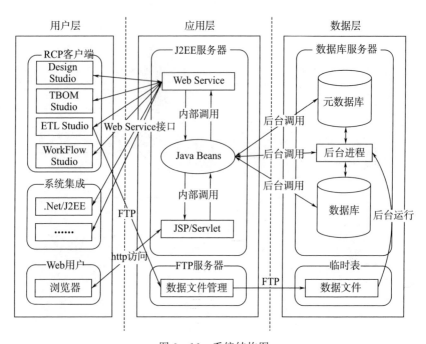

图 9-16　系统结构图

在此结构上，研制的总测数据管理系统具有的功能如图 9-17 所示。

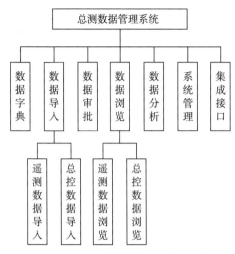

图 9-17　总测数据管理系统的功能

（3）系统的典型功能

①遥测/总控数据导入

通过标准数据文件及接口，将存储在遥测/总控系统中的"试验数据"导入到本系统中，如图 9-18 所示。

图 9-18　数据导入页面

②遥测/总控数据审批

遥测数据和总控数据导入后需要进行数据审核，如图 9-19 所示，通过审核的数据才能作为最终数据保存到数据库中，且不能再做改动。数据审批过程中还需要进行访问权限控制。

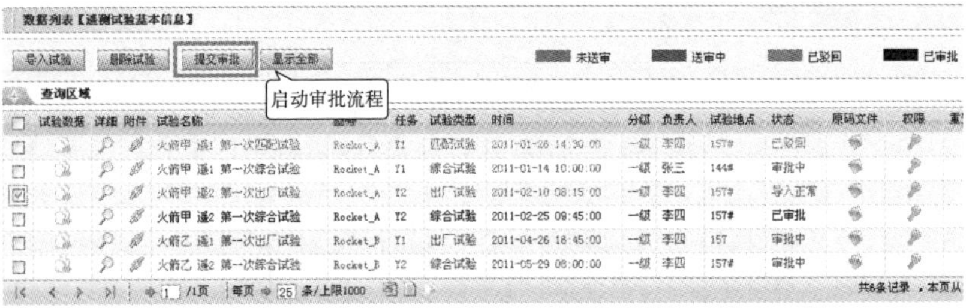

图 9 - 19　数据审批页面

③我的数据集

遥测和总控数据管理的参数信息管理页面都有"添加到我的数据集"功能,添加后的参数在"我的数据集"页面上显示,如图 9 - 20 所示,同时实现不同试验的多个参数的绘图对比分析。

图 9 - 20　我的数据集

9.3　运载火箭试验数字化平台应用

近年来,运载型号研制单位在试验设备及分析软件方面取得跨越式发展成果,与数字化设计和数字化仿真分析应用的效果相比,试验信息化建设及协同应用水平还较低,试验的能力手段成为影响航天型号研制周期和质量的重要因素。因此,开展试验技术手段和管理手段的改进工作已经势在必行,急需建立适应企业当前研制工作要求的数据管理机制,以及相应的数字化试验技术手段。为此需要构建"运载火箭试验数字化平台的业务",以解决目前试验业务中所面临的诸多问题。

9.3.1 运载火箭试验数字化平台的业务需求

(1) 集中管理与协同试验

通过企业级的试验平台,将与试验业务相关的各项数据进行结构化的管理。使参与到试验业务中的各个部门基于试验管理平台进行有效的协同操作。

(2) 试验全过程管理

对试验从委托申请、任务建立、设备调度、试验计划、数据管理、值班管理、计量检定、检测表单管理、报告生成与管理到信息统计等与试验业务有关的各项管理工作有机地结合成为一个整体,从而提高所内试验业务的管理水平与试验效率。

(3) 试验任务管理需要

在试验平台中实现试验任务自动创建、分类管理、信息规划、进度跟踪等管理功能。

(4) 试验流程管理需要

在平台中需要具备灵活的试验流程定制功能,可以根据不同试验要求、试验业务特点,定义不同的试验流程,并将引用标准与试验流程相关联,最终实现科学和高效的试验调度与试验过程监控。

(5) 综合试验管理需要

建立高效的试验信息收集和规范化管理手段,实现检测数据的自动化获取和实时入库,提升试验数据的共享能力,减轻试验人员数据录入的工作量。

(6) 试验数据自动化收集

通过硬件网络联通,将企业试验中心的试验设备进行集成管理,实现试验软件的一体化的管理模式,使试验人员对网络中联通的试验设备进行配置、集中控制、统一监控、数据采集、检测信息记录等操作。提高试验的自动化水平、提升数据收集的准确率与效率。

（7）数据远程发布

具备试验数据的远程发布功能，使相关人员通过网络完成对试验过程的远程监视以及试验设备的调度管理，节省了办公室与试验现场两地奔波的时间。

（8）试验数据集中存储

为实现试验过程中数据的统一管理，对各项试验数据进行集中收集与规范化管理，平台提供数据上传与管理工具，将试验过程中生成的原始记录等各类试验数据，按照产品数据包所提供的编号进行统一归类与整理，保证试验过程中数据收集的完整性。

（9）试验数据规范化存储

试验平台提供有效工具，将分散的、不同格式种类的数据利用统一格式进行存储，并能够选择格式导出，便于业务系统中的各种工具能够方便地获取、处理、传输和显示各种数据。

（10）试验数据分类存储与检索

在平台数据的管理过程中，需要根据数据产生源、数据格式及数据后续的分析处理用途的不同，将试验数据进行分类存储，支持综合查询功能。

（11）试验数据有效利用

在实现试验数据的存储、访问、使用统一机制的基础上，还需提供数据显示浏览、全过程反演、数据查询、对比、挖掘等功能，实现对试验数据的充分共享与利用，并对所内的型号任务的生产检测过程形成全面的支持。此外，通过对以往试验数据重新整理、归纳及综合分析，能够为型号设计优化、改进提供基础技术支持。

（12）知识管理需要

试验平台将长期积累的基本公式、经验数据、技术文档、试验标准、规范文档、时效分析经验、工艺图片等知识积累型文档进行合理规范管理与共享，充分发挥各种试验知识的应用效应，促进各类知识性文档的共享与应用，使各种知识在设计、试验、生产工作中得到充分利用，缩短产品研制周期，尽快提高新人业务水平。

　　试验数据管理平台正是为了解决上面罗列（还不止）的这些问题，实现试验业务的规范化的管理、试验数据的高效集成和标准化、数据的深度分析挖掘，建立起与设计水平相匹配的数字化试验技术平台，从系统整体解决和提升航天型号的科研与管理能力。

9.3.2　运载火箭试验数字化平台架构

　　运载火箭试验数字化平台拟分为三个层次进行建设：资源层、业务层、使用层，如图 9 - 21 所示。

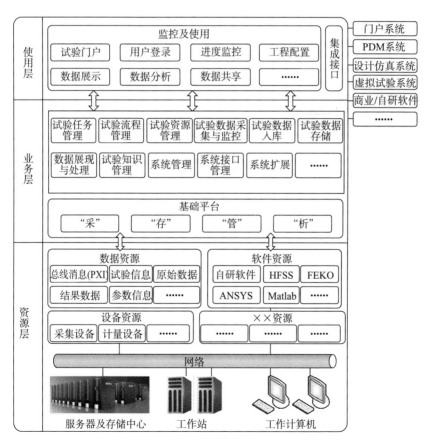

图 9 - 21　系统框架图

1) 资源层：分为网络硬件资源、数据资源和软件资源。针对网络硬件资源，使用现有的网络硬件条件，结合平台预留数年的扩展；针对数据资源，整理相应的数据，建立相应的数据库，结合平台实现数据管理；针对软件资源，建立平台与工具软件的接口，结合平台实现软件集成。

2) 业务层：针对各试验、设计部门的业务需求，分别建立相应的专业数据管理设计系统，管理专业数据、试验信息、设备等资源信息。

3) 使用层：针对试验、设计部门内部和部门之间协作流程，使得试验数据可以为各部门协同使用，减少手工操作，辅助科研人员快速完成科研任务。

9.3.3 运载火箭试验数字化平台应用内容

9.3.3.1 运载火箭遥测数据管理

运载火箭的遥测系统承担着常规遥测系统在火箭研制试验和发射飞行中的各种性能参数的测量工作。通过遥测系统能够测得火箭在飞行中的所有动态数据，清晰地反映火箭动力系统、电气系统、火工品等工作状态，实时测报火箭飞行的方位、速度及各级分离情况。这些数据由箭载的各种传感器（温度、压力、流量、振动、液位、过载、噪声等传感器）测得，经变换、隔离、放大，将输出信号以频率调制方式变成射频载波，再采用频域传输技术，经发射机向地面发送所有信息。经地面站数据处理，得到火箭飞行结果，用于火箭飞行状态分析。

遥测系统中的基本元素是试验。试验信息包含三方面的内容：试验基本信息，试验参数信息，试验结果信息，如图 9-22 所示。

一次遥测试验对应一个 rar 数据包，如图 9-23 所示。

遥测试验数据包解压之后包含 2 个文件夹："物理量"和"源码文件"文件夹。

（1）"物理量"

该文件夹下存放的文件描述了遥测试验的试验基本信息、参数

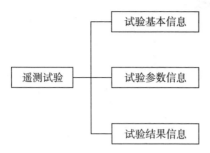

图 9 - 22　遥测试验信息的组成

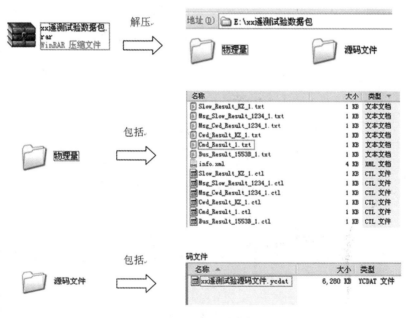

图 9 - 23　遥测试验数据包

信息、处理后的试验结果。"物理量"文件夹的文件组织如图 9 - 24
所示。该文件夹包含 2 类数据文件：试验说明文件和试验结果文件。

①试验说明文件

该文件中描述了试验的"试验基本信息"，"试验参数信息"，
"总线消息信息"及"试验结果信息"。文件格式为 xml 文件。一次

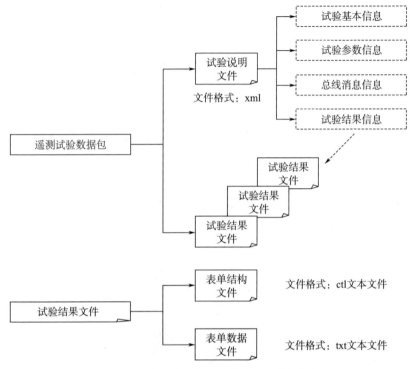

图 9-24   "物理量"文件夹的文件组织

遥测试验对应一个试验说明文件，文件名固定为 info. xml。试验说明文件的描述方式如图 9-25 所示，"试验基本信息"的描述方式如图 9-26 所示，"试验参数信息"的描述方式如图 9-27 所示。

图 9-25   试验说明文件的描述方式

图 9 - 26　"试验基本信息"的描述方式

<table>
<tr><td colspan="2">试验参数信息</td></tr>
<tr><td>参数ID</td><td>1,2,3,4,5,...</td></tr>
<tr><td>参数名称</td><td>xxx,xxx,xxx,xxx,xxx,...</td></tr>
<tr><td>参数别名</td><td>xxx,xxx,xxx,xxx,xxx,...</td></tr>
<tr><td>参数代号</td><td>xxx,xxx,xxx,xxx,xxx,...</td></tr>
<tr><td>最大值</td><td>100,100,100,100,100,..</td></tr>
<tr><td>最小值</td><td>-100,-100,-100,-100,-1</td></tr>
<tr><td>分系统</td><td>控制系统,控制系统,...</td></tr>
<tr><td>参数类型</td><td>指令,指令,指令,指令,...</td></tr>
<tr><td>物理属性</td><td>时间,时间,时间,时间...</td></tr>
<tr><td>结果类型</td><td>整形,整形,整形,整形...</td></tr>
<tr><td>单位类型</td><td>秒,秒,秒,秒,秒,...</td></tr>
<tr><td>总线消息</td><td>1234,1234,1234,1234,</td></tr>
</table>

图 9 - 27　"试验参数信息"的描述方式

　　"试验参数信息"的某个"属性"描述本遥测试验包含的全部参数的对应"属性"的属性值，以","作分隔符，连续两个","表示对应参数的该属性值为空。譬如，"参数 ID"中描述了本遥测试验包含的全部参数的"参数 ID"值，以","分隔各"参数 ID"值，如果出现连续 2 个","表示对应的参数的"参数 ID"值为空。

　　参数依据是否为总线参数分成两类，1）总线参数，2）非总线参数。参数的"所属消息"属性是否为空可作为判断该参数是否为总线参数的依据，非总线参数的"所属消息"属性为空。参数的"所属消息"索引"总线消息"。

　　"总线消息信息"的描述方式如图 9 - 28 所示。

　　"试验结果信息"的描述方式如图 9 - 29 所示。

图 9 - 28　　"总线消息信息"的描述方式

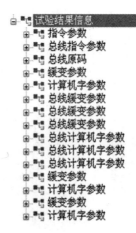

图 9 - 29　　"试验结果信息"的描述方式

　　"试验结果信息"描述由遥测系统经过 ociuldr 软件输出的存储试验结果的表单的结构文件和数据文件（通过 ociuldr 软件输出，一张遥测系统结果表单对应一个表单结构文件和一个表单数据文件）。

　　"试验结果信息"的组成包括如下几部分：

　　1）指令参数：非总线指令参数的结果文件描述信息，包括 ctl（控制文件）和 txt（数据文件）的路径信息。

　　2）总线指令参数：总线指令参数的结果文件描述信息，包括 ctl（控制文件）和 txt（数据文件）的路径信息。

　　3）总线原码：总线原码的结果文件描述信息，包括 ctl（控制文件）和 txt（数据文件）的路径信息。

　　4）缓变/总线缓变参数：缓变/总线缓变参数的结果文件描述信

息，包括 ctl（控制文件）和 txt（数据文件）的路径信息。

5）计算机字/总线计算机字参数：计算机字/总线计算机字参数的结果文件描述信息，包括 ctl（控制文件）和 txt（数据文件）的路径信息。

②试验结果文件

该文件记录了试验结果数据，由试验说明文件索引该文件。

试验结果文件由 ociuldr 软件负责输出，一个试验结果文件描述了遥测系统中一张 Oracle 数据库表单的表单结构和表单数据，每个试验结果文件包含 2 个文件：1）表单结构文件：ctl 文件；2）表单数据文件：txt 文件。一次遥测试验对应若干个试验结果文件。

样例 ctl 控制文件如图 9 - 30 所示。

```
--
-- Generated by OCIULDR
--
OPTIONS(BINDSIZE=8388608,READSIZE=8
LOAD DATA
INFILE 'Cmd_Result_1.txt' "STR X'0a'
INTO TABLE Cmd_Result_1
FIELDS TERMINATED BY X'2c' TRAILING
(
id Integer,
real_time double,
fly_time double,
param_id integer,
status bit,
bus_result_id integer
)
```

图 9 - 30　试验结果 ctl 控制文件

说明：

1）INFILE 关键字：该控制文件关联的数据文件名；

2）INTO TABLE：原 Oracle 数据库表单名称；

3）FIELDS：原 Oracle 数据库表单的结构描述。

（2）"源码文件"

该文件夹下存放的是与遥测试验关联的唯一的源码文件，文件格式为二进制文件（Binary）。

9.3.3.2 运载火箭发动机热试车

运载火箭发动机热试车是用科学实验的方法来揭示发动机内部的变化规律，找出提高其动力性（功率大）、可靠性（故障少）、耐久性（寿命长）、经济性（耗燃料省）、运转性（启动容易、振动小）等性能的途径，发动机的各种性能指标均以测试数据为主要判断标准。火箭发动机的测试是其研制过程中的一个重要环节，通过试验取得的数据，反馈给设计者，设计者对达不到指标的设计进行修正。一个性能优秀的发动机的设计制造就是通过这样的设计、测试、修正再设计的过程完成的。在火箭发动机试验中，各种测试信号参数反映整个试验过程中发动机所表现出的各种物理现象，测量并记录下所关心的参数的数值和变化过程，可以作为定性或定量分析的重要依据。

运载火箭发动机热试车需实现的需求包含采集系统、存储系统与分析系统三部分，实现对动态应变、温度、电压等参数进行采集、存储和分析，了解发动机工作的各个性能参数，从而达到对发动机试验信息的实时掌握和监控管理。包括：

1）在工控机上部署采集系统，提供多通道数据采集功能，将采集到的数据信息反馈到工控机上的采集系统中。

2）在移动工作站上部署存储与分析系统，实现试后的数据反馈到存储系统进行存储，解决各个试验台采集的大量试验数据各自存储，分散处理的现状。

3）实现灵活、方便、快捷地查询展现历史试验数据，并对试验数据进行处理分析，试验人员可以确定采集到的数据是否达到预期目标，进而确定下一步试验工作。

图 9 - 31 是某单位火箭发动机热试车的测控网络拓扑图。

9.3.3.3 运载火箭验证交付管控

目前，运载火箭验证交付管控在产品 PLM 过程中涉及加工制造、物理样机测试、交付三个阶段，如图 9 - 32 所示。

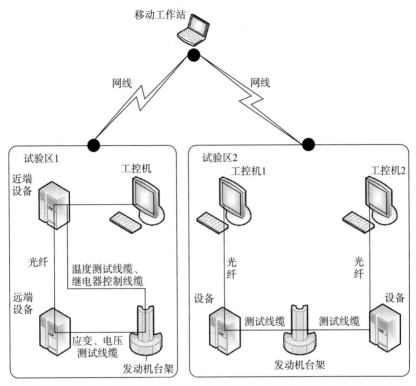

图 9-31　火箭发动机热试车的测控拓扑图

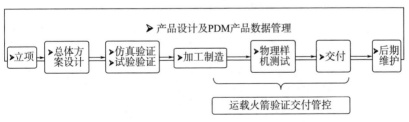

图 9-32　验证交付管控阶段

以运载交付为例，目前交付的实施过程如下：

1）总指挥和各分系统指挥在一起开会确认各分系统岗位的时间节点；

2）各分系统编制和打印这一发任务的检查表格；

3）开赴靶场工作，各岗位的检查人员领取表格开始工作；

4）每晚开现场会议，根据现场情况调整工作（工作重做或时间调整）；

5）各分系统指挥统计各分系统的进度和特殊项的检查情况。

通过检查，大量的检验数据以电子文档或者纸质表格的方式分散保存在各个部门或个人的计算机中，缺乏统一的保存管理机制。由于数据掌握在零散的少数人手中，保管不合理，导致数据的共享性和安全性较差。

试验数字化的验证交付管控功能需具备：在实现复杂产品验证交付过程中，工作计划编制，验证数据采集，验证交付进度管控，验证数据挖掘的精细化管理。通过该功能实现产品验证交付进度可控，过程可追溯，检查测试数据可利用的数字一体化系统。

9.3.4　运载火箭试验数字化平台应用技术

9.3.4.1　运载火箭试验过程管理

试验过程管理是建设运载火箭数字化试验体系中的重要一环，主要是要解决目前手工试验流程和试验数据无法集中的问题，从而实现试验流程规范化、试验数据标准化、数据入库自动化、试验过程可视化、数据处理智能化的目标。试验过程管理示意图如图 9-33 所示。

图 9-33　试验过程管理示意图

试验过程管理主要包括试验任务管理和试验流程管理。

（1）试验任务管理

具备完善的试验任务、试验计划管理功能，根据系统已经定义的流程管理对试验人员进行制约和跟踪，实现试验任务的过程管理和实验数据的追溯管理。

任务管理功能能够实现试验任务书、测试任务书的获取，试验部门根据试验任务书要求利用任务管理功能进行试验任务各工作内容的分解、试验人员的安排及试验资源的调用，合理、高效地安排试验任务。试验进度能够通过任务管理进行跟踪和统计，并能通过试验结果数据绘制曲线，生成统计数据，提供数据包功能对试验文档进行打包归档。主要功能包括：

1）试验任务准备：可在试验准备过程中，提供对于试验设备资源的规划与试验前检查表单的记录两部分管理功能。

2）试验进度监控：试验进度监控管理试验项目计划及执行情况。

3）试验数据归档：在试验任务流程结束后，可根据客户要求将相关数据归档，数据及任务信息将不能进行修改、删除操作，只可进行浏览。

4）试验任务总览：对试验任务进行统计，主要进行试验任务的汇总和统计试验任务的完成情况，关键节点在任务统计中突出显示。

（2）试验流程管理

具备完备的试验流程管理功能，为用户提供全面的试验流程管理。流程管理是试验数据管理平台建设的重要组成部分，除了具有独立的流程管理、执行功能外，还要与任务管理相关联，共同完成试验全过程管理，如图 9 - 34 所示。用户可以根据试验作业指导书和相关规范整理试验手工流程。

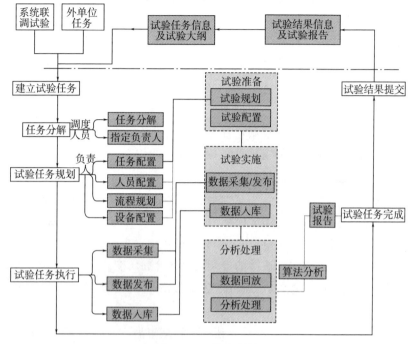

图 9－34　试验流程

9.3.4.2　试验数据采集与监控

为了保障运载火箭试验数据获取的及时性，可通过实时试验数据采集与监控系统的建设，对各类试验设备进行设备接入与数据采集。使用者可通过网络，对网络中联通的试验设备进行统一监控、数据采集、远程发布、数据入库等操作。同时可通过网络实现试验过程的远程监视、试验设备的调度管理，从而提高自动化试验水平、工作效率。

数据采集系统基础平台结构图如图 9－35 所示，系统主要包括集成驱动接口、采集系统、开放数据服务、管理门户等。集成驱动接口（iDriver Interface）实现数据标准化，面向采集系统提供统一的数据和控制信息格式。采集系统（TestBed）实现数据采集、设备控制、测量、参数调节以及各类信号报警等功能。开放数据服务

（ASAM - ODS）提供遵循自动化及测量系统标准的数据交换接口。

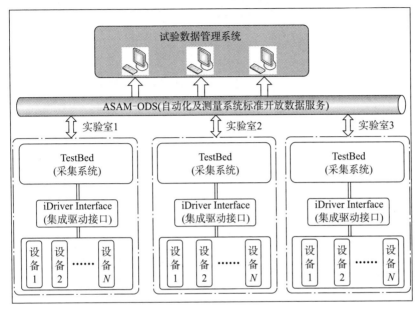

图 9 - 35　采集系统基础平台结构图

（1）集成驱动接口

集成驱动接口（integrated Driver Interface，即 iDriver Interface），位于系统的最底层，直接与具体的硬件采集设备的驱动程序进行数据交互，通过对具体采集设备的驱动程序接口、协议进行封装，屏蔽与不同的具体采集设备交互方式的差异，实现数据标准化，面向采集系统提供统一的数据和控制信息格式。

集成驱动接口具体的业务功能可分为四个部分（如图 9 - 36 所示）：

1）设备接口检索：提供采集设备的实时扫描。

2）数据标准化：对各种采集设备采集数据的数据格式进行标准化。

3）统一操作接口：对各种采集设备的驱动、接口、协议进行统

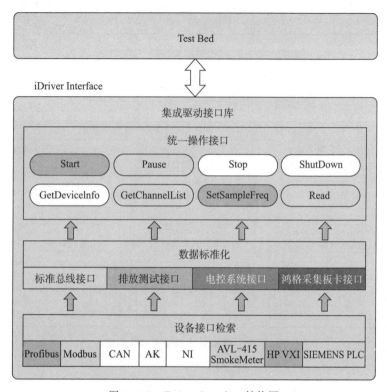

图 9 - 36 iDriver Interface 结构图

一化。

4）集成驱动接口库：管理硬件设备的驱动接口，每个硬件设备按驱动接口类型实例化后加入设备驱动库，提供给 TestBed 和 TestGate 使用。

（2）采集系统

采集系统（TestBed），以计算机为基础的试验过程控制与调度自动化系统，它可以对现场的运行设备进行监视和控制，以实现数据采集、设备控制、测量、参数调节以及各类信号报警等功能，如图 9 - 37 所示。

1）采集任务管理：指试验准备阶段的任务要求以及设备配置。

2）数据显示：显示采集的试验数据。显示方式有：数据表格、

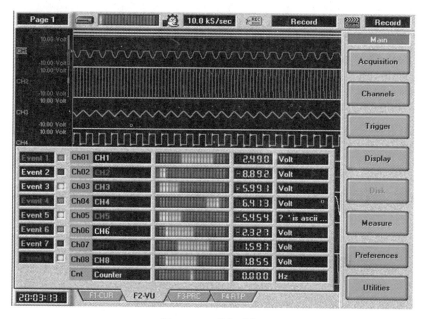

图 9 - 37　采集系统

计量表、数字信号灯、时序图、仪表盘、数字信号图、温度计等，这些显示方式可以在每个视图中进行动态设置。

3）信号处理：对采集到的数据进行必要的处理。常用的信号处理功能有：时域分析、频域分析、幅值域分析、时频域分析，也可以集成用户自研的专用数据分析算法。

4）数据存储：将采集到的试验数据存储在本地，支持的文件格式有：文本文件，Excel 文件、XML 文件、ASCII 文件、二进制文件、MDB 文件等，也支持将采集数据保存在缓存中，满足数据实时分析等特殊要求。

9.3.4.3　运载火箭试验数据中心

运载火箭试验相关的数据包括试验型号信息、试件信息、试验任务信息、各试验资源信息、工况信息、原始数据、解析数据、过程处理数据、结果数据、其他数据、相关文档及多媒体文件等。通过建立试验数据中心，将试验全过程数据进行统一、集中存储，便于数据的积累、追溯。

(1) 试验数据入库

试验数据管理平台的核心内容是试验数据，为实现试验数据的快速入库，系统提供与采集设备集成、Web 页面录入、手动导入、自动导入等多种数据入库方式。

(2) 试验数据存储

不同的试验所采用的试验数据采集系统存在一定差异，因此所生成的采集数据格式、数据存储结构以及数据的压缩程度有很大的不同。主要支持的数据格式见表 9 - 1。

表 9 - 1   数据格式

数据类型	数据格式
结构化数据	.xls/.xlsx、.csv、.txt
非结构化数据（可解析）	.xml、.html、.dat
文档/多媒体数据（不可解析）	.pdf、.doc/.docx、.jpeg、.mpeg 等

(4) 结构化数据管理

结构化数据是重点，主要是对结构化数据进行录入、修改、删除、查询等功能的操作。

(5) 非结构化数据管理

对图片、视频等非结构化文件，以及大数据量的数据文件，通过文件的方式进行管理，该管理方式是把试验数据以文件（附件）形式保存到数据库中，同时在数据库中保存试验数据的描述信息，并且建立描述信息和数据文件的关联，以便于技术人员快速方便地查询使用所需的试验数据文件。

管理功能主要包括文件的上传、文件解析、文件的数据提取、文件的下载、删除、文件在线查看、文件合并和拆分，以及文件检索功能，能够实现将数据文件以文件的方式进行存储，同时也可以对文件中的内容采用结构化的方式进行处理。

文件分类管理如图 9 - 38 所示。

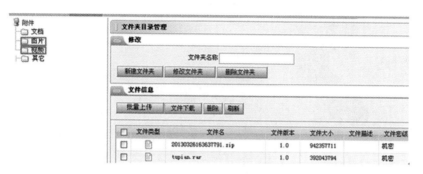

图 9 - 38　文件分类管理

（6）数据展现

允许用户以图形化的方式对各种试验内容进行规划和组织，以多层树状结构展现给用户，树上每个节点都可以对应不同的试验信息。TBOM 数据展现示例如图 9 - 39 所示。

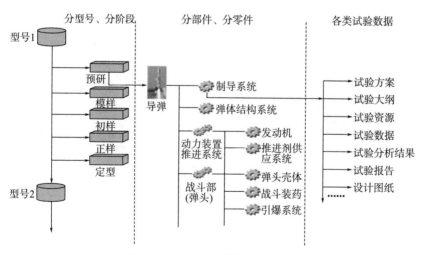

图 9 - 39　TBOM 数据展现示例

试验结果数据能够根据多种方式进行展示，包括按照型号、任务、时间和人员，如图 9 - 40 所示。

图 9-40 多维数据展现

（7）试验数据导出

允许用户通过 Web 界面把结构化数据以文本文件、Excel 文件、Word 文件、XML 文件等格式导出。

提供了可扩展接口，允许软件编程人员按照用户的需求定制用户需要的各种导出文件格式，自行扩展，如图 9-41 所示。

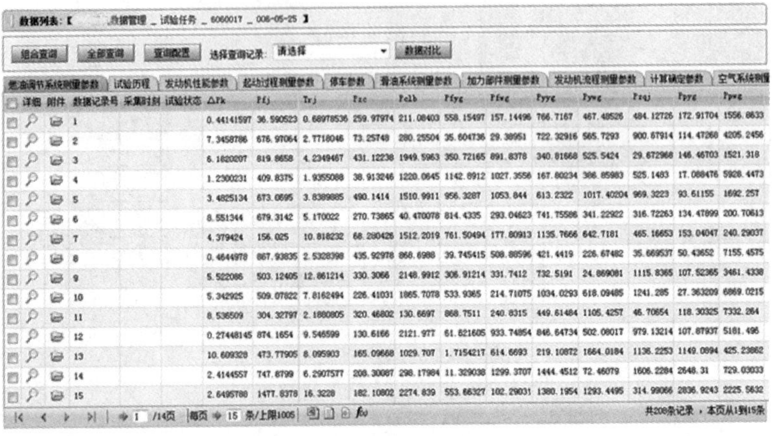

图 9-41 数据查询导出

同时可参照国际通用的工程数据格式标准，针对每种数据，制定专门的数据文件存储格式，导出规范、统一的数据文件。

支持开放式数据服务，支持把存储的试验数据以 ATF 格式导出，用于其他支持 ASAM - ODS 的分析处理软件；支持 Classic 和 XML 版本 ATF 文件。

9.3.4.4　试验数据分析与处理

在数据展示界面，若用户需要对解析后入库的数据进行计算处理，试验数字化平台应在数据展示界面为用户提供基本运算工具和自研算法编辑工具以满足该功能的实现。

平台应提供在线处理和离线处理工具满足试验人员对试验数据进行分析处理需求。同时支持集成调用 Origin、TecPlot 及 Matlab 等第三方数据处理软件进行更加专业的数据分析。

（1）在线处理

①自带基本算法

平台可以快速查找调用数据，进行数据处理，快速完成数据分析处理工作，提高工作效率。功能如下：

1）提供多种常用的图形绘制功能，这些图形类型包括：曲线、柱状图、饼图、区域图、云图等。

2）具有快速数据提取与访问功能，提供坐标系构建、曲线、表格等多种方式显示试验数据。

3）具有常用的加、减、乘、除、开方、求均值、方差、最大值、最小值、求导等算法。

4）曲线分析及插值：一次多项式插值、二次多项式插值、三次多项式插值、四次多项式插值、五次多项式插值、六次多项式插值、样条拟合插值。

②集成用户自定义算法

提供算法库管理工具，用于管理用户所需的各种算法和公式，包括：算法名称、算法描述（如功能等）、输入参数、输出参数、添加日期、添加人员、算法体或程序文件等信息，如图 9 - 42 所示。

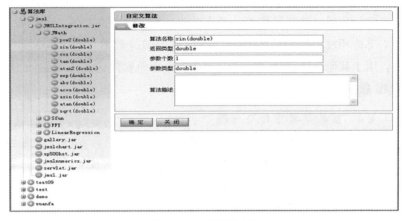

图 9 - 42　　试验算法库

（2）离线处理

①自带离线处理工具

该工具用来绘制二维、三维图形，并且可以对数据进行分析和处理；它有一套完整的数据结构，可以有效地读取和存储表格、矩阵等里面的数据；它可以同平台服务端进行同步操作，将平台服务端展现的数据进行下载、处理、分析，然后将结果数据上传服务端。使用该工具绘制二维图形如图 9 - 43 所示。

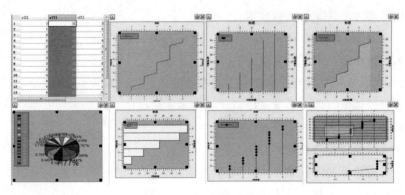

图 9 - 43　　二维图形绘制

②工具集成处理

可以集成 Origin、TecPlot、Matlab 等第三方工具软件，以满足用户产生的更多需求。利用第三方软件工具提供的离线分析绘图功能来扩展平台的数据分析绘图能力，使用户可以继续使用熟悉的数据处理工具。处理完成后，用户可以在第三方分析软件上，导出分析结果文件，并保存到本系统数据库中，之后可以随时查询调用，用于对比分析等工作。Origin 集成效果如图 9-44 所示。

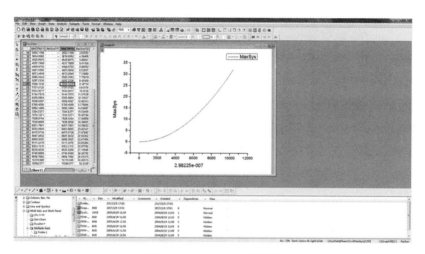

图 9-44　Origin 集成效果

9.3.4.5　开放式数据服务 ASAM - ODS

开放式数据服务（ASAM - ODS，自动化及测量系统标准开放式数据服务），是 ASAM 协会制定的试验测试领域的数据模型、界面及语法规则的定义标准，定义了便于清晰完整地进行数据存储的模型、相关的语法、用于数据交换的文件格式。它考虑了不同平台和操作系统的兼容性，能在现今所有平台和操作系统中使用，同时能够在不同的系统间进行数据传输而不丢失任何信息。ASAM - ODS 典型应用场景如图 9-45 所示。

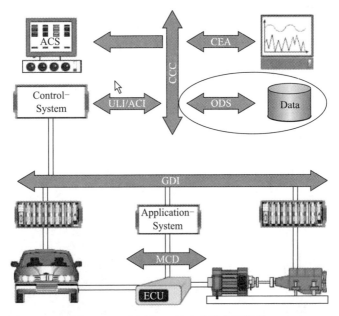

图 9 - 45　ASAM - ODS 典型应用场景

　　开放式数据服务采用普通的 ASCII 文本文件格式 ATF (ASAM Transport Format) 作为文件传输格式的基础，在此之上采用 XML 对数据进行组织，并制定能够描述数据模型所有信息的语法。

　　平台主要在以下方面提供对开放式数据服务的支持：

　　1) 支持将符合 ASAM - ODS 标准的 ATF 文件解析入库到试验数据管理平台；

　　2) 支持把存储的试验数据以 ATF 格式导出，用于其他支持 ASAM - ODS 的分析处理软件；

　　3) 支持 Classic 和 XML 版本 ATF 文件。

　　(1) 数据模型

　　建立数据模型的目的是为了对数据进行无歧义的、完整的存储。数据模型需要满足两方面的要求：

　　1) 规范必须适用在各种应用领域；

2）所存储的信息必须是有价值的并包含充足的信息，以用于自动获取和分析数据。

数据模型由基本模型和应用程序模型两部分组成。

1）基本模型：定义一些基本元素及其上的关系的集合。每个元素代表了一种信息，每一个基本关系在基本元素之间建立了具有特定含义的关联。对于所有使用 ODS 的应用程序，基本模型是相同的。

2）应用程序模型：必须使用基本元素给实际应用所存取的信息进行建模。建立一个应用程序模型，意味着定义一个应用程序元素的集合。应用程序元素将从其相关的基本元素那继承一些必需的属性和关系。应用程序模型是取决于具体使用的应用程序的。尽管每个应用程序拥有自己的应用程序模型，但是应用程序模型中的所有应用程序元素仍然知道其基本元素的类型，并且存取数据项的任何软件对数据项的了解不仅限于名称和值：它知道该数据项所包含的数据类型信息，它与哪一条数据项存在关联等。图 9-46 是从一个应用程序模型的例子中抽取出来的，包含了与它相关的基本模型。

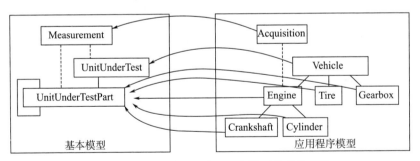

图 9-46　基本模型和应用程序模型关系示意图

（2）数据存储机制

开放式数据服务并没有单独定义一套物理存储格式来完成标准化数据存储，只制定了关系数据库的内部存储规范，包括：要哪些表，要存储哪些信息、哪些是主键等。并且，只要实现数据模型和

接口就能实现数据存取，而不必考虑物理存储格式规范，如图 9 - 47
所示。

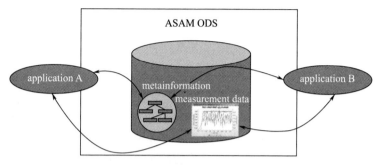

图 9 - 47　数据存储机制示意图

物理存储由基本模型存储和应用程序模型存储两类组成。

1）基本模型存储：基本模型的信息作为试验测试信息的源头，
存储在关系型数据库中，实际物理存储表结构并不与基本模型一一
对应，而是由 ODS 服务器进行转换处理。

2）应用程序模型存储：以独立于基本模型的方式存储在关系型
数据库中，与基本模型的对应关系保存在实际物理存储表中，应用
程序元素、应用程序属性、应用程序关系视具体应用需要灵活处理。

实际物理存储的表结构与基本模型及应用程序模型相比在结构
上都有很大区别，物理表设计同样需具备一定程度的抽象性，同时
需考虑数据库范式要求，避免过多的冗余信息。

（3）数据访问方式

开放式数据服务的数据访问方式需要考虑不同平台和操作系统
的兼容性，要能在现今所有平台和操作系统中使用，同时能够在不
同的系统间进行数据传输而不丢失任何信息。考虑到跨平台和操作
系统的需求，开放式数据服务采用 CORBA 通信协议提供基于网络
的数据访问方式，用户只需要实现符合开放式数据服务规定的 COR-
BA IDL 接口就可以与 ODS 服务器进行通信和数据交换；同时采用
普通的 ASCII 文本文件格式作为文件传输格式的基础，在此之上采

用 XML 对元数据进行组织，并制定能够描述数据模型所有信息的语法。

①基于 CORBA 协议

CORBA（Common Object Request Broker Architecture，公共对象请求代理体系结构，通用对象请求代理体系结构）是由 OMG 组织制定的一种标准的面向对象应用程序体系规范。采用 CORBA 协议可以保证系统间进行方便快捷的数据交互。

基于 CORBA 协议的 ODS 数据浏览示意图如图 9 - 48 所示。

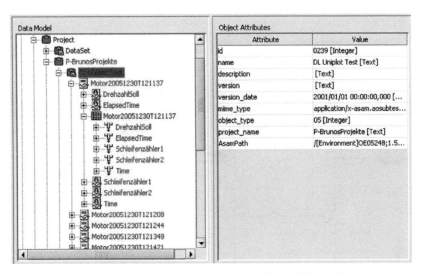

图 9 - 48 基于 CORBA 协议的 ODS 数据浏览示意图

②基于 ATF 文件

ATF 文件是一种基于 ASCII 文本的数据格式，具有较早的 Classic 和较新的 XML 两个版本，描述了数据模型的所有信息，其特点是分割存储、可以手动分析和修改数据项、被应用程序创建，并以二进制方式传输。

ATF 文件语法结构示意图如图 9 - 49 所示。

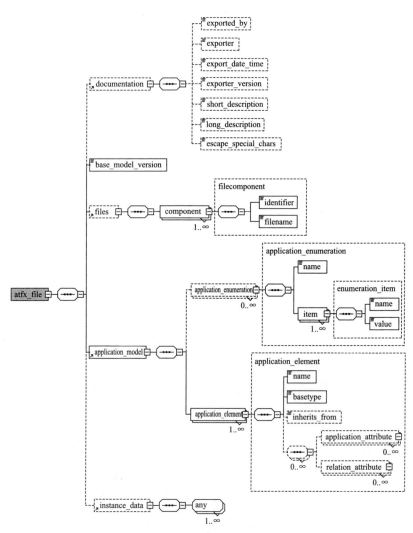

图 9-49　ATF 文件语法结构示意图

第 10 章　知识工程系统的应用探索

10.1　概述

以往企业的创新活动主要集中在技术平台上，着重对新产品、新技术、新工艺的开发和应用，而现在企业除了要运用技术平台之外，更重要的是要学会在信息平台、网络平台、市场平台、服务平台、观念和概念平台上进行创新。特别是随着信息化技术的不断深入应用，信息数据不断积累，如何整合这些信息化系统和平台，实现企业在信息化时代和新形式下的能力创新是未来信息技术应用的重点。而本章所探讨的知识工程是实现自主创新的有效、系统化的创新方法之一。

知识工程技术及其在产品设计中的应用是近年来国内外研究和开发的热点。基于知识驱动的产品智能设计是在领域知识库的支撑下，将设计知识融入 CAD/CAE/CAM 系统，以知识约束驱动产品几何模型的设计方法，使得设计者能够快速地设计出符合工程标准和经过评估和优化的产品。在此过程中，不同领域产品设计知识的获取、建模、固化、存储、供应、共享等相关单点技术是基于知识工程的产品设计的基础和要点。在协同设计过程，基于知识建立多学科设计模型、仿真模型、计算模型及优化模型，并应用智能化的算法减少设计迭代次数，实现多学科的参数耦合和并行设计，是多领域知识融合的多学科设计仿真技术的研究要点和难点。在结构设计方面，利用加入智能计算工具的智能 CAD 产品，实现产品结构力学、强度的快速计算和分析，并自动化/半自动实现结构的快速布局，是目前应用研究的热点。因此，知识的应用和融合是创新化、智能化设计技术的基础和支撑。

10.1.1　运载火箭研制工程对知识管理的需求

目前新型运载火箭的研制，要求实现一年近十次发射，并提升快速进入空间的能力，对产品的质量和可靠性要求较高。目前运载火箭无论在结构尺寸、载重、可靠性及发射准备时间等方面要求都很高，研制周期与往常相比却压缩很多。其设计过程是一个跨越多学科、复杂且高度迭代的过程，这个过程涉及众多专业学科的知识以及长期积累的型号研制经验，而现行大量知识经验散落于部门和个人，无法显性化展示，难以有效整合，难以实现积累、共享、集成、增值、创新。因此，加强型号设计知识管理已成为必然需求。

（1）运载火箭设计过程涉及的知识覆盖面广、种类繁多、形式多样，只有通过信息化手段才能对之进行有效管理

运载火箭总体设计过程涉及各类知识，包括总体参数、控制、动力、气动、结构、载荷、弹道等诸多专业学科。这些专业知识形态各异，有纸质的设计规范和手册、参数化的计算公式、有基本的流程，以及个性化的过程经验等。如何系统化、模式化对这些知识进行有效的管理、固化，并能在设计过程中进行有效的支持是一个复杂的难题，只有通过信息化的手段和技术才能实现对这些知识的高效管理和应用。

（2）高密度发射任务对基于知识的智能化设计技术提出了必然的需求

近年来宇航发射任务不断增加，高密度发射任务对设计人员的设计能力和设计效率提出了新的要求。因此，固化设计经验、加强型号设计知识管理、提升设计能力、缩短研制周期成为确保型号发射任务成功的重要内容，其表现是结合型号研制过程，总结实践经验与技术诀窍，固化技术知识。

（3）设计队伍年轻化与高精尖产品设计挑战之间的矛盾

目前在航天系统内科研团队以青年为主体。而几十年来，总体

所在运载火箭总体设计等方面积累了设计师手册、设计流程、标准模板、报告、论文、综述、案例、标准、规范、专利、成果、技术情报等大量技术和管理知识经验。过去的工作模式是，有经验的人员退休或调动岗位，其相应积累的经验和知识也会同步消失或失去再应用的机会，后来的继任者需要重新实践、总结和积累，这在经济成本和时间成本上都是巨大的浪费。如何挖掘设计人员头脑中的经验知识，将老一辈设计人员的型号设计经验固化，实现知识由隐性化向显性化的转变，有效促进知识的积累、转化、应用，从而形成知识资产，是总体所目前关注和亟待解决的核心问题之一。实现型号知识从老一辈设计师到新一代设计师之间的传承和转移，避免新一代技术人员重复过去的失败，同时又可避免因技术人员的新老交替造成技术资产的无形流失，并提升设计、研制的效率，是当前我国航天企业发展面临的一大难题。

（4）航天型号研制高可靠性和高继承性特点对知识积累和应用提出的需求

航天型号面临研制任务剧增、批组生产、密集发射等新的形式，对可靠性提出了严峻挑战。为了确保型号研制的成功，运载火箭的研制通常要求具有 $70\%\sim80\%$ 的继承性。因此在航天型号的研制中，成熟的技术、方法、经验和标准规范，始终是型号研发所依赖的重要支撑和知识基础。必须对这些长期积累的知识和能力单元，进行有效的固化和管理，并实现对研发设计过程中每个任务的支撑。

国外国防工业领域广泛重视并且大力开展知识管理的研究和应用，积极制定发展战略，并且在解决多学科耦合、高集成度、高综合度、高可靠性复杂系统的总体指标优化和协同设计问题方面发挥了重要作用。知识管理与共享平台已成为国外大型国防军工企业进行重大武器装备研制的基础平台。在知识管理平台构建技术方面，构建大型知识库及知识驱动的协同设计已成为国外最新发展趋势。

10.1.2　国内外知识管理研究及应用现状

10.1.2.1　国内外知识管理技术研究现状分析

随着自主研发和创新研发理念的不断发展，知识管理技术越来越受到工业企业的关注。知识管理的研究涉及多个学科领域，如数据挖掘、人工智能、信息检索、管理科学、社会科学、决策科学等。近年来有很多学者都出版了关于知识管理方面的研究文献和专著，对知识管理技术的研究大多是从知识获取、知识建模、知识表示、知识检索、知识推送、知识库系统等方面入手，基本形成了知识获取、知识关联、知识分享和应用的技术路线。

（1）知识表示和建模的研究

知识表示是实现知识管理和知识重用的基础，其目的是将来源、存在状态各异的知识进行形式化表达，以便于用计算机进行处理。经过国内外大量学者的探索和研究，目前，典型的知识表示和建模方法有：谓词逻辑表示法、产生式规则表示法、框架表示法、语义网络表示法、面向对象的表示法、人工神经网络表示法、基于粗糙集的表示法、基于本体的表示法等。各种知识表示和建模的研究方法的一般形式及优缺点比较见表 10-1。

表 10-1　知识表示和建模的研究方法比较

方法	一般表示形式	优点	缺点
谓词逻辑表示法	P（x_1，x_2，…，x_n），其中，P 是谓词；x_1，x_2，…，x_n 是谓词的项，表示个体	简单、精确、灵活、容易实现，推理严格、完备、通用	难以表达不确定知识，容易出现组合爆炸，推理过程冗长，效率低
产生式规则表示法	If（前提 1）&（前提 2）& …… Then（结论 1）&（结论 2）& ……	自然、灵活、模块性好、通用性强，允许直接指导演绎过程	不能表达结构性知识，效率低，求解时易引起组合爆炸

续表

方法	一般表示形式	优点	缺点
框架表示法	框架名：＜框架名的值＞ ＜对象名 1：〔侧面名 11：侧面名 11 值＜约束：约束条件＞……〕＞	善于表示结构性知识，有良好的继承性	不善于表示过程性知识，对多重继承性可能产生多义性
语义网络表示法	带有标志的有向图	直接、自然，体现了联想思维过程	不能保证推理的严格性和有效性，不便于表达判断与深层知识
面向对象的表示法	四元组 ＜对象＞∷＝（ID，DS，MS，MI），分别代表对象标识符，数据结构，方法集合和消息接口	具有封装性、模块性、继承性，易于维护，可扩展性好	表示方式抽象，类似的唯一对外接口是消息模式
人工神经网络表示法	BP 网络、RBF 网络、Hopfield 网络等	网络具有很高的容错性，自组织、自适应学习能力强	处理过程封闭，需要大量的训练数据
基于粗糙集的表示法	把知识看作关于论域的划分	描述了不确定性知识，支持并行运算	难以正确确定模糊边界，应用范围狭窄
基于本体的表示法	$O=(C, R, F, A, I)$，C、R、F、A、I 分别是概念、关系、函数、公理、实例的集合	结构清晰简洁，可扩充可重用，便于知识共享	本体的建立过程比较复杂

　　基于本体的建模方法能够保证知识理解的唯一性，且能够表达多种类型、语义复杂的知识，已经成为知识管理领域中最主要的知识表示和建模方法。

　　（2）知识检索的研究

　　知识检索来源于信息检索，目前检索系统的实用性还有待进一步提高。常见的检索方法有基于数据模型的检索、基于推理的检索、基于概念的检索、基于统计的概率推理检索等。目前知识管理工程中常用检索方法普遍存在以下问题：

1) 对语义检索的支持能力不强：传统的信息检索方法，如关键词检索，无法满足复杂产品研制中知识语义关系复杂的要求。

2) 知识检索方法单一：常见的知识管理系统中只采用单一的检索方法，检索所有类型的知识，检索的精度不高。

因此未来在知识检索方面的应用，将以本体和语义为基础、结合多种检索方法开展知识的查询和应用。

（3）知识推送方法的研究

知识的主动推送是指将知识库中的知识按照一定的规则，根据设计人员的偏好和设计任务的需求，将匹配的知识及时准确地呈现给设计人员的一种知识主动服务形式。近年来对知识推送方法的研究比较见表 10 - 2。

表 10 - 2　知识推送方法的研究比较

方法类别	主要考虑因素	局限性
基于用户兴趣的知识推送	用户对知识的偏好	忽略了影响用户知识需求的其他因素，如用户的当前状态等
基于岗位的知识推送	岗位的知识需求	岗位本身定义不够严格或者其知识需求广泛，导致推送精度不高
基于流程的知识推送	流程的当前状态	对用户本身的考虑不多，不能进行个性化推送

不同的推送方法有其自身的优缺点，适用于不同的应用场合。但大部分方法的推送准确率不高，基于任务驱动的知识流主动推送方法将是未来知识推送应用的主流方式。

10.1.2.2　国内企业知识管理技术应用现状分析

在国内，也有不少企业开展了面向产品研制过程的知识管理的研究和应用，其中具有代表性的包括兵器工业集团的中国北方车辆研究所（201 所）、沈阳飞机设计研究所（601 所）及上汽集团股份有限公司乘用车公司等，他们的应用实施都取得了很好的成效。

作为国内军工企业的代表，北京 201 所和沈阳 601 所在知识管理方面进行了深入的探索与实践，取得了非常好的应用效果。201 所从 2007 年开始进行基于知识的产品设计方法和支撑平台方面的研究。针对四轮装甲车辆的整个设计过程，梳理了 149 项各种设计活动，形成了每项活动中所需用的方法、工具、流程等，形成了三大支撑产品设计的知识系统，分别是基于 TRIZ/本体的知识系统、选型设计专家系统和典型问题优化求解系统，固化了设计流程，封装了大量支持定量求解的计算方法、仿真计算流程和分析过程，支持了轮式装甲车辆的选型设计，并可实现不同选配方案的多目标评价和优选。整个平台和系统取得非常好的应用实施效果。

601 所从 2000 年开始就成立了专门的课题组，对知识工程和管理的理论及应用进行了探索性研究。从 2005 年年初开始，利用三年多时间，601 所组织了近百名专家、中青年骨干对建所 40 多年的研发工作，特别是对飞机设计的经验、技术进行了整理和总结，在此基础上编写了若干本实用手册，总结了建所 40 年多来的技术工作经验，规范了全所专业文件编写的格式、内容及范例，收集了世界三代以上的战斗机资料介绍，供设计人员进行参考和借鉴。同时引进世界上较为先进的创新理论和在计算机辅助创新平台（Pro/Innovator）的基础上开展了知识库的研发工作，通过知识库编辑器建立了模块化知识库、各种机型产品的知识库和管理平台。目前，此平台在整个所的各系列产品的研发设计中得到应用，取得了良好的应用成果，使知识管理真正为所里的科研项目服务，并且大大增强了 601 所在产品设计方面的能力。

上汽集团股份有限公司乘用车公司近年来也积极推进产品设计知识管理体系平台。整个平台包括两大核心部分，一是企业级知识内容管理系统（EKB），EKB 基于 EMC Documentum 提供的产品研发架构进行定制开发，目前该系统面向车身设计、研发管理及研发项目管理三个维度进行分类整合，汇集了各种信息资源，如电子资源、纸介质资源、语音资源和数据库数据等；并且通过知识的分类标识和系统安全管理，能够严格管理不同部门间员工访问权限控制，以及不同分支机构的信息共享安全；实现荣威、名爵品牌车身设计知识的管理。目前该库的车身设计知识细分到 4 个领域，即断面库、模块库、对标库及案例库，囊括了 2000 多项、10000 多条数据。二是上汽集团股份有限公司自主开发的基于知识的研发设计导航系统(DGS)，在此系统中上汽集团股份有限公司梳理并固化了不同系列车型开发的流程，对设计流程进行了标准化的工作，定义了每个流程中任务节点的输入、输出、参考以及检查内容，以此作为模板要求研发任务和工作。并且 DGS 实现了与 EKB 的集成，DGS 会根据当前研发任务的需求自动推送从 EKB 系统中获得的相关设计知识、手册等。上汽集团股份有限公司整个产品设计知识管理体系平台，实现了对产品研发流程体系化以及研发过程知识化的支撑。

上述这些应用中，大多数还是对一些静态知识的电子化管理和应用，如各类设计手册、成熟的设计案例、标准化的设计数据等，对于动态化的知识（如协同研发过程中的多学科设计仿真知识和经验）应用探索较少。

10.2 知识工程基础理论

10.2.1 知识工程

知识工程，最初起源于人工智能领域，是一个存在了多年的技术词汇。但是，把它作为企业信息化领域里的专用名词，却是最近几年的事情。知识工程，已经在信息化的发展进程中，逐渐扩展和替换了初始的本义，被赋予了新的、更高层面的含义，并与技术创新结合到了一起：所谓知识工程，就是"依托 IT 技术，把知识作为一种资产来管理和充分利用，在使用中提升其价值，以此促进技术创新、推动企业持续发展的全部的相关活动"。

（1）什么是知识

在信息化领域，我们都熟知这些词汇：数据（data），信息（information），知识（knowledge）。它们所代表的含义，可以这样来表述：

1）数据（data）是关于事实的一组离散的、客观的、有意义的描述，是构成信息和知识的原始材料。

2）信息（information）是具有特定意义的、彼此有关联的数据。从数学的观点看，信息是用来消除不确定性的一个物理量。

3）知识（knowledge）是结构化的、具有指导意义的信息。从数学的观点看，知识是用来消除信息的无结构性的一个物理量。

（2）广义的知识概念

知识是通过实践、研究、联系或调查获得的关于事物的事实和状态的认识，是对科学、艺术或技术的理解，是人类获得的关于真理和原理的认识的总和。总之，知识是人类积累的关于自然和社会的认识和经验的总和。

经济合作与发展组织（OECD）将广义的知识按内容分为四种：

1）关于"知道是什么"的知识，记载事实的数据；

2）关于"知道为什么"的知识，记载自然和社会的原理与规律方面的理论；

3）关于"知道怎样做"的知识，指某类工作的实际技巧和经验；

4）关于"知道是谁"的知识，指谁知道是什么，谁知道为什么和谁知道怎么做的信息。

从形式上区分，前两类知识是易于文字记载的认识类知识，有人称之为"有形知识"，非常容易编码（信息化），可通过各种传媒获得。第三、四类知识更多地是没有记载的经验类知识，有人称之为隐形知识（tacit knowledge）或无形知识，需要通过实践来获得。

（3）从计算的视角来看知识

在计算机和信息的角度，知识是一个系统，它揭示了概念与概念之间，以及概念的属性与属性之间的关系；知识体系的广度与深度取决于上述关系的多少。对于面向计算机的知识体系的质量的关键是它的可计算性以及由此为具体的应用而能够提供的服务。

知识是结构化的经验、价值、相关信息和专家洞察力的融合，提供了评价和产生新的经验和信息的框架。

（4）数据、信息、知识

数据、信息、知识之间，存在着必然的联系（如图 10 - 1 所示）。从数据到信息再到知识的过程，是一个不断重用和提炼的过程。数据在不断使用中提升为信息，信息在反复应用中转化为知识，而企业的知识总和进一步累积为企业智力资产。

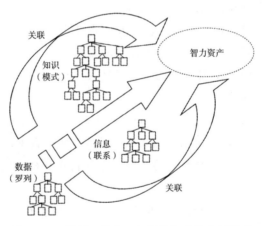

图 10 - 1　数据、信息、知识及智力资产间关系

数据、信息和知识，都是企业信息化的基本要素，只是所处的层面由低到高，含义逐渐丰富，应用有所不同。表 10 - 3 表示了数据、信息、知识的区别与联系。

表 10 - 3　数据、信息、知识的区别与联系

	数据	信息	知识
定义	数据是可定义为意义的实体，它涉及事物的存在形式。它是关于事件的一组离散的客观的事实描述，是构成信息和知识的原始材料	具有特定含义的、彼此有关联的数据。 从数学的观点看，信息是用来消除不确定性的一个物理量	结构化的、具有指导意义的信息。 从数学的观点看，知识是用来消除信息的无结构性的一个物理量
存储形式	数据库	信息库	知识库
集成状态	数据集成	信息集成	知识集成
涉及学科	数学：算法，图形学，拓扑学等	信息科学：信息论、系统论，编码技术等（以及前项）	知识科学：本体论，TRIZ（萃智）、语义解析技术等（以及前项）

（5）早期的知识工程定义

"知识工程"这个词汇最早来源于人工智能，由费根鲍姆教授提出。在人工智能创立的前 10 年中，人们着重的是问题求解和推理的过程。费根鲍姆通过实验和研究，证明了实现智能行为的主要手段在于知识，在多数实际情况下是特定领域的知识，从而于 1977 年最早提出了专家系统和"知识工程"的概念，成为知识可操作化的一个里程碑。

20 多年来，知识工程的研究有了很大发展。在依然保持人工智能内涵的同时，知识工程的研究重点不断发生变化：

1）主要研究内容从知识推理转向知识表达；

2）主要研究对象从特定专业领域转向常识，进而又转向工程知识；

3）知识工程的处理对象已从规范化的、相对好处理的知识进一步深入到非规范化的、相对难处理的知识；

4）它的处理规模和方式从封闭式扩大为开放式，从小手工作坊式的知识工程扩大为能进行海量知识处理的大规模工程；

5）学科从知识工程正在向知识科学转变。

（6）知识与工程的结合

知识工程与现代设计技术的结合最早追溯至 20 世纪 70 年代末 80 年代初的设计型专家系统研究。工程技术领域的专家一直希望能够把专家系统引入到制造业的设计系统之中，以便形成"智能 CAD"系统。并且，期待设计型专家系统具有这样的理想功能：如能够模仿人类专家进行创造性设计，具备推理功能，具有自学习功能，并能自我总结学习经验等。但是，由于这样的研究有许多重大的技术难题尚未突破，因此进展缓慢。此后两者的结合一度出现脱节。

自从进入 21 世纪以来，知识工程领域的大规模知识库的研究进展、网络技术的发展和普及、新的协同产品设计模式的应用而生等诸多机会，又为知识工程与现代设计技术重新提供了密切结合的需求。在企业信息化的进程中，对中国企业的一般应用状况而言，企业信息化已经从 20 年前以 CAX 为代表的数据集成，发展到了 10 年前以 PDM 和 ERP 为代表的信息集成，更进一步地，我们又发展到了近些年以 CAI 为代表的知识集成。知识集成必然呼唤面向工程领域的知识集成平台以及基于知识创新的工具。因此，关于工程的知识，引起了人们超过以往任何时候的高度关注。

（7）面向工程领域的知识工程定义

什么是面向工程领域的知识工程？目前并没有公认的、统一的定义。如果一定要给一个定义的话，那么我们可以这样来定义——依托 IT 技术，把知识作为一种资产来管理和充分利用，在使用中提升其价值，以此促进技术创新、推动企业持续发展的全部的相关活动。

在这里，知识工程的内涵已经发生了许多转变：知识的内容从常识走向了工程知识，从集成某些专家的经验变成了集成广泛的工程知识；知识已经从一种对象转变为一种资源；知识集成的目的已经从模拟"行业专家"变成了技术创新。知识工程这个名词，也从人工智能走向了企业信息化。现在的"知识工程"，已经脱胎换骨为面向工程领域的知识工程，成为了企业信息化的一个不可或缺的有机组成部分。

知识工程的研究内容包括：复杂产品之全生命周期内相关知识的产生（新知识获取）、表达（形式化）、组织（体系化）、共享（知识传递）、检索（已有知识获取）、运用（物化）及更新（过时知识的淘汰）等一系列科学问题。其中：

1）知识的产生——获取新知识，包括"知识挖掘"（也叫"知识开采"、"知识抽取"、"知识发现"等）等内容，重在发现和收集个体的、游离于现行管理制度之外的非物化知识；

2）知识的表达——将知识以最佳的形式表达出来，便于高效理解；

3）知识的组织——对知识建立彼此关联的本体关系，实现知识的有效组织；

4）知识的共享——以知识库为核心，以网络为手段，实现知识的高度共享和快速传输；

5）知识的检索——基于本体关系来高效地查询和检索相关知识，实现对已有知识的获取；

6）知识的运用——在产品全生命周期里充分运用知识，让知识充分物化，让智力资产转变成可交付的物理资产，让知识在使用的过程中为企业创造价值（实现创新）；

7）知识的更新——定期淘汰过时知识，保持知识库的实效性和可用性。

当知识被用于创新的目的，当知识与工程相结合，当工程知识被高度集成，尤其是再经过计算机"这种力量放大器"放大后，就会证实英国哲学家培根说过那句话：知识就是力量。至于为什么知识就是力量，其实道理很简单，知识支持创新，创新改变世界。改变，皆由力量的作用而导致，尤其是这种力量掌握在常人的手中的时候，改变将会是巨大无比和天翻地覆的。这个力量，就是被高度集成的工程知识。为创新目的而高度集成工程知识的所有的活动，就是知识工程。

10.2.2 TRIZ 理论

10.2.2.1 TRIZ 的起源和发展

TRIZ 的含义是"发明问题解决理论（俄文：теории решения изобретательских задач）"，按照其俄文首字母缩写为"ТРИЗ"，转换成拉丁字母，就形成了专用词汇 TRIZ。

TRIZ 理论是由苏联发明家根里奇·阿奇舒勒（Genrich Saulovich Altshuller）在 1946 年创立的，阿奇舒勒发现任何领域的产品改进、技术的变革创新和生物系统一样，都存在产生、生长、成熟、衰老、灭亡，是有规律可循的。掌握了这些规律，就可主动地进行产品设计，并能预测产品的未来趋势。

TRIZ（发明问题解决理论），是关于基于知识解决工程实际问题、快速实现创新的方法学。TRIZ 理论是知识工程的核心理论之一，同时也是系统化的方法。在 TRIZ 中，问题的分析采用了通用及详细的模型，模型中问题的求解采用了系统化方法；解决问题的过程是一个系统化的、能方便应用既有知识的过程。TRIZ 理论体系图如图 10 - 2 所示。

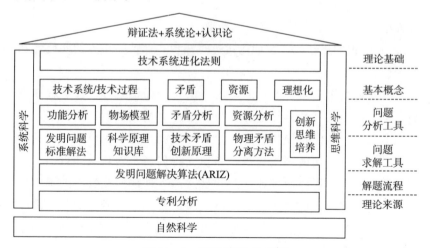

图 10 - 2　TRIZ 理论体系图

TRIZ 理论总结出人类进行发明创造解决技术难题所遵循的原理和法则，进而建立了一个以辩证法、系统论和认识论为哲学指导，以自然科学、系统科学和思维科学的研究成果为根基和支柱，解决技术系统和技术过程进化中的问题，实现产品创新和工艺创新的各种方法、工具组成的系统化的方法学体系。

TRIZ 的核心是技术进化原理。按这一原理，技术系统一直处于进化之中，解决矛盾是其进化的推动力。它们大致可以分为 3 类：TRIZ 的理论基础、分析工具和知识数据库。其中，TRIZ 的理论基础对于产品的创新具有重要的指导作用；分析工具是 TRIZ 用来解决矛盾的具体方法或模式，它们使 TRIZ 理论能够得以在实际中应用，其中包括矛盾矩阵、物场分析、ARIZ 发明问题解决算法等；而知识数据库则是 TRIZ 理论解决矛盾的精髓，其中包括矛盾矩阵（39 个工程参数和 40 条发明原理）、76 个标准解决方法等。

相对于传统的创新方法，比如试错法、头脑风暴法等，TRIZ 理论具有鲜明的特点和优势。它成功地揭示了创造发明的内在规律和原理，着力于澄清和强调系统中存在的矛盾，而不是逃避矛盾，其目标是完全解决矛盾，获得最终的理想解，而不是采取折中或者妥协的做法，而且它是基于技术的发展演化规律研究整个设计与开发过程，而不再是随机的行为。实践证明，运用 TRIZ 理论，可大大加快人们创造发明的进程而且能得到高质量的创新产品。它能够帮助我们系统地分析问题情境，快速发现问题本质或者矛盾，它能够准确确定问题探索方向，不会错过各种可能，而且它能够帮助我们突破思维障碍，打破思维定势，以新的视觉分析问题，进行逻辑性和非逻辑性的系统思维，还能根据技术进化规律预测未来发展趋势，帮助我们开发富有竞争力的新产品。

10.2.2.2　TRIZ 理论主要内容

（1）TRIZ 理论基本思想

TRIZ 的理论基础和基本思想是：

1）产品或技术系统的进化有规律可循；

2）生产实践中遇到的工程矛盾往复出现；

3）彻底解决工程矛盾的创新原理容易掌握；

4）其他领域的科学原理可解决本领域技术问题。

图 10-3 为 TRIZ 的理论体系。

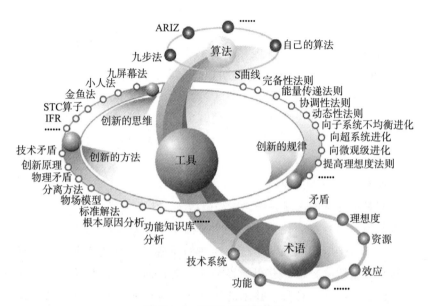

图 10-3　TRIZ 的理论体系

（2）TRIZ 理论的主要内容

创新从最通俗的意义上讲就是创造性地发现问题和创造性地解决问题的过程，TRIZ（萃智）理论的强大作用正在于它为人们创造性地发现问题和解决问题提供了系统的理论和方法工具。TRIZ 理论体系目前主要包括以下几个方面的内容：

1）创新思维方法与问题分析方法：TRIZ 理论中提供了如何系统分析问题的科学方法，如多屏幕法。而对于复杂问题的分析，它包含了科学的问题分析建模方法——物场分析法，可以帮助快速确认核心问题，发现根本矛盾所在。

2）技术系统进化法则：针对技术系统进化演变规律，在大量专利分析的基础上，TRIZ 理论总结提炼出八个基本进化法则。利用这些进化法则，可以分析确认当前产品的技术状态，并预测未来发展趋势，开发富有竞争力的新产品。

3）工程矛盾解决原理：不同的发明创造往往遵循共同的规律。TRIZ 理论将这些共同的规律归纳成 40 个发明原理与 11 个分离原理，针对具体的矛盾，可以基于这些创新原理寻求具体解决方案。

4）发明问题标准解法：针对具体问题物场模型的不同特征，分别对应有标准的模型处理方法，包括模型的修整、转换、物质与场的添加等。

5）发明问题解决算法 ARIZ：主要针对问题情境复杂，矛盾及其相关部件不明确的技术系统。它是一个对初始问题进行一系列变形及再定义等非计算性的逻辑过程，实现对问题的逐步深入分析，问题转化，直到问题解决。

（3）TRIZ 的解题模式

使用 TRIZ 解决问题的流程大致分为三步：首先将待解决的实际问题转化为 TRIZ 中的某种通用问题模型，然后利用 TRIZ 中相应的中间工具，得到 TRIZ 的解决方案模型。整个过程的流程如图 10 - 4 所示。

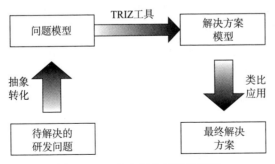

图 10 - 4　TRIZ 解决问题的流程

TRIZ 的工具体系见表 10 - 4。

表 10 - 4　TRIZ 的工具体系

问题模型	工具	解决方案模型
技术矛盾	矛盾矩阵	创新原理
物理矛盾	分离方法、知识库	创新原理、知识库中的方案
HOW TO 模型	知识库	知识库中的方案
物场模型	标准解法系统	标准解法

10.2.2.3　CAI 技术

（1）何为计算机辅助创新 CAI（Computer Aided Innovation）

计算机辅助创新 CAI 技术于 20 世纪 90 年代初，首现于苏联。苏联解体后，该技术伴随着苏联大批科技人员流入欧美，进入中国则始于 2002 年亿维讯公司成立之时。早期的 CAI 仅仅是将发明问题解决理论 TRIZ 的应用进行了电子化。由于 TRIZ 理论自身使用门槛高，致使其传播推广速度受到阻滞。现代的 CAI 技术是"创新理论＋创新技术＋IT 技术"的结晶，使 TRIZ 理论不再只是专家们才能使用的创新工具，降低了 TRIZ 理论门槛的同时，也加速了 TRIZ 理论的传播应用。经过创造性地将发明问题解决理论 TRIZ 研究、本体论（Ontology）、多工程领域的创新技法、现代设计方法学、自然语言处理技术和计算机软件技术相结合，逐渐开发形成了新一代的 CAI 技术工具——计算机辅助创新设计平台和软件系统。

（2）现代 CAX 体系的创新优势

集合了 CAI 技术的现代 CAX 体系具备了创新的优势。一般来说，一件产品的完整的生命周期，如图 10 - 5 所示，从客户需求到产品报废，CAI 可以支持从"创新概念构造"到"仿真分析"阶段；"仿真分析"之后直到"库存"阶段可由 CAD 等支持；"库存"之后属运作管理阶段，可由 ERP、CRM 等加以支持。CAI 为整个流程提供"非物化知识"，包括隐性知识、规则、方法等；CAD 等所提供的是"物化知识"，包括外观设计、总体布置、零件造型、装配、说明书等；运作管理流程一般又包括：原材料管理、计划进度、物流

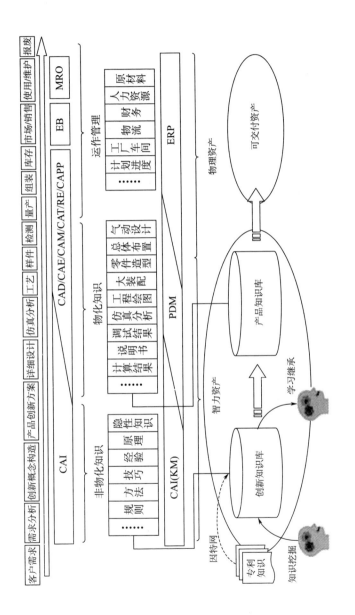

图 10 - 5　CAI 在产品生命周期中的作用阶段

等。非物化知识和物化知识均属于企业的智力资产，而非物化知识的应用更需要强大且易用的计算机辅助工具加以支持。由此可以看出，CAI 技术是企业信息化整体解决方案中的重要组成部分，在产品的生命周期中具有举足轻重的作用。由创新知识和产品知识所共同组成的企业智力资产是企业交付最终产品的不竭源泉，也是企业核心竞争力之所在。

　　综上，CAI 的两块基石，其一是以 TRIZ 为核心的创新理论，体现了人类解决问题、实现创新的共性知识和智慧，通过一系列理论原理和工具，揭示了"创新是有规律的"这样一个客观事实；其二是体现在企业创新知识的组织上，在实现创新知识的有效获取、组织、表达、检索、利用等知识管理的基础之上，基于本体论把知识串联起来。

　　今天当中国企业不得不面对中国制造业亟待转型的迫切要求时，"自主创新"成为"中国制造"突出重围走向"中国创造"不可回避的独木桥。无论是国家适时提出的信息化与工业化融合，还是工业和信息化部的成立，都昭示着我国制造业企业必须通过信息化创新实现企业根本技术创新的本质。CAI 作为企业研发信息化的生力军，在这场突围战役中必将发挥至关重要的作用。

10.2.3　本体论

10.2.3.1　什么是本体论

　　本体论是关于解决工程实际问题，实现创新知识有效组织的案例类的知识，本体论是知识工程的另一个重要的核心理论。本体论（Ontology）原是古希腊哲学中研究世界上客观事物存在的本质和关系的一个哲学概念。在西方哲学史和中国哲学史中分别具有各自的含义。近年来被应用到计算机领域，在知识工程、人工智能及数据库中扮演着越来越重要的角色。从实质上来说，本体论旨在解决这样的问题，即对某一定义的知识进行统一的概念化，主要从自然内部、从客体与客体之间的联系中去寻找万物的本质，力图摆脱人在自然、客体中的作用和影响，努力构建一个客观世界的本体。

Ontology 最早用于机器翻译。在历史上，曾经有过专门研究基于知识的机器翻译，通过调用知识库中存储的语言知识，来帮助语言的分析和生成。随着本体论研究的进一步深入，人工智能领域的研究者们越来越认识到本体在自然语言理解中的重要性和必要性。

随着近十年网络技术的发展，网络逐渐成为一个巨大的信息和知识源，如何从海量信息和知识中有效地检索到有用的知识内容，成为了研究人员的重点研究课题。在 1993 年，美国斯坦福大学计算机系 R. Files 教授和 T. Gruber 教授等人主持的知识系统实验室开始研究面向科学工程的基于工程本体的"共享的可重用知识库"，该研究较早地提出了借用哲学中的本体论的概念，来描述特定领域相关术语以及术语之间的关系（概念模型），并以此作为知识获取和表达，从而建立共享知识库的基本单元。该研究大大推动了知识工程中本体论的研究。

自 Gruber 教授提出"本体是概念体系的明确的规范说明"之后，后续很多研究学者也分别在此基础上给出了各自的定义。本体论是对概念化的一个显式的规格说明，是对客观存在的概念和关系的描述，是研究自然科学及工程领域中万物之间关系及其应用的边缘科学和横断科学。本体作为知识表达、知识共享的工具，越来越受到重视。

构建本体关系库，就是要把作为信息的各个术语彼此关联起来，形成信息链和信息网，并由此而建立一种信息关联方式，实现创新知识的系统化的组织与表达。本体论涉及的概念包括术语、关系和规则等。术语是描述某个领域内一个概念的词汇，是知识的"结点"。术语之间的联系或者关联，称之为关系。从本质上讲，本体论是一个或者几个领域的概念以及反映这些概念间关系的集合。关系反映了概念间的约束和联系，它本身也是概念，关系之间也可能构成新的关系。关系构成了本体论的灵魂。准确建立和理解关系，形成对客观存在概念和关系的描述，才是 Ontology 的原始定义和真实回归。

10.2.3.2　本体的定义

概念化（conceptualization）作为知识形式化表达的基础，是所关心领域中的对象、概念和其他实体，以及它们之间的关系。

定义 1　概念化：结构 $C = \langle D, R \rangle$，其中 D 是一个领域（domain），R 是建立在 D 上的集合或相应关系。

1993 年，美国斯坦福大学知识系统实验室（KSL）的 Gruber 在定义 1 基础上，给出了第 1 个在信息科学领域广泛接受的 Ontology 正式定义："An ontology is an explicit specification of a conceptualization。" Gruber 认为，概念化是从特定目的出发对所表达的世界所进行的一种抽象的、简化的观察。每一个知识库、基于知识库的信息系统，以及基于知识共享的智能 agent 都内含一个概念化的世界，或是显式的或是隐式的。本体论是对某一概念化所做的一种显式的解释说明，本体中的对象以及它们之间的关系是通过知识表达语言的词汇来描述的。因此，可以通过定义一套知识表达的专门术语来定义一个本体，以人可以理解的术语描述领域世界的实体、对象、关系及过程等，并通过形式化的公理来限制和规范这些术语的解释和使用。因此严格地说，本体是一个逻辑理论的陈述性描述。

1998 年，Guarino 试图明确说明本体论和概念化两者之间的差别，并以此为基础对 Gruber 的定义做提炼和修订。在 Guarino 的论述中，概念化的内涵成为讨论的重点，是进一步理解信息系统中 Ontology 概念的关键。Guarino 认为定义 1 对概念化的定义存在局限，仅涉及了领域 D 中普通的数学关系，或者说是外延关系，即关系 R 只描述了世界的"一个"特定状态，并不是全部状态。要让定义真正有意义，需要一种标准方法表示这种关系的内在含义，即集合上的函数。为此，Guarino 引入"域空间"（domain space）的概念，如定义 2。又以此为基础定义了"概念关系"（conceptual rela-

$tion$），如定义 3。

定义 2　域空间：结构 $\langle D，W\rangle$，D 指某一领域，W 指这一领域中所有可能状态的集合，也可以称为可能世界。

定义 3　（n 元）概念关系：全函数 $\rho^n：W \to 2D^n$，从 W 映射到 D 上的所有 n 元关系的集合。

然后对概念化做了重新定义：

定义 4　概念化：有序的三元组 $C=\langle D，W，R\rangle$，其中 R 是域空间 $\langle D，W\rangle$ 上的概念关系的集合。

可见，前面 Gruber 采用的概念化（定义 1），即结构 $\langle D，R\rangle$，只是定义 4 中某一特定状态下的世界。于是，Guarino 将结构 $\langle D，R\rangle$ 另称为"世界结构"（world structure）。

在此基础上，为严格说明 Ontology 的内涵，又做了以下定义。

定义 5　预定世界结构（intended world structure）：令概念化 $C=\langle D，W，R\rangle$，则对任一可能世界 $w\in W$，其关于 C 的"预定世界结构"为 $S_wC=\langle D，R_wC\rangle$，其中 $R_wC=\{\rho（w）\mid \rho\in R\}$ 是 R 中元素（相对于 w）的外延的集合。而 $SC=\{S_wC\mid w\in W\}$ 则表示了所有关于 C 的预定世界结构。

定义 6　令 L 为一逻辑语言，V 为其词汇集。L 的一个模型（model）定义为结构 $\langle S，I\rangle$，其中 $S=\langle D，R\rangle$ 为世界结构，$I：V\to D\bigcup R$ 为一个解释函数，将 D 的元素指配到 V 的常量符号（constant symbols），将 R 的元素指配到 V 的谓词符号（predicate symbols）。

以上定义中，I 其实表达了使用词汇集 V 对领域 D 和关系 R 所进行的描述或解释：V 中的常量符号（如名词等）描述解释 D，而 V 中的谓词符号（如动词等）则描述解释 R。这样，定义 6 中 L 的模型，即结构 $\langle S，I\rangle$，其实是对语言 L 的一种特定的外延解释（extensional interpretation）。

类似地，根据定义 4，扩展定义 6 的内涵，给出以下定义：

定义 7　令 L 为一逻辑语言，V 为其词汇集，则定义 L 的本体承约（ontological commitment）为 $K = \langle C, J \rangle$。其中 $C = \langle D,$ $W, R \rangle$ 为域 D 上的概念化，$J: V \to D \cup R$ 为一个函数，将 D 的元素指配到 V 的常量符号（constant symbols），将 R 的元素指配到 V 的谓词符号（predicate symbols）。

定义 8 令 L 为一逻辑语言，V 为其词汇集，$K = \langle C, J \rangle$ 为 L 的本体承约。称模型 $\langle S, I \rangle$ 兼容于 K，如果：①$S \in SC$；②对于每一个实例 c，$I(c) = J(c)$；③存在一个世界 w，对于每一个谓词符号 p，将其映射成为 $J(p)$ 的一个"可承约扩展"（admit table extension），即存在一个概念关系 ρ，使得 $J(p) = \rho \wedge \rho(w) = I(p)$。则与 K 兼容的 L 的所有模型的集合 $I_K(L)$ 称为 L 关于 K 的"预定模型"（intended models）集合。

通过上述定义可以看出，本体是为说明某语言词汇表的内在意义而设计的一套逻辑公理。给定一个语言 L 和本体承约 K，语言 L 的本体就是基于以下目的而设计的逻辑公理集合：其自身模型尽可能地接近依照 K 的由语言 L 描述的所有预定模型。但事实上这样的逻辑公理集合不容易找到，本体只能以一种间接的方式详细说明一个概念化。因此在澄清本体、预定模型和概念化的基础上得到下面的本体的定义。

定义 9 本体论是一个逻辑理论，用来说明一个正规（formal）词汇表的预定含义。

因此本体是语言相关的，而概念化则是语言无关的。认清这一点对本体集成、融合和转换都非常重要。另外在上述定义中，概念化是比本体论（仅限于信息科学中）更为广泛的概念，前者更接近领域的事实和哲学上的本体论。对于这一点，后来的研究又从本体论由哲学到信息科学转换的角度给出了较好的解释说明，应该说这对透彻理解信息科学中的本体论是有较大帮助的。不同的研究团体根据自身需求对本体给出了不同的解释和定义，但从总体理论上说，基本没有超出前面两位学者给出的定义。

10.2.3.3　本体描述语言

（1）本体描述语言的发展

本体描述语言起源于历史上人工智能领域对知识表示的研究，主要有以下语言或环境为代表：KIF 与 Ontolingua，OKBC（open knowledge base connectivity），OCML（operational conceptual modeling language），Frame Logic，LOOM 等。

近年来，Web 技术为全球信息共享提供了便捷手段，以共享为特征的本体论与 Web 技术结合是必然趋势。在此背景下，基于 Web 标准的本体描述语言（以下简称为"Web 本体语言"）正成为本体论研究和应用的热点，如 SHOE（simple HTML ontology extension），OML（ontology markup language），XOL（XML - based ontology - exchange language）等。

在标准方面，由 W3C 主持制定的 RDF（resource description framework）和 RDF Schema 是建立在 XML 语法上，以语义网（semantic networks）为理论基础，对信息资源进行语义描述的语言规范。RDF 采用"资源"（resources）、"属性"（properties）及"声明"（statements）等三元组来描述事物。RDF Schema 则做进一步扩展，采用了类似框架的方式，通过添加 rdfs：Class，rdfs：subClassOf，rdfs：subPropertyOf，rdfs：domain，rdfs：range 等原语，对类、父子类、父子属性，以及属性的定义域和值域等进行定义和表达。这样，RDF（S）成为一个能对本体进行初步描述的标准语言。

然而本体描述语言要走向通用，还需解决一些重要问题，如对推理的有效支持（包括计算复杂性和可判定性等），正规和充足的语义表示机制，以及标准化问题。这将依靠下述基于描述逻辑的本体语言的发展。

（2）描述逻辑与本体描述语言

描述逻辑（DL，description logics）是近 20 多年来人工智能领域研究和开发的一个相当重要的知识表示语言，目前正被积极应用于本体描述，或者作为其他本体描述语言的基础。这里"描述"是指，对一个领域知识采用描述的方式表达，即利用概念和规则构造符将原子概念（一元谓词）和原子规则（二元谓词）构建出描述表达式；"逻辑"是指 DL 采用了正规的基于逻辑的语义，这与语义网络及框架等知识表示机制是不同的。描述逻辑具有以下主要特点：

1）定义良好的语义和表示能力；

2）基于逻辑的推理能力；

3）保证计算复杂性和可判定性；

4）明确的推理算法，如知名的基于 Tableaux 的算法；

5）现有工具的有力支持，如高度优化的推理器 FaCT，RACER 等。

这些特性很大程度上满足和代表了新一代本体描述语言发展的要求，最近几个主要的 Web 本体语言 CKML、OIL、DAML＋OIL以及已成为 W3C 国际标准的 OWL（ontology Web language）就是建立在描述逻辑的基础上。表 10 - 5 和表 10 - 6 总结了 OWL 的主要原语（构造符）及其所对应的描述逻辑表达和应用。另外，图 10 - 6总结了基于 Web 的本体描述语言的相互关系。

表 10 - 5　OWL 类构造符与描述逻辑语法的对应

OWL 类构造符	DL（描述逻辑）语法	示例
intersectionOf	$C_1 \cap \cdots \cap C_n$	Man$\equiv$Human$\cap$Male
UnionOf	$C_1 \cup \cdots \cup C_n$	Human$\equiv$Man$\cup$Woman
complementOf	$\neg C$	Thing$\equiv \neg$Nothing
oneOf	$x_1, \cdots, x_n$	Country$\equiv$ {China. $\cdots$, U. S. A}
allValuesFrom	$\forall P. C$	$\forall$ hasAncestor. Pithecanthrope
someValuesFrom	$\exists P. C$	$\exists$ hasDegree. PhD
Cardinality	$\equiv nP. C$	$\equiv$2hasChild. Boy
maxCardinality	$\leqslant nP. C$	$\leqslant$I hasChild. Boy
minCardinality	$\geqslant nP. C$	$\geqslant$3hasFriend. Engineer

表 10 - 6　OWL 公理构造符与描述逻辑语法的对应

OWL 公理构造符	DL（描述逻辑）语法	示例
SubClassOf	$C_1 \subseteq C_2$	OWL DL$\subseteq$OWL
equivalentClass	$C_1 \equiv C_2$	parent$\equiv$（Father$\cup$Mother）
disjoint With	$C_1 \subseteq \neg C_2$	Cat$\subseteq \neg$Dog
SameIndividualAs	$\{x_1\} \equiv \{x_2\}$	Zhejiang University$\equiv$Chekiang University
differentFrom	$\{x_1\} \subseteq \neg \{x_2\}$	$\{$LI Shanping$\} \subseteq \neg \{$YIN Qiwei$\}$
AllDifferen	$(\{x_1\} \subseteq \neg \{x_2, \cdots, x_n\}) \cap (\{x_2\} \subseteq \neg \{x_3, \cdots, x_n\}) \cap \cdots \cap (\{x_{n-1}\} \subseteq \{x_n\})$	$(\{$LI Shanping$\} \subseteq \neg \{$YIN Qiwei, HU Yujie$\}) \cap (\{$YIN Qiwei$\} \subseteq \neg \{$HU Qujie$\})$
subPropertyOf	$P_1 \subseteq P_2$	hasMother$\subseteq$hasParent
equivalentProperty	$P_1 \equiv P_2$	postcode$\equiv$zipcode
inverseOf	$P_1 \equiv P_2^-$	hasChild$\equiv$hasParent$^-$
symmetricProperty	$P \equiv P^-$	hasFriend$\equiv$hasFriend$^-$
transitiveProperty	$P^+ \subseteq P$	hasAncestor$^+\subseteq$hasAncestor
FunctionalProperty	$T \subseteq \leqslant IP$	$T \subseteq \leqslant I$ hasName
InverseFunctional-Property	$T \subseteq \leqslant IP^-$	$T \subseteq \leqslant I$ IDnumber$^-$

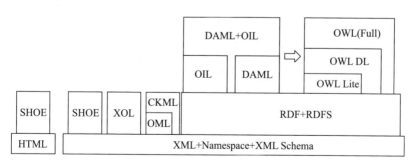

图 10 - 6　基于 Web 的本体描述语言的相互关系

10.2.3.4　常见的本体关系概述

通常工程产品的知识本体关系主要由以下 8 种本体关系构成：

（1）同义关系（Synonymy）

对技术功能的知识库进行同义词扩展查询，意味着在查询中不使用技术功能的最初定义，而使用其同义词定义。同义词是表达相同含义的词语或语法结构之间存在的语义关系。技术功能同义词是表达相同或几乎相同含义技术功能的定义。技术功能可理解为"施加在对象上改变其参数的作用"。因此，技术功能的同义词定义可包括施加在对象上的作用、对象本身或者对象参数的同义词。同义关系至少有三种同义关系，即直接同义、句法同义和语义同义。

（2）上下位关系（King - of）

"类"就是上下位关系。监理上下位关系的好处是，从类属关系上实现知识之间的关联，实现沿着本体关系网的任意方向的追溯。由此及彼、由彼及此，最终得到满意的查询结果。

（3）同位关系（Associative - Relation）

同位关系是由上下位关系推导出来的本体关系，它们应该有一个共同的类属（上位词）。

（4）组成关系（Part - of）

组成关系是技术系统中的一种常见的本体关系。比如产品的 BOM 表，就定义了产品与部件、组件与零件之间的组成关系。

（5）因果关系（Cause - Effect）

因果关系是一种常见的本体关系。每个事件发生一定是有原因存在的，而对原因导致的每一个结果需要继续寻找其原因。因此，如果从不同的角度分析，原因和结果可以构成一个无限连接的因果链。

（6）问题（VO/VPO）关系和解决方案（SVO/SVPO）关系

在知识关系中可以用 SVO（主语＋谓语＋宾语）的模式来描述一个完整的解决方案或者技术功能的实现，因此此类问题关系和解决方案关系也是常见的本体关系。

（7）动词修饰关系

一般是用来表达对某种行为的特点或者特征等描述。

（8）名词修饰关系

一般是用来表达对某个对象的特点、定性等描述。

10.3　主流知识管理软件系统

10.3.1　亿维讯的 Pro/Innovator

Pro/Innovator 是面向企业研发的自主创新平台，是集创新方法、设计方法、攻关诀窍和创新实例库等诸多实用工具于一体的，适用于新产品概念设计和现有产品改进方案阶段的研发系统。同时，还是企业研发知识管理的信息化平台，可出色地完成对企业内部研发知识从挖掘、获取、重构，到共享、创新、更新的全部知识工程任务。

作为研发管理人员的知识工程平台，Pro/Innovator 支持企业研发活动中知识的产生、表达、组织、共享、检索、应用和更新，支持企业内部隐性知识的挖掘和获取，以及企业外部知识的收集和利用，提高企业研发管理水平。

Pro/Innovator 知识工程流程如图 10-7 所示。

Pro/Innovator 的主要功能特点包括：

1）项目全息导航：待解技术课题通过项目信息模板、问题描述模板得到全面清晰阐述；解题过程大量使用向导方式，用格式化的文字描述和图形表达，逐步引导直至产生解决方案。

2）思维历程再现：问题分析和解决过程中的每一个细节，都被有条理、按层次地全程记录，使得工程师的创新历程得以清晰展现。新人看到的不仅是问题解决结果，还能通过过程记录，分享和学习问题分析的思维历程。

3）强化系统思维：通过系统组件功能建模形成系统思维模式，

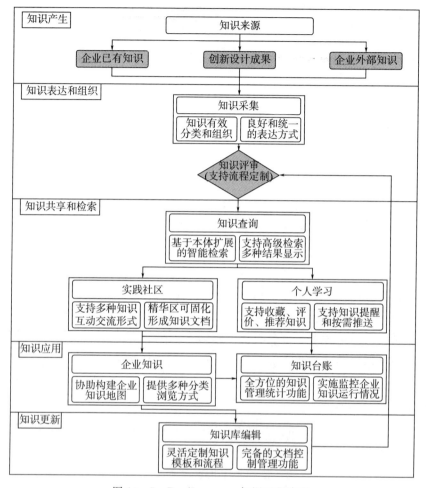

图 10 - 7　Pro/Innovator 知识工程流程

鸟瞰全局、大处着眼，帮助工程师克服容易陷入技术细节的传统弊端。

4）深究功能演变：着眼用户需求，通过建立系统组件功能模型，深入研究功能特性及优选实现方法，帮助工程师洞察技术问题本质，提升解题攻关智慧。

5）问题诸层剖解：利用问题分解模块和 TRIZ 分析方法，透过现象研究本质，通过规范流程和标准模式，对问题产生根源穷究不舍，直至拔本塞源。

6）资源悉数尽收：针对问题节点，提供特有的三轴分析工具，帮助工程师厘清往来周边一切可以利用的时间、空间、物质、能量、信息、功能资源，为解决问题奠定坚实基础。

7）信息无损保留：通过建模和分析过程，在问题抽象提炼的过程中，还提供多种途径，获取技术细节信息，即时存放，随处可查。

8）技术矛盾转化：改变传统折中的解决问题方式，提供 TRIZ 抽取技术矛盾的方法并辅以矛盾定义向导，将问题转化为标准问题模型，使解决技术难题有章可循、有法可依。

9）原理案例启发：提供 TRIZ 的核心工具创新原理和分离原理，以及萃取欧美 30 年来百万发明专利成果精炼而成的一万多条创新实例，可以将工程师的潜在智能激活并发挥到极致，快捷高效地获得新颖独到的解决方案，形成企业自有知识产权。

10）中外专利查询：可直接登录欧、美、日、中专利库查找所需技术，并可方便地将有价值的专利文本加入项目文件中。

11）功能本体查询：采用动宾（V＋O）模式查询，本体智能扩展，利于搜获各领域实现相同功能的技术成果，同时，将查询词条向上下位、同位及近义词扩展，可对位获得精确方案、通用方案、特例方案和类比方案，保证信息搜索的准确性和全面性，既可吸取问题解决经验也可直接引用相关技术，快速形成原理方案。

12）方案科学评价：采用数学模型量化权重，统一标准；引用权威评价体系，为技术方案的优化筛选，提供科学支撑。

13）知识挖掘共享：通过知识管理平台，积累企业知识和经验，加快人才成长进程。研发过程中随时获得专家成熟经验的支持。通过知识共享和技术交流平台，共同积累企业智力资产。

14）知识工程平台：通过信息化手段，使企业知识积累流程化、标准化、常规化。在研发产品获得成功的同时，让企业同时获得显性化、结构化和可量化的核心技术成果。

10.3.2 安世亚太的知识工程平台 PERA. KnowleMan

（1）产品概览

知识工程平台 PERA. KnowleMan 以知识与流程和设计相融合的思想为指导，结合知识挖掘、知识管理、知识推送、领域本体、知识创新等技术，可以把企业已有的知识进行梳理与管理，在研发过程中进行知识的推送和重用；并可以把研发过程中有价值的数据归纳、沉淀，形成新知识，以实现将正确的知识在正确的时间呈现给正确的人，并保证研发任务精益完成的目标。

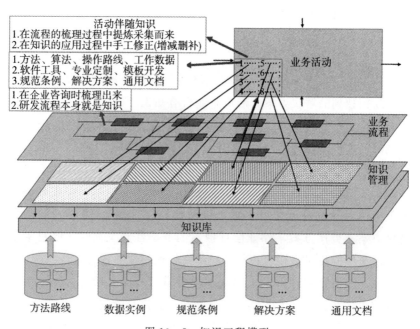

图 10-8 知识工程模型

知识工程平台突破传统知识管理框架，辅助企业进行知识工程建设，在知识管理基础上做了"向上"和"向下"的扩展。向上将知识与业务流程和活动关联与伴随；向下提供知识梳理与挖掘的专业手段，融入设计活动。向上和向下结合，不仅解决了研发知识与研发流程和设计"两张皮"的传统问题，同时发展出研发知识与研发流程和设计深度融合的能力。

1）知识生成：与数字化工具交互形成"点击即用"的知识库和数据库等。

2）知识关联：通过领域本体的构建，实现对各类知识的关联和映射。

3）内容管理：提供知识的全生命周期管理，自动分类、聚类等功能。

4）知识查询：提供多种知识查询应用，包括知识地图、本体检索、全文检索等。

5）知识推送：与研发活动关联，支持多维度多层次的知识应用。

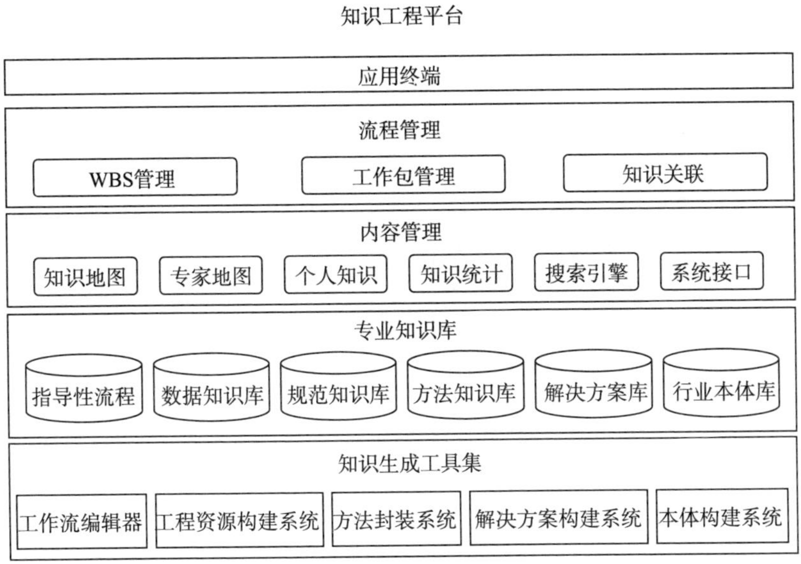

图 10 - 9　知识工程平台架构

（2）主要功能

知识工程平台 PERA. KnowleMan 主要有四方面功能，分别是研发流程管理、知识内容管理、专业知识库管理，以及知识生成工具集。

1）研发流程管理：用于支撑流程类知识的应用和维护。主要功能包括：流程基础信息定制、典型 WBS 库构建、典型工作单元定义、工作单元知识关联等。

2）知识内容管理：研发知识的统一管理模块，该系统将各专业知识库内的各类知识进行统一管理，抽取以形成知识索引分类，以便实现知识与研发流程的关联。功能包括：知识地图、专家地图、个人知识、知识统计和知识维护等。

3）专业知识库管理：产品研发各专业知识库由指导性流程知识库、数据知识库、方法知识库、规范知识库、解决方案经验知识库和行业术语本体库构成。

4）知识生成工具集：用于封装或承载企业的基础资源，通过知识生成工具将各类知识管理起来，建设成专业的知识库，包括指导性流程、数据类知识、规范条例类知识、研发方法类知识、设计与仿真工具的使用方法和经验类知识、解决方案类知识等。

10.4　运载火箭知识工程体系应用探索

10.4.1　知识管理建设思路

任何一个企业实施知识管理都需要结合自身特点。结合现有企业知识管理的成功案例，实现运载火箭知识管理需从 3 个层面着手实施，分别是规划层面，组织与制度层面，以及技术层面。知识管理与应用研究框架如图 10-10 所示。

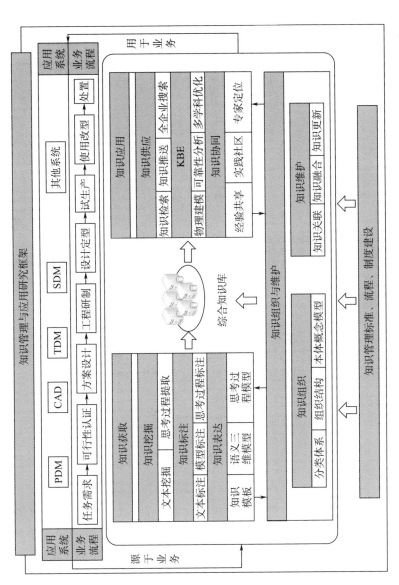

图 10 - 10　知识管理与应用研究框架

（1）规划层面

知识管理必须配合总体设计部业务模式，在战略层面制定与当前建设新总体、实现市场化转型目标相一致的知识管理战略规划，制定合理可行的知识管理实施步骤。合理的规划是实现知识管理成功的基石，在知识管理框架指导下，总体设计部的运载火箭设计知识管理工作也应分为3步走：管理实施、知识挖掘和知识推送阶段。

管理实施阶段的主要任务包括：解决各种显性知识、隐性知识的搜集整理问题，采用一定的手段或工具记录知识，即解决知识如何管理的问题，在该阶段应逐步形成适应总体设计部各类知识管理的方法和模式，形成知识整理和共享的良好工作习惯。

知识挖掘阶段的主要任务是：对不同类型知识深入整理，发现知识条目之间的关系，并建立起行之有效的知识搜索和应用方式，实现知识的结构化、隐性知识的显性化，为知识的搜索和应用提供支持手段，为知识的重用、知识的创新奠定基础。

知识推送阶段的主要任务是：将知识融入设计工具，形成面向总体设计部主要专业和主要管理业务的知识专家系统，提高知识的利用率和标准化程度；同时将知识管理融入工作流程，在适当的时刻将适当的知识主动提供给适当的人员，使知识管理主动为业务流程服务，最终实现知识的不断创新。

（2）组织与制度层面

总体研制单位应建设符合自身特点、与现有组织模式相匹配的知识管理组织团队，并制定、完善相关的配套管理制度。合理的组织和制度是保障知识管理成功的必要条件。总体设计部制定了知识管理办法，明确了知识管理的组织机构与职责，包括知识管理领导小组、专家委员会、知识管理办公室及技术支撑部门等。并且建立知识管理体系，从组织和制度层面保证了知识管理工作的正常推进。这些制度规范还需在应用中不断完善，其核心内容是在总体研制单位范围内形成知识共享和知识贡献的文化氛围，使得所有员工自觉自愿参与知识管理工作。

（3）技术层面

知识管理技术层面是指利用计算机技术、信息处理技术、网络技术等手段，利用软件工具有效地支持知识的采集、分类、存储、使用、创新等一系列活动。合适的系统工具是知识管理成功的关键。知识管理经过几十年的发展，涌现了多种工具。知识管理不是一个平台、一个系统所能解决的问题，而是要根据不同类型的知识对象，考虑不同专业的特点和具体需要，制定合理的管理措施和工具，最终形成适应运载火箭设计的知识管理技术体系。

按照能够管理的知识对象来划分，知识管理工具主要分为显性化工具和隐性化工具。显性化工具是指工具管理的知识内容采用显性化的形式，如文档、图片、音（视）频资料等，此类典型工具包括各种文档资料库。隐性化工具是指工具管理的知识内容呈现隐性化状态，如某些方法、算法、规则、经验隐藏在工具实现逻辑的后台，在使用工具时必须遵循事先定好的知识，如果违反则不能进行下去。此类典型工具包括专家系统、推理机、知识工程系统、各类设计单元等。

搜集的显性知识都可以采用不同的显性化工具进行管理。为便于检索，建议在各专业的设计师手册中针对每一类知识建立索引。其中，各专业的设计单元典型应用，如总体参数设计单元、结构类设计单元、专业仿真类设计单元、增压输送系统设计单元、电气系统设计单元等，既可通过自研程序开发实现，也可通过 Mentor、Pro/E、Abaqus 等商业软件二次开发来实现，具体实现形式可根据商业软件的适应程度和二次开发的难度予以确定。

综上所述，知识管理不仅仅是技术层面的事情，也必须在规划层面和组织与制度层面提供保证和支持。

10.4.2　知识管理应用路线

知识工程建设以知识为主线，分为知识聚集、知识关联、知识应用和知识创新四个部分，如图 10 - 11 所示。知识聚集是将各类零散的知识收集在一起，形成结构化知识后，通过建设知识库、构建工程数据库、集成已有资源系统等方式对知识进行聚类，实现对知识的分类管理。

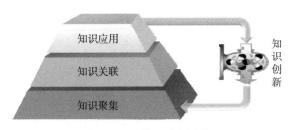

图 10 - 11　知识应用路线

知识关联的核心是建立知识与研发流程的关系，将知识通过自动/手动两种方式与研发流程子节点（工作项目）关联，以实现将知识融入设计过程，使设计工作获得知识支撑。

知识应用包括知识的基础应用和高级应用。基础应用指知识搜索，知识工程系统提供了门户、客户端和漂浮工具条等知识搜索模式，还可通过 Word 选词方式进行自动搜索；高级应用指知识推送，包括基于研发流程或自定义的知识订阅条件，将符合研发需求的知识实时自动地推送至客户端或漂浮工具条。

知识创新包括基于知识的产品设计创新和面向应用的知识"再加工"。基于知识的产品设计创新，以 TRIZ 为理论方法，以知识管理系统和平台为软件工具进行创新；面向应用的知识"再加工"是指通过编程、封装等手段将方法、算法等固化为工具软件，或者将工程基础数据构建为结构化工程数据库，最终成果是产生新的模板、工具、数据库或设计引导等。

10.4.3　知识管理平台软件架构

在运载火箭型号的不同研制阶段存在不同类型的知识和应用需求。因此需面向运载火箭不同研制阶段监理不同知识库，如创新研制通用知识库、可重用设计实例知识库、多学科协同仿真优化求解过程模板知识库、工艺知识库，以及制造资源知识库；并在建设知识库的基础上，开展深化知识应用开发。

（1）创新研制通用知识库

创新研制通用知识库存储支持创新设计的知识，包括国内外专利、企业专利、企业技术秘密、专家经验、标准规范等。创新研制通用知识库以问题及其解决思路来组织知识，为企业提供规范化的创新设计知识整理、分类、录入的机制，为企业创新研制知识的积累提供环境。通过建立的运载型号本体体系和知识关联，支持创新研制通用知识库的快速、准确的检索。

（2）可重用设计实例知识库

运载型号总体设计过程的实例来源繁多复杂且知识异构，它不仅包括设计信息，还包括描述和管理开发过程的信息、控制信息，以及支持这些工作的多媒体信息。可重用设计实例知识库存储支持产品选型设计的知识实例，包括每个可重用件的 CAD 数据、CAE 数据、性能数据、载荷数据、边界条件、试验数据等。可重用设计实例知识库及子系统，基于统一的、结构化的知识数据模型实现对运载型号设计可重用知识的存储，利用多种推理方式，基于设计需求的功能结构特性参数和实例库中实例对象的功能特性参数进行相似度计算来确定相似的实例，支持实例知识的主动式推送和应用，并提供规范化的可重用件整理、分类及录入的机制。

（3）多学科协同仿真优化求解过程模板知识库

典型问题及其优化求解过程模板库以模板的形式，存储典型问题及其优化求解过程知识，包括流程、方法（计算方法）、模型（参数化）、工具（CAD、CAE 等）等。模板实际是封装的、可重用的研制过程的各种优化模型。模板具有参数化的特点，改变模板的输入数据即可获得不同的几何模型和分析模型。模板封装所有中间具体过程，各个执行模块之间的接口数据具有明确的工程含义，设置好模板的初始参数后，模板能够自动执行。

（4）工艺知识库

工艺知识库存储产品研制过程中生成的工艺设计经验，为工艺的重用和工序提供基础数据。工艺知识库可供设计员查询，同时工艺人员可以将新的典型工艺和数控程序添加至工艺知识库。包括的内容有：加工方法、工艺规则（切削参数、工艺规程等）、典型特征的通用数控程序、工装信息、加工参数等；通过加工参数知识将生产中常用的材料参数、力学参数、切削参数等归纳起来建立不同的优化参数库，用户在需要时根据分类或关键字可以进行搜索。

（5）制造资源知识库

制造资源知识库包括设备资源库、材料知识库、刀具库、工装库等。设备资源库存储包括车间各类型加工设备的基本信息、设备使用班组、设备故障信息、生产过程中设备状态、加工工件、程序等，并对数控设备存储其三维模型供工艺仿真用；材料知识库存储包括材料名称、类型（如原材料、锻件、棒料）、各类属性（硬度、尺寸、热处理信息）、适用的范围等；刀具库管理车间所有刀具，包括刀具基本信息、基本参数、对应不同材料的切削参数等，并与刀具管理流程、生产准备过程结合，与立体刀库集成，实现刀量具主动配送；工装库存储包括工装的基本信息、工装模型、生产过程中工装状态、工装库存量等信息。

运载火箭知识管理平台采用四层架构进行构建，分别为支撑层、数据层、服务层和展示层。平台系统架构图如图 10 - 12 所示。

1）支撑层：系统支撑层为整个平台系统提供在操作系统、应用服务器、数据库、文件服务器等方面的基础支撑。系统采用 J2EE 标准应用方案，支持在 Unix、Windows、Solaris、AIX 等系统环境下运行；系统采用设计分离技术，支持 Weblogic、WebSphere、Jboss 等 Java 应用服务器；为了获得更出色用户体验，系统在客户端部分基于 . Net FrameWork 平台，并基于 C/C＋＋语言开发；系统采用 Hibernate 技术使数据库与数据访问分离，从而全面支持 Oracle、DB2、MS SQL 等数据库系统。

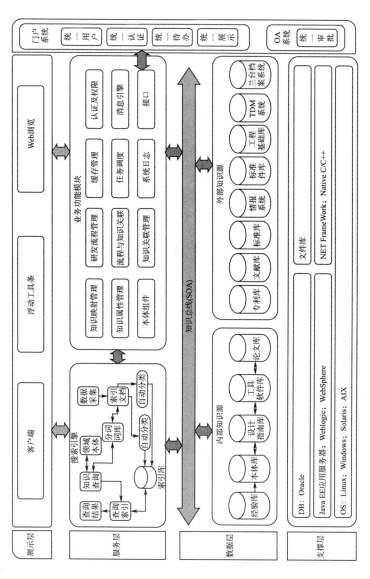

图 10 - 12　平台系统架构图

2）数据层：系统数据层为整体平台提供数据基础，通过内嵌的通用支持库、本体库、数据知识库等内部知识库，以及集成的专利、情报、兰台、标准、标准件等外部知识库，将院内现有的知识资源统一管理。系统采用知识总线（SOA）技术，将各知识库中的知识进行统一编程，为上层的服务提供统一的访问机制，增强了系统的灵活性。

3）服务层：系统服务层为整体平台提供功能服务。系统服务层的核心为搜索引擎，搜索引擎内嵌了索引库和分词词库，同时采用分词技术、本体技术、自动分类技术、自动聚类技术来提高搜索效率和结果准确度；另外，系统服务层还提供了知识应用管理、知识属性管理、本体组件、研发流程管理、知识关联管理等应用功能模块，以及缓存管理、日志管理、任务调度、认证及权限、消息、本体、流程引擎、搜索引擎等辅助功能模块，同时还为外部系统提供了集成接口。

4）展示层：系统展示层为整个平台提供应用交互界面。展示层针对漂浮工具条、桌面客户端、Web 浏览器等不同的界面形态，提供有针对性的与应用层对接的框架服务，并采用适配器技术提高系统兼容性，为用户提供多种自定义展示效果。

10.4.4　应用场景

（1）应用蓝图

知识工程在应用层面的工作方式如图 10 - 13 所示，企业已有资源是进行知识聚集的基础。知识主要来源于企业电子或纸质的档案文件、个人私有知识、未显性化的个人经验知识等几个方面。企业已有的电子资源库由于密级限制等原因，可采用链接、索引等方式纳入知识库统一管理；纸质档案文件可通过扫描方式，经审批后进入知识库；而个人私有知识、未显性化的个人经验知识等则通过填写相应知识模板的方式，经提交审批后进入知识库。

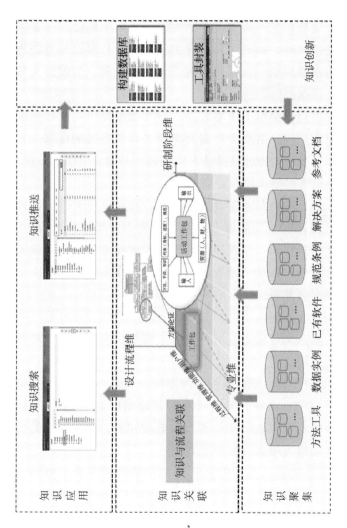

图 10 - 13　知识工程使用场景

在知识聚集及研发流程入库完成后，知识库中知识将会自动与研发流程中对应的工作项目进行关联，同时用户可以根据实际工作需要将相关知识与工作项目进行手动关联，从而通过自动/手动两种方式结合，实现知识与研发流程的关联，进而实现设计任务过程中的知识推送。同时，知识管理员通过对知识进行多维分类管理、知识全生命周期管理和知识权限管理等方面的管理，为设计人员提供一个全面、便捷的知识地图。

知识的应用包括两个主要方面：一方面是设计人员在知识平台中，利用系统门户、系统客户端和漂浮工具条提供的搜索工具，进行知识查询；另一个方面是设计人员在设计环境中进行设计任务时，直接使用系统实时推送的专业知识。

另外，设计人员在完成设计工作后，通过系统提供的各种创新工具将设计思路、实例等保存下来，从而为系统提供经验、工具、数据等方面的新知识，这些知识经提交审批后也将纳入知识工程知识库中进行管理。在整个过程中，知识创新作为桥梁，保证了知识工程能滚动向前发展。

（2）用户业务图

知识工程系统建设完成后，知识工程平台为三类主要角色提供不同的工程应用支撑：

1）知识应用者：知识应用者为研发企业最广泛的设计人员。在知识工程系统中，设计人员既可查询并使用研发知识库中的知识，还可使用系统自动推送的工作项目关联的知识，同时若遇到问题时可在论坛求助或直接找企业专家解惑。

2）知识管理者：知识管理者有部门的知识专员、总师、专家等。在知识工程系统中，知识管理者可进行飞机研发流程录入、企业研发知识库构建、知识工程入库知识审批、将知识与工作项目进行关联等管理工作。

3）研发管理者：研发管理者包括所长、科研管理部门职员等。在知识工程系统中，可进行知识统计查看，并了解知识动态。

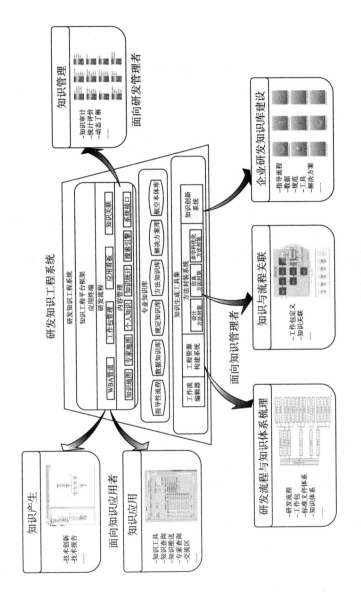

图 10 - 14　用户业务蓝图

参 考 文 献

［1］ 李福昌．运载火箭工程［M］．北京：中国宇航出版社，2002．

［2］ 陈海东，沈重，张冶，等．航天数字化应用技术的发展与趋势［J］．导弹与航天运载技术，2008（3）：23-27．

［3］ 乔裕木．CAD/CAM技术在工业企业中的网络化运用研究［J］．中国新通信，2012（17）：59-59．

［4］ 黄双喜，范玉顺．产品生命周期管理研究综述［J］．计算机集成制造系统，2004，10（1）：1-9．

［5］ 熊焕．国外军工产品研发模式发展趋势浅析［J］．航天工业管理，2013（3）：27-28．

［6］ 徐晓权，熊涛，刘宏阳．载人航天器总装过程技术研究［J］．载人航天，2007（4）：12-17．

［7］ 孙聪．飞机全三维快速响应试制应用技术［J］．航空科学技术，2013（2）：1-6．

［8］ 陈绍文．从管理视角看数字化制造［J］．CAD/CAM与制造业信息化，2010（4）：25-30．

［9］ 陈良勇．火箭测试中三维测点标识系统的设计与实现［D］．北京：北京工业大学，2011．

［10］ http://www.cmse.gov.cn/index.html．

［11］ 周世平．我国航天制造业数字化征程［J］．金属加工：冷加工，2010（4）：14-16．

［12］ 林清安．Pro/ENGINEER Wildfire 2.0零件装配与产品设计［M］．北京：电子工业出版社，2005．

［13］ 田蕴，张慧．基于Top-down数字化装配模式的产品设计［J］．机械设计与制造，2005（4）：60-61．

［14］ 毛君，陈洪月，谢苗．基于Pro/E的自顶向下的产品参数化设计［J］．机械研究与应用，2007（04）：105-106．

［15］ 罗治平，沈永刚. TOP - DOWN 方法在 PRO/E 产品设计中的应用［J］. 上海工程技术大学学报，2005（3）：43 - 47.

［16］ 吴辉. TOP - DOWN 设计方法在新一代运载火箭设计中的应用［J］. 数字军工，2013（4）：26 - 32.

［17］ Y14. 41 - 2003. Digital product definition data practices. ASME，2003.

［18］ ISO 16792：2006. Technical product documentation - Digital product definition data practices.

［19］ GB/T 24734 - 2009. 技术产品文件 数字化产品定义数据通则.

［20］ ASME. Dimensioning and tolerancing，engineering drawings and related documentation practices［S］. Y14. 5. ［S. l. ］：ASMEPress，2009.

［21］ Quintana V，Rivest L，Pellerin R，et al. Will model - based definition replace engineering drawings throughout the product lifecycle? A global perspective from aerospace industry［J］. Computer in Industry，2010，61：497 - 508.

［22］ 潘康华. 基于 MBD 的机械产品三维设计标准关键技术与应用研究［D］. 北京：机械科学研究总院，2012.

［23］ 任启振，葛建兵，陈才. MBD 数据集的数字化定义［J］. 航空科学技术，2012（5）：63 - 65.

［24］ 余定方. 面向飞机全生命周期的 MBD 数据管理解决方案探讨［J］. 航空制造技术，2010（23）：124 - 127.

［25］ 姚德源，王其政. 统计能量分析原理及其应用［M］. 北京：北京理工大学出版社，1995.

［26］ VA One 2008 User's Guide［Z］. ESI GROUP，2008.

［27］ Valerio Ferrara，Antonio Culla，Andrea Preve. High frequency vibroacoustic analyses on VEGA launch vehicle［C］. 28th AIAA Aeroacoustics Conference，2007.

［28］ J. D. Anderson，Computational fluid dynamics：the basics with applications. McGraw - Hill. 1995.

［29］ 王福军，计算流体动力学分析［M］. 北京：清华大学出版社，2004.

［30］ FLUENT Inc. ，FLUENT User's Guide. FLUENT Inc. ，2003.

［31］ Louis E. Toole and Leon J. Hastings，An experimental study of the behavior of a sloshing liquid subjected to a sudden reduction in acceleration，

NASA TM X - 53755，1968.

[32]　龙乐豪. 液体弹道导弹与运载火箭系列丛书——总体设计 [M]. 北京：宇航出版社，1991.

[33]　朱红钧，等. FLUENT12 流体分析及工程仿真 [M]. 北京：清华大学出版社，2010.

[34]　马爱军，等. Patran 和 Nastran 有限元分析 [M]. 北京：清华大学出版社，2005.

[35]　乔立红，张金. 三维数字化工艺设计中的关键问题及其研究 [J]. 航天制造技术，2012 (2)：29 - 32.

[36]　武汉开目信息技术有限责任公司三维工艺 KM3D - CAPP 技术资料，http：//www. kmsoft. com. cn/.

[37]　胡于进，张正义，蔡力钢，凌玲. 基于三维加工特征的工艺优化设计系统 [J]. 机械设计与制造，2009 (6).

[38]　张楠楠，丁新玲，安孟长. 国外航天制造工艺与装备技术 2011 年度发展研究综述 [J]. 军民两用技术与产品，2012 (5).

[39]　丁国智，王蓓蕾，宋剑波，张华峰. 航天企业机加车间 MES 工程化应用研究 [J]. 军民两用技术与产品，2013 (1 - 2).

[40]　陈少平，张芬，韩铁，边旭. 北京航星机器制造公司车间制造执行系统应用案例分析 [J]. 航空制造技术，2012 (12).

[41]　舒彪，韩晓建，邓家禔. 复杂工程系统研发中的技术状态管理 [J]. 航空制造技术，2008 (9).

[42]　PTC 公司. Pro/INTRALINK 9.1™用户指南/客户化手册，2008.

[43]　张锐. 飞机技术状态管理系统的研究与实现 [D]. 南京：南京航空航天大学，2004.

[44]　刘晓冰，米小珍，关宏志. 基于 PDM 的并行设计开发环境的实现与管理 [J]. 计算机集成制造系统，2001，7 (9).

[45]　王庆艳，等. 基于 ANSYS 的协同仿真平台建设方案 [J]. 机械设计与制造工程，2011 (16)：50 - 52.

[46]　金毅民，等. 虚拟产品开发的设计分析一体化集成平台 [J]. CAD/CAM 与制造业信息化，2005 (12)：52 - 54.

[47]　赵杨杨，等. 基于 FMI 的一体化仿真平台及其在航天工程中的应用 [D]. 哈尔滨：哈尔滨工业大学，2013.

[48] 曹鹏，等．仿真流程数据管理平台 [J]．机械设计与制造工程，2011 (6)：47-49．

[49] 魏思．飞机总体设计中机翼重量评估方法研究 [D]．南京：南京航空航天大学，2010．

[50] 高星海，沈洪才．国际航空创建产业最优能力体系的研究 [J]．航空制造技术，2012 (19)：26-31．

[51] 李靖．基于改进量子粒子群算法的运载火箭弹道优化 [D]．湘潭：湘潭大学，2014．

[52] 汪轶俊．运载火箭固体捆绑技术研究 [D]．长沙：国防科学技术大学，2007．

[53] 赵靖．试验设计在质量管理中的应用研究 [D]．南京：南京信息工程大学，2007．

[54] 张怡然．TDM 试验数据管理系统的设计与应用 [D]．北京：北京工业大学，2012．

[55] 徐瑞，张超．面向航空电子企业的 TDM 系统设计研究 [J]．航空制造技术，2016 (9)．

[56] 宋铭利，王素丽．试验数据管理系统的设计与实现 [J]．计算机工程与设计，2011，32 (5)：1680-1683．

[57] 陈丽，戴德高．企业级数字化试验管理平台解决方案 [J]．航空制造技术，2008 (14)：91-93．

[58] 林涓，贺峥光．载人火箭的遥测系统 [J]．导弹与航天运载技术，2006 (4)：5-10．

[59] 肖鹏．便携式固体火箭发动机测试系统设计 [D]．南京：南京理工大学，2009．

[60] 亿维讯知识管理专栏 http：//www. iwint. com. cn/Theoretical. aspx？nid＝5&pid＝37&tid＝130．

[61] 施荣明，赵敏，孙聪．知识工程与创新 [M]．北京：航空工业出版社，2009．

[62] 赵博，向菁，刘靖东，聂蓉梅．运载火箭设计知识管理与应用模式 [J]．航天工业管理：中国运载火箭技术研究院知识管理论文专辑，2013 (5)．

[63] 潘志毅．飞机装配工装智能设计关键技术研究与系统开发 [D]．南京：

南京航空航天大学，2008.

［64］ 张旭辉，夏文强，胡苏珍，等. 型号设计知识管理的探索与应用 ［J］.
航天工业管理，2012（7）：10-14.

［65］ 李长杰. 飞机工装设计知识管理技术研究与应用 ［D］. 上海：上海交通
大学，2014.

［66］ http：//articles. e-works. net. cn/km/.

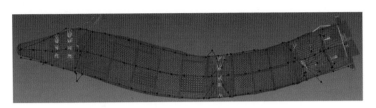

图 5 - 42　助推器 I - III 方向一阶弯曲模态修正结果（P197）

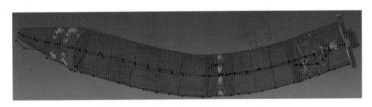

图 5 - 43　助推器 II - IV 方向一阶弯曲模态修正结果（P197）

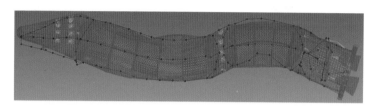

图 5 - 44　助推器 I - III 方向二阶弯曲模态修正结果 （P197）

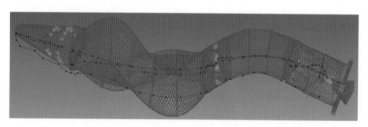

图 5 - 45　助推器 II - IV 方向二阶弯曲模态修正结果 （P198）

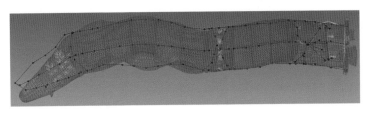

图 5 - 46　助推器 I - III 方向三阶弯曲模态修正结果（P198）

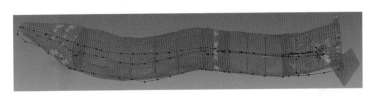

图 5 - 47　助推器 II - IV 方向三阶弯曲模态修正结果（P198）

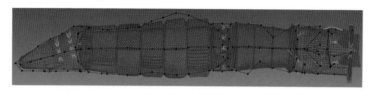

图 5-48　助推器一阶纵向模态修正结果（P198）

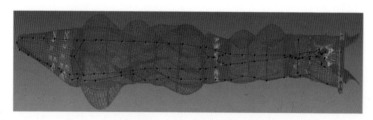

图 5-49　助推器一阶扭转模态修正结果（P198）

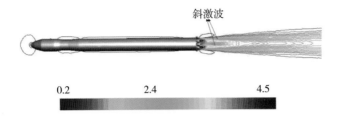

斜激波

0.2   2.4   4.5

图 5-72 某火箭一级飞行状态喷流
压力场分布（P222）

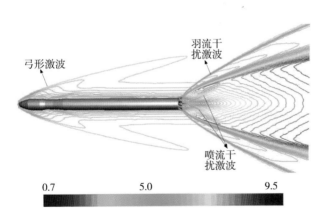

弓形激波

羽流干
扰激波

喷流干
扰激波

0.7   5.0   9.5

图 5-73 某火箭一级飞行状态喷流
温度场分布（P222）

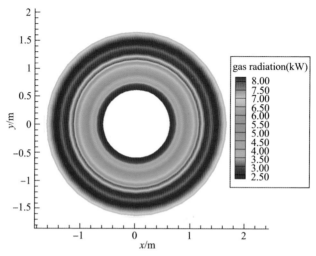

图 5-74　某火箭一级飞行状态底部热流分布（P223）

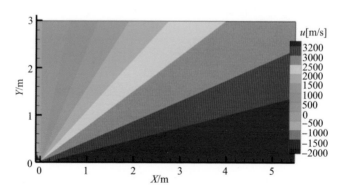

图 5-75　某高空发动机羽流速度分布（P223）

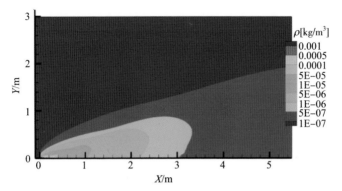

图 5 - 76 某高空发动机羽流场温度分布（P224）

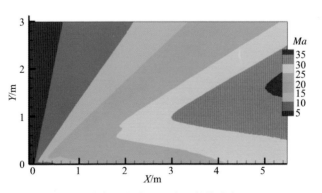

图 5 - 77 某高空发动机羽流马赫数分布（P224）

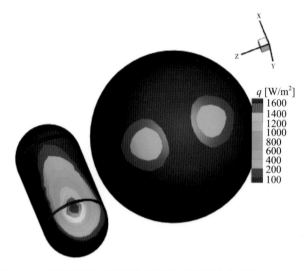

图 5 - 78　某高空发动机羽流作用表面的热流密度分布 （P224）

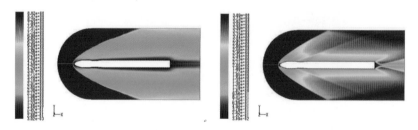

图 5 - 79　不同飞行马赫数时运载火箭气动流场分布 （P225）

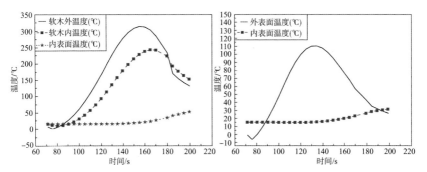

图 5-80　运载火箭不同部位气动加热温度变化（P225，P226）

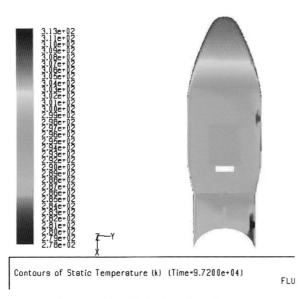

Contours of Static Temperature (k) (Time=9.7200e+04)

FLU

图 5-81　整流罩及三级温度分布（P226）

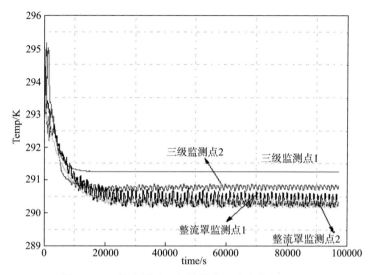

图 5 - 82　整流罩及三级计算点温度变化（P227）

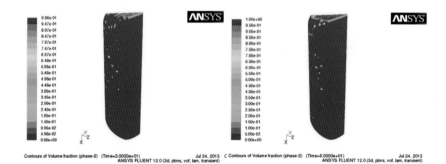

图 5 - 83　蒸发气体体积比分布仿真分析（P227）

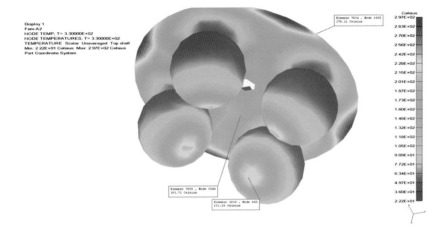

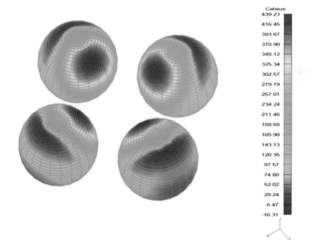

图 5 - 84　空间热环境仿真分析（P228）

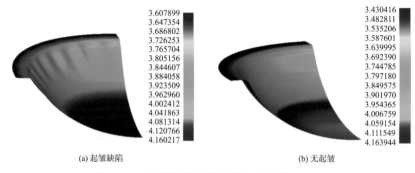

(a) 起皱缺陷   (b) 无起皱

图 6 - 21 贮箱箱底成形过程仿真分析 （P287）

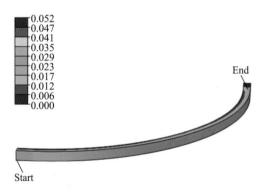

图 6 - 22 大型框环拉弯成形仿真分析 （P288）